"十三五"江苏省高等学校重点教材
（编号：2019-1-013）

催化材料导论

（第二版）

韩巧凤　朱俊武　陈　胜　编著

特配电子资源

微信扫码
- 视频学习
- 延伸阅读
- 互动交流

南京大学出版社

图书在版编目(CIP)数据

催化材料导论 / 韩巧凤，朱俊武，陈胜编著. —2 版.
—南京：南京大学出版社，2020.4(2022.1 重印)
ISBN 978-7-305-23049-3

Ⅰ.①催… Ⅱ.①韩… ②朱… ③陈… Ⅲ.①催化剂
—教材 Ⅳ.①O643.36

中国版本图书馆 CIP 数据核字(2020)第 043212 号

出版发行　南京大学出版社
社　　址　南京市汉口路 22 号　　　邮编　210093
出 版 人　金鑫荣

书　　名　催化材料导论(第二版)
编　　著　韩巧凤　朱俊武　陈　胜
责任编辑　贾　辉　刘　飞　　　编辑热线　025-83596997

照　　排　南京开卷文化传媒有限公司
印　　刷　南京人民印刷厂有限责任公司
开　　本　787×1 092　1/16　印张 15　字数 356 千
版　　次　2020 年 4 月第 2 版　2022 年 1 月第 2 次印刷
ISBN 978-7-305-23049-3
定　　价　45.00 元

网　　址:http://www.njupco.com
官方微博:http://weibo.com/njupco
微信服务号:njuyuexue
销售咨询热线:(025)83594756

前　言

编者近三十年来从事催化剂的制备及性能研究，并负责材料科学及化学工程等相关专业本科生、硕士生催化理论课程的讲授，深感有必要编写一本内容浅显易懂、不失深度且又能与先进的科研成果紧密结合的催化材料方面的教材，供今后从事化工及材料领域技术研究的本科生及研究生阅读。因为我们的生活已离不开化工产品，而85%以上的化学反应都需要催化剂，因而《催化材料导论》对化学工作者而言是一本重要的必读课本。

本书是作者先前编写的《催化材料基础》讲义、《催化材料导论》(化学工业出版社2013年版)的基础上，对每个章节进行了精心修改，并增加了电催化及光电催化的内容，另外，在每章后面增加了思考题。书中章节按照催化剂的种类及反应机理划分，主要内容包括酸碱催化剂、分子筛催化剂、层状硅酸盐催化剂、多酸催化剂、金属催化剂、金属氧化物催化剂、配合物催化剂、相转移催化剂、光电催化剂与催化剂的纳米化及其应用。本书的特色是在经典催化理论的基础上，吸收了大量近几年在催化领域特别是能源与环境催化方面的新思想及研究成果，以适应时代发展的需要。

本书于2019年被评为“十三五”江苏省高等学校重点教材(立项建设)，通过几位编者的共同努力，并经专家审定，即将付梓出版。

在本书的编写过程中，参阅了大量催化领域资深教授的书籍，如吴越老师的《催化化学》、伯顿(英)的《新型催化材料》等；感谢南京大学陈懿院士、丁维平教授及美国威斯康辛大学麦迪逊分校 Clark R. Landis 教授在催化理论及实验方面给予编者的指导和帮助；南京理工大学的汪信教授、钟秦教授、郝艳霞老师等在本书修订过程中提出了宝贵意见，在此表示衷心感谢！由于编者水平有限，本书一定存在不妥与错误之处，敬请同行与读者批评指正。

编　者

2020年1月

目　录

第一章 引言

第一节　催化作用发展简介

一、催化剂发展史

催化作用发展史是一部人类认识自然、改造自然的斗争史。人类很早就利用催化剂为自己服务了，尽管当时还不了解它在化学反应中所起的重要作用。例如，古代炼金士把硫磺和硝石（主要为硝酸钾，还有硝酸钠）放在一起制造硫酸，其中硝石就是催化剂。把酒曲加到粮食中酿酒和制醋，酒曲就是催化剂。

十九世纪初，德国化学家奥斯瓦尔德（Ostwald，现代物理学的主要奠基人之一，1909年奥斯瓦尔德因对催化作用的研究而荣获诺贝尔化学奖）对催化剂进行了深入研究，并首次阐明了它的本质。他发现蔗糖在水溶液中能够发生水解反应，转变为葡萄糖和果糖，但是这种转化过程非常缓慢。可是在蔗糖中加入硫酸，蔗糖就很快转变成葡萄糖和果糖，而且反应后，硫酸依然保持不变，他称这种物质为催化剂。大连化学物理研究所的包信和院士将“催化剂”形象地打了比方：在化学反应中，催化剂好比“剪刀”，将长分子按人们的意愿剪成短分子；又好比“点焊”，将小分子焊接成所需要的大分子。催化剂具有专一性，也就是说某一催化剂只对某个特定的反应起作用。比如生产化肥时，只有用铁作为催化剂时，氮气和氢气才能反应生成氨。

具有重大科学价值及社会价值的催化剂及其发展过程主要如下：

1. 金属催化剂的发展

1740年，英国医生J.沃德在伦敦附近建立了一座燃烧硫磺和硝石（KNO_3）制备硫酸的工厂（$S+O_2+KNO_3+H_2O \longrightarrow H_2SO_4+KNO_2$）。1746年，英国的J.罗巴克建立了铅室反应器，以从硝石产生的二氧化氮（NO_2）为催化剂制备硫酸（$NO_2+SO_2+H_2O \longrightarrow H_2SO_4+NO$，$O_2+2NO \longrightarrow 2NO_2$），这是利用催化技术从事工业规模生产的开端。1831年，P.菲利普斯获得二氧化硫在铂上氧化成三氧化硫的英国专利。1875年，德国建成了第一座生产发烟硫酸的接触法装置，并制造所需的铂催化剂，这是固体催化剂的工业先驱，铂是第一个工业应用的金属催化剂，现在铂仍然是许多重要工业催化剂中的催化活性组分。20世纪初，制备了一系列重要的金属催化剂，催化剂的材质从铂扩大到铁、钴、镍等较便宜的金属。其中重要的反应有：在英国和德国建造了以镍为催化剂的油脂加氢制取硬化油的工厂。1904年，化学家费里茨·哈伯（F. Haber）成功地用Fe

作催化剂使空气中 N_2 固定下来合成了 NH_3，接着又开拓了 NH_3 氧化制备 HNO_3 的路线，不仅解决了人造肥料的来源，同时也为合成纤维生产提供了丰富原料。1913 年，德国巴登苯胺纯碱公司用磁铁矿为原料，经热熔法并加入助剂生产了铁系氨合成催化剂（$Fe-Al_2O_3-K_2O$）。1915 年，德国化学家 Bergius 将煤在高压下加氢制备烃类化合物，开发了将煤进行综合利用的途径。1925 年，就职于马克斯·普朗克煤炭研究所的德国化学家弗朗兹·费歇尔(Fischer)和汉斯·托罗普施(Tropsch)以钴(Co)为主催化剂从 CO/H_2 制备了液态烃(即费托合成，又称 F－T 合成)，以铁(Fe)为主催化剂制备了脂肪酸，现已发展成为工业上常用的羰基化制醇、酸过程。1925 年，美国 M.雷尼(Murray Raney，美国工程师)获得制造骨架镍催化剂的专利并投入生产。另外，O.伯克兰发明了银催化剂，催化甲醇氧化制备了甲醛。Sapper 用汞催化萘氧化制备了酸酐，为当时的染料、制药工业提供了大量原料。Willstuller 用铂、钯作催化剂催化一系列有机化合物的加氢反应，Ipatieff 进一步研究了加氢加压反应机理，为大规模加压生产开拓了道路。1975 年，美国杜邦公司开发了用于汽车尾气处理的三效(能同时将 CO、CH_x 氧化成 CO_2 及将 NO_x 还原成 N_2)催化剂，一般为堇青石负载的 Pt－Pd－Rh 混合物，铂的用量大大增加。1992 年，美国 Kellogg 公司与英国 BP 公司联合成功开发石墨化活性炭负载的钌催化剂，在加拿大实现了工业化，被认为是第二代氨合成催化剂。与铁催化剂相比，钌催化剂的主要优点是低温、低压、活性高。

2. 金属氧化物催化剂的发展

鉴于 19 世纪开发的二氧化硫氧化所采用的铂催化剂易被原料气中的砷等毒化，20 世纪后，催化剂活性成分由金属扩大到氧化物，钒氧化物催化剂迅速取代原有的铂催化剂，并成为大宗的商品催化剂。开发的抗毒能力高的负载型钒氧化物催化剂，于 1913 年在德国巴登苯胺纯碱公司用于新型接触法制备硫酸，其寿命可达几年至十年之久。制备硫酸催化剂的这一变革，为氧化物催化剂开辟了广阔前景。后来还发展了两种催化剂配合使用的工艺，德国曼海姆装置中第一段采用活性较低的氧化铁为催化剂，剩余的二氧化硫再用铂催化剂进行第二段转化。1938 年，德国以乙烯为原料，氧化钼、氧化铋等混合物为催化剂合成了丙烯腈(人造羊毛原料)。美国杜邦公司发明了用空气、水、煤等常见原料合成尼龙及耐温、耐酸、耐磨的聚四氟乙烯(塑料王)，解决了穿衣等天然资源短缺问题。

3. 酸催化剂的发展

酸催化剂的使用规模也很大，例如，采用液体酸为催化剂催化烯烃水合制备醇等。此外，固体酸催化剂，由于易于回收利用，在石油炼制和石油化工方面，催化裂化等工艺中被大量采用。除了将液体酸固载化外，一个重要的发现就是分子筛催化剂。20 世纪 70 年代初期，出现了用于二甲苯异构化的分子筛催化剂，代替以往的铂/氧化铝；开发了甲苯歧化用的丝光沸石分子筛(代号 M)催化剂。1974 年，莫比尔石油公司开发了ZSM－5 型分子筛，用于择形催化重整反应，可使正烷烃裂化而不影响芳烃。20 世纪 70 年代末期，将 ZSM－5 分子筛催化剂用于苯烷基化反应制取乙苯，替代以往的三氯化铝。80 年代初，将 ZSM－5 分子筛催化剂用于从甲醇合成汽油。分子筛催化剂已成为石油化工催化剂的重要品种。在化工领域，环保催化剂、化工催化剂(包括合成材料、有机合成和合成氨等生产过程中用的催化剂）和石油炼制催化剂并列为催化剂工业中的三大领域。

4. 催化剂制备与成型技术的发展

除了开发新的催化剂外，随着对催化反应机理的深入理解，研究者及制造商开始利用较为复杂的配方来开发和改善催化剂的微观结构。利用改善催化剂的分散度可提高催化活性的原理，设计出有关的催化剂制造技术，例如沉淀法、浸渍法、热熔融法、浸取法等，成为现代催化剂工业中的基础技术。为了节省催化剂用量、提高热稳定性及比表面积，发展了将催化剂负载在载体上的技术，催化剂载体的作用及其选择越来越受到重视。常用的载体包括硅藻土、浮石、硅胶、氧化铝等。对于催化活性组分在载体上的分布也有一些新的设计，活性组分在载体上的分布可分为四种类型：均匀性、蛋壳型、蛋黄型及蛋白型，其中蛋黄型及蛋白型都属于埋藏型，所以实际上是三种。蛋壳型：催化反应由外扩散控制时可选用；均匀型：催化反应由动力学控制时可采用；蛋白型或蛋黄型：当介质中含有毒物，而载体能够吸附毒物时可选。例如，裂解汽油一段加氢精制用的钯/氧化铝催化剂，活性组分 Pd 集中分布在 Al_2O_3的近外表层。再者，为了适应于大型固定床反应器的要求，在生产工艺中出现了成型技术，如条状和锭状催化剂投入使用。70 年代以来，固体催化剂造型日益多样化，出现了诸如加氢精制中用的三叶形、四叶形催化剂，汽车尾气净化用的蜂窝状催化剂，以及合成氨用的球状、轮辐状催化剂。

5. 生物酶催化剂的发展

催化剂还被应用于生物体中，其中酶的催化作用称为生物催化。酶是存在于生物体内、由细胞制造的具有催化功能的蛋白质。任何生物体都像一个复杂而完善的“化工厂”，生物体内的一切化学反应都是在酶的催化作用下完成的，酶的主要来源是微生物。酶催化的特点是高效性（酶的催化效率比无机催化剂高，反应速率快，酶比通常化学催化剂的催化速率要快 1 000 万到 100 亿倍）、专一性（一种酶只能催化一种或一类底物）及温和性（酶所催化的化学反应一般是在较温和的条件下进行的）。酶作为生物催化剂普遍存在于动物、植物和微生物中，酶的生产方法可分为提取法、发酵法以及化学合成法。其中，化学合成法仍在实验室阶段；提取法是最早采用且沿用至今的方法；发酵法是 20 世纪 50 年代以来酶生产的主要方法。

二、催化理论的发展

工业实践的进展推动了催化理论的发展。起初，对于什么反应需要什么样的催化剂，只是进行试探性工作，盲目性大。后来，科学家着手研究制备催化剂的原料配比、制备方法等反应条件与活性之间的关系，为寻找合适的催化剂提供了理论依据。

20 世纪，有关催化方面的经典理论主要包括：1916 年，物理化学家朗格缪尔（Langmuir Itying）根据分子运动理论和一些假定提出单分子层的多相吸附理论，该理论阐述了多相催化反应中吸附量与压力的关系。因为多相催化作用发生的首要条件就是催化剂与反应物要紧密接触，即反应物要被催化剂吸附。美国化学家泰勒（Taylor）针对催化剂表面的不均匀性，提出了活性中心学说。即催化反应不是在催化剂的所有表面上进行，而是在某些活性中心上发生。施瓦布（Schwab）针对 Taylor 的观点提出：反应物在催化剂的活性中心上被吸附后，还将发生形变，如键长、键角的变化等。1929 年，苏联学者巴兰金(Balandin)比较全面地提出了催化多位理论，具体地阐明了反应物是如何在催化剂的多位中心上被吸附而活化，又如何由于能量(包括吸附键、断裂键及生成键)的匹配而发生反应转变成产物。Nyvop 与 Povuhckuu 从电子因素解释了催化反应过程，认为反应物与催化剂之间存在电子得失关系。1938 年，Brunauer、Emmett、Taylor 提出了著名的 BET 吸附理论，阐述了固体表面对气体分子的吸附为多层吸附，为测定多孔性物质的比表面积、孔分布提供了理论依据。

第二次世界大战后，物理学向各个领域广泛渗透，开始采用电子因素、磁性、半导体理论等解释催化现象。Pauling(Linus Carl Pauling，莱纳斯·卡尔·鲍林，1901～1994，美国量子化学家，著名的理论为鲍林杂化轨道理论；另一名奥地利量子物理学家，Wolfgang Ernst Pauli，沃尔夫冈·泡利，1900～1958，著名的理论为泡利不相容原理)从核间距、原子结构方面解释了过渡金属 dsp 杂化轨道中 d-特性%与催化活性的关系，使催化作用理论得到进一步发展。目前，由于对物质的结构和物质内部分子运动规律的认识越来越深刻，已逐步运用结构化学知识对催化剂作用机理作定性、半定量的描述。尤其是利用量子化学理论来描述分子中电子运动的规律，这对预测分子的稳定性与催化活性起重要作用。量子化学发展迅速，已逐步建立起比较健全的分子轨道法、配位场理论、轨道守恒规则等理论。随着计算技术的发展，能计算出晶体中分子及电子轨道、电子能级高低以及电荷分布状况，对催化理论的发展起很大推动作用。

三、催化作用的相

按照催化反应的相态，可分为均相催化与多相催化反应。

均相催化：催化剂与反应物处于同一均匀物相中的催化作用。包括液相和气相均相催化，例如，液态酸碱催化剂、可溶性过渡金属络合物催化剂、碘及一氧化氮等气态分子催化剂的催化属于这一类。均相催化的优点是：催化剂的活性中心比较均一，选择性较高，副反应较少，易于用光谱、波谱、同位素示踪等方法来研究催化反应机理，反应动力学一般不复杂。但均相催化存在催化剂难以分离、回收及再生的缺点。

多相催化：催化剂与反应物不在同一相。多相催化发生在两相的界面上，通常催化剂为多孔固体，反应物为液体或气体。多相催化反应通常可按下述七步进行：① 反应物的外扩散——反应物向催化剂外表面扩散；② 反应物的内扩散——在催化剂外表面的反应物向催化剂孔内扩散；③ 反应物的化学吸附；④ 表面化学反应；⑤ 产物内扩散；⑥ 产物外扩散；⑦ 产物脱附。这一系列步骤中反应最慢的一步称为速率控制步骤。化学吸附是最重要的步骤，化学吸附使反应物分子得到活化，降低了化学反应的活化能。因此，若要使催化反应进行，必须至少有一种反应物分子在催化剂表面上发生化学吸附。固体催化剂表面是不均匀的，表面上只有一部分点对反应物分子起活化作用，这些点被称为活性中心。

均相催化与多相催化各有优缺点，影响催化剂的活性、选择性及反应速率的因素不同。例如，均相催化所需的反应温度较低，反应时间较长，选择性较好，但催化剂与反应体系难以分离。而多相催化则相反。近年来提出了一个新概念：复相催化，它是一独立的化学反应，兼有均相催化的温度和多相催化的速度，同时具有可控的方向性，在反应时，全方位地进行催化，致使反应速度加快数千倍。

四、催化剂领域的诺贝尔奖

1909年12月10日，德国科学家奥斯特瓦尔德(Friedrich Wilhelm Ostwald)因催化、化学平衡和反应速度方面的开创性工作获第9届诺贝尔化学奖。1912年12月10日，德国科学家格利雅(Grignard)因发现有机氢化物的格利雅试剂法、法国科学家萨巴蒂埃(Paul Sabatier)因研究金属催化加氢在有机化合成中的应用而共同获得第12届诺贝尔化学奖。1918年12月10日，德国科学家哈伯(Fritz Haber)因氨的合成获第18届诺贝尔化学奖。1932年12月10日，美国科学家朗缪尔因(Langmuir Itying)提出并研究表面化学获第32届诺贝尔化学奖。1956年12月10日，英国科学家欣谢尔伍德(Sir Cril Hinshelwood)、苏联科学家谢苗诺夫因研究化学反应动力学和链式反应而共同获得第56届诺贝尔化学奖。1963年12月10日，意大利化学家居里奥·纳塔(Giulio Natta)，因在聚合反应催化剂研究上作出很大贡献，与德国化学家卡尔·齐格勒(Karl Waldemar Ziegler)共同获得第63届诺贝尔化学奖。1973年12月10日，英国化学家杰弗里·威尔金森(Geoffrey Wilkinson)和德国化学家恩斯特·奥托·费舍尔(Ernst Otto Fischer)，由于研究有机金属化合物所作的贡献，共同分享了第73届诺贝尔化学奖。1989年12月10日，美国科学家切赫(Thomas Robert Cech)、加拿大科学家奥尔特曼(Sidney Altman)因发现核糖核酸催化功能而共同获得第89届诺贝尔化学奖。2001年12月10日，美国科学家威廉·诺尔斯(William S. Knowles)、巴里·夏普莱斯(K. Barry Sharpless)、日本科学家野依良治(Ryoji Noyori)因在手性催化氢化反应领域取得的成就，而共同获得第101届诺贝尔化学奖。2005年12月10日，法国科学家是伊夫·肖万(Yves Chauvin)、美国科学家罗伯特·格拉布(Robert H. Grubbs)、美国科学家里理查德·施罗克(Richard R. Schrock)，因在有机化学的烯烃复分解反应研究方面作出了贡献而获得了第105届诺贝尔化学奖。2010年12月10日，美国科学家(Richard F. Heck)、日本科学家(Ei-ichi Negishi)和(Akira Suzuki)因为在有机合成领域中钯催化交叉偶联反应方面的卓越研究而获得第110届诺贝尔化学奖。

第二节　工业催化剂概况

对于给定反应，选择催化剂时，首先要弄清反应的类型，才能确定催化剂的大致范围及类型。这里列出不同类型反应常用的工业催化剂。

一、异构化反应

异构化反应包括碳骨架重排、双键移位等，大多通过正碳离子中间体完成，酸催化剂最有效(如 H_2SO_4、H_3PO_4、$AlCl_3$、HCl、BF_3-HF、$SiO_2-Al_2O_3$、分子筛等)。工业上，常用金属-酸性载体为催化剂。例如，直链烷烃异构，用 $Pt/\gamma-Al_2O_3$ 作催化剂。C_8芳烃的异构(即二甲苯分子内烷基移位制备对二甲苯)，曾用 $Pt/SiO_2-Al_2O_3$ 作催化剂；日本采用

BF_3-HF 催化剂，由于超强酸性，故反应温度偏低，但对设备的腐蚀性大；Ward 将过渡金属负载在分子筛上，或用 SiO_2 等改性分子筛，由于孔道效应，产物的对位选择性大大提高。

二、重整反应

重整催化剂必须同时具有金属与酸性催化活性两种功能。由于 Pt 具有强烈吸附活化氢分子的能力，常用 γ-Al_2O_3 上负载 0.2～3 wt%的 Pt 作为催化剂，在催化剂中添加与 Pt 相同质量的 Re 或 Ir，可以增强催化剂的持久性(作用是防止 Pt 的烧结)。后来出现了 Pt-Sn 系列重整催化剂，提高了催化剂的活性与环化产物的选择性。近年来，还引入了第三甚至第四种金属组分的多金属重整催化剂。另外，由于 γ-Al_2O_3 的酸性太弱，常通过添加卤素(氯或氟)等使催化剂具有较强的酸性中心。

三、烷基化反应

用作烷基化反应的催化剂与异构化催化剂类似，只要将反应条件改成高温、高压即可。也可用质子化能力强的超强酸(如 HSO_3F-SbF_3)。在芳烃气相烷基化中多用 HY 沸石分子筛，一般认为活性中心即为分子筛上的 Brönsted 酸中心。例如，甲苯与甲醇烷基化反应制备二甲苯时，可以用阳离子交换的 Y 型沸石分子筛作催化剂，所生成的二甲苯中，对二甲苯约占 50%，该比例超过平衡值(22%)。用离子半径较大的碱金属离子交换的 X 沸石(如:KX、RbX、NaRbX、CsX 型沸石)，在 425℃下，可催化甲苯与甲醛反应，并选择性地生成乙苯和苯乙烯。而在用 Si、Na 等离子半径较小的离子交换的 X 型沸石上，产物主要为二甲苯。另外，酚类、烯烃与醇类的烷基化反应，常用 Al、Ca、Zn 等的卤化物作催化剂，反应在液相中进行。

四、聚合反应

在离子型聚合反应中，催化剂的电子供给体部分是Ⅰ～ⅢA 族的金属有机化合物(如 $Al(C_2H_5)_3$)，电子接受体部分是Ⅳ～Ⅶ族的过渡金属化合物(如 $TiCl_3$)。Ziegler-Natta(齐格勒-纳塔)型催化剂即由上述两部分组成。也可用 Cr_2O_3-SiO_2-Al_2O_3、MoO_3-Al_2O_3 等氧化物作催化剂。

五、水合与脱水反应

以酸催化剂最有效。其中 H_3PO_4/硅藻土、P_2O_5-B_2O_3 是常用的水合催化剂，Al_2O_3 是常用的脱水催化剂。

六、加氢反应

1. 烯烃加氢

具有空 d 轨道的 Ni、Co、Cu、Cr 等过渡金属，常用作烯烃加氢催化剂的主催化剂，其活性与金属的脱出功、电负性、d-特性%及对烯烃或 H_2 的吸附性能有关。若用金属氧化物作为加氢催化剂，活性与其半导体性质、氧化物的生成热及晶格常数有关。Rh、Re、

Ru、Pt、Pd 等贵金属负载型或络合型催化剂也具有加氢活性，并具有耐酸性、耐硫性、优异的低温活性、选择性及耐热性等优点。

2. 苯加氢

苯加氢制备环己烷的反应，一般用 Ni 系催化剂。若采用 Pt/Al_2O_3 催化剂，可获得纯度很高的环己烷(99.96%)。日本的 Esso 公司用 Co、Fe、Ni、Pt、Mo 等的盐与 $Al(C_2H_5)_3$ 制成固体催化剂，在 22 ℃下可以有效地催化苯加氢。若在 Ni 中掺入少量 Re，还具有耐硫性，从而提高催化剂的稳定性。

3. 苯酚加氢

苯酚加氢也以 Ni 系催化剂居多。若用 5% Pd/C 催化剂，苯酚转化率可达 100%，生成环己酮的选择性大于 97%。

七、氧化还原反应

在气相氧化中，常用的固体催化剂是 V_2O_5，可添加 Mo、W、Ag、Fe、Cu、Mn、Co 等的氧化物、磷酸化物或硼酸化物作为助催化剂。氧化物催化剂具有吸附活化 O_2 的能力，还可将被氧化对象上的 H 原子夺走。P 型半导体(如 Cu_2O、NiO、CoO、Cr_2O_3、MnO 等)比 N 型半导体(如 ZnO、V_2O_5、Fe_2O_3 等)更有利于 O_2 的活化吸附。若在这类氧化物中添加 Bi、Mo 之类的氧化物，其活性、选择性将进一步提高(P 型半导体也称为空穴型半导体，即空穴浓度远大于自由电子浓度的杂质半导体；N 型半导体也称为电子型半导体，即自由电子浓度远大于空穴浓度的杂质半导体)。

在液相氧化中，常用 Co、Mn、Cr 之类金属的乙酸、丙酸及萘酸盐作催化剂，若在这些有机盐中添加少量的 H_3BO_3、乙酸等，产物收率将大大提高。

第三节 催化剂的总体设计

催化剂的选择必须从以下几个方面考虑：活性、选择性、寿命及再生性，这四者称为催化剂四要素。它们与催化剂的组成、结构、活性中心及电子组态的关系十分密切。在研究催化剂的性质时，除了测出粒度、孔隙度、比表面及内部组成外，还需进一步了解晶格的不完整性、表面上活性中心的类型、活性中心的部位、强度及在催化过程中的变化等。

一、主催化剂的选择

主催化剂是决定催化剂化学本性(活性和选择性)的主要因素。只有在确定了主催化剂以后，才能考虑其他因素如助催化剂、载体、催化剂的宏观结构、机械强度等。由于固体催化剂目前还没有一个统一的、完善的理论，因而，可靠的方法是从现有的经验和理论考虑主催化剂的选择，而不是束缚在一个单线范围内。考虑的面愈广，选择主催化剂的主动性愈大，花在实验工作上的时间就愈短。

1. 活性样本

对于某一催化反应或是某一类型的若干催化反应的研究(如氧化-还原反应、取代反应、环化反应、分子重排等),常常发现不同催化剂所显示的活性呈现规律性的变化。例如,稀土元素对环己烷脱氢的催化活性,随元素中 4f 电子数的增加而升高。

活性顺序:	La <	Nd <	Sm <	Gd <	Ho <	Er <	Tm <	Yd
原子序数:	57	60	62	64	67	68	69	70
4f 电子数:	0	4	6	7	11	12	13	14

这种局部经验或规律相当多。但是,还不能比较透彻地解释许多现象,更不能肯定地说所需要的催化剂一定就能从这些局部经验数据中得出,因为"活性样本"仅提供一个催化活性的概念。尽管如此,我们可以把这些局部经验所得出的规律作为"样本"。因为要着手设计的催化反应,毕竟与过去已经研究过的某些催化反应有类似之处。例如,如果设计的催化反应是氧化还原反应,通常就不用在酸碱催化剂的样本中去寻找催化剂,这样可以缩小范围,减少实验工作量。这种选择催化剂的方法被普遍应用,也叫活性模板法。例如,图 1-1 给出了氧化亚氮分解的活性样本,横坐标是氧化亚氮分解的温度。可以看出,从 P 型半导体到绝缘体再到 N 型半导体,分解反应所需温度逐渐提高,很有规律性。

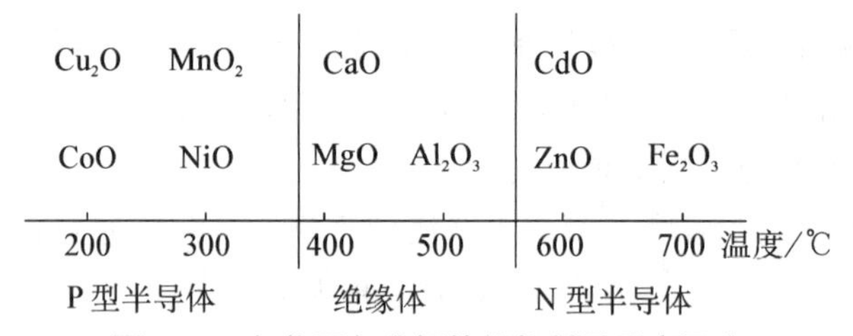

图 1-1　氧化亚氮分解的催化剂及反应温度

2. 吸附热

要使多相催化反应发生,首要条件是吸附,因此,大多数情况下,可以从吸附热的数据推断催化活性。通常,如果反应分子在固体表面上被吸附得很强,则不会被取代,不能与别的分子(如被固体表面吸附的分子或气相中的分子)发生反应。如果被吸附得很弱,或者被吸附分子的各原子(或基团)间的键被削弱得不够,或由于停留时间过分短暂,则起不到活化效果,对催化反应也不利。因此,通常是那些对反应分子具有中等吸附强度的固体表面才具有良好的催化活性。例如,合成氨反应中,Pt 对 N_2 的吸附太弱,而 V 对 N_2 的吸附又太强(甚至可以生成氮化钒),它们都不是良好的催化剂。而对 N_2 具有中等吸附强度的 Fe,才是良好的催化剂。图 1-2 为 CO 在某些金属上的吸附热与 CO 加氢甲烷化

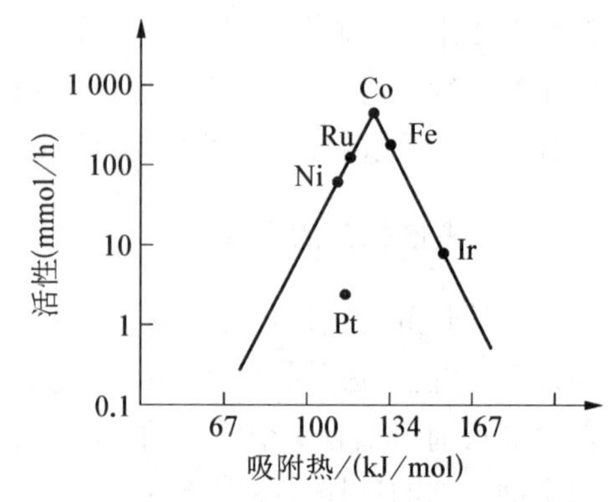

图 1-2　金属上 CO 甲烷化反应的活性与吸附热关系的示意图

反应活性的关系。可以看出，中等吸附强度的金属具有较高的活性。但由于 Ru 价格昂贵，Fe 上易发生积炭，Co 的价格比 Ni 贵，故工业上都以 Ni 作催化剂。因此，在选择催化剂时，要考虑各种影响因素。吸附热可以通过实验直接测定得到。

3. 几何对应性

许多年前便认识到了催化剂的几何结构会影响其催化活性，苏联学者巴兰金提出了多位催化理论，该理论认为，被吸附质点的键长和催化剂的晶格参数要一致，该理论能说明许多催化作用。但亦有一些催化作用无法说明，可能的原因之一是催化剂表面结构常常与体相结构不相同。由于该理论的确能说明某些催化作用，更重要的是固体晶格参数的数据很容易从有关手册上查到，不像吸附热那样需要通过实验测定，因而常被采用。

4. 吸附复合物的形式

即使在表面上发生的只是简单反应，反应的方向仍然依赖于表面吸附复合物的性质。通常，吸附复合物可能有多种形式，因此，我们应当考虑，什么样的吸附复合物的形式是所期望的，是有利于按需要的反应方向进行的形式。

5. 晶体场、配位场理论

配位场理论是说明和解释配位化合物的结构与性能的理论。在有些配合物中，中心离子(或中心原子)周围被按照一定对称性分布的配位体所包围而形成一个结构单元。配位场就是配位体对中心离子(这里大多是指过渡金属络合物)作用的静电势场。由于配位体有各种对称性排布，就有各种类型的配位场，如，四面体配位化合物形成的是四面体场，八面体配位化合物形成的是八面体场等。

晶体场理论是静电作用模型。把中心离子(M)和配位体(L)的相互作用看作类似离子晶体中正负离子的静电作用。当 L 接近 M 时，M 中的 d 轨道受到 L 负电荷的静电微扰作用，使原来能级简并的 d 轨道发生分裂，按微扰理论可计算分裂能的大小。因计算较烦锁，定性地将配位体看作按一定对称性排布的点电荷与 M 的 d 轨道电子云间产生排斥作用。由于 d 轨道的能级分裂，将引起电子排布及其他一系列性质的变化，比如电子将重新分布，体系能量会降低等。例如，八面体配位离子中，d 轨道分裂成两组：低能级的 d_{xy}、d_{xz}、d_{yz}，它们三者的能量相等，称为 t_{2g} 轨道；高能级的 $d_{x^2-y^2}$、d_{z^2}，此二者的能量相等，称为 e_g 轨道。这两组能级间差值称为晶体场分裂能 Δ，配体场强越大，分裂能值越大。d 电子根据 Δ 和成对能(P)的相对大小填充在这两组轨道上。在不同构型的配合物中，中心离子 d 轨道能级分裂情况不同(如图 1－3)。

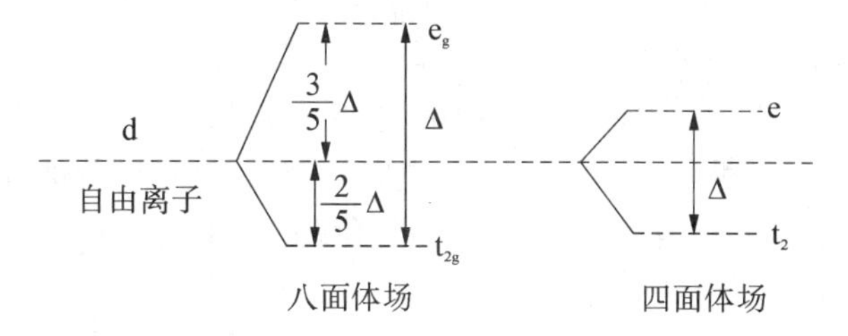

图 1－3 八面体场与四面体场的 d 轨道能级分裂

在催化作用中，当一个质点被吸附在固体催化剂表面上形成所谓“表面复合物”时，会发生类似情况。在表面复合物上发生的能量交换，依赖于很多因素，其中，晶体场稳定能是一个重要因素（中心离子的 d 轨道在配位场的影响下会发生分裂，根据分裂后 d 轨道的相对能量，可以计算过渡金属离子的总能量。一般来讲，这种能量比分裂前要低，因此给配合物带来额外的稳定化能（CFSE），被称为晶体场稳定能）。催化剂与被吸附物间相互作用的强弱等将影响复合物的几何尺寸，例如，从正方形变为八面体、或从四面体转变为正方体锥角形。通过计算晶体场稳定能，可以估计表面复合物可能的形式，从而推测得到的反应产物可能的结构。

二、助催化剂的选择

按照助催化剂与主催化剂的组合关系及助催化剂在主催化剂中所起的主要作用，常把助催化剂分为调变性助催化剂和结构性助催化剂两类。

1. 调变性助催化剂

调变性助催化剂能在一定范围内改变主催化剂的本征活性与选择性。通常，在选择助催化剂前，已经对主催化剂作了选择，大致了解到主催化剂的优点和弱点，选择助催化剂的目的是保证主催化剂的优点，克服其缺点。

例如，在氧化还原反应中，对于以氧的解离吸附为速率控制步骤的反应，氧化物的催化活性取决于氧化物表面上氧的结合键能。氧的结合键能增加，氧化物的催化活性降低。此键能的大小与氧化物中金属阳离子价态变化的难易有关，加入电负性更大的元素作为助催化剂，一是可以降低氧的吸附数量，提高选择性；二是可以减小氧与金属氧化物的结合键能，提高活性。再如，在重整催化剂 Pt/Al_2O_3 中添加 Cl^-，能增强 Al_2O_3 的酸强度。又如，在 Pd 催化乙烯生成乙烯基醋酸盐的反应中，Pd 中加入 Au 后能极大增强 Pd 的催化活性、选择性和稳定性。加入 Au 后，形成 Pd－Au 合金，催化活性增强的原因是隔开 Pd 单原子层，有利于 Pd 表面与反应物的接触，同时还抑制了不必要的副产物如 CO、CO_2 及表面吸附 C 的形成。

近几年来，发展了一种有意义的方法，即将助催化剂引入主催化剂的晶体结构中，以改变主催化剂阳离子的位置和价态，达到改变主催化剂某些性能的目的。还可以将助催化剂引入主催化剂的结构中形成固体溶液（即固溶体），如 V_2O_5 中可溶解达 25%的 MoO_3 等。

2. 结构性助催化剂

如果在使用条件下催化剂活性组分的细小晶粒会较快地长大，比表面积减小，导致催化剂单位容积活性降低。可通过加入结构性助催化剂的方法保持主催化剂的高分散度。选择结构性助催化剂时应注意以下一些原则：

（1）要有较高的熔点，在使用条件下稳定。

（2）对催化反应呈惰性，否则可能改变（主要是降低）催化剂的活性或选择性。

（3）不与活性组分（主催化剂及调变性助催化剂）发生化学反应，如生成合金或新的化合物，否则可能导致活性组分中毒。

例如，合成氨催化剂中，通常选用 Al_2O_3 和 CaO 等作为结构性助催化剂，它们能使还

原后的 α-Fe 晶粒保持高度分散状态，从而提高催化剂的稳定性，使其不至于烧结而活性降低。又如，重整催化剂 Pt/Al_2O_3，负载在载体上的金属 Pt(熔点 1 769.3 ℃)在反应条件下，会发生烧结，使 Pt 晶粒长大，比表面积减小。因此，常加入铱(熔点 2 454 ℃)或铼(熔点 3 180 ℃)作为结构性助催化剂，它们能插入 Pt 晶粒中形成群落，从而使催化剂活性保持稳定。

三、载体的选择

1. 化学因素

在选择载体时，应考虑以下一些化学因素：

(1) 催化剂组分是否可能与载体发生化学作用

如果发生，是否是所希望的？这个问题涉及的面很广，不可能列出简单的图表。以 $Ni-Al_2O_3$ 为例，通常在 500 ℃或更低的温度，即能生成少量尖晶石结构的铝酸镍 $NiAlO_4$，当到达 800 ℃时，能大量生成。实验表明，在绝大多数的催化过程中，尖晶石中结合的镍没有催化活性，而试图把铝酸镍还原为金属 Ni 和 Al_2O_3 又十分困难。为了避免催化剂在使用过程中因生成 $NiAlO_4$ 而降低活性，可以在载体中加入 MgO，使之在烧结过程中预先生成 $MgAlO_4$(在 $MgAlO_4$ 不影响催化性能的前提下)，再用浸渍法负载 NiO。或是先将 $\gamma-Al_2O_3$ 在高温下(如 1 200 ℃以上)烧结，使大部分 $\gamma-Al_2O_3$ 生成 $\alpha-Al_2O_3$(首要条件是不影响催化性能)。倘若不允许上述两种情况存在，则可以加入过量的 Ni，一部分 Ni 被 Al_2O_3 消耗掉，另一部分成为活性组分。$Ni-Al_2O_3$ 的这些经验，可以作为其他催化剂选择载体的参考。

(2) 载体在操作条件下的化学稳定性

例如，SiO_2 常用作一些催化剂的载体。但是有水蒸气存在时，能生成原硅酸 $Si(OH)_4$，转移到气相中。如果发生这种情况，不仅会破坏载体，导致催化剂粉化，而且，当反应温度降低后，$Si(OH)_4$ 将在某些设备或管道中沉积下来，造成堵塞。又如，反应中如有 HF 或氟，也会与 SiO_2 反应生成 SiF_4 而转移到气相中，与 $Si(OH)_4$ 的害处相同。

用 MgO 作载体时，若存在水蒸气，会生成 $Mg(OH)_2$。

如果载体本身是活性组分的一部分，必须考虑载体是否会被反应物毒化。例如，$\gamma-Al_2O_3$ 会被 H_2O 毒化，某些硫化物和氯化物对金属氧化物载体起毒化作用。载体的化学稳定性还表现在对温度的稳定性上。某些碳酸盐水合物(如水泥)载体在一定温度下会分解。另外，不仅要考虑正常操作温度下的稳定性，还应考虑特殊反应条件(如可能发生超温或局部过热)下的稳定性。

(3) 活性组分与载体的协同作用

最复杂的情况是多功能催化剂的各种功能在载体表面上的分配问题，在多种可供选择的载体中，往往某一种载体是需要的。例如，铂重整催化剂，载体的酸功能固然能促进异构化，但如果酸性太强，会导致裂解反应。因此，需选择具有合适酸强度的载体。

(4) 根据催化反应特点选择载体

根据催化反应的某些特点，常把催化反应分为结构敏感性反应和结构非敏感性反应两类。

结构敏感性反应，或叫需求反应，具有以下一些特点：① 反应只可能发生在某一特定的位置上（或某一定向晶面上）；② 反应包含单一的 C—C 键断裂；③ 需要多功能催化剂；④ 需要一个并不太活泼的催化剂，其晶格参数因分散度而改变；⑤ 可能包含有未配对电子的反应物（如 NO）。对于这一类反应，载体的化学因素较重要。

结构非敏感性反应，或叫简单反应，具有以下一些特点：① 反应包括自由能的大幅度下降；② 加成反应或消去反应；③ 不需要多功能催化剂；④ 需要一个活泼的催化剂，该催化剂的晶格参数不因分散度的改变而改变。对于这一类反应，选择载体时用不着多做实验，可以节约时间。

2. 物理因素

(1) 机械强度

首先，应考虑操作条件下热波动对载体的影响，某些载体可能因温度大幅度波动，颗粒膨胀、收缩而崩裂。其次，应考虑气流波动时固定床反应器进出口压差的影响。在常压反应时，这一问题并不严重。而在加压反应条件下，气流量的剧烈增减，常使催化剂床层上下产生每平方厘米几千克直至数十千克的压差。再次，应考虑催化剂在运输、装填时的耐磨强度。

(2) 载体的导热性质

载体的导热性质影响到催化剂颗粒内外的温差以及固定床反应器反应管横截面积的温差。在某些特殊情况下，这种温差有利于选择性的提高，因而要求载体导热性愈不良愈好。而在绝大多数情况下，要求导热性良好。但绝大多数常用载体都是热的不良导体，如硅或铝的氧化物，可在载体中加入某种导热性良好的物质，以改善载体的导热性能，例如，在 SiO_2 中加入 SiC。

(3) 载体的宏观结构

载体的宏观结构包括载体的比表面积、孔隙率、孔径分布等。例如，如果用硅氧化物作载体，若要求高的比表面积和细的孔隙，就应该选择硅胶；但是，如要求低比表面积和大孔径载体，可以选择硅藻土。

四、总体设计

原则上，我们对所设计的催化剂至少要满足下述三方面的要求：

(1) 单位容积催化剂的活性和选择性愈高愈好。

(2) 催化剂的寿命（活性、选择性、机械强度能稳定保持的时间）愈长愈好。

(3) 操作费用（主要是动力消耗）和建设投资（涉及催化反应装置结构的复杂程度）愈低愈好。

表面上看来，这三方面的要求都很合理。但是，从催化反应动力学、传热过程、扩散机理、流体动力学等多个角度来分析，很容易看出，这三方面的要求总会发生矛盾。解决矛盾的方法是从已知催化剂的结构参数（包括化学结构和物理结构因素）进行统筹，决定最佳方案，就是能得到最佳经济效果的方案。

例如，在固定床中，从 N_2、H_2 混合气合成 NH_3。从反应通道来看，可以说是最简单的了，选择性是百分之百，不可能有其他副反应。但是怎样解决催化剂颗粒大小和通气阻力的矛盾，却要进行经济效果上的比较。使用的催化剂颗粒尺寸愈小，则单位容积(重量)催化剂的活性愈高，催化剂的用量和反应器的尺寸可以减少，这在经济上是有利的。但是，另一方面，使用的催化剂颗粒愈小，则通气阻力愈大，动力消耗愈大，这在经济上是不利的。要解决这一矛盾，必须作图进行综合比较。

图 1 - 4 中，线 1 代表单位产品动力消耗费用，它随催化剂颗粒直径的增加而减少；线 2 代表单位产品的催化剂和反应器的费用，它随催化剂直径的增大而增加；线 3 由线 1 和线 2 相加得到。可以看出，线 3 上存在一个极小点 A，与 A 点相对应的横坐标上的 A' 点，即是催化剂颗粒的最佳直径，这一点的总费用最小。

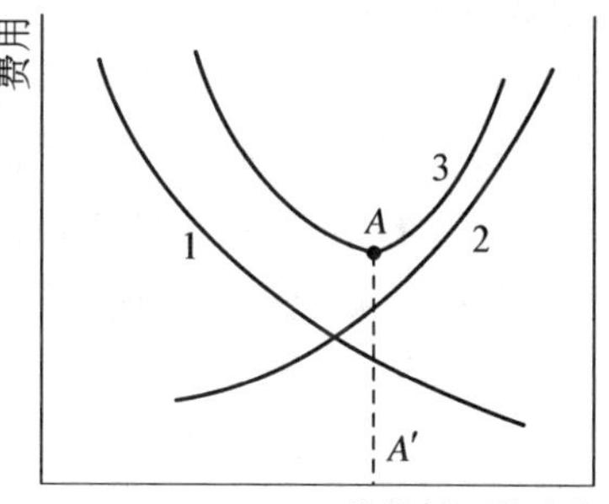

图 1 - 4 催化剂颗粒尺寸与消耗费用的关系

经过对催化剂结构参数的综合考虑来求得催化剂性能最佳化的例子很多，不可能一一举例，以下为一些注意事项：

① 遇到催化剂的机械强度和活性之间的矛盾，常常采用粘结剂来提高催化剂的强度，同时牺牲一部分容积活性。因为惰性物质增加，反应器单位容积的活性相对减少。

② 若催化剂耐毒性与活性之间存在矛盾，而去除微量毒物的净化设备费用较高，有时宁可牺牲部分活性以增强催化剂的耐毒性。

③ 催化剂预处理的难易。如某些加氢用的 $Ni - Al_2O_3$ 催化剂，最初制备得到的 NiO，需在较高温度(350 ℃)下还原成 Ni，若催化反应过程是在远低于还原温度下进行，就必须在另外的装置中预还原。

④ 催化剂活性和选择性的最佳反应条件(包括温度、压力、气流等)与催化反应装置的复杂性等矛盾。要解决这些矛盾，须首先考虑固体催化剂结构参数。例如，在设计一开始，根据所设计的催化剂和催化过程的特点，写出一个初步的程序。另外，在实验过程中要保留全部的实验数据，即使某些实验数据在当时看来没有多大意义。

第四节 催化剂的制备

固体催化剂的制备大致采用如下的单元操作：溶解、沉淀或胶凝、离子交换、洗涤、过滤、干燥、混合、熔融、成型、煅烧和还原等，催化剂的制备过程是某些单元操作的组合。

一、催化剂的制备方法

1. *沉淀法*

(1) 沉淀剂的选择

采用什么沉淀反应，选择什么样的沉淀剂，是沉淀工艺设计的第一步。在充分保证催化剂性能的前提下，沉淀剂应能满足技术上和经济上的要求，下列几个原则可供选择沉淀剂时参考。

① 尽可能使用易分解并含易挥发成分的沉淀剂。常用的碱类沉淀剂有氨气、氨水、尿素及氢氧化钠等；盐类沉淀剂有铵盐(如碳酸铵、硫酸铵、草酸铵及碳酸氢铵)及碳酸盐(如碳酸钠)等；酸性沉淀剂有二氧化碳等。这些沉淀剂的各个成分，在沉淀反应完成之后，经过洗涤、干燥与煅烧，有的可以被洗涤除去(如 Na^+、SO_4^{2-})，有的能转化为挥发性气体而逸出(CO_2、NH_3、H_2O)。

② 形成的沉淀物必须便于过滤和洗涤。沉淀可分为晶形沉淀和非晶形沉淀。晶形沉淀带入的杂质少，也便于过滤和洗涤，因此，应尽量选用能形成晶形沉淀的沉淀剂。盐类沉淀剂原则上可以形成晶形沉淀，而碱类沉淀剂一般易形成非晶形沉淀。

(2) 沉淀的形成条件

① 晶形沉淀形成条件

a. 沉淀应在适当稀的溶液中进行。这样，沉淀开始时，溶液的过饱和度不至于太大，可以降低晶核生成的速率，有利于晶体长大。

b. 沉淀开始生成时，沉淀剂应在不断搅拌下均匀而缓慢地加入，以免发生局部过浓现象。

c. 沉淀应在热溶液中进行。这样可使沉淀的溶解度略有增大，过饱和度相对降低，有利于晶体生长。同时，温度愈高，吸附的杂质愈少。为了减少因溶解度增大造成的损失，沉淀完毕，应待熟化、冷却后再过滤和洗涤。

d. 沉淀应放置熟化。当沉淀物与母液一起放置一段时间后，由于细小的晶体比粗晶体溶解度大，对于大晶体而言，溶液已经达到饱和状态，而对于细小的晶体，尚未饱和，于是细小的晶体逐渐溶解，并沉积在粗大的晶体上。如此反复溶解再结晶，结果基本上消除了细晶体，获得了颗粒大小较为均匀的粗晶体。由于粗晶体总的表面积较小，吸附杂质较少。

② 非晶形沉淀形成条件

a. 沉淀应在含有适当电解质的较浓的热溶液中进行。由于电解质的存在，能使胶体颗粒胶凝；又由于溶液较浓、温度较高，离子的水合程度较小，这样就可以获得较紧密凝聚的沉淀，而不至于成为胶体溶液。

b. 在不断搅拌下，迅速加入沉淀剂，使之尽快分散到全部溶液中，析出沉淀。

c. 待沉淀析出后，加入大量的热水稀释，减少杂质在溶液中的浓度，使一部分被吸附的杂质溶解到溶液中。

d. 加入热水后，一般不宜放置，应立即过滤，以防沉淀进一步凝聚而使得表面吸附的杂质裹在里面不易洗去。

(3) 沉淀的洗涤

选择洗涤液的一般原则：

① 对于溶解度很小而又不易形成胶体的沉淀，可用蒸馏水或其他纯水洗涤。

② 对于溶解度较大的晶形沉淀，宜用沉淀剂稀溶液来洗，但是只有易分解并含易挥发成分的沉淀剂才能使用。例如，可用$(NH_4)_2C_2O_4$稀溶液洗涤 CaC_2O_4沉淀。

③ 对于溶解度较小的非晶形沉淀，应选择易分解易挥发的电解质稀溶液洗涤。

④ 温热的洗涤液容易将沉淀洗净，通过过滤器也较快，还能防止胶体溶液的形成。但是，在热洗涤液中沉淀损失也较大。所以，溶解度很小的非晶形沉淀，宜用热的洗涤液洗涤，而溶解度大的晶形沉淀，以冷的洗涤液洗涤为好。

(4) 沉淀方法

① 单组分沉淀法

单组分沉淀法是通过沉淀剂与一种待沉淀组分溶液发生反应，以制备单一组分沉淀物的方法。

② 共沉淀法(多组分沉淀法)

共沉淀法是将催化剂所需的两个或两个以上组分同时沉淀的一种方法。其特点是一次可以同时获得几个组分，而且各个组分的分布比较均匀。

2. 浸渍法

浸渍是一个简单的操作，通常是将待附载组分的可溶性化合物溶解在水或其他溶剂中，配制成给定浓度的浸渍溶液，然后与处理好的载体相混合，在一定条件下浸泡一段时间，滤去过剩溶液(如果有的话)。或将浸渍液与载体相混合后，一定温度下搅拌、蒸干溶剂。再经过干燥、煅烧或还原后，便得到附载型(也可写作负载型)催化剂。浸渍温度、时间及干燥等实验条件不同将影响活性组分在载体上的分布状态，从而影响催化性能。

3. 机械混合

混合可以在任何相间进行，可以是液-液混合、固-固混合(干式混合)，也可以是液-固混合(湿式混合)。例如，水凝胶与含水沉淀物的混合(湿混)，含水沉淀物与固体粉末的混合(湿混)，多种固体粉末之间的混合(干混)等。

干式混合是一个物理过程，化学反应不常见或不明显；湿式混合则可能伴有化学反应。混合的目的：一是促进物料间的均匀分布，提高分散度；二是产生新的物理性质(如塑性)，便于成形。

混合设备有模式混合器、轮碾机、球磨机、胶体磨等。

4. 离子交换法

离子交换剂是指载有可交换离子(即反离子)的不溶性固态物质。当离子交换剂与电解质溶液接触时，这些离子能与同符号等当量的其他离子交换，前者进入溶液中，后者被吸取到交换剂上。载有可交换阳离子的交换剂称为阳离子交换剂；载有可交换阴离子的交换剂称为阴离子交换剂；能同时进行阳离子和阴离子交换的交换剂称为两性离子交换剂。

典型的阳离子交换过程：

$$2NaX(s) + CaCl_2(aq) \longrightarrow CaX_2(s) + 2NaCl(aq)$$

典型的阴离子交换过程：

$$2XCl(s) + Na_2SO_4(aq) \longrightarrow X_2SO_4(s) + 2NaCl(aq)$$

式中：X代表离子交换剂的结构单元；s表示固相；aq表示水溶液相。

离子交换技术首先应用于水的净化。如将含有 $CaCl_2$(aq)的硬水用离子交换剂 NaX(s)(通常为分子筛)处理,水中的 Ca^{2+} 被吸取,交换 Na^+,于是硬水得到了软化。经过反复使用后,交换剂 NaX 的反离子 Na^+ 全部消耗完,达到交换饱和值,失去了效能,离子交换剂由 Na^+ 形态转化为 Ca^{2+} 形态。此时可用钠盐(如 NaCl)溶液使离子交换剂再生,使之重新转化为 Na^+ 形交换剂。由此可见,离子交换反应是个可逆反应。

许多天然的或合成的产物具有离子交换性质。其中最重要的是离子交换树脂、合成无机离子交换剂、天然矿物离子交换剂和离子交换媒。

通过离子交换法制备催化剂的原理也被用于制备纳米材料,并使形貌得到遗传或性能得到改善。例如,由于 Bi_2S_3 的溶解度常数远小于 $Bi_2O_2CO_3$、BiOCl 等,将硫源如 Na_2S、硫脲等加到 $Bi_2O_2CO_3$ 或 BiOCl 分散的水溶液中,室温搅拌几个小时,即可制备 $Bi_2S_3/Bi_2O_2CO_3$ 或 Bi_2S_3/BiOCl 复合物。由于 Bi_2S_3 的强的可见光吸收能力,能改善 $Bi_2O_2CO_3$ 或 BiOCl 的可见光催化活性。又如,2004 年 Science 上发表了将所制备的四足鼎形 CdS 与 $AgNO_3$ 水溶液反应一段时间,即可制备得到四足鼎形的 Ag_2S,形貌得到了遗传。

5. 热熔融

热熔融系借高温条件将催化剂的各个组分熔合成为均匀分布的混合体、合金固溶体或氧化物固溶体,以获得高活性、高热稳定性、高机械强度等性能的催化剂。

固溶体是指数种固态成分以连续之比而成溶相的体系,即几种固态成分相互扩散所得的极其均匀的混合体。所以,固溶体又称固体溶液。

熔炼常在电阻炉、电弧炉、感应炉或其他熔炉中进行。如氨合成熔铁催化剂,可以将天然磁铁矿或合成磁铁矿与添加剂(Al_2O_3、KNO_3、$CaCO_3$ 等)的混合物料同时置于熔炉中熔炼制得。热熔融法是制备工业上复合催化剂的常用方法,因为借助于高温条件,容易得到混合均匀的混合物或生成结晶度高的复合氧化物。

二、催化剂的煅烧和活化

1. 煅烧

催化剂的煅烧是完成催化剂制备后续步骤的一个关键步骤。煅烧条件如果控制不当,则不可能达到前几个步骤所需达到的孔结构、比表面、化学价态、相结构等。

在催化剂制备过程中,干燥后所得的产物,一般是以水合氧化物(氢氧化物)、硝酸盐、磷酸盐、铵盐等形式存在。

(1) 煅烧的第一个作用

通过这些基体物料的热分解反应,除去化学结合水和挥发性杂质(如 NO_2、CO_2、NH_3 等),使之转化为所需的化学成分和价态。如异丁烷脱氢催化剂,基体物料含 Al_2O_3、H_2O、CrO_3、KNO_3,它们在空气中,于 550 ℃下发生以下热分解:

$$Al_2O_3 \cdot H_2O \longrightarrow Al_2O_3 + H_2O$$
$$4CrO_3 \longrightarrow 2Cr_2O_3 + 3O_2$$
$$2KNO_3 \longrightarrow 2KNO_2 + O_2$$
$$2KNO_2 \longrightarrow K_2O + NO + NO_2$$

又如，油脂加氢制硬化油的镍-硅藻土催化剂，基体 $Ni(HCOO)_2 \cdot 2H_2O$ 在 140 ℃左右开始脱水，210 ℃发生热分解：

$$Ni(HCOO)_2 \cdot 2H_2O \longrightarrow Ni + 2CO_2 + 2H_2O$$

(2) 煅烧的第二个作用

通过控制一定的温度，使基体物料向一定的晶相或固溶体转化。例如，氢氧化铝在不同的温度下向不同的晶相转化：

$$\eta - Al_2O_3 \longrightarrow \gamma - Al_2O_3 \longrightarrow \alpha - Al_2O_3$$

又如，用于甲烷蒸汽制 CO 的氧化镍/氧化铝催化剂，加热到 500 ℃以上，开始出现铝酸镍新相，在 700 ℃加热 10 h，氧化镍全部转化为铝酸镍。

(3) 煅烧的第三个作用

在一定的气氛和温度下，通过再结晶过程和烧结过程，控制微晶粒数目与晶粒大小，从而控制孔结构与比表面积。例如，Razouk 等通过水镁石（$MgCO_3 \cdot 3H_2O$）及菱镁矿（$MgCO_3$）的热分解实验，研究了温度、气氛、热处理时间对比表面积的影响。实验表明：① 同一原料在真空下热分解所得产物的比表面积比在空气气氛下热分解所得产物的比表面积大；② 菱镁矿热分解所得产物的比表面积比水镁石热分解所得产物的比表面大；③ 菱镁矿在 500 ℃下加热时，比表面积的增加与加热时间不成直线关系。分解百分率达 90%时，比表面积有突升现象，超过一定温度后，比表面积随温度的上升而下降。由于通常情况下催化剂比表面积随温度的增加，初期先上升，而后由于高温烧结，逐渐下降。

因此，曾用许多方法来防止烧结，例如，合成氨的铁催化剂，在反应过程中，Al_2O_3 可能与 Fe、K_2O 反应，生成 $FeAl_2O_4$、KAl_2O_4 等高熔点难还原的组分，隔开 α - Fe 微晶，以阻止 α - Fe 烧结。但另一方面，有时却利用烧结来堵塞小孔或增加机械强度。例如，用于甲烷蒸汽转化的碳酸镍-陶土催化剂，随着煅烧温度提高，机械强度大大提高。在 1 100 ℃煅烧，抗压强度可达 200 kg/cm^2。又如，经过 1 200 ℃以上煅烧的 $\alpha - Al_2O_3$，是良好的高温、高机械强度、低比表面积载体。

2. 活化

在催化剂制备中，使催化剂达到反应所需的活化态的过程，称为催化剂的活化。有些催化剂煅烧后即达到活化态。有些催化剂则不然，例如金属催化剂，基体材料煅烧后是氧化态，还要用还原性气体升温还原。有些催化剂则还要通过含少量 H_2O、HCl、CCl_4 的气流活化，强化催化剂的酸中心或酸中心强度（如 Pt/Al_2O_3 重整催化剂）。考虑到气体对催化剂表面组成具有改组、重构，达到活化状态的作用，故在催化剂使用前，有时还要用反应物气体活化。

催化剂还原度的不同，对金属晶粒大小也有影响。例如，氨合成铁催化剂的还原一般分为三个还原时期：诱导还原期、自动还原期和还原残余期。低于 450 ℃，还原反应缓慢进行；当温度达到 450 ℃后，还原很快进行，这时必须通过高空速的还原气，以便带走产生的水蒸气；最后阶段的还原很缓慢，表明催化剂表面残留氧的除去较困难，然而最后残留氧的去除是提高催化剂活性的关键。

三、催化剂成型

催化剂的几何形状和几何尺寸，对流体阻力、气流速度梯度分布、温度梯度分布、浓度梯度分布等都有影响。它直接影响到催化剂实际生产能力及生产费用。例如，在固定床反应器中，流体阻力与 $1/d^n_{颗粒}$ 成正比(d 为颗粒直径，$n=1.2\sim1.3$)。考虑到传质效率，催化剂颗粒直径与反应管直径($d_{颗粒}$)一般要有恰当的比例，如 $6<d_{管}/d_{颗粒}<12$。

固体催化剂的几何形状通常为粉末、微球、小球、圆柱体(条或片)、环状体、无规颗粒以及网丝、薄膜、骨架等。几何尺寸小至几个微米，大到几十毫米。工业上，不同催化反应器中常见的催化剂形状及大小：① 固定床催化剂：粒状、片状、条状、球状，一般直径在 4 mm 以上；② 移动床催化剂：球状，直径 3～4 mm；③ 沸腾床催化剂：直径 30～200 μm；④ 悬浮床催化剂；直径 1～2 mm。常见的催化剂成型方法如下：

1. 喷雾成型或油滴成型

(1) 喷雾成型

把预先配制好的溶胶通过高压喷头(100 kg/cm^2)在干燥塔中喷雾分散，受热风干燥后凝成微球状干凝胶，一般粒度范围为 φ(直径)为 30～200 μm。

(2) 油滴成型(或称珠化成型)

将原料溶液分成两路，按一定的流速比例流经低压喷头(<3 kg/cm^2)，在喷头内迅速混合并生成溶胶，离开喷头后以小液滴状态分散在温热的轻油或变压器油中，利用溶胶与油的表面张力差异，溶胶在 2～3 s 之内凝结成小球状凝胶，一般小球的粒度为 2～5 mm。操作时，粒度的大小由喷头压力调节，压力愈高，粒度愈小。

通过喷雾成型和油滴成型所得的产品，形状规则，表面光滑，机械强度良好。硅胶、铝胶、硅铝胶、分子筛等常用这种方法成型。

2. 回转造球

采用固体粉末润湿结块的原理，将干燥的粉末放在回转着的倾斜角为 30°～60°的圆盘里，慢慢喷入粘结剂，例如水，由于毛细管吸引力的作用，润湿了的局部粉末先粘结为粒度很小的核，随着滚动渐渐增大为球，浮在表面的大球，符合粒度要求后，从圆盘的下边滚出。球的粒度与圆盘的转速、深度、倾斜度及粘结剂的种类有关。

3. 湿式挤压成型

将粉末或滤饼与适量的粘合剂，碾压捏和之后，调成塑性良好的粘浆。然后将粘浆用挤压机压出，并切割成圆柱体(或环状体)。粘合剂一般是水，此外，根据物料的性质，尚可选用表面张力适宜的乙醇、丙酮、聚乙烯醇及粘土等。

4. 干式压缩成型

(1) 板状成型法

把催化剂粉末放在模具内用压力机加压成型，压力机可用水压式或匀压式。

(2) 锭剂机成型法

使粉末流入锭剂机中的圆筒模具内，用齿轮车使活塞杆上下移动，通过冲钉加压将模具内的粉末压缩成型。

(3) 油压机压片

以上介绍的都是工业上催化剂成型方法。在实验室没有那些设备时,在进行催化剂的评价前,也必须成型,否则,粉末状催化剂会堵塞气流,使反应很快停止。最简单的方法是将粉末放在常用的红外压片的磨具中,用油压机压成片状,然后用镍匙轻轻捣碎,根据需要,用不同孔径的筛子的筛分,通常选取 20～40 目大小的颗粒。

第五节 催化剂性能评价

完成了催化剂的制备、成型后,在未投入大规模生产使用之前,必须先对催化剂进行评价。一个较好的工业催化剂,一般需满足以下要求:

(1) 活性好,活性稳定,选择性高。

(2) 寿命长,能耐毒、耐热。

(3) 足够的机械强度和合理的外形。

(4) 催化剂一旦中毒失活,能通过简易的方法再生,使其可反复使用。

(5) 制造价格低,易于处理,易于成型。

(6) 有适当的助催化剂、载体、稳定剂。

其中前三者最重要,下面重点介绍催化剂活性与选择性的评价手段。

一、活性和选择性

1. 活性

催化剂的活性是衡量催化剂性能的重要指标。催化剂的活性可以用以下几种方法来表示。

(1) 比活性

用单位表面积上的反应速率常数表示活性。例如,在 20 cm^2的 Pt 片上,H_2O_2分解的速率常数为 $k=0.009\ 4/min$,则该反应在 Pt 片上的比活性为 $0.009\ 4/20=0.000\ 47/min\cdot cm^2$。

一般说来,催化剂 活性不仅取决于催化剂的化学本性,还取决于催化剂的微孔结构等。同一催化剂用不同的方法制备,导致比表面积不同,活性也不同。用比活性来表示就可避免这种差异。在一定条件下,比活性只取决于催化剂的化学本性,所以用来评价催化剂较为合理。

(2) 时空产率

也称为催化剂的生产率,指在一定的反应条件下,单位时间、单位体积催化剂上所得产物的量。单位:$mol\cdot m^{-3}$(催化剂)$\cdot h^{-1}$。

从时空产率可直接求出完成一定生产率所需要的催化剂的体积,所以时空产率在生产设计中使用较方便。这种表示活性的方法有不足之处,因为时空产率相同,比活性未必一样。另外,时空产率与反应条件(如进料组成、进料空速等)有关。

(3) 转化率

在一定反应条件下,进入反应器中某一反应物的总量中转化的百分数。例如,对于反应:

$$a\text{A} \longrightarrow b\text{B} + c\text{C}$$

N_A^0代表起始的 A 的物质的量,N_A代表尚未转化的 A 的物质的量,则 A 的转化率(x_A)为:

$$x_\text{A} = \frac{N_\text{A}^0 - N_\text{A}}{N_\text{A}^0} \times 100\% \tag{1-1}$$

(4) 收率

也称为单程产率,指在一定反应条件下,某一反应物的总量中转化为某种产品所消耗的反应物的百分率,用符号 y 表示。则

$$y_\text{A} = \frac{\text{A 转化为某一产品的量}}{\text{加入 A 的总量}} = \frac{\frac{a}{b} N_\text{B}}{N_\text{A}^0} \times 100\% \tag{1-2}$$

(5) 转换频率(turnover frequency)

指单位时间内单位活性中心部位引发的总包反应的次数;或者说,单位时间内单位活性中心上产生的给定产物的分子数。在多相催化中,转换频率典型的数量级是每秒钟多少个(个/s)。转换频率是一个很有用的概念,但因测定活性中心的数目还存在一定困难,使应用受到一定限制。

2. 选择性

催化剂的选择性,在工业上具有特别重要的意义。催化剂的选择性(S)是指在反应物的转化总量中转化为某种目的产品的反应物量的百分数。如产物 B 的选择性表示为:

$$S_\text{B} = \frac{\frac{a}{b} N_\text{B}}{N_\text{A}^0 - N_\text{A}} \times 100\% \tag{1-3}$$

二、评价装置

用于评价催化剂活性和选择性的管式反应器有:流通式、封闭式和脉冲式三种。工业生产上多用流通式反应器,催化剂的基础性试验多用封闭式反应器,如果想尽快了解经改进后新催化剂的性能时,多用脉冲式反应器。

1. 流通式反应器

管内填放定量催化剂,以一定压力,一定流速从管的一端送入反应物(可以采用恒压注射定量泵或用惰性气体以一定速度将反应物带入反应器),从另一端以一定速度取出产物。根据反应气体的流动方式,可分为固定床反应器、流化床反应器和移动床反应器三种。

(1) 固定床反应器

又称填充床反应器，固体催化剂通常呈颗粒状，堆积成一定高度(或厚度)的床层。床层静止不动，反应物(气体或液体)通过床层进行反应。它与流化床反应器及移动床反应器的区别在于固体颗粒处于静止状态。固定床反应器主要用于实现气固相催化反应，如氨合成塔、二氧化硫接触氧化器、烃类蒸汽转化炉等。固定床反应器的优点是：① 返混小(返混，又称逆向混合，是一种混合现象。可理解为连续过程中与主流方向相反的运动所造成的物料混合。这种混合的存在，会影响沿主流方向上的浓度分布和温度分布)，流体与催化剂可进行有效接触，当反应伴有串联副反应时可得到较高的选择性；② 催化剂机械损耗小；③ 结构简单。固定床反应器的缺点是：① 传热差，当反应放热量很大时，即使是列管式反应器也可能出现反应温度失去控制、温度急剧上升超过允许范围的情况；② 操作过程中催化剂不能更换，对于催化剂需要频繁再生的反应一般不宜使用。

(2) 流化床反应器

流化床反应器是一种利用气体或液体通过颗粒状固体层而使固体颗粒处于悬浮运动状态，并进行气固相反应或液固相反应过程的反应器。在用于气固系统时，又称沸腾床反应器。流化床反应器的优点是：① 可以实现固体物料的连续输入和输出；② 流体和颗粒的运动使床层具有良好的传热性能，床层内部温度均匀，而且易于控制，特别适用于强放热反应；③ 便于进行催化剂的连续再生和循环操作，适合于催化剂失活速率高的过程。石油馏分催化流化床裂化的迅速发展就是这一方面的典型例子。流化床反应器的局限性：① 由于固体颗粒和气泡在连续流动过程中的剧烈循环和搅动，无论气相或固相都存在着相当广的停留时间分布，导致不适当的产品分布，降低了目的产物的收率；② 反应物以气泡形式通过床层，减少了气-固相之间的接触机会，降低了反应转化率；③ 由于固体催化剂在流动过程中的剧烈撞击和摩擦，使催化剂加速粉化，加上床层顶部气泡的爆裂和高速运动，大量细粒催化剂的带出，造成明显的催化剂流失；④ 床层内的复杂流体力学、传递现象，使过程处于非定常条件下，难以揭示其统一的规律。

(3) 移动床反应器

在反应器顶部连续加入颗粒状或块状固体催化剂，随着反应的进行，固体物料逐渐下移，最后自底部连续卸出。流体则自下而上(或自上而下)通过固体床层进行反应。由于固体颗粒之间基本上没有相对运动，但却有固体颗粒层的下移运动，因此，也可将其看成是一种移动的固定床反应器。与固定床反应器及流化床反应器相比，移动床反应器的主要优点是固体和流体的停留时间可以在较大范围内改变，返混较小(与固定床反应器相近)，对固体物料性状以中等速度(以小时计)变化的反应过程也能适用。而固定床反应器和流化床反应器分别仅适用于固体物料性状变化很慢(以月计)和很快(以分、秒计)的反应过程。移动床反应器的缺点是控制固体颗粒的均匀下移比较困难。

2. 封闭式反应器

一定反应物和催化剂混合放在密闭容器中反应，体系的内压、组成及反应时间都可人为控制。

3. 脉冲式反应器

这是与连续反应相仿的微量反应器，是在一定流速的连续载气流中，在极短时间内送进少量反应物的过程。

对于活性和选择性的测定，按数据处理方式可分为积分型和微分型反应器两种。

(1) 积分反应器

当反应物通过反应器后，出口的成分是整个反应器的积分总结果。从这种反应器所获得的实验数据，不能直接代入速率方程式，需要把速率方程式进行积分，把数据代入积分后的公式，才能对结果进行分析和讨论。由于从这种反应器所得的浓度变化数据是积分的总结果，所以又叫积分反应器，通常工厂里的反应器都属于这一种。

(2) 微分反应器

反应速率不随管长而变化，此时由于反应器中各截面上的温度、压力、浓度变化量都很小，以至各种截面上的反应速率变化也很小，这种反应器称为微分反应器。整个微分反应器所代表的动力学情况相当于积分反应器中的一个截面，或一个微分区域 dV_R。这样在数学处理上就很方便，可用平均温度、平均压力、平均浓度来代表微分反应器上各截面的温度、压力和浓度。通常实验室里的反应器都属于这一种。

三、寿命

催化剂的寿命除了与催化剂的结构等客观因素有关外，还与使用期间的客观因素变化有关。如，毒物出现、局部过热、主催化剂的流失等。

延长催化剂寿命的方法可通过下列方式进行：防止烧结、提高熔点、防止积炭、除去反应物中的毒物等。

四、再生性

一个好的催化剂应该有相当长的寿命，在多次催化反应后仍保持相当的活性，一旦失活，也能通过简单的方法使活性全部或大部分恢复，称为再生性。

思考题

1. 比较固定床与沸腾床反应器的特点。
2. 负载型催化剂的制备方法有哪些？活性组分在载体上的分布形式有哪些？负载的意义是什么？
3. 催化剂制备后期，对其进行煅烧及活化处理的目的是什么？
4. 什么叫助催化剂？其在催化中的作用有哪些？
5. 计算催化剂的转化率、时空产率、收率及选择性。
6. 了解催化领域获诺贝尔奖的化学反应的催化机理。

第二章 酸碱催化剂概述

第一节 酸碱的定义

一、电离学说

在十九世纪末期，Arrhenius 和 Ostwald 曾提出电离学说。即凡是在水中能离解产生 H^+ 者为之“酸”；能离解产生 OH^- 者为之“碱”。

后来发现这种酸碱定义较狭隘，对于 C_2H_5ONa、$NaNH_2$ 之类碱性物质及不溶于水的固体就无法解释。

二、酸碱溶剂理论

Franklin 提出了液态氨中的酸碱定义。HCl 溶解在液态氨中形成 NH_4Cl，为酸性溶液，该溶液能使酚酞褪色；$NaNH_2$ 溶解在液态氨中成为碱性溶液。这两种溶液放在一起会发生酸、碱中和反应：

$$NH_4Cl + NaNH_2 \longrightarrow NaCl + 2NH_3$$

三、酸碱质子理论

在 1923 年，丹麦人 J.N. Brönsted 和英国人 T.M. Lowry 几乎同时提出：凡是能释出质子 H^+ 的物质称为酸；凡是能接受质子的物质为之碱。

$$\underset{\text{酸}}{BH^+} \rightleftharpoons \underset{\text{碱}}{B} + H^+$$

离解出来的 H^+ 会在溶剂中发生溶剂化作用(如 H^+ 在 H_2O 中成为 H_3O^+，在 NH_3 中成为 NH_4^+)。HCl 在液态氨中向 NH_3 提供 H^+ 使 NH_3 成为 NH_4^+，所以 HCl 为酸而 NH_3 为碱。反应之后 Cl^- 称为共轭碱，NH_4^+ 称为共轭酸。

酸可以是正离子、负离子或中性分子，碱也可以是正离子、负离子或中性分子。部分 Brönsted 酸碱的种类见表 2-1。从 Brönsted 酸、碱概念出发，酸与碱发生中和反应并不一定要生成盐，可看成是 H^+ 从较弱的碱转移到较强的碱上而已。这样，Brönsted 酸碱概念就把 Arrhenuis 酸碱概念包括在内。Brönsted 酸简称 B 酸。

表 2-1 Brönsted 酸、碱种类

	酸	碱	
分　子	HI,HBr,HCl,HF HNO_3,$HClO_4$,H_2SO_4,H_3PO_4 H_2S,H_2O,HCN,H_2CO_3	I^-,Br^-,Cl^-,F^-,HSO_4^- SO_4^{2-},HPO_4^{2-},HS^-,S^{2-},OH^- O^{2-},CN^-,HCO_3^-,CO_3^{2-}	负离子
正离子	$[Al(H_2O)_6]^{3+}$,NH_4^+ $[Fe(H_2O)_6]^{3+}$,$[Cu(H_2O)_4]^{2+}$	NH_3,H_2O,胺 N_2H_4,NH_2OH	分　子
负离子	HSO_4^-,$H_2PO_4^-$ HCO_3^-,HS^-	$[Al(OH)(H_2O)_5]^{2+}$ $[Cu(OH)(H_2O)_3]^+$ $[Fe(OH)(H_2O)_5]^{2+}$	正离子

四、酸碱电子理论

Lewis 从电子对概念出发,认为:凡是在电子结构上呈未饱和状态(即有空轨道)的原子必具有接受外来电子对的本领者为之酸;反之,凡是在电子结构上具有未共用的电子对并能向外提供这一电子对者为之碱。Lewis 酸碱中和反应的本质是酸和碱之间形成了一种由配位键结合起来的酸碱加成物。表 2-2 列出了部分 Lewis 酸。Lewis 酸简称 L 酸。

表 2-2 Lewis 酸种类

p 空轨道原子	ⅢA 族	Al,Ga,In,Tl 的卤化物,Al_2O_3
	ⅡA 族	Be,Mg,Ca 的卤化物
d 空轨道原子	第三周期以上的过渡金属卤化物及其硫酸盐	$PbCl_2$, $HgCl_2$, $CaCl_2$, $SnCl_2$, $CuCl_2$, AgCl, CaS, $MnSO_4$, $NiSO_4$, $CuSO_4$,$CoSO_4$,$FeSO_4$,$SrSO_4$,$ZnSO_4$,$Al_2(SO_4)_3$,$Fe_2(SO_4)_3$……
阳离子	金属离子 非金属离子	Li^+,Ag^+,Ni^{2+},Cu^{2+},R^+
容易极化的含有重键的分子		CO_2,CH_3COCH_3,RCOCl……

Lewis 酸碱与 Brönsted 酸碱定义的比较:凡是能与 H^+ 相结合的 Brönsted 碱也一定是一个能向 H^+ 提供电子对的 Lewis 碱,所以,通常情况下,不再区分 Brönsted 与 Lewis 碱。但是,Brönsted 酸与 Lewis 酸却决然不同,例如,$AlCl_3$ 只能看成是一种能接受电子对的 Lewis 酸而不是 Brönsted 酸(因为它不能释放出 H^+);HCl 是一种能释放出 H^+ 的 B 酸而不是 L 酸(因为 HCl 不能接受电子对)。

五、酸碱正负理论

苏联化学家乌萨维奇 1939 年提出:能中和碱形成盐并放出阳离子或能与阴离子(电子)结合的物质为之酸;能中和酸放出阴离子(电子)或能与阳离子结合的物质为之碱(见表 2-3)。该理论的优点:包括了涉及任意数目的电子转移反应,比前面四种定义具有更广泛的含义,更适用于氧化还原反应。

表 2-3　酸碱正负理论的部分酸与碱

酸	碱	盐	酸碱中和反应
SO_3	Na_2O	$Na_2^+SO_4^{2-}$	SO_3结合 O^{2-}
$Fe(CN)_2$	KCN	$K_4^+[Fe(CN)_6]^{4-}$	$Fe(CN)_2$结合 CN^-
Cl_2	K	K^+Cl^-	Cl_2结合 1 个电子
$SnCl_4$	Zn	$Zn^{2+}[SnCl_4]^{2-}$	$SnCl_4$结合 2 个电子

六、氧离子理论

鲁克斯提出：酸是氧离子的接受体，碱是氧离子的给予体。碱$\longrightarrow$酸$+O^{2-}$。

$$SO_4^{2-} \longrightarrow SO_3 + O^{2-}$$
$$BaO \longrightarrow Ba^{2+} + O^{2-}$$

酸碱反应：

$$\text{碱} + \text{酸} \longrightarrow \text{盐}$$
$$BaO(S) + SO_3(g) \longrightarrow BaSO_4(S)$$

该理论的优点：特别适用于高温下氧化物之间的反应。

七、软硬酸碱理论(广义酸碱理论)

1963 年，皮尔逊提出：凡是能够释出 H^+，释出正离子或者能够与电子或负离子相结合者皆为酸；反之，凡是能够释出电子，释出负离子或者说能够与 H^+ 或正离子相结合者皆为碱。这就大大扩大了 Brönsted 和 Lewis 酸碱定义。

有了这个定义，几乎所有的加成物形成过程都可以看成是酸碱反应过程。例如，任何有机物由于共价键两端原子的电负性之差，在极其特殊的情况下都可分解成“酸”和“碱”。

$$C_2H_5OH \rightleftharpoons [C_2H_5^+] + [OH^-]$$

极其稳定的烷烃可分割为：

$$RH \rightleftharpoons [H^+](\text{酸}) + [R^-](\text{碱}) \quad \text{或} \quad [R^+](\text{酸}) + [H^-](\text{碱})$$

软硬酸碱理论的基础仍是电子理论，根据酸或碱的核子对其外围电子抓得松紧的程度定义“软”或“硬”，抓得紧的叫硬酸或碱，抓得松的叫软酸或碱。体积较小和(或)正电荷数较高的物种，在外电场作用下难变形，称之为硬酸。硬酸的特点：原子体积小，正电荷高，极化率低，即外层电子抓得紧。包括ⅠA、ⅡA、ⅢA、ⅢB、镧、锕系阳离子；较高氧化态的轻 d 过渡金属阳离子，如 Fe^{3+}、Cr^{3+}、Si^{4+}。在外电场中易变形的被称之为软酸。软酸的特点：体积大，正电荷数低或等于 0，极化率高，即外层电子抓得松。包括较低氧化态的过渡金属阳离子和较重过渡金属阳离子，如 Cu^+、Hg^+、Cd^{2+}。同样，碱也可分为硬碱和软碱。硬碱的特点：极化率低，电负性高，难氧化，也就是外层电子抓得紧、难失去。如 F^-、NH_3、

NO_3^-。软碱的特点与上述相反，如 I^-、H^-、CO、R_2S(硫醚)。软酸软碱间主要形成共价键，硬酸硬碱间主要形成离子键。软硬酸碱的结合规则：硬亲硬，软亲软，软硬交界的不管。

软硬酸碱理论的实际应用举例。

1. 判断化合物的稳定性

(1) HF(硬硬)＞HI(硬软)

$$[Cd(CN)_4]^{2-}(\text{软软}) > [Cd(NH_3)_4]^{2+}(\text{软硬})$$

(2) HgF_2(软硬) + BeI_2(硬软) ⟶ BeF_2(硬硬) + HgI_2(软软)

$$Ag^+(\text{软}) + HI(\text{硬软}) \longrightarrow AgI(\text{软软}) + H^+(\text{硬})$$

(3) 由 CN^-、SCN^-、OCN^-配体构成的稳定配合物：

$$Fe(NCS)_3, [(C_5H_5)_2Ti(OCN)]^{2-}(\text{硬硬})$$

$$[Pt(SCN)_6]^{2-}, [Ag(SCN)_2]^-, [Ag(NCO)_2]^-(\text{软软})$$

(4) 在矿物中，Mg^{2+}、Ca^{2+}、Sr^{2+}、Ba^{2+}、Al^{3+}等金属离子为硬酸，通常以氧化物、氟化物、碳酸盐和硫酸盐等形式存在；Cu^+、Ag^+、Pb^{2+}、Zn^{2+}、Hg^{2+}等金属离子为软酸，则以硫化物形式存在。

2. 判断物质的溶解性

硬溶剂能较好地溶解硬溶质，软溶剂能较好地溶解软溶质。如，水是硬溶剂，能较好地溶解体积小的阴离子(如 AgF)及体积小的阳离子(如 LiI)，但还要考虑晶格能等影响。物质的溶解过程可看作是溶剂和溶质间的酸与碱的相互作用。如果把溶剂作为酸碱看待，那么就有软硬之分。例如，水是硬溶剂，苯是软溶剂；如果把溶质作为酸碱看待，也有软硬之分。例如，离子化合物是硬溶质，共价化合物是软溶质。

3. 类聚现象

与简单酸配位的碱会影响酸的软硬度，从而影响该酸与其他碱的键合能力。软配体增加酸的软度，因而更倾向于与软碱键合。例如，B^{3+}与 H^-结合形成 BH_3后软度增加，倾向于与 CO(软碱)结合形成 BH_3CO；B^{3+}与 F^-结合形成 BF_3后硬度增加，倾向于与 OR_2(硬碱)(醚)结合成 BF_3OR_2。

4. 催化作用

如苯与卤代烃的烷基化反应，催化剂 $AlCl_3$是硬酸，它与硬碱 Cl^-结合为 $AlCl_4^-$，同时生成软酸 R^+，R^+与软碱苯核的反应活性很大。其他硬酸 $FeCl_3$、$SnCl_4$对该反应也都有催化效果。

5. 化学反应速率

通常生成硬-硬或软-软取代产物的反应速率都较大。例如，三氯甲烷的取代反应，软碱(RS^-、R_3P、I^-)对 Cl^-的取代反应较慢，硬碱(RO^-、R_3N、F^-)对 Cl^-的取代反应就较快。

第二节 常用的固体酸碱催化剂

一、固体酸催化剂

1. 粘土矿物

粘土：一般指具有阳离子交换能力的硅铝化合物。不同种类的粘土具有不等的阳离子交换能力。最早认为有催化性能的粘土为蒙脱土和水辉石。

沸石：一种矿石，最早发现于1756年。瑞典的矿物学家克朗斯提(Cronstedt)发现有一类天然硅铝酸盐矿石在灼烧时会产生沸腾现象，因此命名为"沸石"(zeolite)。1932年，McBain提出了"分子筛"的概念，指可以在分子水平上筛分物质的多孔材料。虽然沸石只是分子筛的一种，但是沸石在其中最具代表性，应用范围最广，因此"沸石"和"分子筛"这两个词经常被混用，现在说起分子筛都是指沸石。

2. 固型化酸

由H_2SO_4、H_3PO_4、H_3BO_3、$CH_2(COOH)_2$等负载在石英砂、Al_2O_3、硅藻土等载体上构成。

液体酸催化剂的优点是催化效率高，但反应后分离困难，对设备腐蚀严重。将其固载后使用，一定程度上解决了催化剂的分离问题，但反应过程中活性组分会不断流失，催化剂使用寿命短。此外，严重的腐蚀问题也难以解决。

3. 阳离子交换树脂

离子交换树脂是一类具有离子交换功能的高分子材料，在溶液中它能将本身的离子与溶液中的同号离子进行交换。按可交换离子的电荷种类可分为阳离子交换树脂(显酸性)和阴离子交换树脂(显碱性)。离子交换作用是可逆的，因此用过的离子交换树脂一般用适当浓度的无机酸或碱进行洗涤，可恢复到原来状态而重复使用，这一过程称为再生。

优良的离子交换树脂应具备以下的结构特征：

(1) 树脂在反应中应保持高度的物理、化学稳定性，不与体系中的任一物质发生反应，高分子链具有惰性结构。

(2) 最大的交换能力。

(3) 机械强度高。

(4) 对一些特定离子有选择性。

(5) 高比表面积、适当的孔结构，有利于提高分离效率和速率。

(6) 能抵抗溶剂的溶解作用。

一些阳离子交换树脂的结构如图2-1所示。

阳离子交换树脂大都含有磺酸基($—SO_3H$)、羧基($—COOH$)或苯酚基($—C_6H_4OH$)等性基团，其中的氢离子能与溶液中的金属离子或其他阳离子进行交换。

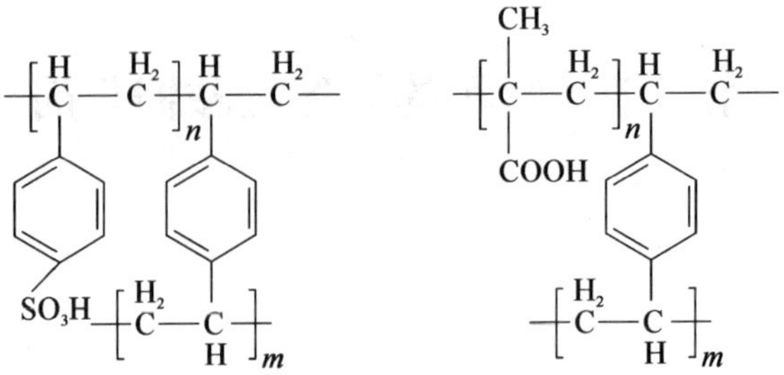

图 2-1　阳离子交换树脂的结构

例如:苯乙烯和二乙烯苯的高聚物经磺化处理后得到强酸性阳离子交换树脂,可简单表示为:$R—SO_3H$,式中 R 代表树脂母体,其交换反应为:

$$2R—SO_3H + Ca^{2+} \longrightarrow (R—SO_3)_2Ca + 2H^+$$

可通过稀盐酸、稀硫酸等溶液淋洗再生。

阳离子交换树脂类催化剂反应条件温和,副产物少,并兼具其他固体酸催化剂的优点,即产物后处理简单、催化剂易与产物分离、可循环使用、便于连续化生产、对设备的腐蚀性小等。但由于允许使用温度较低(120 ℃以下,取决于聚合物的稳定性)、价格较高而受到限制。

4. 无机化合物

例如 Al_2O_3,TiO_2,ZnS,$SnCl_2$,$AlCl_3$,$NiSO_4$,$CoSO_4$,$BaSO_4$,V_2O_5,ZrO_2,Cr_2O_3等。具体分为以下几类:

(1) 简单氧化物

简单氧化物酸性的主要来源是表面羟基和暴露的金属离子,分别相当于液体酸中的 B 酸和 L 酸。酸性质因简单氧化物本身的性质而不同,取决于该元素在元素周期表中所处的位置,即电负性。

(2) 硫化物

这类化合物的特殊结构导致其奇特的物理化学性能,如超导、非线性光学及催化性能,逐渐成为固体化学中十分活跃的研究领域。微孔复合金属硫族化合物在催化、离子交换等方面具有较重要的应用价值。同周期元素最高氧化态硫化物从左到右酸性增强;同族元素相同氧化态的硫化物从上到下酸性减弱;同种元素的硫化物中,高氧化态的硫化物酸性更强。因此 As_2S_5酸性强于 Sb_2S_5,而 Sb_2S_5的酸性则要强于 SnS_2和 Sb_2S_3。

(3) 金属盐

磷酸盐和硫酸盐都可用作酯化反应的催化剂,其中对硫酸盐的水合物研究较多。

5. 混合氧化物

例如 $SiO_2-Al_2O_3$,$B_2O_3-Al_2O_3$,$ZnO-Al_2O_3$,SiO_2-ZrO_2,TiO_2-SnO_2,TiO_2-MgO等。

单独的 Al_2O_3是弱酸,SiO_2几乎无酸性。但它们混合后(SiO_2相对含量高时)却具有中强酸酸性,可解释如下:

(1) SiO_2-Al_2O_3混合酸的制备方法：首先将稀的硅酸钠溶液酸化，放置后得硅凝胶。在该过程中，SiO_4四面体借助于 Si—O—Si 桥连成三维网络结构，在 Si—O—Si 链条的终端是 Si—OH，所以一次胶粒的表面有大量的羟基(见图 2-2a)。在形成硅凝胶后的溶液中加入铝盐，则铝盐水解成三水合铝，三水合铝与一次硅胶粒子的表面羟基缩合，形成氧化硅—氧化铝的一次粒子，进一步凝聚为 SiO_2-Al_2O_3凝胶(见图 2-2b)。由于硅凝胶的量大于铝盐，且硅凝胶的反应性能较强，再加上溶液的 pH 较低(约 3.0)，所以生成物中 Al—O—Si 的结构多于 Al—O—Al。SiO_2-Al_2O_3凝胶进一步脱水就得到 SiO_2-Al_2O_3复合氧化物。在 SiO_2-Al_2O_3表面上，每一个铝离子只被三个正四价的硅所环绕(通过氧桥)，朝向表面外的一方缺一个配位硅，硅的这种不对称分布导致铝离子具有强烈的亲电子特性。单独的氧化硅或氧化铝一次粒子的表面羟基只显示很弱的酸性，与醇中的羟基性质相似，因此氧化硅或者氧化铝没有裂解活性。而硅铝混合氧化物催化剂，由于在氧化硅表面上引入了三价铝离子，使其表面产生了较强的酸性，所以硅铝混合氧化物催化剂可能成为裂解催化剂。

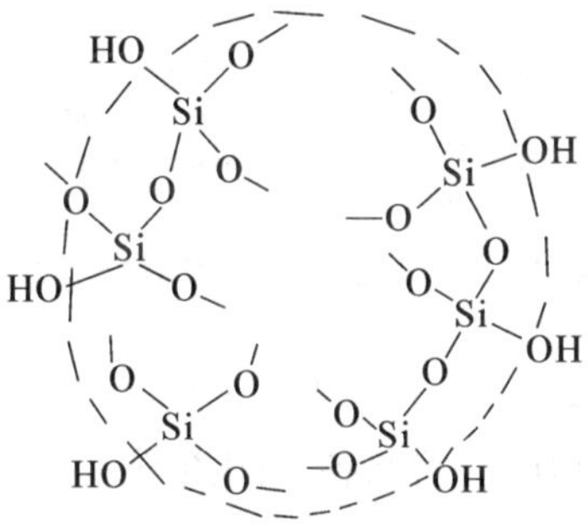

(a)

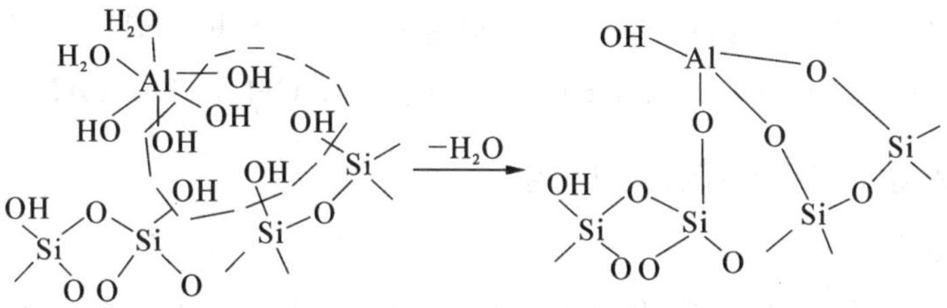

(b)

图 2-2 硅凝胶(a)及硅铝混合催化剂(b)的结构示意图

(2) SiO_2-Al_2O_3具有中强酸性的另一种说法：Al^{3+} 对氧化硅骨架中的 Si^{4+} 进行同晶取代，使取代点出现了多余的负电荷，为了平衡电荷，将拉住 H_2O 中的 H^+，所以起平衡电荷作用的 H^+ 成了 B 酸中心。如果酸性羟基受热以水的形式脱去，形成三配位铝，则这种铝成为 L 酸中心。

通常氧化硅-氧化铝催化剂中含 10%～25%的氧化铝。在工业上，含 13%左右氧化铝的叫低铝催化剂，含 25%左右的叫高铝催化剂。

6. 多酸

由不同种类的含氧酸根阴离子缩合形成的盐叫杂多阴离子，其酸叫杂多酸。杂多酸既可作为均相催化剂又可作为多相催化剂。作为均相催化剂使用时，催化剂回收困难。还有一类含相同酸根的多金属氧酸盐，称为同多酸，如 $H_2Cr_2O_7$。同多酸与杂多酸统称为多酸。

二、固体碱催化剂

1. 固型化碱

KOH、NaOH 等负载在 SiO_2、Al_2O_3、活性炭等载体上，或碱土金属氢氧化物负载在这些载体上。

2. 阴离子交换树脂

阴离子交换树脂的结构如图 2－3 所示。

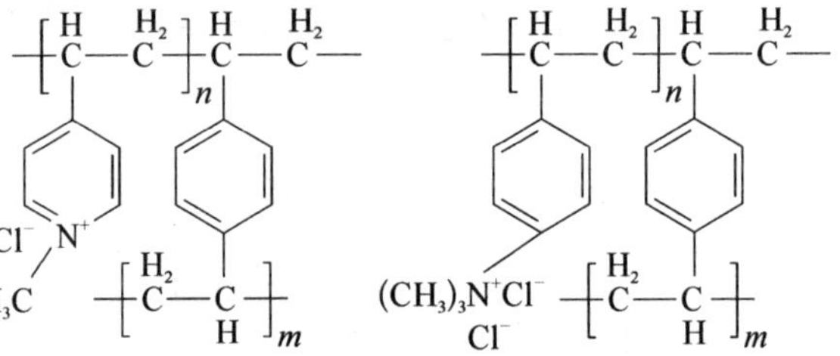

图 2－3　阴离子交换树脂的结构

阴离子交换树脂含有季铵基[$—N(CH_3)_3Cl$]、胺基($R—NH_2$)或亚胺基(R_1R_2NH)等碱性基团。它们在水中能生成 OH^-，可与各种阴离子起交换作用。

生成 OH^- 及交换原理为：

$$R—NH_2 + H_2O \longrightarrow R—NH_3^+ + OH^- \text{ 或 } R—NH_3(OH)$$

$$R—N(CH_3)_3OH + Cl^- \longrightarrow R—N(CH_3)_3Cl + OH^-$$

可采用氢氧化钠等水溶液处理后使其再生。

3. 无机化合物

主要是碱金属及碱土金属的氧化物或碳酸盐，例如，BeO、MgO、CaO、SrO、BaO、ZnO、K_2CO_3、$CaCO_3$、$SrCO_3$、$BaCO_3$ 等。

对于同一族碱金属或碱土金属的氧化物，随着原子序数增加，碱强度增加。同一种碱催化剂，在不同的催化反应中，可由不同的碱性部位作为活性中心。例如，在催化丙酮的醇醛缩合反应时，尽管一些固体碱表面的 O^{2-} 比 OH^- 碱性更强，但活性中心是表面碱性 OH^- 基团。

4. 混合及复合氧化物

SiO_2-CaO、SiO_2-SrO、SiO_2-BaO 等，其中碱土金属的含量相对较高。复合氧化物，如以水滑石为前驱体焙烧制得的 Mg－Al－O 复合氧化物，具有强碱性、高比表面积及高稳定性。

5. 稀土氧化物

在 600℃下，Y_2O_3、La_2O_3、Ce_2O_3、Nd_2O_3表面存在强弱两种碱中心，强碱中心的顺序为：$La_2O_3>Nd_2O_3>Y_2O_3>Ce_2O_3>MgO$，即，稀土氧化物的碱性比 MgO 强，这是由于稀土氧化物阳离子半径大、氧配位数较多、氧供电子能力较强所致。与 MgO 一样，稀土氧化物表面也存在弱碱中心，弱碱中心的强度与 MgO 的大致相当。氧离子及碱性羟基为不同强度的碱中心。

6. 活性炭

由木炭经 N_2O-NH_3或 $ZnCl_2$-NH_4Cl-CO 活化或 900℃热处理得到。

第三节 固体酸碱中心的形成

一、简单氧化物

1. 水对酸碱中心的影响

固体酸中心是与外来电子供给体共享电子对的，固体碱中心是与外来电子接受体共享电子对的。Lewis 酸中心是亲电子对的而 Brönsted 酸中心要交出 H^+，这两类固体酸中心通过吸附水或脱附水可以相互转换，图 2-4 给出了氧化物表面两类中心与水分子作用后相互转化的示意图。

图 2-4(a)中，阳离子具有未占电子的空轨道，处在接受体表面态，故称为 Lewis 酸中心。O^{2-}处在电子给予体表面态，称为 Lewis 碱中心。表面吸附水后，如果 H_2O 离解出来的 OH^-牢固地吸附在阳离子上留下 H^+，则 H^+附着在 O^{2-}上形成 Brönsted 酸中心。如果 H_2O 离解出来的 H^+比较强烈地吸附在 O^{2-}晶格上，而 OH^-又比较弱地吸附在阳离子上，则形成 Brönsted 碱中心。这也给我们启示，水会影响酸碱中心种类甚至酸碱量，因此，标定酸碱中心时应在非水溶剂中或无水条件下进行。再者，由于存在不可避免的水与固体表面的作用，也是固体表面存在不同强度酸碱中心的原因。例如：金属离子及酸性羟基为不同强度的酸中心，而氧离子及碱性羟基为不同强度的碱中心。

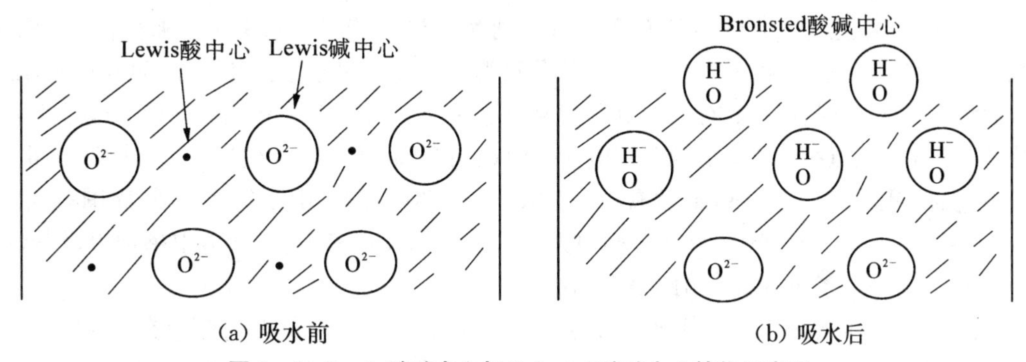

图 2-4 Lewis 酸碱中心与 Brönsted 酸碱中心转化示意图

2. 影响氧化物酸碱性的因素

(1) 阳离子的电负性

Tanaka(田中)和 Tamaru(田丸)认为,在固体氧化物上氧周围的电荷分布状况是决定固体呈酸性还是碱性的主要参数。而氧周围的电荷分布必然与阳离子的电负性有密切关系。如果阳离子的电负性低,那么在氧周围负电荷层较多,该氧化物显碱性(如 Na_2O)。反之,如果阳离子的电负性较高,与氧形成的键接近于共价键,氧周围负电荷分布少,则该氧化物显酸性(如 P_2O_5)。

(2) 阳离子的氧化数

阳离子的氧化数(或称价数 Z)愈高,氧化物的酸性愈大。可以解释为:当 H_2O 吸附在高价阳离子上时,OH^- 与阳离子之间存在静电引力,即库仑引力 F,与氧化数 Z 成正比,Z 愈高,则 OH^- 被吸附得愈牢固,表现出酸性愈强。反之,阳离子的 Z 低时,从 H_2O 离解出来的 H^+ 反而容易被吸附在晶格氧上,所以表面显碱性。

Tanaka 和 Tamaru 提出了酸性函数(a)与离子半径(r)及氧化数(Z)的经验比例关系,即

$$a \sim (r_a/r_c)^3 Z^2$$

式中:r_c 为阳离子半径;r_a 为阴离子半径。该经验关系表示氧化物的酸强度与阳离子氧化数及阴、阳离子半径大小比值的直接关系。

二、二元氧化物酸中心的形成

田部浩三(Tanabe)认为,两种不同的金属氧化物(价数不同,配位数也不同)混合成为二元氧化物,在少量氧化物中阳离子的周围会出现电荷过剩或者电荷不足,这是形成酸、碱中心的根本原因。

田部浩三基于以下两个假设,通过理论计算确定了二元氧化物表面酸中心的类型。认为混合后:① 金属氧化物上金属的配位数不因混合而改变;② 二元氧化物上所有氧的配位数与主成分氧化物上氧的配位数相同。根据计算结果确定酸种类的两个规则:

(1) 凡是电荷出现不平衡就会产生酸性。

(2) 电荷为正过剩则产生 L 酸中心,电荷为负过剩则产生 B 酸中心。

【例 2-1】 TiO_2-SiO_2体系

以 TiO_2为主成分。Ti 与 Si 的配位数分别为 6 和 4,当 TiO_2、SiO_2单独存在时,氧的配位数分别为 6/2=3 和 4/2=2。两种氧化物混合后,以 TiO_2为主成分时,SiO_2上氧的酸位数将变为 3,这时,O^{2-} 上有两个负电荷要分配在三个 Si—O 键上,相当于每个键上只能分得−2/3 个负电荷。Si^{4+} 上四个正电荷分散在四个 Si—O 键上,相当于每个键上分得一个正电荷,因此,每个 Si—O 键就有电荷过剩:1−2/3=1/3。由于每个 Si 的周围有四个 Si—O 键,则一个 SiO_2单元的电荷过剩为:4×1/3=4/3。表示在 TiO_2中掺杂少量 SiO_2后,SiO_2上有 4/3 个正电荷,因此呈 Lewis 酸中心。

以 SiO_2为主成分。TiO_2上氧的配位数变为 2,O^{2-} 上两个负电荷分散在两个 O—Ti 键上,每个键分得−1 个电荷。Ti^{4+} 上四个正电荷分散在六个 Ti—O 键上,相当于每个键

分得 4/6 个电荷，一个 Ti—O 键的电荷过剩为：$4/6-1=-1/3$。Ti 周围有六个 Ti—O 键，故一个 TiO_2 单元的电荷过剩为：$6\times\left(-\frac{1}{3}\right)=-2$。这表示在掺杂的少量杂质 TiO_2 的 Ti 附近有两个负电荷过剩，故具有 B 酸中心。可以理解成：Ti 周围六个氧在一起要拉住两个 H^+ 才能呈电中性。当具备条件拉住 H^+ 之后，SiO_2(主)- TiO_2 显出 Brönsted 酸中心特性。图 2-5 给出了混合氧化物 TiO_2- SiO_2 的酸中心模型图。

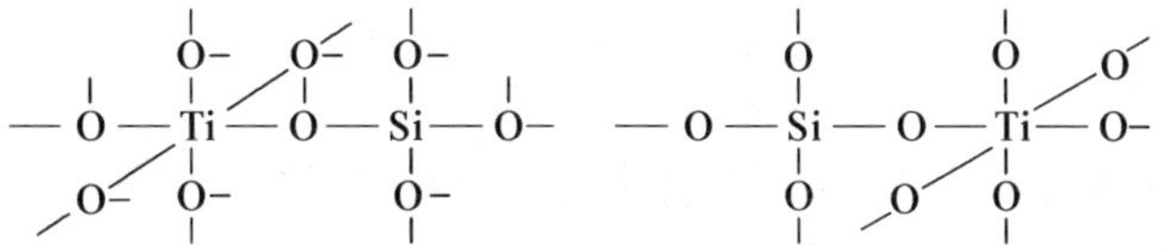

电荷差：$(4/4-2/3)\times4=4/3$　　　　$(4/6-2/2)\times6=-2$

图 2-5　混合氧化物表面上形成酸中心的 Tanabe 模型

【例 2-2】　SiO_2- Al_2O_3 体系

以 SiO_2 为主成分。Al_2O_3 上氧的配位数变为 2，O^{2-} 上两个负电荷分散在两个 Al—O 键上，每个键平均分得 −1 个电荷。Al_2O_3 中 Al 的配位数有四种和六种。如果按四配位计算，相当于每个键有 $+\frac{3}{4}$ 个正电荷。因此，在 Al_2O_3 的周围有一个负电荷过剩，在条件许可下拉住一个 H^+ 才呈电中性，这时 SiO_2(主)- Al_2O_3 呈 Brönsted 酸中心特性，其模型图如图 2-6。

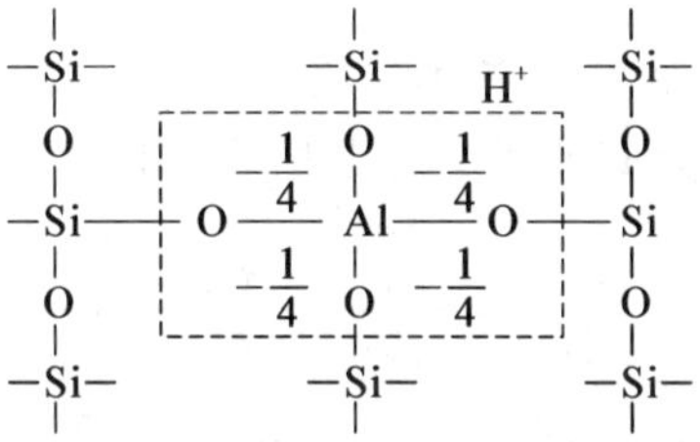

图 2-6　SiO_2(主)- Al_2O_3 表面上酸中心的 Thomas 模型

田部浩三取用 31 种二元氧化物按上述方法作了酸性预测，并与实验结果比较，准确率高达 90%以上。

第四节　固体酸中心的标定

要完整标定固体表面的酸中心，需进行固体酸的强度、酸量以及酸种类的测定。

一、酸强度

1. 酸强度的概念

酸强度是指酸中心向碱指示剂提供 H^+ 的能力，或从碱指示剂夺走电子对的能力。

众所周知，水溶液中稀酸的强度可用 pH 来表示。但对浓酸或非水溶液中的酸强度，由于溶剂化、介电常数等的影响，不能用酸离解的程度来衡量酸的强弱。为了解决这一问题，L.P. Hammett 和 A.J. Deyrup 经过实验和推导，首先提出了用酸函数(H_0)来代替 pH 表示浓酸或非水溶液中的酸强度，从而扩大了酸强度的范围。他们选用一组 pK_a(为共轭酸 BH^+ 的离解常数的负对数)值已知的，并且不带电荷的所谓 Hammett 碱或 Hammett 指示剂，利用这些碱与其共轭酸的下述平衡关系：

$$\underset{\text{酸}}{BH^+} \rightleftharpoons \underset{\text{碱}}{B} + H^+$$

上述平衡方程式只涉及质子的转移，比别的共轭酸碱的平衡关系简单，通过测定它们在酸溶液中生成共轭酸的浓度即可测定酸的强度。

Hammett 碱与共轭酸之间的酸碱反应平衡常数(K_a)可用活度表示如下：

$$K_a = \frac{a_{H^+} a_B}{a_{BH^+}} \tag{2-1}$$

或

$$pK_a = \log \frac{a_{BH^+}}{a_B} - \log a_{H^+} \tag{2-1}$$

引入活度系数 v，得：

$$pK_a = \log \frac{[BH^+]}{[B]} - \log \frac{a_{H^+} v_B}{v_{BH^+}} \tag{2-3}$$

对任何溶剂来说，a_{H^+} 和 Hammett 碱的本质无关，另外，当几种碱具有相同电荷及类似结构时，自由碱与其共轭酸活度之间的比又总是相等，即：

$$\frac{v_B}{v_{BH^+}} = \frac{v_{B'}}{v_{B'H^+}} = \frac{v_{B''}}{v_{B''H^+}} = \cdots$$

这对于 Hammett 碱来说，都是可以满足的。所以，由这两个物理量相乘所得值的对数值 $\log \frac{a_{H^+} v_B}{v_{BH^+}}$，在任何溶液体系中自然将为一定值，这个函数表示在碱的 pK_a 值一定的情况下，溶液中 Hammett 碱以其共轭酸形式存在的量。显然，这是介质向 Hammett 碱提供质子能力的一种度量，被称为 Hammett 酸函数，用 H_0 表示：

$$H_0 = -\log \frac{a_{H^+} v_B}{v_{BH^+}} \tag{2-4}$$

代入(2-3)式得：

$$pK_a = \log \frac{[BH^+]}{[B]} + H_0 \tag{2-5}$$

从(2-5)式可以看到，H_0 愈小，其 a_{H^+} 愈大，也就是酸强度愈大，即 BH^+ 的离解程度愈大。若 BH^+ 是个固体酸，就表示固体酸离解出 H^+ 的本领愈大。

如何求出固体酸的 H_0 呢？方法是将固体酸粉末与一系列硝胺类指示剂相接触，即发生如下反应：

$$\underset{(\text{指示剂})}{B} + \underset{(\text{固体酸})}{H^+} \rightleftharpoons BH^+$$

当有一半指示剂变成酸性色时，即$[BH^+] \approx [B]$，$\log\frac{[BH^+]}{[B]} \approx 0$，这时肉眼即能分辨观察到指示剂变色，因此，可将该指示剂的pK_a来代表该固体酸的H_0值。各种指示剂都有各自的酸离解常数(见表2-4)。

表2-4　测定固体酸强度常用的指示剂

指　示　剂	碱性色	酸性色	pK_a
中性红	黄	红	+6.8
甲基红	黄	红	+4.8
苯基偶氮萘胺	黄	红	+4.0
对-二甲氨基偶氮苯(奶油黄)	黄	红	+3.3
2-氨基-5-偶氮甲苯	黄	红	+2.0
苯偶氮联苯胺	黄	紫	+1.5
4-二甲基氨基偶氮-1-萘	黄	红	+1.2
结晶紫	青	黄	+0.8
对-硝基苯偶氮-(对-硝基)-联苯胺	橙	紫	+0.43
二肉桂叉丙酮	黄	—	−3.0
卞叉乙酰苯	无色	黄	−5.6
蒽醌	无色	黄	−8.2

2. *测定方法*

(1) 目测法

表2-4中的pK_a值是指示剂在转变成酸型时的pK_a值，pK_a值愈小则表明要将指示剂转变颜色的固体酸的强度愈大。例如，某一固体酸放在有中性红的溶液中(pK_a=+6.8)显红色，而放在有甲基红的溶液中(pK_a=+4.8)却显黄色，表示该固体酸的强度H_0在+6.8～+4.8之间。如果固体酸不能使表中的任何一个指示剂变色，则表示该固体酸的H_0很大；反之，如果固体酸能使表中的任何一个指示剂变色，则表示该固体酸的H_0很小。

具体测定方法：将0.2 g固体酸研磨得极细并将其悬浮在苯中，另注入2 mL含0.2 mg指示剂的苯溶液，将混合好的溶液放在超声波振荡器下催速建立液-固平衡。若溶液颜色改变，即可按上述方法判断。

(2) 分光光度法

由于目测法可能带来的不准确性，可采用分光光度计代替肉眼对颜色变化进行精确判断。例如，对吸附在氧化硅-氧化铝二元酸上的染料的特征吸收光谱进行了研究，结果见图 2-7，其中，曲线 c 是吸附在氧化硅-氧化铝(含 12%Al_2O_3)上的指示剂苯偶氮基萘胺($pK_a=+4.0$)的吸收光谱，曲线 a 和曲线 b 是分别在异辛烷和乙醇-盐酸溶液中获得的该指示剂的碱式吸收光谱和酸式吸收光谱。由于曲线 c 与曲线 b 吻合，表明指示剂在氧化硅-氧化铝混合二元酸上的吸附为酸式吸附，即此二元酸能使指示剂($pK_a=+4.0$)呈酸性色，因此，该固体酸的酸强度 $H_0<+4.0$。

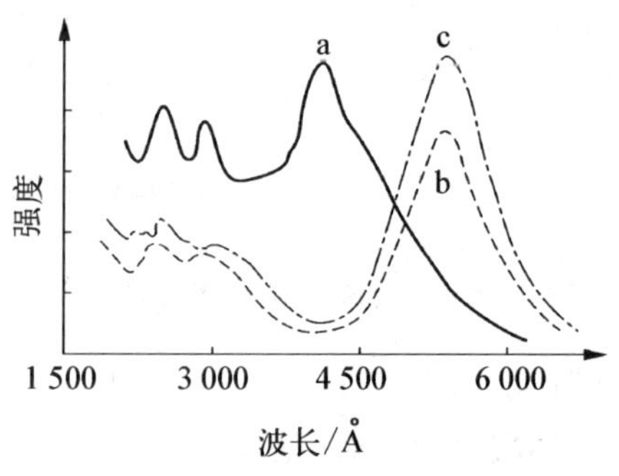

图 2-7 苯偶氮基萘胺在不同条件下的吸收光谱

a. 在异辛烷溶液中 b. 在乙醇-盐酸溶液中
c. 吸附在氧化硅-氧化铝上

(3) 碱性气体吸附法

差热(Differential thermal analysis，DTA)分析法是区分酸强度的简便方法。当碱性气体吸附在酸中心上时，吸附在强酸部位上的碱比吸附在弱酸部位上的碱稳定，且较难脱附。若将涂有吡啶的硅胶和氧化铝进行差热分析，结果发现，硅胶上的吡啶脱附温度低，而氧化铝上的吡啶脱附温度高，表明氧化铝的酸强度比硅胶大。如果精确称取酸重量及吡啶的量，还可以根据热重分析(Thermo Gravimetric Analysis，TGA)估算酸量。

(4) 固体核磁共振(NMR)技术

固体核磁共振技术(Nuclear Magnetic Resonance，NMR)可以解决红外光谱分析由于不同羟基之间消光系数的差异带来的定量方面的困难。例如，通过高分辨$^{17}O/^{1}H$ 双共振核磁谱图可获得 HY 和 HZSM-5 两种分子筛中 B 酸位点等结构信息。对于低硅铝比的 HY 分子筛，通过高分辨二维$^{1}H-^{17}O$ 异核二维相关(HETCOR)NMR 能探测到两种不同的氧信号，四极耦合常数分别为 6.0 MHz 和 6.2 MHz，对应于超笼和方钠石笼的 B 酸位点。相比之下，HZSM-5 分子筛的主孔道位点具有更大的四极耦合常数(7.0 MHz)。结合$^{17}O-^{1}H$ REDOR(Rotational Echo Double Resonance，是基于魔角旋转和交叉极化的用于测量异核距离的高分辨固体核磁共振脉冲序列)NMR 还能探测 HY 和 HZSM-5 两种分子筛的 O—H 键长。与 HY 分子筛相比，HZSM-5 分子筛具有更弱的$^{17}O—^{1}H$ 散相曲线，表明体系中具有更长的 O—H 键或更高的质子移动性，即 HZSM-5 的酸性更强。

二、酸种类

区分固体表面上 B、L 酸中心的办法很多。最可靠的方法是将固体酸吸附吡啶后用红外吸收光谱(IR)来检测。因为物质对红外线的吸收具有“指纹”性质，当某种物质被固体表面上酸中心吸附(即束缚住)之后，该物质在表面力场的“微扰”下吸收谱带会发生变宽、变弱、位移(大多向长波方向位移)或峰形变化等现象，可以利用这些现象来判断固体酸中心的种类和相应的数量。

以固体酸吸附吡啶为例。Brönsted 酸中心吸附吡啶之后形成吡啶离子，而 Lewis 酸中心吸附吡啶后形成配位加成物。

N + HB ⟶ N—H^+—B^-　　　　N + L ⟶ N—L

因为吡啶分子在表面上受到的力场不同，产生不同的 IR 吸收峰位置、峰强度及峰形谱图，见表 2－5。

表 2－5　1 400～1 700 cm^{-1}范围内吡啶不同态的 IR 吸收峰

氢键吡啶	配位键吡啶(L 酸中心)	吡啶离子(在 B 酸中心)
1 400～1 447(极强)	1 447～1 440(极强)	1 540(强)～1 620(强)
1 485～1 490(极强)	1 488～1 503(极强)	1 485～1 500(极强)
1 580～1 600(强)	1 600～1 633(强)	1 640(强)

可以从吸收峰的位移来解释表面发生的结构变化。具体测定时可在真空中或 N_2 气氛中进行，目的是通过抽真空或 N_2 吹扫除去固体表面物理(或化学)吸附的水分子等杂质。

例如，N_2 气氛中通过程序升温脱附-傅立叶变换红外光谱(Temperature Programmed Desorption-Fourier Transform Infrared，TPD－FTIR)测定酸性的具体测定步骤为：将装好样品锭片的原位红外池放入红外光谱仪的样品室光路中，经净化的高纯氮气以一定速率(例如 65 mL/min)的流量通入池中，并以一定速率(5 ℃/min)升温至预定温度，净化样品表面约 1 h，等样品片自然降至室温后，用六通阀切换，使高纯氮进入饱和器，将室温下的吡啶饱和蒸汽带入样品池中，吸附 2 h；然后用高纯氮继续以 65 mL/min 的流量吹扫 1 h，目的是除去物理吸附的吡啶。最后进行程序升温脱附，每 10 ℃记录一次样品的红外光谱。图 2－8 为吡啶在 HY 沸石上吸附的红外光谱图。其中，位于 1 540 cm^{-1}的吸收峰为吡啶离子的伸缩振动，表明存在 B 酸中心，位于 1 490 cm^{-1}的吸收峰为与 L 酸中心配位后吡啶环的伸缩振动峰，位于 1 630 cm^{-1}的吸收峰为以上两种状态吡啶的伸缩振动峰的加和。

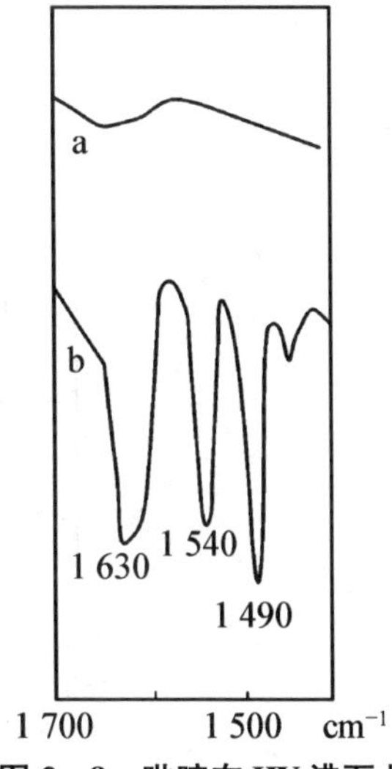

图 2－8　吡啶在 HY 沸石上吸附的 FTIR 图

a. 350℃活化的 HY
b. 200℃吸附吡啶后的 HY

近年来，固体核磁共振(NMR)技术获得了飞速发展，由于其能提供局部结构和排列的重要信息，被广泛应用于催化剂表面酸性等方面的研究。除了以上所述的通过二维核磁共振技术直接测定酸位点及强度外，还可以通过吸附探针分子后的 NMR 技术判断酸种类及强度。吡啶不仅可广泛应用于红外光谱中检测固体酸种类，而且也可应用于固体核磁共振中研究酸性。分子筛吸附氘代吡啶分子后，质子的化学位移有较大的改变。一般来说，吡啶与非酸性羟基形成氢键，^{1}HNMR 化学位移为 2～10；而与酸性羟基配位形成吡啶离子时，化学位移位于 12～20，并且酸性越强，对应的吡啶离子的^{1}HNMR 化学位移越小。通过比较吸附氘代吡啶前后质子的化学位移变化可以获得质子与氘代吡啶分子相互作用的信息，进而可判断固体酸上B酸位的强弱。以固体酸分子筛为例，HZSM－35分子筛吸附氘代吡啶后其酸性质子的化学位移在δ＝12～14处，而相近硅铝比的HZSM－5分子筛吸附氘代吡啶后其酸性质子的化学位移在δ＝15.1和δ＝19.0处，HMCM－49分子筛吸附氘代吡啶后其酸性质子的化学位移在δ＝15.0处，故HZSM－35分子筛的B酸性最强。

除吡啶外，三甲基膦（TMP）也是固体核磁共振技术研究催化剂酸性常用的探针分子。通过^{31}P魔角旋转核磁共振（Magic Angle Spinning NMR，MASNMR）谱可分析分子筛内表面的B酸和L酸中心。TMP的分子动力学直径为0.55 nm，能进入ZSM－35分子筛的十元环和八元环孔道中，不过由于孔道尺寸较小，TMP分子在其中的扩散较慢。图2－9为HZSM－35分子筛在不同条件下吸附TMP的^{31}PMASNMR谱，其中，δ＝－5.4处的共振峰来自TMP吸附在B酸位上形成质子化的$(CH_3)_3PH^+$，与L酸性相关的TMP峰在δ＝－37.1处，δ＝－61.0处共振峰归属为物理吸附的TMP。在室温下吸附TMP后，吸附在B酸中心的信号很弱。另外，在δ＝－5.4～－37.1间有一宽峰，可能是吸附在B酸和L酸中心或者物理吸附的TMP之间存在信号的快速交换。随着吸附温度的升高和时间的延长，此宽峰消失，而δ＝－5.4处B酸中心的信号逐渐增强，表明TMP的吸附量逐渐增加。在δ＝－37.1出现明显的L酸信号。另外，从谱峰强度可以看出，HZSM－35分子筛中的B酸量要高于L酸量。

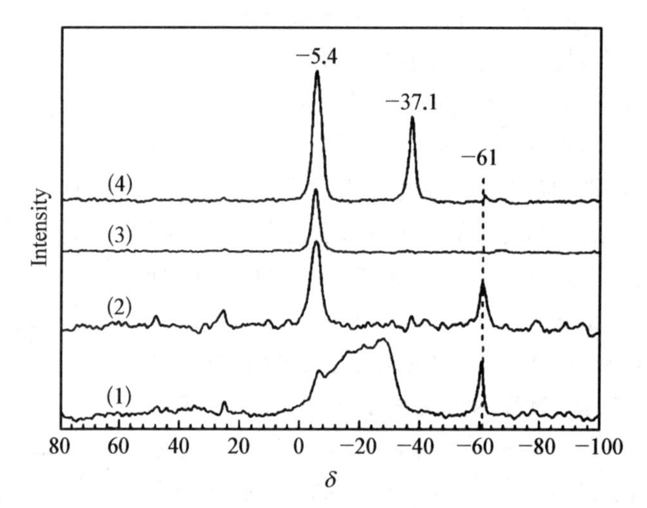

图2－9　HZSM－35分子筛在不同条件下吸附TMP的^{31}PMASNMR谱

(1) RT 0.5 h　(2) 150℃/1 h　(3) 300℃/24 h　(4) 350℃/24 h

除此之外，较早期的方法还可采用2,6－二甲基吡啶作为吸附物，由于位阻原因，2,6－二甲基吡啶只能在Brönsted酸中心上吸附而不会在Lewis酸中心上吸附，可通过气相色谱检测系统定量计算B酸中心的酸量。

三、酸量

酸量是指单位数量固体酸表面上酸中心的数量，通常以mmol（或个数）/g或mmol（或个数）/m^2为单位。测定方法很多，各种方法的优缺点及误差不同。

1. 非水溶剂中碱滴定法

(1) 直接滴定法

首要条件是要找到一个合适的指示剂与固体酸反应显酸性。测定步骤为:将固体酸悬浮在一惰性的非水溶剂中,加入有色指示剂,用碱如正丁基胺进行滴定。例如:用对-二甲胺基偶氮苯为指示剂,吸附在 $H_0 \leqslant 3.3$ 的酸性部位上显红色,滴定正丁胺,使吸附的指示剂恢复到黄色所需正丁基胺的量,就是固体表面上这种酸性部位的酸量。采用 pK_a 值不同的指示剂进行一系列测定,即可测出酸性部位的累积分布函数。苯、异辛烷,十氢化萘、环己烷、四氯化碳都可用作非水溶剂,最常用的碱有正丁基胺、己二胺、喹啉和吡啶。由于正丁基胺挥发性低,使用最广泛,而且其临界直径小,能够进入到催化剂细孔内,故常被采用。

非水溶剂中碱滴定法基于两个假设:① 碱在固体酸上的吸附平衡时时存在;② 指示剂用量足够少而不影响酸碱平衡。事实上酸碱平衡(因为一个固体颗粒包含很多酸中心,且在溶液中不溶解,故酸中心不能完全暴露)只能很慢达到,碱一旦被吸附,则很难脱附掉,因而在整个可利用的固体酸表面上达到平衡可能很难,常利用超声波催速平衡的达到。另外,操作条件对结果有很大影响。例如,指示剂用量、滴定时间、正丁基胺/苯溶液浓度及颗粒尺寸等都影响实验结果。Bensi 等研究发现,通过这种方法测定得到的都是强酸中心的酸量。

(2) 非水溶液回滴法

鉴于上述直接滴定法是通过 Hammett 指示剂判断终点(不适合有色固体),酸碱固-液反应平衡往往难以在短时间内达到等缺点,采用非水溶液回滴法进行了弥补。根据不同的数据处理方法,可分为两种:

① 直线外推法

原理:称取数份质量相近的催化剂样品,加入递增的过量的正丁基胺/苯溶液,待振荡平衡后,分离出一定体积的澄清溶液,用甲基紫作指示剂,以高氯酸-冰醋酸溶液来回滴剩余的正丁基胺。该方法认为,物理吸附的正丁基胺量与溶液中剩余的正丁基胺量成正比,因而可以用直线外推法予以扣除而求得样品的总酸量。

设 m_0 为初始加入的正丁基胺量,m_H 为酸中心吸附的正丁基胺量,m_a 为非酸中心吸附的正丁基胺量,m_T 为总吸附量,m_s 为平衡后溶液中剩余的正丁基胺量,则

$$m_T = m_0 - m_s = m_H + m_a \tag{2-6}$$

在稀溶液中

$$m_a = k m_s \tag{2-7}$$

式(2-7)中,k 为吸附分配系数,若样品 g 克,则

$$m_T/g = (m_0 - m_s)/g = m_H/g + k m_s/g \tag{2-8}$$

将 m_T/g 对 m_s/g 作图得一直线,k 为斜率,将直线部分外推与纵轴相交,截距 m_H/g 即为样品总酸量。

在直接滴定法中,正丁基胺与固体催化剂表面酸中心的吸附作用是异相反应,反应进行得很慢,滴定时间很长(2～3 天);另外,根据指示剂的变色来决定终点,对深色样品的

测定有困难。而通过非水溶液回滴法，由于一次加入过量数倍的正丁基胺，吸附平衡较容易达到。同时亦为解决溶液与催化剂分离及滴定时有色样品的干扰创造了条件，一般完成整个过程只需 4～5 h。该方法的缺点：当样品表面具有酸性时，吸附量由两部分组成：一是酸中心吸附量，基本上与溶液中正丁基胺的量无关；二是非酸中心吸附量，随溶液中正丁基胺的平衡浓度而变化，属于固体表面对正丁基胺的物理吸附，而不是正丁基胺在两个液相之间的分配，因此式(2-7)一般是不成立的，所以，按直线外推法任意性很大而且测定结果偏高。对于有些体系，如 $ZnO-SiO_2$，这样取得的数据误差较大，只有个别酸量很大的样品(如某些分子筛)，中和酸位所需的正丁基胺已接近一个单层，此时非酸中心吸附等温线才接近一条直线。

2. 吸附等温线法

考虑到直线外推法的缺点，赵璧英等认为正丁基胺在固体酸上吸附的一般公式可表示为：

$$m_T/g = m_H/g + m_a/g = m_H/g + f(c) \tag{2-9}$$

许多体系中，m_a/g 与 c 的关系服从 Langmuir 吸附等温式，因此应该从等温线与纵轴的交点来求酸中心吸附量或归纳出吸附等温式，然后计算表面酸量。

实验步骤与直线外推法相似，数据处理可采用相对可靠的回归法。

固体样品从溶液中吸附某溶质的 Langmuir 等温式为：

$$\frac{c}{\left(\frac{m}{g}\right)} = \frac{1}{b\left(\frac{m}{g}\right)_m} + \frac{c}{\left(\frac{m}{g}\right)_m} \tag{2-10}$$

式中：(m/g) 和 $(m/g)_m$ 分别表示吸附量和单层吸附量；b 为常数。当样品表面具有酸性时，物理吸附量为 $(m_T/g - m_H/g)$，式(2-10)应改写成：

$$\frac{c}{\left(\frac{m_T}{g} - \frac{m_H}{g}\right)} = \frac{1}{b\left[\left(\frac{m_T}{g}\right)_m - \left(\frac{m_H}{g}\right)\right]} + \frac{c}{\left(\frac{m_T}{g}\right)_m - \left(\frac{m_H}{g}\right)} \tag{2-11}$$

令 $m_T/g = y$，$m_H/g = f$，$[(m_T/g)_m - f] = h$，则(2-11)式成为：

$$\frac{c}{(y-f)} = \frac{1}{bh} + \frac{c}{h} \tag{2-12}$$

整理得

$$f + c(fb + bh) - cyb - y = 0 \tag{2-13}$$

令 $fb + bh = A$，得

$$f + cA - cyb - y = 0 \tag{2-14}$$

其中 f、A、b 待定，从原则上讲，用三个实验点 (c, y)，解一组三元一次方程即可得三个待定系数。为精确起见，最好把各组 (c, y) 值通过回归方法求出 f，即可求得待定的酸量值。

赵璧英课题组测定了 $\gamma-Al_2O_3$、$MoO_3-\gamma-Al_2O_3$、SiO_2、$ZnO-SiO_2$、MoO_3-SiO_2 等

样品的酸量，发现与文献报道的吸附指示剂法所得结果较符合。

(3) 微量吸附量热法

固体酸性部位的滴定可由反应热跟踪，采用微量吸附量热法最简便。微量吸附量热法是一种直接测定碱分子在固体酸表面吸附产生的微分吸附热来表征酸位的强度，同时通过测定相应的吸附量来表征酸量从而获得酸强度分布的方法。最早在 20 世纪 60 年代到 70 年代初，由 Hsich 和 Stone 等人采用。但因量热计不够精确，未能得到定量的酸强度分布，吸附热的数据也偏低。在 70 年代末 80 年代初，由于热流式量热计的使用和推广，微量吸附量热法得到了众多催化研究人员的重视，这个方法已被用来研究各类固体酸催化剂的表面酸性，得到了有价值的结果。

测试方法及原理：将 3.00 g 样品(预先在饱和 NH_4Cl 溶液中恒重过)灼烧好后，迅速转移到盛有 100 mL 苯(AR 级，经干燥处理)的量热器中，密闭，待体系内外达到热平衡后，用定量的正丁基胺/苯溶液进行滴定。当第一次脉冲注入正丁基胺/苯溶液后，记录下碱量 n mol，由精密量热仪读出放热量 Q，dQ/dn(微分吸附热，也可用 q kJ/mol 表示)即表示某一吸附量 n 酸位时的强度。如此反复至再次注入正丁基胺/苯溶液时无热量放出为止。将每加入一增量碱所测得的吸附热 ΔQ 除以吸附增量 Δn，便得到相应吸附量为 n 时的平均吸附热($\Delta Q/\Delta n$)。用它对吸附量 n 作图，得到一系列矩形组成的吸附热谱，将谱中每个台阶的中心连成曲线，即简化成 $q-n$ 的关系图，用来表示样品的酸强度分布，如图 2-10 所示。

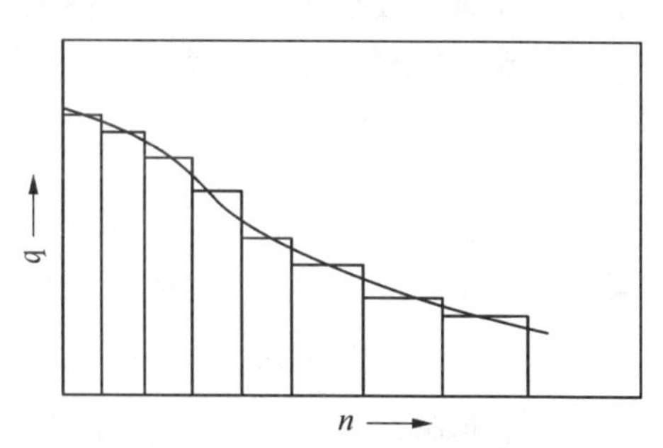

图 2-10　微分吸附热 q 与酸量 n 的关系图

假设每个酸中心化学吸附一个正丁基胺分子，则滴入正丁基胺的总量即代表固体酸的总酸量。

该方法缺点是：由于酸碱平衡太慢，故滴定太慢，将使量热(主要是绝热量热法)很困难和不准确，经常导致结果偏低。优点：有色固体没有影响，避免采用指示剂目测变色带来的误差。

采用量热法测定酸量及酸强度分布时，为了正确得出表面酸性的信息，需要注意下列因素对测定结果的影响：① 样品床层应尽可能薄，以减少吸附分子在样品床扩散移动的时间。② 用作吸附质的碱分子的尺寸要合适，对小孔样品尤其要注意，防止扩散限制。③ 选择合适的吸附温度，使吸附能选择性地进行，这就要求在从量热计取得热量数据的时间内，酸碱反应应达到热力学平衡。在平衡条件下，首先引入的碱分子将吸附在最强酸位，并由强到弱依次进行吸附，才能正确地得到酸强度分布。温度太低会发生无选择吸附，只能得到平均酸强度，温度高有利于化学平衡的建立，但过高又会使吸附的碱分子发生分解，或使在某些较弱酸位上吸附的平衡常数太小而测不到该酸位。一般来说，温度选用 473 K，适合于大多数固体酸样品。④ 为了直接测到微分吸附热，要求每次引入的碱量很少，一般为每克催化剂 3～10 mol/L。每一次吸附所产生的热量从＜100 mJ 到 1 000 mJ，这要求有一个高灵敏度的热流式的微量量热计与一个灵敏的容量体系相连接。⑤ 在碱量达到高覆盖度时，吸附质碱分子可能在非酸位上以氢键的形式吸附或发生物理吸附，因此，需注意将这部分非酸位上的吸附区别出来。

2. 碱蒸气滴定法

原理：将计量的碱蒸气以控制的流速通入干燥空气中，然后将碱/空气通入处于流化态的粉末样品，为使样品在合理的空气流速下（对于有可能流化的样品）流态化，颗粒大小必须足够小（颗粒直径$\leqslant$ 0.1 mm），滴定终点从指示剂的变色来判断。

这种滴定法的精确度，主要决定于离开流化床的空气流绝对不含碱蒸气，并且保证已达到碱蒸气吸附平衡（即没有终点渐衰现象）。要使碱蒸气全部被吸附并达到平衡，只能靠缓慢加入碱蒸气来保证。

这个方法需要使用较复杂的仪器，但与非水溶液滴定法相比，具有速度快的优点，比较适合于实际工业生产中需要即时报告数据的情况。例如，用氨气滴定工业硅酸铝催化剂，大约只需 20 min 即可得到满意的结果。

3. 水溶液中滴定

对于氧化物类型固体，依靠水溶液滴定方法不可靠，因为固体可能与水起反应，可改变固体表面上酸性部位的数目。例如，一个水分子可与 L 酸位起作用，生成 B 酸位。对于硅酸铝，可能存在以下平衡：

$$2HAlO_2 \cdot xSiO_2 \longrightarrow H_2O + Al_2O_3 + 2xSiO_2$$

假如酸式硅酸铝被中和，平衡慢慢向左方移动，并产生一新的酸中心。因此，试图用碱性水溶液直接滴定一个固体酸的悬浮液时，常常由于终点衰退而失败。

4. 程序升温脱附法

NH_3是碱性分子，其 N 上的孤对电子有比较高的质子亲合势。另外，NH_3分子的动力学直径较小（0.116 5 nm），故用于定量测定微孔、中孔和大孔的内表面酸性时，不受孔大小的限制，因而常用作酸性测定的探针分子。吸附 NH_3后再程序升温脱附（TPD）是获得催化剂酸性数据的一种便利技术。实验步骤为：称取一定量细颗粒状样品于反应管中，反应管置于炉子中，样品先在一定温度（如 500 ℃）下，惰性气体（如 He）中活化脱除水或其他杂质，降至室温（或室温以上）后，用脉冲法注入 NH_3（碱分子可以是 NH_3、Py（吡啶）、正丁基胺、喹啉等，NH_3是最好的吸附脱附气体，有机碱如正丁基胺或吡啶在 TPD 所必需的高温下，在催化剂表面上可能分解），吸附一定时间至饱和后，通入惰性气流，低温加热除去物理吸附的氨，然后按规定的温度-时间程序提高样品的温度，在流出的气流中将脱附气体的浓度作为脱附温度的函数来检测，用色谱仪检测脱附 NH_3量。如图 2－11，TPD 曲线中的峰面积与脱附气体的量成正比，脱附峰峰顶温度的高低表示酸强度的强弱。

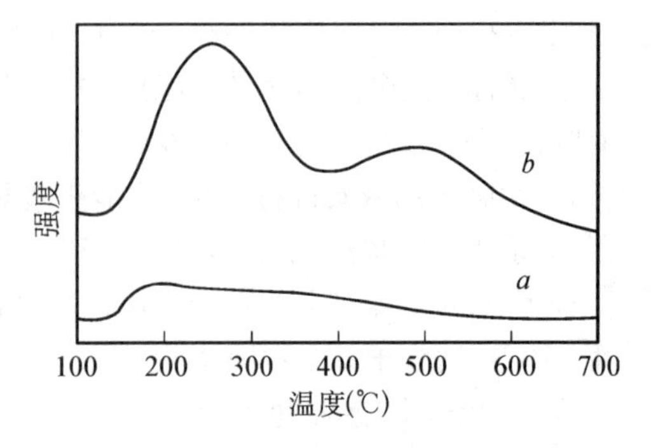

图 2－11 $\gamma-Al_2O_3$(a)和 HZSM－5 分子筛(b)上的 NH_3－TPD 图

用这种方法对酸强度能作出定性解释，对酸量只能得到半定量结果，因为在碱过量及升温过程中，除了碱-酸相互作用的化学吸附外，碱还可以发生物理吸附，通过形成氢键吸附以及解离吸附。但这种方法操作简单，时间较短，完成一个样品测试仅需 2～3 h，是催化实验中用于相对比较催化剂酸性的常用方法。

第五节 固体碱中心的标定

由于固体碱易受空气中 CO_2、H_2O 等物质的影响，对固体碱性质的调变规律、反应机理和制备方法的研究远没有固体酸催化剂那样全面深入。

一、碱强度

1. 碱强度的概念

只要固体具有对酸指示剂给出电子对所必需的碱强度，当电中性的酸指示剂从非极性溶液中吸附到固体碱上时，酸指示剂的颜色就变成它的共轭碱的颜色。因此，通过观察一定 pK_a 值范围内酸指示剂的颜色变化可测定碱强度。

对于指示剂 AH 和固体碱 B 的反应：

$$AH \rightleftharpoons A^- + H^+$$

B 的碱强度 $H_0 = pK_a + \log[A^-]/[AH]$。

对于碱而言，H_0越大，碱性越强。

当指示剂吸附层约 10%为碱式吸附时，即$[A^-]/[AH]=0.01$，酸指示剂开始出现可观察到的颜色变化。当指示剂的吸附层约 90%为碱式吸附时，即$[A^-]/[AH]=0.9/0.1=10$，肉眼能看到颜色进一步增强。因此，最初的颜色变化和后来的颜色变化是在 H_0值分别等于 pK_a-1 和 pK_a+1 时观察到的。如果当碱式吸附达到 50%时，中间颜色出现，那么 $H_0=pK_a$，因此，固体表面碱强度的近似值可以根据所吸附指示剂出现中间颜色时的 pK_a值给出。表 2-6 给出了测定碱强度常用的指示剂及相应的 pK_a值。

表 2-6 测定碱强度所用的各种指示剂

指示剂	酸型	碱型	pK_a
溴百里酚蓝	黄	绿	7.2
2,4,6-三硝基苯胺	黄	红-橙	12.2
2,4-二硝基苯胺	黄	紫	15.0
…	…	…	…
4-氯苯胺	无色	桃红	26.5

二、碱量

1. 滴定法

如同用正丁基胺滴定法测定酸量一样，碱量也可采用溶解在苯中的苯甲酸滴定悬浮在苯溶剂中的固体碱来测量，指示剂以其共轭碱形式吸附在固体上。

2. 离子交换法

如同通过在固体酸催化剂表面上质子和溶液中正离子（如 NH_4^+、K^+）间进行交换，释放出质子的程度来测量酸量一样。某些固体的碱量也可以通过表面上氢氧离子和阴离子间进行交换来估算。成子(Naruko)曾用 pH 计测定过用氧化亚氮或氨活化的炭的碱量，发现在 100 mL 0.1 mol/L KCl 水溶液中，加 0.1 g 活性炭，连续摇动 24 h 后，pH 增加。

3. 酸吸附法

如同 NH_3 - TPD 法测定酸量一样，可用 CO_2 - TPD 技术测定碱量或碱强度。

另外，在比较高的温度下，苯酚是稳定的弱酸，也可用作吸附物。在给定的蒸气压和恒温条件下，苯酚蒸气吸附在固体上，达到饱和点后，升高温度抽空，假如一个固体所吸附的苯酚即使在高温下也难以解吸，那么这个固体就具有高的碱强度。

4. 量热法（微量吸附量热法）

传统的 Hammett 滴定法受到指示剂变色是否敏锐和观察者对变色点的判断是否准确的影响，尤其对有色样品的测定更困难。CO_2程序升温脱附法(CO_2 - TPD) 则由于其基线易漂移，导致误差较大。随着微量吸附量热技术的日趋成熟，该方法已用于研究多相催化剂表面的各种活性中心。由于其能够精确测定探针分子吸附时发生的细微热量变化，从而能精确测定催化剂表面的酸碱强度和酸碱量，被认为是表征催化剂表面酸碱性质较为理想的方法。

可用三氯醋酸的苯溶液滴定碱所引起的热量变化来测定碱性。也可采用热流式微量吸附量热仪，以 CO_2作探针分子来测定碱性。图 2 - 12 为采用微量吸附量热法测定负载型固体碱 K_2O/Al_2O_3表面碱性的结果。从图中可以看到，在 673 K 抽空处理后的样品显示很低的碱性，起始 CO_2微分吸附热比 γ - Al_2O_3还低，表明 673 K 抽空的样品 KNO_3分解生成的 KNO_2没有产生任何碱中心，甚至掩盖住了 γ - Al_2O_3原有的部分碱中心。而在 773 K 抽空处理后，碱性明显比 673 K 抽空的样品高得多，表明 KNO_2已分解产生了强碱中心。最后在 973 K 抽空，样品表现了很强的碱性。

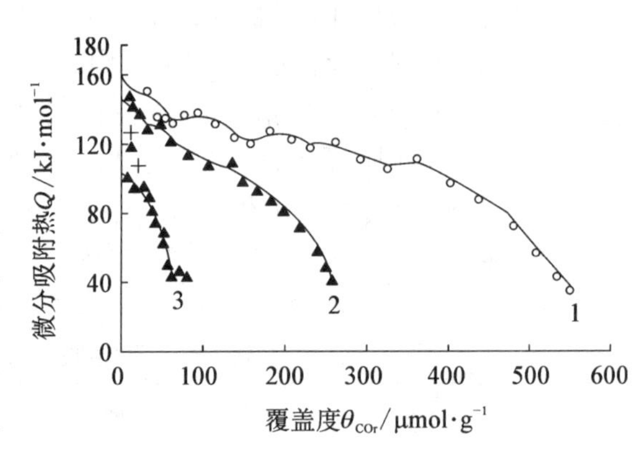

图 2 - 12　423 K 时样品的微分吸附热随 CO_2 覆盖度的变化

1. 973 K 下抽空 KNO_3/Al_2O_3　2. 773K 下抽空KNO_3/Al_2O_3　3. 673 K 下抽空 KNO_3/Al_2O_3 + γ - Al_2O_3

第六节　酸碱催化剂在石油化工中的应用

在石油炼制和石油化工中，固体酸碱催化剂发挥很大作用，用固体酸碱催化剂代替液体酸碱催化剂后，在工业生产中表现出以下几方面的优点：① 生成物与催化剂容易分离；

② 催化剂可以重复使用；③ 催化剂不容易腐蚀设备；④ 废催化剂容易回收，避免污染环境；⑤ 催化剂活性高，选择性好；⑥ 在固体表面上若同时具有酸碱两种中心，彼此间不会发生干扰，可以共存，在某些特定反应需要酸碱两种中心同时起作用时，固体酸碱催化剂能保证反应顺利进行。有时，即使是弱酸或弱碱中心，当酸碱两种中心存在协同作用时，催化活性可能超过只存在单一的强酸或强碱中心的催化剂。

一、异构化反应

1. 直链烃转变成支链烃

常选用 Lewis 酸催化剂。Lewis 酸中心夺走了烷烃中薄弱部位上的 H^-，使烷烃变成正碳离子中间体，接着发生后续反应，如：

$$CH_3CH^+CH_2R \longrightarrow CH_3\underset{\displaystyle R}{\underset{|}{C^+}}CH_3 \xrightarrow{CH_3CH_2CH_2R} CH_3\underset{\displaystyle R}{\underset{|}{C}}HCH_3 + CH_3CH^+CH_2R$$

也可用 Brönsted 酸催化剂，因为原料中难免会存在极微量的烯烃，Brönsted 酸首先向烯烃提供 H^+，使其形成正碳离子，然后正碳离子又与烷烃发生作用夺取烷烃分子上 H^-，使烷烃形成正碳离子，接着发生异构化反应。

$$\gt C{=}C\lt + H^+ \longrightarrow \gt\overset{\displaystyle H}{\overset{|}{C}}{-}C^+\lt$$

$$\gt\overset{\displaystyle H}{\overset{|}{C}}{-}C^+\lt + RH \longrightarrow \gt\overset{\displaystyle H}{\overset{|}{C}}{-}\overset{\displaystyle H}{\overset{|}{C}}\lt + R^+$$

实际生产中，由于酸的亲电子特点，活化饱和烃相对较难，故都采用 Pt/γ - Al_2O_3 双功能催化剂(金属 Pt 的氧化还原催化与 Al_2O_3 的酸催化)。反应机理为：金属 Pt 中心催化烷烃脱氢生成烯烃，酸中心活化烯烃生成正碳离子，正碳离子异构化、异构化的正碳离子失去质子 H^+ 生成异构烯烃，最后在 Pt 表面发生加氢反应生成异构化烷烃。反应机理为：

$$CH_3CH_2CH_2CH_2CH_2CH_3 \xrightarrow[Pt]{-H_2} CH_3CH_2CH_2CH_2CH{=}CH_2 \xrightarrow[Al_2O_3]{+H^+} CH_3CH_2CH_2CH_2CH^+{-}CH_3$$

$$\downarrow$$

$$CH_3CHCH\underset{\displaystyle CH_3}{\underset{|}{C}}H{-}CH_3 \xleftarrow[Pt]{+H_2} CH_3CHCH\underset{\displaystyle CH_3}{\underset{|}{C}}{=}CH_2 \xleftarrow{-H^+} CH_3CHCH\underset{\displaystyle CH_3}{\underset{|}{C^+}}{-}CH_3$$

2. 芳烃异构化

芳烃异构化反应的重要应用之一是制备对二甲苯(对二甲苯是合成聚酯纤维的主要原料)。芳烃异构化反应有四种类型：

(1) 侧链烷基移位(二甲苯三种异构体之间互变)。

（2）侧链烷基结构的改变（如正丙苯变成异丙苯）。

（3）侧链烷基数目和大小的变化（如二甲苯→乙苯）。

（4）歧化反应（如甲苯→苯＋二甲苯）。

上述反应在 H^+ 作用下进行，其难易程度为(4)＞(3)＞(2)＞(1)（与反应机理有关）。

曾用 SiO_2 - Al_2O_3 催化甲苯的歧化，改用沸石分子筛后，转化率大大提高，反应机理为：

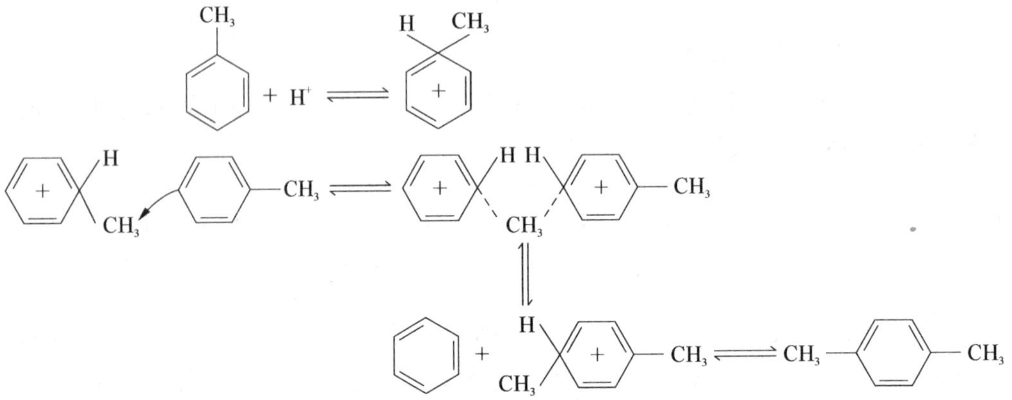

CH_3 + H^+ ⇌ H CH_3 +

H + CH_3 — CH_3 ⇌ + H H + CH_3 CH_3

⇅

+ H + CH_3 CH_3 ⇌ CH_3 — CH_3

3. 烯烃中双键移位或顺反互变

例如，用 SiO_2 - Al_2O_3 固体酸作催化剂，丁烯上的 π 电子结合到固体酸的 L 酸中心上（即 Al^{3+}）形成顺式的丁烯正碳离子，从而转变成高比例的顺式丁烯。反之，若丁烯与固体酸上的 B 酸中心作用则生成高比例的反式丁烯。因为反式结构比顺式稳定，所以当 B 酸中心的 H^+ 使烯烃变成正碳离子之后，分子内各 C—C 键可以自由地转动，使不稳定的顺式结构变成反式结构。

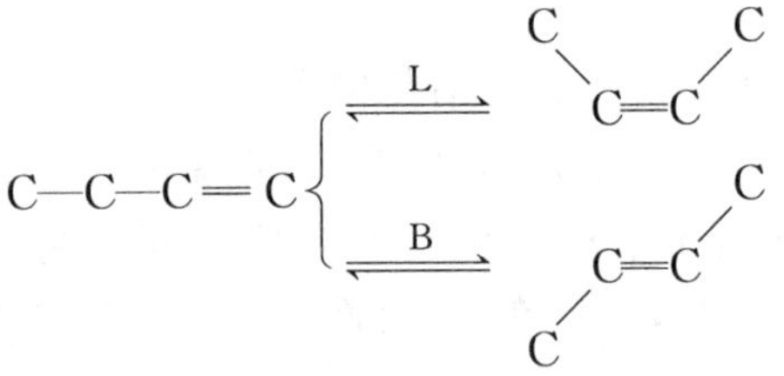

C—C—C═C ⇌(L) C═C（两个 C 在同侧，顺式）

C—C—C═C ⇌(B) C═C（两个 C 在异侧，反式）

$$\mathrm{C{-}C{-}C{=}C \xrightarrow{H^+} C{-}C{-}C^+{-}C \xrightarrow[H^+\ 移位]{} C{-}C^+{-}C{-}C \longrightarrow C{-}C{=}C{-}C}$$

如果甲基位移，则生成异丁烯。

$$\mathrm{CH_3CH_2CH^+CH_3 \longrightarrow CH_3{-}C^+(CH_3){-}CH_3 \xrightarrow{-H^+} CH_2{=}C(CH_3){-}CH_3}$$

二、烷基化反应

为了制备某些特殊结构的化工原料，经常要把烷基或芳基直接加到烯烃分子上，这就是烷基化反应（通过反应使碳链增长，广义地说是一种低聚过程）。在生产上为了防止发生高聚或再分解，往往选用选择性好、活性高的催化剂，采用偏低的反应温度来完成这一特定反应，烷基化反应的反应机理仍是通过正碳离子中间体进行。

1. 脂肪烃烷基化

脂肪烃烷基化的反应条件比较温和，常在－10～20℃的液相中进行。一般选用 HF、H_2SO_4、H_3PO_4之类的 B 酸。为了便于大规模地连续性生产，常把液体酸固载化。已有大量工作是直接采用 SiO_2- Al_2O_3及分子筛等固体酸作催化剂，使用这些催化剂时反应温度不宜过低。脂肪烃烷基化的反应机理如下：

$$CH_2=CH—CH_3+H^+ \longrightarrow CH_3—CH^+—CH_3$$
$$(CH_3)_3CH+CH_3—CH^+—CH_3 \longrightarrow (CH_3)_3C^+ +CH_3CH_2CH_3$$
$$(CH_3)_3C^+ +CH_2=CH—CH_3 \longrightarrow (CH_3)_3C—CH_2—CH^+—CH_3$$
$$(CH_3)_3C—CH_2—CH^+—CH_3+(CH_3)_3CH \longrightarrow (CH_3)_3C—CH_2CH_2CH_3+(CH_3)_3C^+$$

要注意的是，酸催化剂同时也是烯烃聚合的催化剂，所以必须严格控制原料中烯烃的含量。要使烷烃含量远多于烯烃，这样，烯烃少了，彼此相遇的机会也少了，聚合机会也就少了。

2. 芳烃烷基化

(1) 芳环烷基化

Friedel-Crafts 反应就是在酸催化剂作用下于苯环上引进烷基的反应。

反应机理为：$RCH=CH_2+H^+ \longrightarrow RCH^+—CH_3$

$$RCH^+—CH_3 + C_6H_6 \longrightarrow [C_6H_6^+—CH(R)CH_3] \xrightarrow[-H^+]{RCH=CH_2} C_6H_5—CH(R)CH_3 + RCH^+—CH_3$$

(2) 芳烃的侧链上烷基化

不能用酸催化剂，而用碱催化剂，因为侧链的烷基不是多电子基，如果用酸催化剂，就会在苯环上烷基化。反应机理为：首先碱使反应物变成负碳离子，然后烯烃插入。

$$Na^+L^- + C_6H_5—CH_3 \longrightarrow HL + C_6H_5—CH_2^- + Na^+$$
$$C_6H_5—CH_2^- + CH_2=CH_2 \longrightarrow C_6H_5—CH_2CH_2CH_2^-$$
$$C_6H_5—CH_2CH_2CH_2^- + C_6H_5—CH_3 \longrightarrow C_6H_5—CH_2CH_2CH_3 + C_6H_5—CH_2^-$$

三、裂解反应

在石油炼制中常常需要将重油进行裂解产生汽油、柴油等轻质油。烃分子的裂解是打开 C—C、C—H 两种键，打开的方式有均裂和异裂两种。

均裂（热裂） $\begin{cases} C:C \longrightarrow C\cdot + C\cdot \\ C:H \longrightarrow C\cdot + H\cdot \end{cases}$ 产生自由基

异裂（催化裂化） $\begin{cases} C:C \longrightarrow C^{+} + :C^{-} \\ C:H \longrightarrow C^{+} + :H^{-} \end{cases}$ 产生离子

为了达到产生离子的目的，必须选用能与 C—H 键上 H^- 结合起来的离子（如 H^+、R^+），可选用 B 酸、L 酸型催化剂，其中 B 酸用得较多。

活化反应过程为：

B 酸： $CH_3CH_2CH_2CH_3 + MH \longrightarrow CH_3CH^+CH_2CH_3 + M + H_2\uparrow$

L 酸： $CH_3CH_2CH_2CH_3 + M \longrightarrow CH_3CH^+CH_2CH_3 + MH$

反应机理以正碳离子中间体为主：

$$CH_3CH_2CH_2CH^+—CH_2—CH_2CH_2CH_3 \longrightarrow CH_3CH_2CH_2CH^+CH_2^- + CH_2^+CH_2CH_3$$
$$\longrightarrow CH_3CH_2CH_2CH=CH_2 + CH_2^+CH_2CH_3$$

正碳离子将周围电子吸引过来，使 β 位键被削弱，受热后 β 键断裂，一部分转变成烯烃，另一部分变成分子量小的正碳离子（R^+），R^+ 夺取起始时被催化剂拉走的 H^- 变成 RH，完成了整个循环。三个碳原子以上的 R^+ 有继续裂解的可能，CH_3^+ 及 $C_2H_5^+$ 在热力学上不稳定，因此裂解产物以 C_3、C_4 最多。

$$\underset{\text{叔}}{C—\overset{\overset{C}{|}}{\underset{\underset{C}{|}}{C^+}}} > \underset{\text{仲}}{C—C—\overset{\overset{C}{|}}{C^+}} > \underset{\text{伯}}{C—C—C—C^+}$$

四、水合和脱水反应

1. 水合

石油化工中，可通过烯烃水合制备乙醇、异丙醇、乙二醇、乙醛等重要的化工原料。

反应机理是酸催化剂 H^+ 在烯烃的双键上加成，然后发生水合。

$$>C=C< + H_3O^+ \longrightarrow >\underset{\underset{H}{|}}{C}—\overset{+}{C}< + H_2O \longrightarrow —\underset{\underset{H}{|}}{\overset{|}{C}}—\underset{\underset{OH_2^+}{|}}{\overset{|}{C}}— \xrightarrow{+H_2O} —\underset{\underset{H}{|}}{\overset{|}{C}}—\underset{\underset{OH}{|}}{\overset{|}{C}}— + H_3O^+$$

在 100 ℃时，水合反应的平衡常数等于 1。如果想使反应速率加大，可以提高反应温度，但必须加压才能保持原有的产率。实验发现，在 250～300 ℃、100 大气压的反应条件下进行比较适合。

2. 脱水

醇类的脱水反应比较复杂，在低温下，醇脱水生成醚，高温下生成烯烃。最常用的催化

剂是 Al_2O_3，其表面的 $Al^{3+}O^{2-}$，遇到 C_2H_5OH 后生成烷氧中间体（$C_2H_5—O—Al\lt$）。这些烷氧中间体在 Al_2O_3 表面上会彼此发生作用，作用力太小时 C_2H_5O 会恢复成 C_2H_5OH，作用力稍大些则生成醚。

$$2C_2H_5OAl\lt \longrightarrow (C_2H_5)_2O + O—Al\lt + Al\lt$$

烷氧基与未被占据的活性中心相互作用就形成乙烯。

$$C_2H_5—O—Al\lt + O—Al\lt \longrightarrow CH_2=CH_2 + HO—Al\lt + O—Al\lt$$

选用 Al_2O_3 作催化剂的原因是：Al_2O_3 表面上几乎没有 B 酸中心，比较有效地避免了裂解、异构化之类的副反应。

第七节　酸碱催化剂在有机合成中的应用

一、烯烃水合

酸催化剂在实际使用中会遇到不少麻烦，例如 H_3PO_4 遇水溶解就失活，而且对设备的腐蚀性大。酸强度 $H_0>-3$ 的酸对烯烃水合反应无活性；$H_0\leqslant-3$ 的酸才有活性。用 $H_0\leqslant-8.2$ 的 SiO_2-Al_2O_3 催化剂虽然转化率高，但选择性差（除生成乙醇外，还会产生大量聚乙烯）。一般认为，选用 $-8.2<H_0<-3$ 的酸催化剂较合适，其中 TiO_2-ZnO 用得较多。

二、醇脱水

4-甲基-1-戊烯是合成萜烯的重要原料，由 4-甲基-2-戊醇合成得到。在只有 B 酸位的催化剂上，4-甲基-2-戊醇脱水往往得到较多的 4-甲基-2-戊烯，若选用同时含有 L 酸、L 碱两种中心的催化剂则会多产 4-甲基-1-戊烯。

用 Brönsted 酸作催化剂时，醇与 Brönsted 酸中心相互作用形成水合氢离子，这种离子脱水产生正碳离子，正碳离子再脱 H^+ 生成 2-戊烯和 1-戊烯。

$$\underset{\text{（2位C上连C，4位C上连OH）}}{C—C(C)—C—C(OH)—C} \xrightarrow[\text{B酸}]{HA} C—C(C)—C—C(OH_2^+)—C \xrightarrow{-H_2O} C—C(C)—C—\overset{+}{C}—C \longrightarrow \begin{cases} C—C(C)—C—C=C \\ C—C(C)—C=C—C \end{cases}$$

若固体催化剂表面上存在紧挨着的强弱相当的 Lewis 酸碱中心即酸碱中心对，彼此间不会发生干涉，可以共存。在某些特定反应需要酸碱两种中心同时起作用时，能保证反应的顺利进行。例如，ThO_2催化醇脱水反应，醇吸附在 ThO_2上后会同时打开 C—OH 键和 C—H 键，由于空间位阻效应，端位的碳原子优先吸附，易生成 4－甲基－1－戊烯，选择性高达 90%。

$$\mathrm{C{-}\underset{}{\overset{C}{C}}{-}C{-}\underset{\substack{OH\\ \vdots\\ -\,-Th-\,-}}{C}{-}\underset{\substack{H\\ \vdots\\ O-\,-}}{C}} \xrightarrow{-H^{+},\,-OH^{-}} \mathrm{C{-}\overset{C}{C}{-}C{-}C{=}C}$$

再如，ZrO_2上的酸碱中心强度都很弱，但催化 C—H 键的断裂活性很好，甚至比中强酸 SiO_2－Al_2O_3和强碱 MgO 活性高，说明酸碱中心对的协同作用对某些反应具有很好的活性，这也就是通常所说的酸碱协同催化，即在催化反应过程中，既发生酸催化作用又有碱催化作用，在酸碱催化中心同时存在下进行反应。

三、烯烃异构化

$Ca(OH)_2$焙烧后制成 CaO 固体碱催化剂，CaO 表面上 O^{2-}是烯烃异构化的催化活性中心。固体碱催化剂的最大缺点是 O^{2-}容易被 CO_2中毒，所以使用前必须在真空中抽除 CaO 表面的 CO_2。对于一些烯烃异构化反应，用 CaO 作催化剂要比用 SiO_2－Al_2O_3好几百倍。

例如，α－蒎烯制 β－蒎烯的反应中常用 CaO、SrO 作催化剂，转化率达 100%。在 SrO 催化剂上，室温下 15 min 内就可使反应达到平衡。

四、苯甲醛的 Cannizzaro 反应

在有机合成中，苯甲醛中加入浓 NaOH 后会发生歧化反应生成苯甲酸和苯甲醇。

$$2\,C_6H_5CHO \longrightarrow C_6H_5COOH + C_6H_5CH_2OH$$

如改用固体碱如 MgO、CaO 作催化剂，也可达到同一目的。因为 MgO、CaO 表面上同时存在酸碱两种中心，它们对苯甲醛产生不同的作用，在邻近酸、碱中心的影响下发生 H^-转移产生酯，酯水解生成醇和酸。

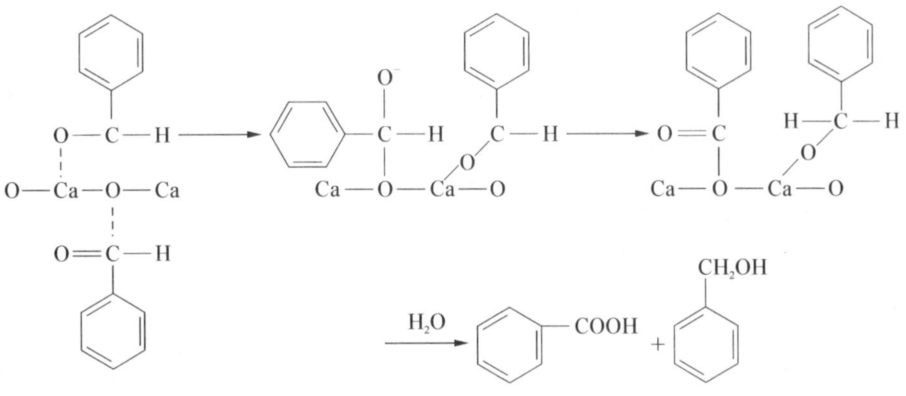

五、烷基化反应

苯酚和甲醇会发生烷基化反应，生成的 2，6 -二甲基苯酚是制造耐热性好的 PPO（聚苯醚，Polyphenylene Oxide）树脂的原料。

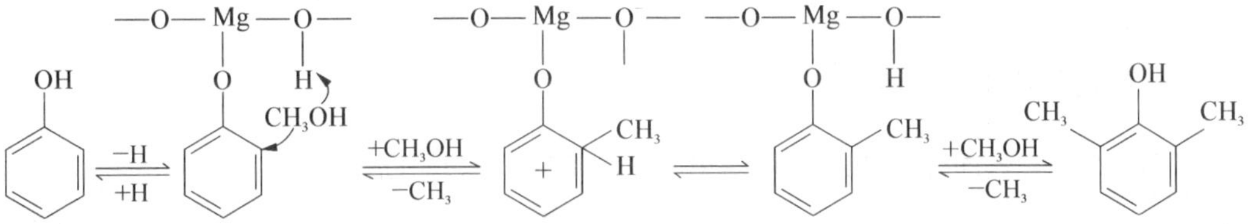

用 MgO 作催化剂比用 SiO_2- Al_2O_3 选择性好。因为用 MgO 作催化剂时，苯环竖立在固体表面上，不受束缚，苯环的 2，6 -位可同时被活化。

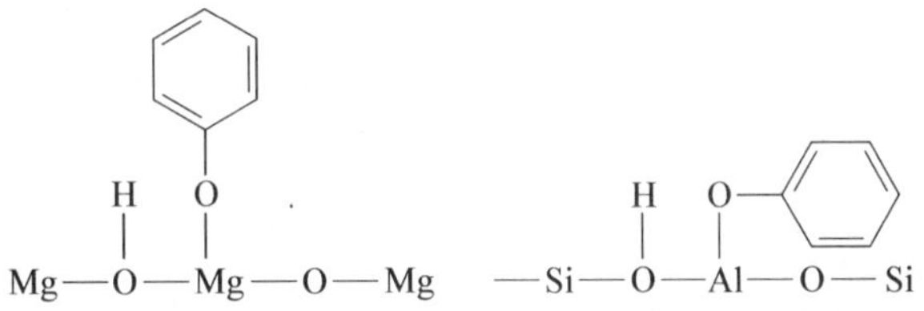

六、酯化反应

磺酸型阳离子交换树脂已广泛应用于酯化反应。另外，无机酸如沸石分子筛、多酸、SO_4^{2-}/TiO_2、SO_4^{2-}/ZrO_2 也常被用作催化剂。

在反应过程中，若是羧酸先于醇吸附在催化剂表面上，酯化反应可能按机理Ⅰ进行；如果醇先于羧酸吸附在催化剂表面上，酯化反应可能按机理Ⅱ进行，两种机理相互竞争。

总之，固体的酸、碱中心，对许多反应皆显出高的催化活性，Lewis 酸夺取烃上的 H^-、Brönsted 酸把 H^+ 交给烃，使烃变成正碳离子。若烃分子吸附在碱中心上，则形成负碳离子，因为碱中心能从烃分子上夺取 H^+。

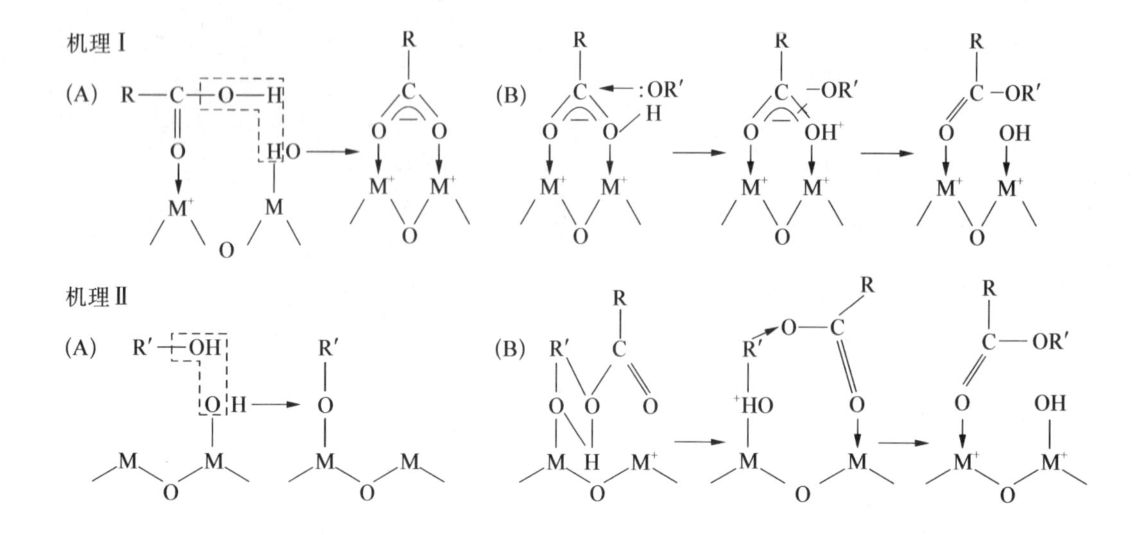

第八节　酸碱性对催化活性及选择性的影响

一、酸量与催化剂活性

在许多情况下，固体酸的总量对催化活性的影响具有正比例关系。

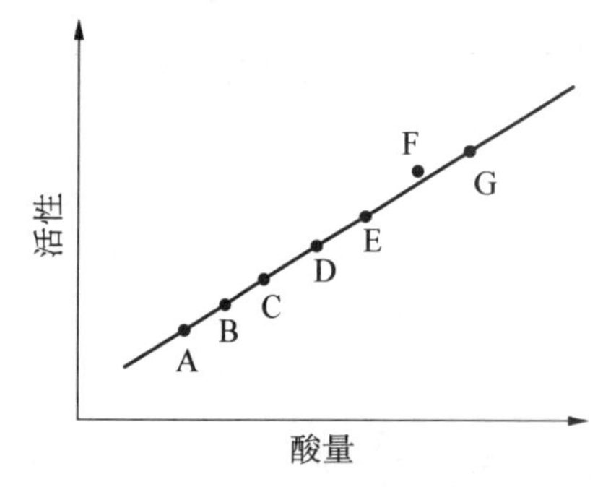

图 2－13　Al_2O_3/SiO_2 催化剂上丙烯聚合活性与酸量的关系

催化剂：	A	B	C	D	E	F	G
Al_2O_3%(wt)：	0.12	0.32	1.04	2.05	3.56	10.3	25.1

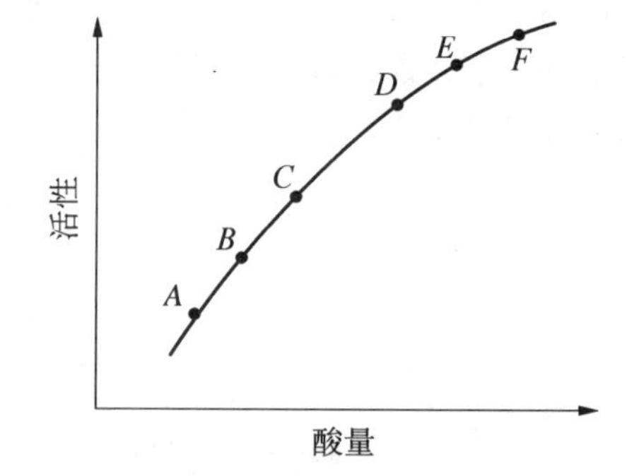

图 2－14　Al_2O_3/SiO_2 催化剂上异丙苯分解(500℃)活性与酸量的关系

催化剂：	A	B	C	D	E	F	G
Al_2O_3%(wt)：	0.12	0.32	1.04	2.05	3.56	10.3	25.1

图 2－13 和图 2－14 表明，丙烯在 Al_2O_3/SiO_2 催化剂上的聚合速度及异丙苯在 Al_2O_3/SiO_2 催化剂上的分解速度都随着酸强度 $H_0 \leqslant +3.3$ 的酸量的增加而增加。

一系列其他实验结果也证明，催化活性取决于酸部位的数量，而不是取决于酸强度。

二、酸强度和催化活性

麦克伊弗等人计算了烯烃在 SiO_2－Al_2O_3 和 SiO_2－MgO 催化剂上异构化的区域速率(区域速率是指生成某种立体异构体的反应速率)，结果表明催化活性的分布与酸强度的分布并不平行。

对于丙烯、异丁烯的二聚反应和异丙醇的脱水反应，吉兹塞柯曾经研究过固体催化剂的酸强度对每单位酸量的活性的影响，结果见表2-7，这三个反应的速率都随着催化剂的酸强度而改变。

表2-7　活性与酸强度的关系　（速率：升/毫摩尔・小时）

催化剂组分	pK_a(酸强度)	异丙醇脱水速率	丙烯二聚速率	异丁烯二聚速率
$Al_2O_3-SiO_2$	−8.2	3.75	4.1	—
ZrO_2-SiO_2	−8.2	2.25	2.75	4.0
磷酸/硅胶	−5.6	1.47	1.6	3.6
$MgO-SiO_2$	−3.0	1.25	—	—

$\gamma-Al_2O_3$表面具有不同强度的酸部位。对于脱水反应，强酸部位和弱酸部位都是活泼的；对于异构化反应，只有强酸部位是活泼的。

因此，不同的反应需要不同的酸强度，活性与酸强度之间没有函数关系。

三、酸种类与催化活性

谢尔德等研究了丙烯在氧化硅-氧化铝催化剂上的聚合反应，发现当催化剂表面的氢离子被钠离子交换后，活性大幅度降低，说明该反应在质子酸中心上进行。

斯波等人证明，对于异丁烯聚合和异丙苯裂解反应，Al_2O_3/SiO_2的活性和质子酸的量有密切关系。而对于异丁烷分解，Al_2O_3/SiO_2的活性与其上路易酸位的量有密切关联。

又如，固体硫酸镍催化三聚乙醛解聚反应的最大速率与用胺滴定法测定的(L+B)酸量的最大值相一致。说明这个反应不但可被B酸催化，也可被L酸催化。

以上例子说明，不同的反应需要不同的酸中心催化。

四、固体酸催化剂的选择性

固体酸催化剂的选择性受酸性和许多因素影响，例如，几何结构(尤其是孔结构)、酸部位与碱部位的分布(如果存在的话)、表面极性等。已发现有选择性受酸强度和酸部位类型控制的几个例子。例如，在苯酚与甲醇的反应中，产物的选择性在相当大的程度上受催化剂的酸强度控制。当用较强的固体酸(Al_2O_3/SiO_2)催化时，除了烷基化以外还可能同时出现甲醇脱水、甲基酚异构化等反应。当用中等强度的催化剂(固体磷酸)时，则只观察到烷基化反应。

第九节　超强酸与超强碱

一、超强酸的基本概念

超强酸是指强度比100%硫酸还强的酸。因为100%硫酸的Hammett酸函数H_0

为-11.93,所以,具有$H_0 < -11.93$酸强度的酸就是超强酸。

超强酸和通常的酸一样,有 Brönsted 型和 Lewis 型,即把质子给予碱 B:的酸就是超强 Brönsted 酸,而从碱 B:接受电子对的酸就是超强 Lewis 酸。

按状态分,常见的有液体超强酸和固体超强酸。

超强酸还有一种名称叫魔术酸,它的名称来源于一个故事。十多年前,一个圣诞节的前夕,在美国加利福尼亚大学的实验室里,奥莱教授的一个学生好奇地把一段蜡烛伸进一种无机溶液里。性质稳定的蜡烛竟然被溶解了!蜡烛的主要成分是饱和烃,通常它是不会与强酸、强碱甚至氧化物作用的。但这个学生却在无意中用 1∶1 的 SbF_5-HSO_3F 的无机溶液溶解了它。奥莱教授对此非常惊愕,并把这种溶液称为“魔酸”,也就是后来所说的超强酸。超强酸不但能溶解蜡烛,而且能使烷烃、烯烃等发生一系列化学变化,这是普通酸难以实现的。例如,正丁烷在超强酸的作用下,可以发生 C—H 键的断裂,生成氢气;发生 C—C 键的断裂,生成甲烷;还可以发生异构化反应生成异丁烷。迄今为止,科学家们已经找到多种液态和固态的超强酸。SbF_5-HSO_3F 的酸强度 $H_0 < -20$,是 100%硫酸的 10^8 倍。表 2-8 列出了部分液体超强酸及其强度。

表 2-8 部分液体超强酸及其强度

超强酸	H_0	超强酸	H_0
H_2SO_4	-11.93	FSO_3H-SbF_5(1∶0.1)	-18.94
H_2SO_4-SO_3(1∶0.2)	-13.41	FSO_3H-SbF_5-$3SO_3$(1∶0.07)	-19.35
HF-NbF_5(1∶0.008)	-13.50	FSO_3H-SbF_5(1∶0.2)	-20.00
HF-SbF_5(1∶0.06)	-14.30	HF-SbF_5	-20.30
FSO_3H	-15.07		

注:括号内是物质的量之比。

超强酸酸强度的测定方法与普通酸类似,常用指示剂见表 2-9。

表 2-9 测定超强酸强度的指示剂及其 pK_a 值

指示剂	pK_a	指示剂	pK_a
对-硝基甲苯	-11.35	2,4,6-三硝基甲苯	-15.60
硝基苯	-12.14	(2,4-二硝基氟苯)H^+	-17.35
对-硝基氯苯	-12.70	(对-甲氧基苯甲醛)H^+	-19.50

固体超强酸的酸强度会由于吸附空气中的湿气而变弱。因此,测定时,需在真空中通过可破的封闭器,使固体样品接触指示剂的蒸气之后,观测其颜色变化。在溶剂中用指示剂法测定超强酸强度时,苯等有机溶剂往往由于与超强酸发生反应而很快带色,所以不能进行测量。可在无机溶剂如硫酰氯(Cl_2O_2S)中进行测定。

酸种类的测定也可用吡啶吸附红外光谱法。

将表 2-8 中的液体超强酸负载后可制成固型化超强酸,部分固型化超强酸见表2-10。

表 2-10 部分固型化超强酸

负载物	载体
SbF_5	$SiO_2-Al_2O_3$、SiO_2-TiO_2、SiO_2-ZrO_2
SbF_5、BF_5	石墨
$SbF_5-CF_3SO_3$	Al_2O_3

二、超强酸的性质和结构

1. 超强酸的性质

液体超强酸 SbF_5-FSO_3H 的一个组分 SbF_5 在室温下是非常黏稠的无色液体，而另一组分 FSO_3H 却是黏度相当低的无色液体，SbF_5 和 FSO_3H 可以任意比例混合，其混合液黏度虽然随物质的量之比不同而不同，但一般来说都是流动性比较好的无色液体，与空气中的湿气反应生成白烟。

在室温下把 SbF_5 吸附在 $SiO_2-Al_2O_3$ 上可制成固体超强酸 $SbF_5/SiO_2-Al_2O_3$。把该固体酸分别在 50 ℃、100 ℃、200 ℃、300 ℃温度下抽气后作为丁烯反应的催化剂使用，发现抽气温度在 100 ℃以下时，催化剂在室温下有催化活性。而在 200 ℃以上抽气，催化剂却几乎失去了活性，其活性下降应该与 SbF_5 的脱附有关。因此，将该固型化酸作为催化剂使用时，最理想的使用温度是 100 ℃以下。另外，$SbF_5/SiO_2-Al_2O_3$ 对湿气或水分的稳定性较强，即使加水，对丁烷反应的催化活性也只降低一半。若是单一的 SbF_5，遇水会发生激烈反应而分解。这说明 SbF_5 被 $SiO_2-Al_2O_3$ 吸附得很牢固。

固型化超强酸的酸强度即使最强者也不过是 100%硫酸的几百倍左右。

2. 超强酸的结构

吉利施皮(Gillespie)等人用 ^{19}F NMR 研究了液体超强酸的性质。FSO_3H-SbF_5 溶液的结构较复杂，可认为由如下所示的平衡混合物组成。

$$\underset{1}{HSO_3F}+SbF_5 \longrightarrow \underset{2}{H[SbF_5SO_3F]} \tag{1}$$

$$\underset{2}{H[SbF_5SO_3F]}+HSO_3F \longrightarrow \underset{3}{H_2SO_3F^+}+[SbF_6SO_3F]^- \tag{2}$$

$$2H[SbF_5SO_3F] \longrightarrow H_2SO_3F^+ + \underset{4}{[Sb_2F_{10}SO_3F]^-} \tag{3}$$

$$HSO_3F \longrightarrow SO_3 + HF \tag{4}$$

$$2HF+3SbF_5 \longrightarrow \underset{5}{H[SbF_6]}+\underset{6}{H[Sb_2F_{11}]} \tag{5}$$

$$3SO_3+2HSO_3F \longrightarrow \underset{7}{HS_2O_6F}+\underset{8}{HS_3O_9F} \tag{6}$$

表 2-11　超强酸 HSO_3F-SbF_5 各种组分的组成

	2	4	6	5	7+8	1
HSO_3F-SbF_5 (1∶0.5)	0.37	0.05	0.01	0.005	0.015	0.55
HSO_3F-SbF_5 (1∶0.8)	0.62	0.05	0.03	0.01	0.04	0.29

在室温下，由于这些化合物间的变换速度快，无法区别。但在低温(−50 ℃)下，可以定量测定各种组分的浓度(见表 2-11)，但仍然不能区分 1 和 3。在超强酸中主要发生式(1)～(3)的反应，当 SbF_5 浓度低时，式(4)～(6)的反应很少。实际上，当 FSO_3H 与 SbF_5 的比例为 1∶0.17 时，在−67 ℃时只能观察到式(1)～(3)的反应，其中单体 2 和二聚体 4 的物质的量之比为 80∶20。单体 2 和二聚体 4 的结构如图 2-15 所示。

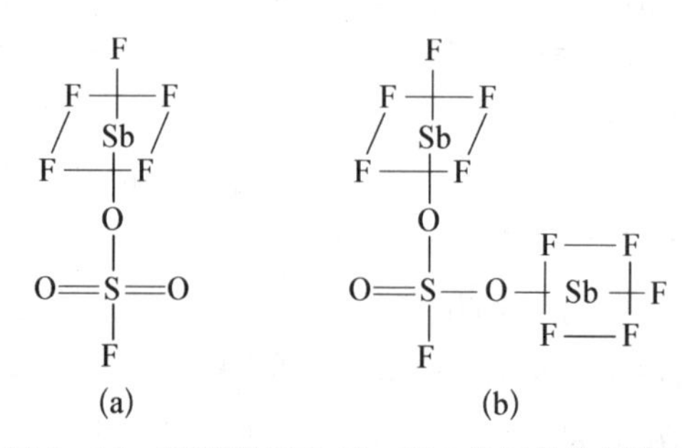

图 2-15　超强酸 FSO_3H-SbF_5 分子结构示意图

对于固型化超强酸 $SbF_5/SiO_2-Al_2O_3$，根据其酸种类及强度可以推断其结构如图 2-16 所示。

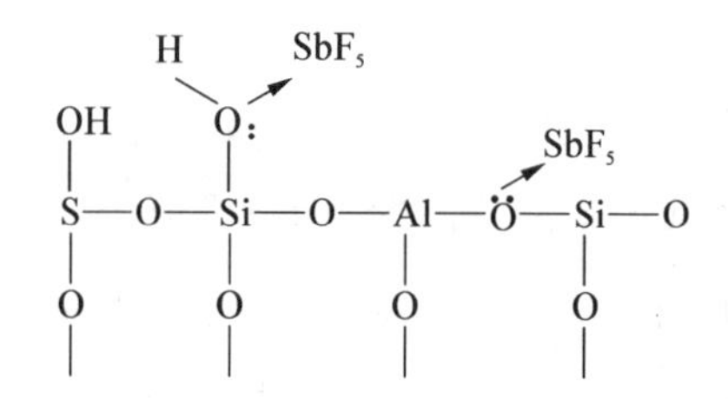

图 2-16　固型化超强酸 $SbF_5/SiO_2-Al_2O_3$ 结构示意图

三、SO_4^{2-}/M_xO_y 型固体超强酸

1. SO_4^{2-}/M_xO_y 型固体超强酸的性质

SO_4^{2-}/M_xO_y 型固体超强酸是一种经典的固体酸，它是以某些金属氧化物(如 Fe、Ti、Zr、Hf 等的氧化物)为载体，以 SO_4^{2-} 为负载物的固体催化剂。它具有以下优点：① 对水稳定性很好，如 SO_4^{2-}/ZrO_2 在空气中长时间放置后，只需加热 1 h，将表面吸附的水除去即可恢复活性；② 表面吸附的 SO_4^{2-} 与载体表面结合得很稳定，即使水洗也不易除去；③ 能在高温下使用；④ 对设备的腐蚀性很小。

对 SO_4^{2-}/M_xO_y 固体酸的研究表明,酸中心的形成主要是源于 SO_4^{2-} 在氧化物表面配位吸附(见图 2-17),S═O 基团为强吸电子基,有很强的吸电子诱导效应,使 M—O 键上电子云强烈偏移,强化了 L 酸中心。B 酸位的形成与表面羟基或表面吸附的 H_2O 有关。L 酸位吸附水分子后,对水分子的电子有很强的相互作用,产生强 B 酸位。

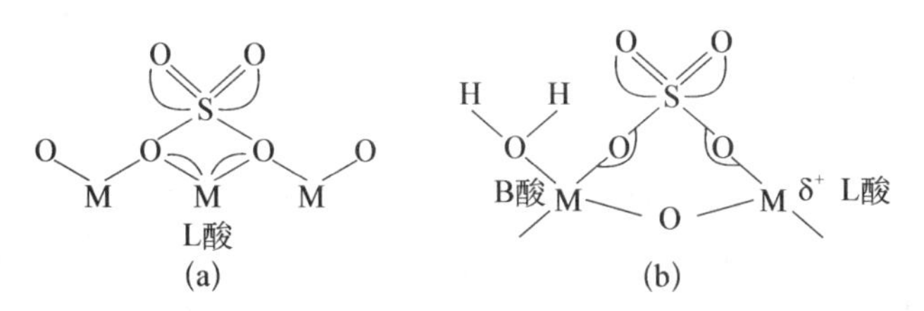

图 2-17 SO_4^{2-}/M_xO_y 的酸中心示意图

2. SO_4^{2-}/M_xO_y 型固体超强酸的制备

SO_4^{2-}/M_xO_y 固体酸的制备条件不仅对其物理性质如表面积、孔体积、孔径、孔径分布、硫含量有影响,而且对其晶型、酸位结构、酸性(酸强度、酸量及酸种类)和催化性能(活性、选择性、稳定性)都有一定影响。SO_4^{2-}/M_xO_y 固体酸的制备包括金属氧化物的制备及 SO_4^{2-} 的引入两步。

(1) 沉淀-浸渍法

沉淀-浸渍法是 SO_4^{2-}/M_xO_y 固体酸制备中最常用的方法。具体步骤如下:相应的金属盐在碱性条件下水解形成氢氧化物沉淀,经陈化、过滤、洗涤、干燥后得到无定形金属氧化物载体,再经硫酸浸渍、干燥、焙烧后制得 SO_4^{2-}/M_xO_y 固体酸。沉淀-浸渍法看起来简单,但需要考虑的因素很多,必须考虑以下几点注意事项:

① 金属盐的选取应该尽量避开硫酸盐、硫化物等,如硫化物混杂在催化剂中,可能会影响催化效果,甚至使催化剂中毒。金属盐种类不同,生成的凝胶粒子的粒径也不同,生成的金属氧化物的比表面积也随之变化。在选取金属盐时,除了考虑催化剂的比表面积、颗粒大小等因素外,更重要的是要考虑金属盐所含的阴离子必须容易除去或者对催化剂的性能无副作用。

② 为得到金属氢氧化物沉淀,需要加入一定的沉淀剂来控制溶液的 pH。不同的沉淀剂对氢氧化物性能会有不同影响,由其煅烧所生成金属氧化物的比表面积、粒径等重要参数也有很大差别。沉淀剂一般为氨水和尿素,其中以氨水最为常用。水解沉淀时溶液的 pH 对最终的固体酸酸性有很大影响。pH 不仅影响固体酸催化剂的颗粒大小、比表面、孔结构和硫含量等基本物理性质,而且还影响晶相结构、催化活性。另外,整个水解过程溶液的 pH 是在不断变化,这可能导致最终固体酸组成和结构上的不均一性。

③ 沉淀-浸渍操作结束后,还需要对催化剂进行焙烧以除去水等挥发性成分,以得到合适的催化剂孔结构、结晶度等。焙烧温度对 SO_4^{2-}/M_xO_y 固体酸的化学结构、晶型、比表面积、孔结构、酸性都有较大影响。通过焙烧,能将无定形氧化物转变成晶体;能促进硫酸与氧化物发生反应,在氧化物表面强键合硫酸产生相应的酸结构,或原位产生 SO_3,被吸收后形成焦硫酸;可以除去过剩的硫酸,形成路易斯酸位。总之,适当的煅烧温度,可以

形成最佳的孔结构、较多的酸位及最佳的酸强度、较大的表面积。过高的焙烧温度，会引起硫物种的流失、比表面积减小、晶型转化，因而降低催化活性。过低的焙烧温度，形成不了所需的酸结构、晶型和孔结构。所以，要获得足够强的超强酸中心，又要生成尽可能多的酸中心数目，最佳的焙烧温度应接近酸位结构刚能分解的温度。当然，对于不同的反应体系，所要求的酸强度不同，最佳焙烧温度也有差异。

(2) SO_4^{2-}引入法

① 浸渍法

浸渍法是最常用的方法，它能使SO_4^{2-}均匀吸附于氧化物的内外表面。常用H_2SO_4、$(NH_4)_2SO_4$作为浸渍液。浸渍液的浓度对固体超强酸的活性有较大的影响，浓度太低，固体超强酸的酸性不够、酸量不足且分布不均，从而影响催化性能；浓度太高时，浸渍液离子会堵塞金属氧化物的小孔，减少比表面积，甚至与氧化物反应生成盐而得不到固体超强酸。对于同一种浸渍液，由于不同的氧化物中金属离子的电负性不同，对浸渍液的吸附能力也不一样，所要求的浸渍液浓度会有所不同。用硫酸作浸渍液时，制备常见固体酸最适宜的硫酸浓度见表 2-12。

表 2-12　制备固体超强酸时常用的硫酸浓度

固体酸	硫酸浓度(mol/L)
SO_4^{2-}/ZrO_2、SO_4^{2-}/TiO_2、SO_4^{2-}/Fe_2O_3	0.25～1.0
SO_4^{2-}/Al_2O_3	2.5
SO_4^{2-}/SnO_2	3.0

浸渍SO_4^{2-}之前氧化物的晶型对固体酸的形成有较大的影响。大量的实验研究表明，在固体超强酸制备过程中，几乎所有的氧化物都必须是无定形态，用结晶型的氧化物很难得到固体超强酸。但氧化铝是一个特例，当制备含氧化铝的固体酸催化剂时，必须采用γ-Al_2O_3，否则没有超强酸性。这是因为：一般认为SO_4^{2-}与金属氧化物表面反应过程中，须先与氧化物表面的OH作用，在高温下，再转变成强酸中心。γ-Al_2O_3表面已有OH基团，可以与SO_4^{2-}作用形成强酸。若用无定形的$Al(OH)_3$，与硫酸反应可能生成硫酸铝，而得不到固体超强酸。另外，用结晶型的超细粒子氧化物硫化处理也可制得SO_4^{2-}/M_xO_y固体超强酸，这可能是由于超细的结晶型氧化物表面原子密度和表面能比大颗粒氧化物更接近无定型态的缘故。

金属氧化物种类对SO_4^{2-}/M_xO_y固体酸的性能有重要影响。并不是所有的金属氧化物都可以与SO_4^{2-}结合生成SO_4^{2-}/M_xO_y型固体超强酸。目前为止，已报道的SO_4^{2-}/M_xO_y型固体酸有SO_4^{2-}/ZrO_2、SO_4^{2-}/TiO_2、SO_4^{2-}/Fe_2O_3、SO_4^{2-}/SnO_2、SO_4^{2-}/Al_2O_3等。其他金属氧化物结合硫酸根后，酸性并无明显提高。这可能与氧化物中金属离子的电负性及配位数的大小有关。在制备固体酸催化剂时，应根据不同的反应体系选取合适的金属氧化物。

② 硫化法

直接用H_2S、SO_2、SO_3高温处理金属氧化物也可以制得SO_4^{2-}/MxOy固体酸。硫化物的种类对固体酸的酸强度、酸种类及催化活性有较大的影响。硫化物可以是 H_2S、SO_2、SO_3、CS_2、H_2SO_4、$(NH_4)_2SO_4$等含硫物质。但是研究表明，只有最高价态的硫才有超强酸性作用。而对于采用低价含硫物质处理后的氧化物，催化活性很低或者是完全没有活性，必须经过氧化处理成高价硫后才显示很高的超强酸性，但是经过还原处理后又失去超强酸活性。Tsutomu、Famaguchi 等直接用 H_2S、SO_2、SO_3在 300 ℃下处理 Fe_2O_3，然后在 450 ℃、氧气条件下焙烧制得了 SO_4^{2-}/Fe_2O_3固体酸。研究表明：直接气体处理氧化物所形成的 SO_4^{2-}/Fe_2O_3固体酸，与传统的沉淀-浸渍法所形成的固体酸结构相似。

(3) 固相法

用金属硫酸盐在控制温度下热分解的固相法也能制得 SO_4^{2-}/M_xO_y固体酸。热分解法制备的 SO_4^{2-}/M_xO_y固体酸是由金属硫酸盐热分解释放 SO_3后，大部分硫酸根被移走之后形成的。热处理温度通常要比沉淀-浸渍法获得具有相同硫含量的 SO_4^{2-}/M_xO_y固体酸所需的温度高。但这种方法工艺简单，影响因素较少，所获得的 SO_4^{2-}/M_xO_y的结构要比沉淀-浸渍法获得的更有序。Dan Fraenkel 通过此法将 $Zr(SO_4)_2$、$TiOSO_4$、$FeSO_4$、$Al_2(SO_4)_3$、$SnSO_4$热分解制得了相应的固体酸。表 2-13 列出了从不同硫酸盐制备超强酸的热分解温度。

表 2-13 一些金属硫酸盐的热分解温度(℃)

硫酸盐	热分解产物	起始温度	控制温度	完全分解温度
$Zr(SO_4)_2$	ZrO_2	550	706	760
$TiOSO_4$	TiO_2	580	616	670
$FeSO_4$	Fe_2O_3	510	675	710
$Al_2(SO_4)_3$	Al_2O_3	760	854	900
$SnSO_4$	SnO_2	400	472	530

3. 固体超强酸的改性

SO_4^{2-}/M_xO_y固体酸一般都具有较好的初始催化活性，但重复使用后性能变差。通过对载体等进行适当的改性，能改善催化剂的物理性质，如：孔道结构、比表面积、机械强度等，同时也可以改善催化剂的活性和稳定性，提高催化剂的使用寿命，增加抗毒能力。

(1) 载体的改性

引入其他金属制备成多元金属氧化物，可调节表面酸中心强度和密度，从而提高催化剂的催化活性和稳定性。引入的金属主要有以下几类：主族金属(Al、Sn)、贵金属(Pt、Pd)、过渡金属(Cr、V、Ni、Mn)、稀土金属(Dy、Th、La、Ln)等。如，SO_4^{2-}/ZrO_2-TiO_2、$SO_4^{2-}/ZrO_2-PrO_2-TiO_2$等。

(2) 促进剂的改性

除了 SO_4^{2-}外，发现其他高价物种也有类似的效果。这些促进剂主要包括：S 的其他高价形式及同族元素高价含氧酸根：$S_2O_8^{2-}$、SeO_4^{2-}、TeO_4^{2-}；高价氧化物：WO_3、MoO_3、B_2O_3；其他高价酸根：ClO_4^-、NO_3^-、PO_4^{3-}、BO_3^{3-}。

四、超强酸的催化作用

超强酸可作为饱和碳氢化合物分解、缩聚、异构化、烷基化等反应的催化剂。因为酸性很强，所以这些反应在室温以下就容易进行。

对于饱和碳氢化合物的活化，不同于普通酸催化中经典的正碳离子机理，液体超强酸的催化作用机理是 H^+ 攻击 C—H 的 σ 键，生成 5 配位的碳中间体。超强酸的特点是强亲电性，具有一般强酸所不能达到的催化活性。

$$-CH_2-H \xrightarrow{\text{L酸}} -CH_2^{+} + H^{-} \qquad -CH_2-H \xrightarrow{\text{碱催化}} -CH_2{:}^{-} + H^{+}$$

$$-CH_2-H \xrightarrow{\text{光，热等}} -CH_2\cdot + H\cdot \qquad -CH_2-H \xrightarrow{\text{超强酸，}H^+} \left[-CH_2\langle{}^{H}_{H}\right]^{+}$$

1. 脂肪族化合物反应

烷烃在超强酸提供 H^+ 作用下形成“五配位中间体”，即使是 CH_4 也能被活化，逐步聚合脱氢成较大的烷烃分子。

$$CH_4 \xrightleftharpoons{H^+} [CH_5^+] \rightleftharpoons CH_3^+ + H_2$$

$$CH_3^+ + CH_4 \longrightarrow [C_2H_7^+] \rightleftharpoons C_2H_5^+ + H_2$$

$$C_2H_5^+ + CH_4 \longrightarrow [C_3H_9^+] \rightleftharpoons C_3H_7^+ + H_2$$

乙烷、丙烷及异丁烷都比甲烷要容易发生这类反应。

σ-键上加 H^+ 的难易顺序为：

$$\text{第三 C—H} > \text{第二 C—H} > \text{第一 C—H}$$

2. 烷烃的 CO 化

这方面研究得最多的是异辛烷与 CO 的反应。在 45 min 之内、0 ℃下，异辛烷在 $HF-SbF_5$ 催化作用下，与 CO 反应生成酮和少量酸。

$$C-C(C)_2-C-C(C)-C + CO \xrightarrow[0℃]{HF-SbF_5} C-C(C)_2-C(=O)-C(C)-C-C + C-C(C)_2-C(=O)-C=C(C)-C$$

$$+ C-C(C)-C(=O)-OH + C-C(C)_2$$

3. 饱和烃的异构化

例如，SO_4^{2-}/ZrO_2催化正丁烷异构化生成异丁烷。如前所述，若采用普通酸，该反应很难进行；或需使用贵金属 Pt/Al_2O_3完成该反应。而采用超强酸催化剂能使饱和烃的异构化在较温和的条件下进行。

4. 酯化反应

与 SO_4^{2-}/Fe_2O_3等超强酸相比，SO_4^{2-}/ZrO_2型固体超强酸具有少变价、很稳定的特点，格外受到研究者的青睐。可以催化合成乙酸乙酯、甲酸乙酯和邻苯二甲酸二(2-乙基)己酯(DOP)等多种酯。

5. 降低稠油的黏性

SO_4^{2-}/ZrO_2固体超强酸催化剂的酸强度高，能在较低温度下催化烃类裂解，可直接放入液相反应体系中，有望在井下催化改质稠油技术中得到应用。

6. 烷基化反应

SO_4^{2-}/ZrO_2型催化剂可催化邻二甲苯和苯乙烯的烷基化反应，反应温度低于 80 ℃时，生成的副产物较少；高于 100 ℃时，几乎无副产物生成。

7. 加氢反应

在 $HF-TaF_5$的催化作用下，在很温和(50 ℃)的条件下就能使苯加氢。

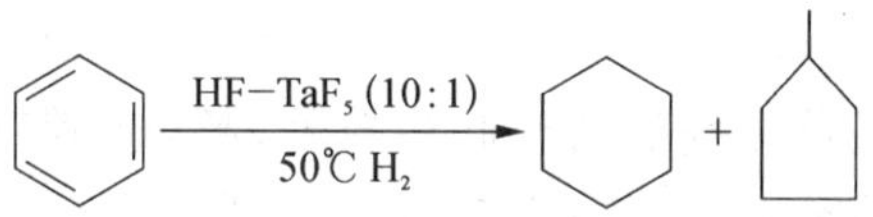

$$\xrightarrow[50℃\ H_2]{HF-TaF_5\ (10:1)} \quad + $$

8. 含杂原子的正碳离子的形成

超强酸很容易使含杂原子的化合物发生 H^+化，生成正碳离子。尽管普通酸也能催化该反应，但使用超强酸催化剂具有反应温度低、选择好的优点。

$$R_1Y \xrightarrow{FSO_3H-SbF_5} [R_1YH^+] \xrightarrow{分离} R_1^+ + YH$$

$$[Y = OH、OR、CHO、COOH(R)、SH(R)、NR、CN、X]$$

五、超强碱

化学化工生产过程中的许多有机反应都是以碱作为催化剂。例如，烯烃的异构化反应、Michael 加成反应、缩合反应、酯化反应等。传统的碱催化反应通常采用 NaOH、KOH、KF 和碱金属醇盐等作为均相碱催化剂。但是这些均相碱催化剂存在碱液腐蚀设备、污染环境、难分离以及难重复利用等不足之处。迫切需要开发新型绿色、环保的固体碱催化材料。固体碱催化剂与液体碱催化剂相比，还具有反应条件温和、产物后处理简单、副反应少、选择性高和催化活性高等优点。碱强度超过强碱(即 $pK_a>26$)的碱为超强碱。目前发现的固体超强碱催化剂根据存在形式可分为两类：一类为非负载型的，一般是由盐或碱经高温处理得到，主要有碱金属氧化物、碱土金属氧化物及氢氧化物，如 CaO、

SrO 等；另一类为负载型的，以 $\gamma-Al_2O_3$ 为载体，经强碱溶液浸渍灼烧后添加碱金属元素制得，如 $\gamma-Al_2O_3-NaOH-Na$。表 2-14 列出了超强碱的类型及处理方法，表 2-15 为测定超强碱强度所用指示剂。

表 2-14 常用的固体超强碱

种　类	原料或制备方法	预处理温度(K)	pK_a
CaO	$CaCO_3$	1 173	26.5
SrO	$Sr(OH)_2$	1 173	26.5
MgO-NaOH	NaOH 浸渍	823	26.5
MgO-Na	Na 蒸气处理	923	35.0
Al_2O_3-Na	Na 蒸气处理	823	35.0
$Al_2O_3-NaOH-Na$	NaOH、Na 处理	773	37.0

表 2-15 测定超强碱强度的指示剂

指示剂	酸性式	碱性式	pK_a
4-氯苯胺	无色	粉红色	26.5
二苯基甲烷	无色	黄橙色	35.0
异丙苯	无色	粉红色	37.0

与固体酸相比，固体碱催化剂的研究起步较晚，超强碱催化剂的研究起步更晚。至今，已知的超强碱催化剂种类不多，成功的工业应用例子也不多。其主要原因之一是固体碱极易被极微量的水分及二氧化碳等中毒失活，碱强度越高，中毒倾向越强烈，因而阻碍着固体碱催化剂的发展。但是固体碱催化剂的活性很高，在一些有机合成反应中呈现特异功能，因此，可应用于许多合成反应中。如：$Na-NaOH/\gamma-Al_2O_3$ 固体超强碱催化合成查尔酮，收率可达 97%。$Na-Na_2CO_3/\gamma-Al_2O_3$ 型固体超强碱具有很高的催化活性，可使乙烯基降冰片烯异构化为亚乙基降冰片烯，转化率及选择性均接近 100%。

1. 固体超强碱的组成分类

固体超强碱的发展很快，不断出现新型超强碱，目前，根据组成不同，固体超强碱可分为以下四类：

(1) 单组分金属氧化物

MgO、CaO 及 SrO 等是最早开发的金属氧化物超强碱，一般通过高温处理或抽真空焙烧相应的氧化物、氢氧化物或碳酸盐制备，所产生的超强碱性位与制备方法有关。例如，在 1173K 下焙烧所得 CaO 具有最多的晶格缺陷和最适合的 Ca^{2+} 与 O^{2-} 的配位状态，从而具有最多的超强碱性位及最高的活性。随着焙烧温度升高，晶体结构趋于完善，晶格缺陷减少，碱性减弱。

(2) 碱金属或碱金属化合物改性的金属氧化物

例如，碱金属 K 改性的 MgO，比纯 MgO 的碱性强，因为 MgO 表面阴离子空位俘获碱金属释放的电子而使净负电荷数增加，提高了供电子能力。

(3) 碱金属或碱金属化合物改性的 $\gamma-Al_2O_3$

有一类超强碱的通式为 $(MOH)_x/M_y/\gamma-Al_2O_3$，制备方法：$\gamma-Al_2O_3$ 表面经 NaOH 处理后产生 $\beta-NaAlO_2$，该化合物呈现无序的晶体结构，具有丰富的氧离子空位，氧离子空位俘获加入的金属，释放电子，并将电子引入到与氧离子空位相邻的氧原子上，提高了氧原子的电负性，使其具有强的供电子能力而产生超强碱性。另一类超强碱，$K_2CO_3/\gamma-Al_2O_3$ 及 $KHCO_3/\gamma-Al_2O_3$，当 K_2CO_3 及 $KHCO_3$ 在 $\gamma-Al_2O_3$ 表面的负载量不超过 10%～12%时，产生超强碱性位，超强碱的形成是由于 K_2CO_3 或 $KHCO_3$ 与 $\gamma-Al_2O_3$ 之间发生强相互作用，形成前驱体 $KAl(OH)_2CO_3$，经高温焙烧产生超强碱性。

(4) 碱金属化合物改性的 ZrO_2

ZrO_2 兼具酸碱两性与还原性，其具有的八面体空位缺陷结构是产生超强碱性位的关键。经钾盐(KNO_3、K_2CO_3、$KHCO_3$)改性后，钾盐与 ZrO_2 之间相互作用，K^+ 占据 Zr^{4+} 的位置，在焙烧过程中产生超强碱性位。

(5) 碱金属或碱土金属改性的微孔或介孔材料

例如，在介孔 SBA-15 分子筛表面涂覆 MgO 后再负载 KNO_3，或将 $Ca(NO_3)_2$ 直接负载在 SBA-15 上，焙烧后均能获得超强碱。其中，MgO 与 KNO_3 之间的相互作用促进 KNO_3 分解产生强碱性物种 K_2O，在 MgO 的保护下，不被载体 Si 组分消耗。

(6) 锡酸盐

尹双凤教授课题组报道，在 N_2 保护下，低温下焙烧 $Na_2SnO_3 \cdot H_2O$ 制备了新型固体超强碱 Na_2SnO_3。

2. 超强碱在催化中的应用

(1) 烯烃异构化

反应机理为：固体碱催化剂从烯烃分子的烯丙基位吸取一个 H^+，形成阴离子中间体。

$H_2C{=}CHCH_2CH_3$ (1-butene) $\xrightarrow{-H^+}$ 烯丙基阴离子中间体 $\xrightarrow{+H^+}$ cis-2-butene / trans-2-butene

(2) Michael 加成

Michael 加成是碳负离子的共轭加成反应，通常在 NaOH、乙醇钠和哌啶等碱催化下进行，在 C—C 成键反应中具有特殊价值。该反应也能在固体超强碱催化下完成，反应中，超强碱性位(O^{2-})是催化反应中的活性位。反应机理如图 2-18。

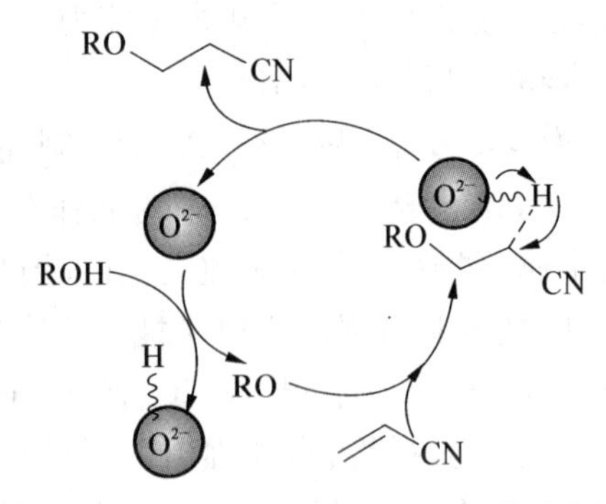

图 2-18　丙烯腈与醇的 Michael 加成反应机理

（3）酯交换等反应

与酸催化剂相比，碱催化剂尤其是固体碱催化的酯交换反应具有反应速率快、反应条件温和、催化剂易分离及再生等优点。

另外，固体超强碱还可用于催化苯甲醛与苯甲酸苄酯之间的缩合反应、芳烃的侧链烷基化反应等。

思考题

1. 固体超强酸 SO_4^{2-}/ZrO_2 的制备方法有哪些？为何会有超强酸性？

2. 通过计算确立二元固体酸的酸种类：TiO_2-SiO_2 与 $Al_2O_3-TiO_2$。

3. 简述固体碱催化剂与固体酸催化剂的催化机理及所作用的底物类型。

4. 与液体酸相比，详述固体酸的标定方法及作为催化剂的特点。

5. 比较分析几种固体酸量测定方法的优缺点及误差来源。

6. 用反应实例说明，酸碱强度相当的氧化物催化剂的酸碱协同作用对产物选择性的影响。

7. 简述超强碱的种类、特点及在催化反应中的应用。

第三章 分子筛催化剂

第一节 分子筛发展史

根据分子聚集状态的不同，物质可分为气体、液体和固体。不同的分子，其大小、形状和极性是不同的。分子筛是一类能筛分分子的物质，气体或液体混合物通过这种物质后，能按照不同的分子特性彼此分离开来。许多物质有分子筛效应，像硅铝酸盐晶体、多孔玻璃特质的活性炭、微孔氧化铜粉末、层状硅酸盐等。但只有硅铝酸盐晶体即泡沸石才具有实际工业价值。通常所说的分子筛，就是指这种物质。硅铝酸盐晶体的种类很多，有纤维状、层状和网状，孔径也有大有小。纤维状、层状以及孔径很小的网状泡沸石，没有分子筛效能，实用价值很小。因此，实际上分子筛是指一些孔径较大的网状泡沸石，即具有分子筛作用的沸石分子筛。

沸石分子筛是一种多孔性硅铝酸盐晶体，它具有稳定的硅铝氧骨架结构，许多排列整齐的晶穴、晶孔和孔道。孔道大小均一，能将直径比孔径大的分子排斥在外，从而实现筛分分子的作用。分子筛无毒无臭，无腐蚀性，不溶于水和有机溶剂，能溶于强酸、强碱。

沸石具有重要的工业价值，它的三个最重要的用途是高选择性吸附能力、催化能力以及作为离子交换剂。

经典的沸石组成可表示为：

$$M_{x/n}[(AlO_2)_x(SiO_2)_y] \cdot zH_2O$$

可交换阳离子　　阴离子骨架　　吸附相

式中：M 为金属阳离子；n 为金属阳离子化合价数；x 为铝氧四面体的数目；y 为硅氧四面体的数目；z 为水合水分子数。

20 世纪 60 年代初，Weisz 提出规整结构分子筛的“择形催化”概念，继而发现它对催化裂化反应的惊人活性，引起人们极大的兴趣。由于分子筛的多样性和稳定性，它的独特的选择与择形选择相结合的性能已在吸附分离、催化及阳离子交换工业中得到广泛应用。分子筛催化很快发展成为催化领域中的一个专门分支学科。此阶段发展的低、中(如 A、X、Y 和 L 型)硅铝比沸石被称为第一代分子筛。

20 世纪 70 年代 Mobil 公司开发的以 ZSM－5 为代表的高硅三维交叉直通道结构的沸石，称之为第二代分子筛。这些高硅沸石分子筛水热稳定性高，绝大多数孔径在 0.6 nm 左右，在甲醇及烃类转化反应中有良好的催化活性及选择性。继而又在此类分子筛中引入了 Mo、As、Sb、Mn、Ga、B、Co、Ni、Zr、Hf、Ti 等元素构成杂原子分子筛，使得其具有优异的催化性能，在催化领域中的应用更加广泛。

继高硅沸石之后，20 世纪 80 年代联合碳化物公司(UCC)成功地开发了非硅、铝骨架的磷酸铝系列分子筛，这就是第三代分子筛。此类分子筛的开发，其科学价值在于给人以启示：只要条件合适，其他非硅、铝元素也可形成具有类似硅铝分子筛的结构，为新型分子筛的合成开辟了一条新途径。

传统的沸石分子筛，由于孔径较小，重油组分和一些大分子不能进入其孔道，故不能为大分子提供吸附和催化反应的场所。1992 年，Mobil 公司的 Kresge 和 Beck 等首次以表面活性剂为模板，合成了新颖的有序介孔氧化硅材料 MCM-41(Mobile Composition Material 41)，这是分子筛与多孔物质发展史上的又一次飞跃。介孔分子筛的孔径较大，其有序的介孔通道可以成为大分子吸附或催化反应的场所。由于在重油催化和大分子分离等领域的广阔应用前景，介孔材料成为人们的研究热点之一。不久即开发了一系列的介孔分子筛材料，如 SBA、MSU、CMK、HMS、KIT 以及金属和金属氧化物系列等。

分子筛的命名没有统一标准，有的是商业名称，如 ZSM-5；有的是用组成命名，如 APO-5。后面的数字与分子筛的孔径尺寸有一定关系，代表结构型号。

第二节　分子筛的分类

按分子筛的发展历史及 Si/Al 比高低划分，主要类型见表 3-1。分子筛还可按照孔径大小分类，如微孔、小孔、中孔、介孔(2～50 nm)。从表中可以看到，对于硅铝分子筛，Si/Al 比的大小与其性能具有递变关系。另外，某一种分子筛，其组成不是固定的，因此，不能用分子式精确表示其组成，只能用化学式表示其大致组成。某种分子筛的确定要根据其晶体结构、孔径及组成多方面来定义。

表 3-1　分子筛的分类

分子筛		举例	热稳定性	亲水性	酸强度
Si/Al	1～1.5	A	≤700℃	亲水	弱
	2～6	X，Y	—	—	
	10～100	ZSM-5	—	—	强
	∞	硅沸石	1 300℃	憎水	弱
磷铝分子筛		APO，SAPO	600～1 200℃	中等亲水	弱，中强
介孔分子筛		SBA-15，MCM-41			弱

若干沸石分子筛的化学式见表 3-2。

表 3-2　若干沸石分子筛的化学式

名　称	化　学　式
A	1.0(±)0.2Na_2O·Al_2O_3·1.85(±)0.5SiO_2·(0～6)H_2O
X	1.0(±)0.2Na_2O·Al_2O_3·4.5(±)0.5 SiO_2·(0～8) H_2O
Y	0.9(±)0.2Na_2O·Al_2O_3·(6～12)SiO_2·(0～9) H_2O
ZSM-5	0.8(±)1.0Na_2O·Al_2O_3·(20～60)SiO_2·xH_2O

第三节　分子筛的合成

一、合成方法

传统分子筛的合成技术是以合成化学创始人 Barrer 于 1940 年所开创的水热合成法为基础，多数分子筛都是在非平衡条件下生成的亚稳相。因此，虽然合成实验步骤很简单，但由于在水热晶化过程中存在：① 过渡胶态相的生成；② 亚稳相的转化；③ 反应物溶解速度的影响；④ 核晶的敏感性等，使得合成化学变得非常复杂。Sand 列出了 10 个在合成过程中可能进行的反应：① 凝胶相的沉淀；② 凝胶相的溶解；③ 晶核生成；④ 晶化和晶体生长；⑤ 初始亚稳态的溶解；⑥ 较稳定的亚稳相晶核生成；⑦ 初始生成的晶体溶解和新相生成；⑧ 亚稳相溶解；⑨ 平衡相晶核生成；⑩ 稳定态晶体的晶化和生长。

沸石分子筛一般由含 Al_2O_3、SiO_2 和碱的凝胶状混合物在密闭反应罐中，一定温度(100～200 ℃)下，晶化一定时间制得。常用的硅源为水玻璃、硅溶胶、硅胶、正硅酸脂或有机硅。常用的铝源为铝酸钠、硫酸铝、水合氧化铝等。碱包括有机碱或无机碱。有机碱如四甲基铵盐($TMA^+\{N(CH_3)_4\}^+$)、四乙基铵盐(TEA^+)、四丙基铵盐(TPA^+)及四丁基铵盐(TBA^+)等，传统的沸石分子筛一般在 pH>12 的强碱性介质中结晶。

磷铝分子筛(APO-n，n 代表结构型号)的合成步骤类似于沸石分子筛，铝源多采用活性水合氧化铝，磷源多采用磷酸。并用有机胺作模板剂，磷铝分子筛可以在弱酸性、中性或弱碱性介质中结晶。

大多数介孔材料都是采用水热法合成，如 MCM-41 系列分子筛是以长链烷基三甲基季铵盐($C_nH_{2n+1}N^+-(CH_3)_3X^-$，$n=8\sim22$，X＝Cl、Br 或 OH)阳离子型表面活性剂($S^+$)为模板剂，在水热合成条件下($T>100$ ℃)，碱性介质中通过正硅酸乙酯(TEOS)等水解产生的硅物种(I^-)，在"S^+I^-"静电作用下的超分子组装过程合成。

沸石的成晶与盐的沉淀过程类似，但晶化速度相当慢，这是由于沸石晶体并非离子型，而是共价键型晶体，在晶化条件下液相过饱和是形成晶体的必要条件。

二、影响合成的因素

1. 原料

从原理上分析，可以形成分子筛的组成体系有：

(1) $M^{4+}O_2$—$M_2^{3+}O_3$体系,如 Si - Al、Si - B 等。

(2) $M^{4+}O_2$—$M^{4+}O_2$体系,如 Si - Ti、Si - Zr 等。

(3) $M_1^{3+}M_2^{5+}O_4$体系,如 $AlPO_4$等。

同样的化学成分,不同的配比,得到不同类型的沸石结构。相同的配比,不同的铝源、硅源等合成得到的分子筛的结晶度等也可能不同。

模板剂的种类及用量对分子筛的结构及性能影响很大。例如,在 SAPO - 34 的合成中,反应混合物中即使 Al、P、S i 的量保持不变,只改变模板剂用量,也能使 Si、A l、P 所处的状态发生变化,以致在相同晶化条件下,得到结构完全不同的产物。

2. pH 的影响

碱度提高,合成得到分子筛的硅铝比降低,晶化速度加快,晶粒变细。有时,同样的配比,不同的碱度,可能形成不同的分子筛。例如,在以三乙胺为模板剂合成 SAPO - 34 的过程中发现,碱性条件有利于 SAPO - 34 的生成,酸性条件有利于 SAPO - 5 的生成。因此,针对不同类型的模板剂往往需要调整 pH 以期获得合乎要求的分子筛。

3. 温度

升高温度能加速晶核形成及成长为沸石晶体,但温度过高易导致杂质生成。高Si/A1比的沸石一般需要较高的晶化温度。在合成 SAPO - 34 分子筛时,SEM 和 XRD 研究结果表明,晶化温度升高,SAPO - 34 晶粒增大,结晶度提高,比表面积和孔径增大。图 3 - 1 和图 3 - 2 为不同晶化温度下制备的 SAPO - 34 分子筛的 X -射线衍射(XRD)图和扫描电子显微镜(SEM)照片。可以发现,S1 样品的结晶度较差,形貌不规则,粒径多在 0.5~1 μm,且表面有较多无定型物。S2 样品结晶度较好,形貌均匀规则,粒径在 1~3 μm。因此,适当地提高晶化温度和减少合成时间有利于 SAPO - 34 晶体生成。

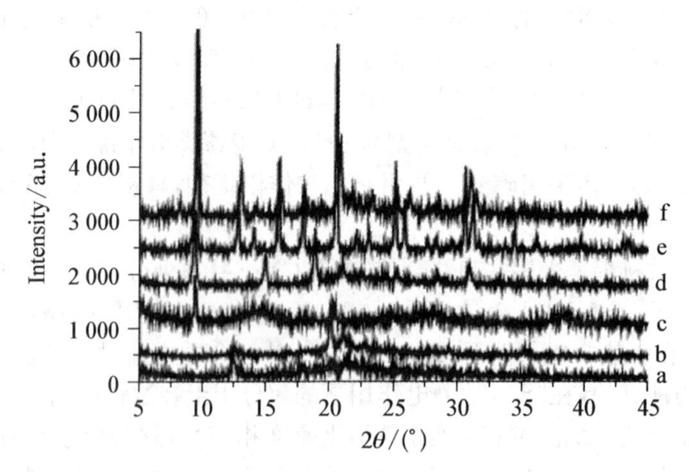

图 3 - 1 不同晶化温度下合成的 SAPO - 34 的 XRD 图

a. 453 K b. 473 K c. 523 K d. 553 K e. 573 K f. 603 K

4. 晶种

在成胶的混合物中加入晶种,可以大大缩短分子筛晶化诱导期和晶化时间,晶种量加

图 3-2　不同晶化温度下合成的 SAPO-34 的 SEM 图

S1:473 K,晶化 48 h　S2:573 K,晶化 2 h

得适当,还可以增加沸石分子筛的产量,使产物晶粒变大。

5. 晶化时间

晶化时间不同,得到的晶粒大小形状不同,Si/Al 越大的沸石需要的反应时间较长。晶体形成可分为三个阶段:晶核的形成、晶体的生长、晶体之间的平衡,前两个阶段最重要。对许多体系,三个阶段之间的区分并不明显。

晶体形成过程中的一般规律为:

(1) 若晶核形成速率快,晶体生长速率慢,则晶核数目多,最终易形成小晶粒。

(2) 若晶核形成速率慢,晶体生长速率快,则晶核数目少,最终易形成大晶粒。

(3) 若晶核形成速率与晶体生长速率相当,则体系复杂,难以预料,应根据具体体系进行分析。

整个晶化过程,体系处于动态变化状态。

6. 阳离子类型

阳离子是沸石合成过程中的重要因素,其大小、电荷与骨架的连接情况等都影响沸石的合成。阳离子在沸石中起的作用:① 平衡骨架阴离子电荷的作用;② 碱的作用;③ 增加铝酸根及硅酸根的溶解性。

7. 焙烧条件

水热合成结束后,还需要对分子筛进行焙烧处理以除去杂质等。焙烧条件如空气还是氧气气氛、是否通水蒸气焙烧等对分子筛的结构及性能都有很大影响。

8. 其他因素

搅拌速度及加料顺序等也影响沸石的合成。各种物料的混合顺序变化会部分改变初始凝胶的状态,进而对分子筛结构和催化性能产生较大的影响。

三、模板剂在分子筛合成中的作用

模板剂的提出是在 1961 年,Barrer 和 Denny 将有机季铵碱引入沸石合成体系,全部或部分地取代无机碱，合成得到了系列高硅铝比和全硅沸石分子筛。Mobil 石油公司的 Kerr 也在沸石合成中加入了有机季铵阳离子。有机碱的加入改变了体系的凝胶化学，特别是为沸石结构的生成提供了一定的模板作用。例如，有机胺(铵)加入到硅铝凝胶中能提高晶化产物的 Si/Al 比，单纯用有机胺(铵)为导向剂，可以合成高硅或纯硅分子筛，因此，当时的有机碱被称为模板剂。20 世纪 80 年代初，用有机胺作模板剂合成了磷铝 $AlPO_4$-n 分子筛。随后一些不带电的有机分子，如醇、酮、吗啉、甘油、有机硫及无机离子等都被用作结构导向剂，并合成得到了多种新型结构分子筛，大大扩充了模板剂的概念。到目前为止，有机胺作模板剂效果较好，但有机胺有毒有臭。1981 年，南开大学不用有机胺，仅用无机铵盐甚至有机分子(乙醇)，成功地合成了 ZSM-5。

所谓模板剂，即碱金属离子、碱土金属离子、铵离子、有机胺或它们的混合物，在沸石的成核或成晶过程中起结构导向作用。模板剂不仅对合成纯相分子筛起关键作用，对晶核的生成、晶粒的生长及合成产物的组成、酸性等都有很大影响。常用的模板剂有：四乙基(或甲基、丙基、丁基)氢氧化铵(TEAOH)、吗啉(C_4H_9NO)、异丙胺(i-$PrNH_2$)、三乙胺(TEA)、二乙胺(DEA)等。模板剂的作用机理是很复杂的课题，起初在凝胶中加入有机胺得到新型分子筛，推测有机胺起结构导向作用。如用氯化四丙基铵作模板剂，合成 ZSM-5 时，有机胺处于通道的交错口，四个烷基伸向四个通道，诱导硅氧、铝氧四面体形成单元结构。但是使用无机铵盐和其他有机分子合成沸石分子筛的成功例子宣告这种假设的失败，但导向剂的作用确实存在。图 3-3 为用不同模板剂合成得到的 SAPO-34 样品的 NH_3-TPD 图谱。可以看出，以 DEA 为模板剂合成的样品的酸中心数较少，而且酸强度也较弱，随着模板剂中 TEA 的增加，酸中心数不断增加，酸强度有所增强。

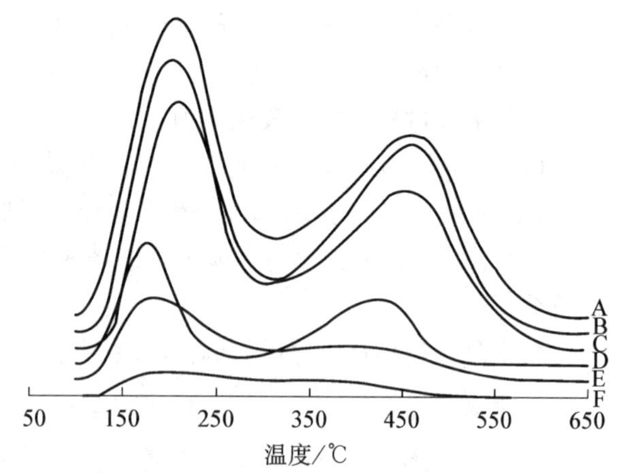

图 3-3　SAPO-34 的 NH_3-TPD 图

n(TEA)/n(TEA+DEA)的量，A:1.0　B:0.7　C:0.5　D:0.3　E:0.1　F:0

目前，普遍认为模板剂在合成分子筛过程中主要有以下四个作用：

1. 模板作用

模板作用是指模板剂在微孔化合物生成过程中起着结构模板作用，导致特殊结构的生成。目前发现，一些微孔化合物只在极为有限的模板剂、甚至只在唯一与之相匹配的模板剂作用下才能成功合成。

2. 结构导向作用

结构导向作用分为严格结构导向作用和一般结构导向作用。严格结构导向作用是指一种特殊结构只能用一种有机物导向合成；一般导向作用是指有机物容易导向一些小的结构单元、笼或孔道的生成,从而影响整体骨架结构的生成。模板剂中有机阳离子的大小能明显影响生成的微孔化合物的笼或孔道的尺寸。但有机链的长度与生成骨架中的笼或孔道大小不存在严格的对应关系。

3. 空间填充作用

模板剂在骨架中有空间填充作用,能稳定生成的结构。在ZSM型分子筛的形成中,骨架的晶体表面是憎水的,反应体系中有机分子可以部分进入分子筛的孔道或笼中,稳定分子筛,提高骨架的热力学稳定性。空间填充作用最典型的例子是含十二元环直孔道的$AlPO_4$-5的合成。

4. 平衡骨架电荷

模板剂影响产物的骨架电荷密度。分子筛含有阴离子骨架,需要模板剂中阳离子平衡骨架电荷。

在解释模板剂对介孔分子筛形成过程的影响时,Davis等人认为无序的表面活性剂呈棒状胶束时,首先与硅酸盐物种作用,硅酸盐围绕着棒状胶束外表面层形成两三层氧化硅层,然后自发地聚集成有序的六方结构,在无机物缩聚到一定程度后就生成了MCM-41物相。Stucky等则认为,无机物与表面活性剂在形成液晶相之前即可协同生成三维有序排列结构。多聚的硅酸盐阴离子与表面活性剂阳离子发生作用时,在界面区域的硅酸根发生聚合,能改变无机层的电荷密度,使表面活性剂的疏水链之间相互接近。无机物和有机物表面活性剂之间的电荷匹配控制整体的排列方式,随着反应的进行,无机层的电荷密度将发生变化,整个无机和有机组成物相也随之改变,最终的物相由反应进行的程度来决定。

第四节　分子筛的结构

一、基本概念

构成分子筛骨架的基本单元是TO_4四面体(T为Si、Al或其他元素;T是四面体的英语首字母,tetrahedron),称为一级结构单元(见图3-4),在TO_4四面体相互联结时有如下特点:① 四面体中每个氧原子是共用的;② 相邻的两个四面体间只能共用一个氧原子;③ 两个铝氧四面体不能直接相连。这些基本结构单元通过氧桥相互联结在一起,形成首尾相连的环状结构(称为多元环),各种多元环三维地相互联结,形成复杂的中空多面体(称为笼),多元环及笼统称为次级结构。这些多面体再进一步排列,构成分子筛的骨架结构。这样的骨架结构是非常空旷的,具有许多排列整齐的晶穴、晶孔和孔道。多余的负电荷由骨架外阳离子如:Na^+,Ca^{2+},Mg^{2+},Al^{3+}等平衡,这些金属阳离子可被交换。水分子充满整个空旷的骨架,还可通过加热脱去。分子筛的这些结构特点是它具有各种特性的内在原因。

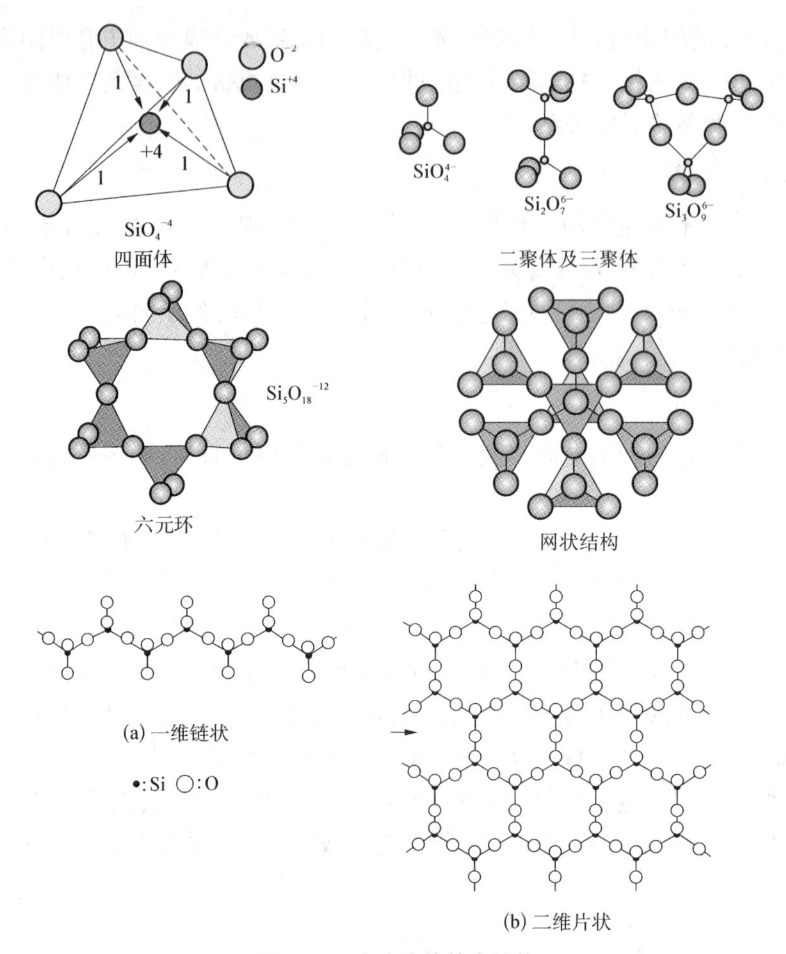

图 3-4 硅酸盐的基本结构

图 3-5 给出了构成分子筛的几种结构单元(多面体或笼)的示意图。包括：

(1) α 笼：为二十六面体，是 A 型分子筛的主体，它由六个八元环和八个六元环组成，同时聚成了十二个四元环，窗口最大有效直径约 4.5 Å，笼的平均有效直径为 11.4 Å，有效体积为 760 Å^3，一个笼的饱和水容量为二十五个水分子。

(2) 八面沸石笼：是八面沸石、X 及 Y 型分子筛的主晶穴。其中十八个四元环、四个六元环、四个十二元环与相邻的八面沸石笼相通，笼的平均有效直径为 11.8 Å，体积约为 850 Å^3，每个笼的饱和水容量约为二十八个水分子。

(3) 立方体笼：实际上是一个双四元环，它的体积很小，一般分子进不去。

(4) β 笼：为十四面体，共有二十四个顶点，笼的平均有效直径为 6.6 Å，体积为 160 Å^3，每个笼的饱和容量约为四个水分子和半个钠离子，它是构成 A 型、X 及 Y 型分子筛结构的基础，也是构成方钠石的唯一的笼，所以也叫方钠石笼。

(5) 六方柱笼：实际上是一个双六元环，体积较小，可以容纳一个离子(或一个小分子)

(6) γ 笼：两个八元环通过八条由三个四元环组成的带相接而成的十八面体。

(7) 八角柱笼：一个双八元环的棱柱，平均最大直径为 4.5 Å。

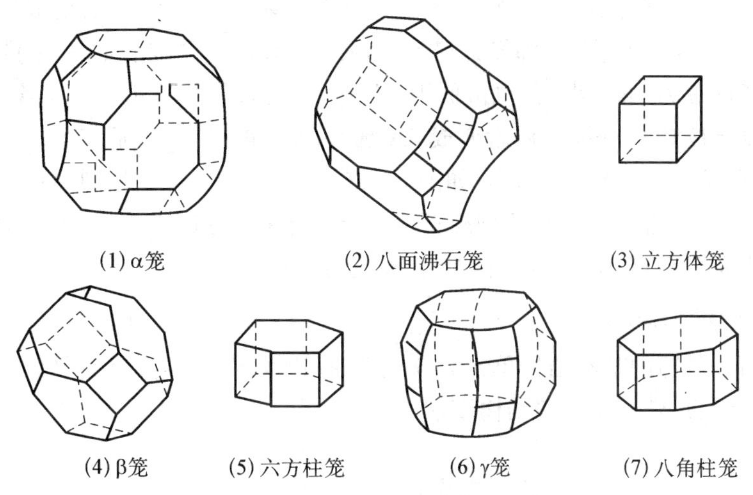

图 3-5　沸石分子筛的几种结构单元

二、几种典型沸石分子筛的结构

已经发现的天然沸石和人工合成的沸石达几百种。其中大部分因孔径小，未能广泛用作催化剂。下面介绍常见的几类沸石的结构。

1. 八面沸石类

此类沸石的基本单元是不含水的方钠石（$Na_4Al_3Si_3O_{12}Cl$），方钠石是一个十四面体（通常又称为削角八面体），如图 3-6(a)。

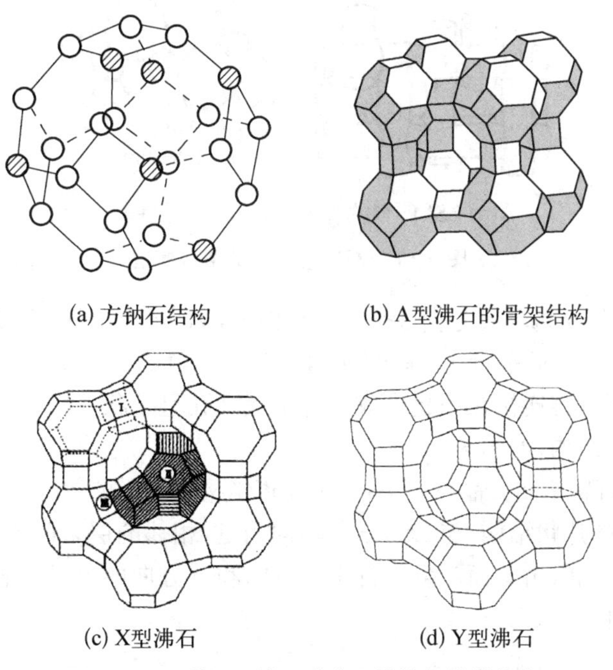

图 3-6　几种八面沸石类分子筛的拓扑学结构

A 型沸石的基本单元是由八个方钠石位于立方体的八个顶点上组成的，如图 3 - 6(b)。孔径大小为 4.2 Å，窗口(即笼开口处)直径为 11.4 Å，合成后的 A 型沸石中如果阳离子为钠离子即称为 NaA 沸石，也被称为 4A 沸石(因为孔径为 4.2Å)。当 4A 沸石上的 Na^+ 有 2/3 以上被 Ca^{2+} 交换之后就变成 5A 沸石，Na^+ 被 K^+ 交换后，变成 3A 沸石。

X、Y 型沸石也属于八面沸石类，如图 3 - 6(c)和图 3 - 6(d)。X 型沸石的铝密度为每个晶胞中 77～ 96 个铝原子，而 Y 型沸石的每个晶胞中铝密度小于 77 个铝原子。X 型沸石的 Si/Al 比为 2.1～3.0，Y 型沸石的 Si/Al 比为 3.1～6.0。

2. ZSM - 5，11 分子筛

高硅沸石分子筛的基本结构单元为 5 元环，孔道大多为 10 元环开孔，孔径在 0.6 nm 左右，图 3 - 7 为 ZSM - 5，11 的结构模型。

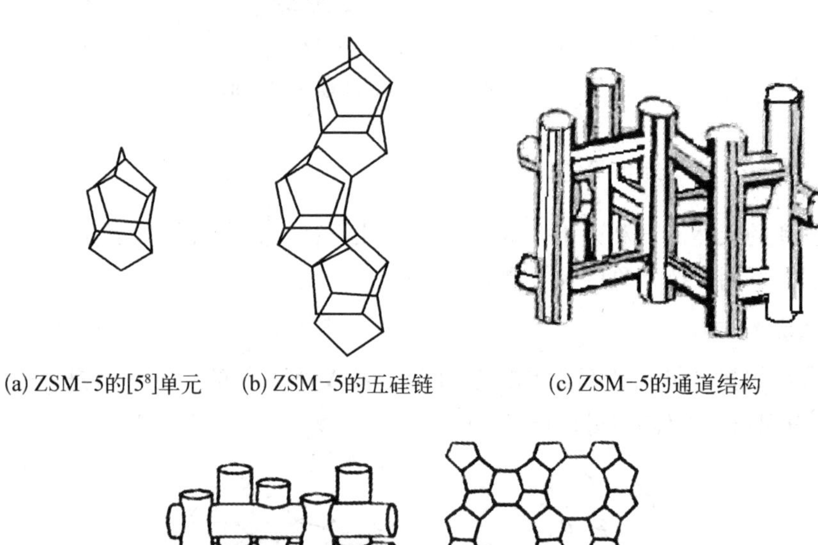

(a) ZSM-5的[5^8]单元　(b) ZSM-5的五硅链　(c) ZSM-5的通道结构

(d) ZSM-11的骨架结构与孔道结构

图 3 - 7　ZSM - 5，11 的结构模型

ZSM - 5 的特征结构单元是由 8 个五元环组成，称为[5^8]单元，具有 D_2d 对称性，这些[5^8]单元通过共享边形成平行于 C 轴的五硅链(Pentasil 链)，如图 3 - 7(a)和图 3 - 7(b)，具有镜像关系的五硅链连接在一起形成含有十元环孔呈波状的网层，网层之间又进一步连接形成三维骨架结构，如图 3 - 7(c)。

ZSM - 11 沸石属于四方晶系，具有二维孔道结构，与 ZSM - 5 沸石同属于 Pentasil 家族，具有同一形式的片状结构，与 ZSM - 5 不同的是，相邻的层之间不是以对称中心相关联，而是以镜面相关联，由此而产生平行于 a 方向和 b 方向的十元环直孔道，孔道尺寸为 5.4 × 5.3 Å，如图 3 - 7(d)。

3. APO，SAPO 分子筛

磷铝分子筛孔径在 0.3～0.8 nm 之间，APO - 5，11 的结构中无笼，APO - 5 为平行于

C轴相间排列的4-元环柱和6-元环柱围成的圆筒状结构,孔口为12元环,孔径为1.8 nm。APO-11孔口为10元环。SAPO系列的结构种类很多,根据孔径大小可以划分为大孔径结构(如SAPO-5)、中等孔径结构(如SAPO-11)、小孔径结构(如SAPO-34)和极小孔径结构(如SAPO-20)等(见图3-8)。

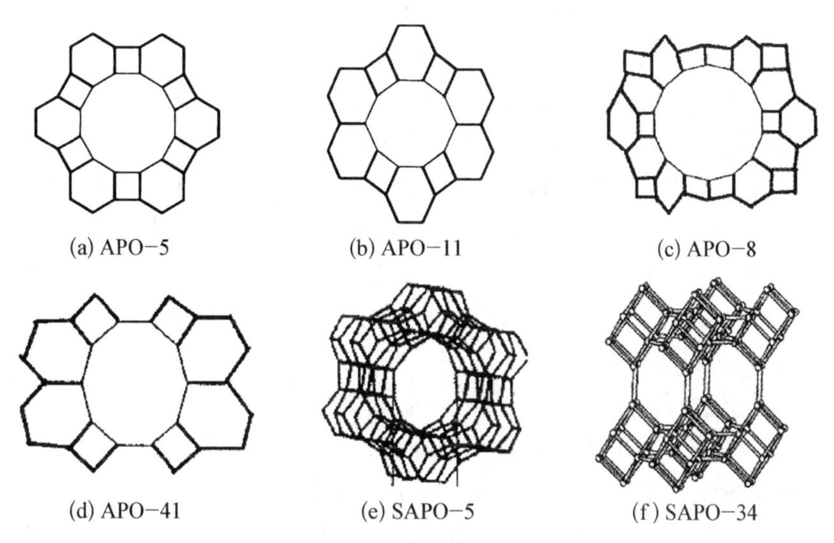
(a) APO-5　(b) APO-11　(c) APO-8
(d) APO-41　(e) SAPO-5　(f) SAPO-34

图3-8　APO,SAPO分子筛的结构模型

4. 阳离子的位置

由于热运动,阳离子位置的不规则性与位置的部分占据,以及骨架扭曲与晶格缺陷等,导致对阳离子位置的精确测定受到限制。对于骨架空穴大的沸石,仅通过X-射线衍射不能确定阳离子位置,需要借助电子自旋等测试技术。对于骨架空穴很少的沸石,如钠沸石、水钙沸石等,阳离子只有一种位置,即与骨架氧键合,或与水分子中的氧配位,而水分子也与骨架氧通过氢键键合。在这些沸石中,水分子与阳离子的位置完全固定。在骨架空穴很大的沸石中,常有几种阳离子位置,阳离子更多地与水分子配位。阳离子的不同分布,对离子交换、吸附及催化性能都有影响。

第五节　分子筛的特征与改性

一、分子筛的特征

从分子筛的结构化学观点出发,沸石的骨架结构和组成、同晶交换以及结构缺陷等对其特性起着决定性作用。

1. 分子筛的骨架结构、组成和性能

分子筛的骨架结构由TO4四面体构成,四面体进一步连接形成一维(如丝光沸石、APO-5)通道、交叉三维通道(如ZSM-5、ZSM-11)及笼(如A型、X型、Y型沸石等),

连接“笼”的孔口或通道口通常为 8-元环、10-元环及 12-元环。狭窄的分子筛通道和分子筛临界尺寸决定了通过通道的分子的扩散速率，扩散速率还与分子和通道的形状间的匹配有关，这就是 Weisz 提出的构型扩散理论。从图3-9 可以看到，分子筛孔径微小差异可导致扩散系数有数量级变化，从而使某些反应的速率发生很大变化，选择性提高。构型扩散的活化能比其他两种扩散（容积扩散与努森扩散）的活化能高很多，构型扩散的速率小。分子筛中常发生构型扩散。在构型扩散区，分子的构型对扩散有举足轻重的作用。如烷烃异构体在分子筛内的裂解速率：正庚烷＞2-甲基己烷＞二甲基戊烷；在 ZSM-5 沸石催化剂上甲苯歧化或甲醇-甲苯的烷基化，其中对二甲苯产率可达到＞98%的超平衡值。

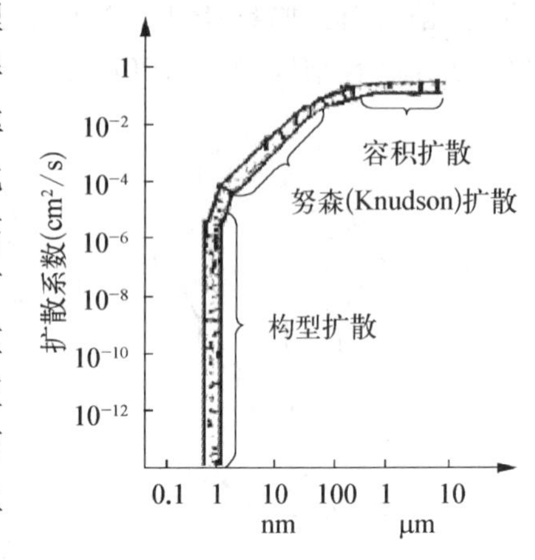

图 3-9　孔径大小与扩散系数的关系

分子筛的择形选择性与其通道的大小及形状有关，除了对反应分子及产物分子的择形选择性，近年来又发现对反应过渡态择形选择性及分子交通控制的择形选择性（见分子筛的催化性能部分）。

分子筛的骨架组成决定了骨架的电荷分布，从而影响腔内静电场。组成改变引起的静电场变化将导致分子筛内表面与吸附分子间相互作用的改变。随着硅铝比的增加，亲水性的铝氧四面体和阳离子减少，疏水性的非极性硅氧四面体增加，分子筛由亲水性向疏水性过渡，纯硅沸石分子筛几乎无吸水能力。

在理想状态下，可认为 APO-n 分子筛由$[AlO_2]^-$和$[PO_2]^+$组成。它和纯硅沸石同属于中性骨架，无骨架外阳离子，但硅沸石表面憎水而磷铝分子筛具有中等亲水性。Wilson 认为：沸石分子筛的亲水性是由于阴离子骨架和骨架外阳离子组成的静电场与水分子的偶极矩间的相互作用所致，而磷铝分子筛的亲水性是由 Al(1.5) 和 P(2.1) 之间电负性的差别引起的，它们的亲水性机理不同。

2. 同晶交换

Barrer 把晶体结构中各组成部分的置换：① 客体分子（如水）的置换；② 阳离子位元素的置换；③ 骨架元素的置换；④ 骨架氧的同位素交换，统称为同晶交换。而通常同晶交换仅指②及③，两者对分子筛的性能影响较显著。

分子筛具有可逆交换阳离子的能力及交换选择性，其与分子筛的组成结构及阳离子位置有关。利用阳离子的交换性能可调节孔道大小、晶体内电场以及表面性质，从而改变其吸附及催化性能。

图 3-10 中，NaY 沸石分子筛中的部分 Na^+ 被其他金属离子取代后，除了结晶度降低外，晶体结构基本不变。

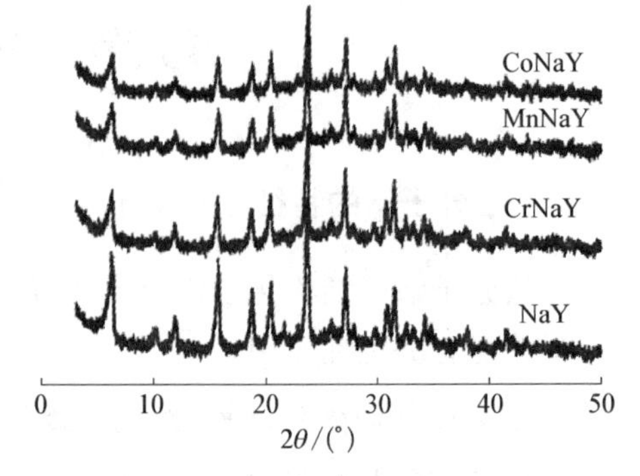

图 3-10　金属离子交换前后 NaY 分子筛的 XRD 图

分子筛的催化性能源于骨架$[SiO_4]^{4-}$被$[AlO_4]^{5-}$同晶交换而产生的剩余电荷。高硅及磷铝类分子筛的阳离子位较少，因此利用骨架元素同晶交换以调变其性能显得格外重要。如采用[Al]ZSM－5 的合成条件，将 Al 源代以 $B(H_3BO_3)$、$Fe(Fe(NO_3)_3)$、$Ga(Ga(NO_3)_3)$源，可制得[B]-、[Fe]-、[Ga]- ZSM－5 分子筛。其中 OH 基团的酸强度因骨架元素的同晶交换而改变，其顺序为：

$$Si(OH) < B(OH)Si \ll Fe(OH)Si < Ga(OH)Si < Al(OH)Si$$

3. 结构缺陷

在讨论分子筛结构时都是将其视作一“理想”结构。而事实上，分子筛上存在着各种各样的结构缺陷，它们可能对分子筛性能的影响更为直接，Breck 将其归纳为下述几个方面：

(1) 羟基的形成。分子筛在脱 NH_4^+（或胺）或多价阳离子水合解离时形成羟基。羟基可分为酸性羟基和非酸性羟基，分子筛骨架上的酸性羟基是催化反应的活性中心。

(2) 堆积缺陷。分子筛晶体在生长过程中的错位堆积及共生晶相都可能产生晶体缺陷，形成分子筛通道障碍。如丝光沸石在各层重叠时有一定移动，平均孔径从 0.8～0.9 nm 降至 0.4 nm。ZSM－5 与 ZSM－11 共生时，ZSM－11 中平行于[010]和[100]方向的交叉通道形成两种体积不同的晶穴。在 ZSM－5 中这两种晶穴是等同的，其体积与 ZSM－11 中较小的相同，这对 ZSM－5(ZSM－11)的催化性能(过渡态择形性)有着重要作用。

(3) 包藏离子。合成时的离子如 OH^-、$[AlO_2]^-$、$[R_4N]^+$以及无定形 SiO_2可能截留在沸石晶穴中，影响分子筛的性能。

(4) 水合解离。当分子筛和水接触时，碱金属型沸石可以作为弱酸盐而水合解离为自由的 Na^+和 OH^-。

(5) 骨架元素空位。分子筛骨架中四配位的铝可能在化学或水热处理过程中脱除，导致骨架元素空位。

(6) 阳离子移位。当分子筛脱水或热处理时，弱配位的金属阳离子可能发生移位。

(7) 骨架中断。有些沸石中存在特殊的未配位氧原子，表明存在骨架中断现象。

二、分子筛的改性

分子筛可通过离子交换、脱铝或担载金属以及利用同晶交换技术，在分子筛晶体中引入各类不同性质的元素，以调节其孔径、表面性质及赋予其新的催化性能。

1. 分子筛孔径的精密调节

(1) 交换不同半径阳离子

例如，不同含量 Zn、K 离子交换的 A 型沸石，可将直径差为 0.03 nm 的反式-丁烯(0.45 nm)与顺式-丁烯(0.48 nm)分开 。

(2) 利用化学沉积法(CVD)调节分子筛孔径

用四甲氧基硅$[Si(OCH_3)_4]$或四甲氧基锗$[Ge(OCH_3)_4]$与丝光沸石或 ZSM－5 在 300 ℃反应，然后在氧气中燃烧去掉杂质，留下的 SiO_2或 GeO_2薄型多聚态沉积于分子筛表面。控制四甲氧基硅或四甲氧基锗的用量，便可控制孔径大小，从而显示择形选择性能。如图 3-11 所示，随着 Si 沉积量的增加，甲醇转化产品中对二甲苯产率明显增加。图 3-12 的氨吸附程序升温脱附(NH_3-TPD)结果表明，沉积 Ge 前后氢丝光沸石(HM)表面酸性分布基本不变，说明 CVD 法只改变分子筛的孔径大小而不改变内表面性质。

1 2 3 4 5 6
20
15
10
5
p-xy
(对二甲苯)
m-xy
(间二甲苯)
o-xy
(邻二甲苯)
选择性%
0 5 10
Si沉积量/%(wt)

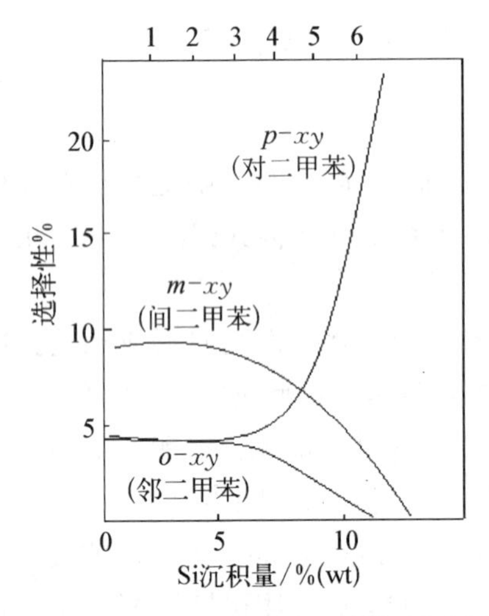

图 3-11　SiHZSM-5 催化甲苯与甲醇偶联反应产物二甲苯异构体分布

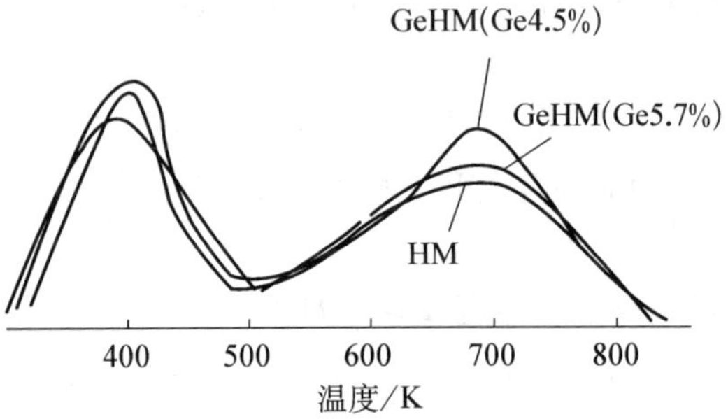

GeHM(Ge4.5%)
GeHM(Ge5.7%)
HM
400 500 600 700 800
温度/K

图 3-12　不同 Ge 沉积量 HM 的 NH_3-TPD 图

2. 表面性质的调节

分子筛可以作为酸性载体利用离子交换法、浸渍法或机械混合法等担载金属或氧化物，制备多功能催化剂。例如，Fe 负载在 ZSM-5 分子筛上后，具有催化 CO 加氢的活性。另外，利用改质剂选择覆盖表面酸位，可改变表面酸强度分布，如用 P、Mg 改性 ZSM-5 沸石分子筛，可以选择性地覆盖表面强酸中心，保留弱酸和中强酸中心，从而提高甲醇转换产品中乙烯或丙烯的选择性。用 H_3PO_4 改性分子筛的反应方程式为：

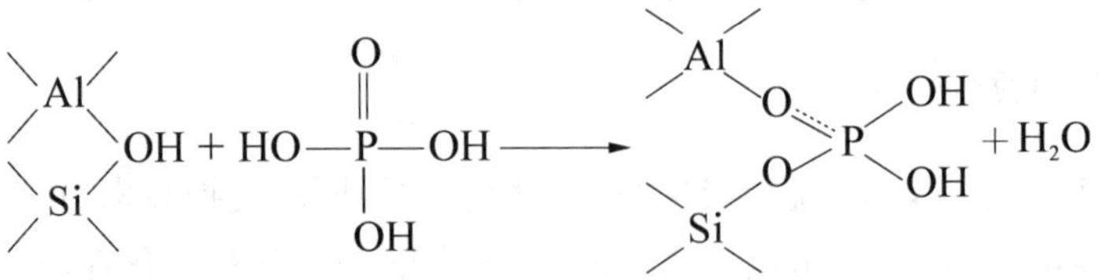

Al
Si
OH + HO—P—OH
O
OH
Al
O
P
OH
O
OH
Si
+ H2O

3. 骨架元素的同晶交换

最初，骨架元素同晶交换的最基本方法，是在合成过程中以各类元素取代 Si(P)或 Al 进入骨架，以改变其催化性能。沸石分子筛的催化性质与它的骨架铝含量密切相关，因此人们希望在晶体结构不变的基础上改变铝含量。但用沸石合成方法不能大幅度地调节铝含量。

后来发展了用酸洗、EDTA、氯气、乙酰丙酮、光气以及水蒸气处理，可以脱除骨架铝，但这些处理都会产生骨架空位，使分子筛的稳定性下降。

近来发展的用高温 $SiCl_4$ 或 $AlCl_3$ 蒸气与分子筛骨架 Al 或 Si 进行同晶交换，可得到无骨架空位的稳定骨架结构。但除 Si、Al 外，有关其他元素的气-固同晶交换报道较少。例如，Anderson 将分子筛置于固定床石英反应器中，先通干燥 N_2 气(400 ℃)处理 12 h，然后通入 $SiCl_4$，反应温度根据分子筛的组成可控制在 180～500 ℃，处理 4 h 后，再用 N_2 气吹扫 2 h，以除去剩余的 $SiCl_4$，反应式如下：

$$M_{1/z}AlO_2(SiO_2)_x + SiCl_4 \longrightarrow 1/zMCl_z + AlCl_3 + (SiO_2)_{x+1}$$

式中：M 为阳离子；z 为阳离子化合价；x 为硅铝比。

$AlCl_3$ 于>180 ℃挥发，从孔中逸出。MCl_n 用水洗除去。此法受 $SiCl_4$ 的动力学直径(0.678 nm)限制，$SiCl_4$ 仅可通过>10 元环的孔道，而且所处理沸石的 Si/Al 要大于 2。大量的阳离子存在会阻碍 $SiCl_4$ 同骨架铝间的反应(如 X 型沸石)。ZSM-5 沸石必须在高温下反应，因为只有在高温下，$SiCl_4$ 才可以进入通道。

Anderson 将高硅 ZSM-5 沸石(Si/Al>400)于 400 ℃下用 $AlCl_3$ 蒸气处理 12 h，Si/Al 降低至 50。

$$(SiO_2)_x + 4AlCl_3 \longrightarrow Al^{3+}[(AlO_2)_3(SiO_2)_{x-3}] + 3SiCl_4$$

三、ZSM-5 分子筛的改性

ZSM-5 由于其大小合适的孔道和强酸性质而成为应用最广泛的分子筛催化剂。调变 ZSM-5 的酸性及提高其稳定性的方法，除了以上介绍的通用方法外，有关 ZSM-5 改性的具体方法主要有高温焙烧、高温水蒸气处理、元素修饰(通过离子交换、浸渍和 CVD 沉积等方法)和控制分子筛晶粒大小等，其中有关元素修饰的研究报道较多。

1. 元素修饰

(1) 原位合成

原位合成含骨架金属的 ZSM-5 是一种重要的元素修饰方法。例如，把硼元素合成到 ZSM-5 中得到的 SABO 沸石，由于其酸性质的变化，抗积炭性能明显提高，对正己烷催化裂解有更高的稳定性，在烃类转化过程中显示出了工业应用潜力，但其水热稳定性不好。与 Al-ZSM-5 相比，Fe-ZSM-5 酸性较弱，使得正十六烷烃裂解产物中 C5 以上产物增加。另外，含碱土金属的 ZSM-5 也受到了关注，例如，Mg-，Ca-，Ba-和 Sr-ZSM-5，可通过原位合成方法制得，由于碱土金属的引入，ZSM-5 的酸性质与其催化正丁烷的裂解活性都发生了改变。

包信和课题组用密度泛函方法计算了 P 元素和 La^{3+} 修饰的 HZSM-5 中骨架铝的稳定性，发现用 P 和 La^{3+} 复合修饰后，其稳定性更好。Blasco 等较系统地研究了 P 元素对 HZSM-5 的水热稳定性以及正庚烷裂解催化性能的影响，认为 P 之所以能增强 HZSM-5 的水热稳定性，是因为分子筛中的骨架 Al 原子受到了质子化磷酸基团的保护，从而不易在水蒸气处理过程中脱出骨架。Caeiro 等也认为，P 修饰分子筛能提高其水热稳定性，P 的加入减弱了在水蒸气气氛下骨架铝的聚集，且 P 与骨架铝作用后生成的物种对庚烷裂解也具有催化活性。

(2) 离子交换法

用离子交换法把 Cu 交换到 ZSM-5 中,Cu-ZSM-5 表现出了比 ZSM-5 更好的水热稳定性。

(3) 浸渍法

选择合适的元素用浸渍的方法对 ZSM-5 修饰,也能达到提高其水热稳定性的目的。将 Zr 和 Pd 元素浸渍于 ZSM-5 上,所得催化剂在甲烷的低温燃烧过程中表现出了更高的热稳定性和水热稳定性。

丁维平课题组认为,P 和 La 改性能提高 ZSM-5 水热稳定性的本质是,在高温水蒸气处理过程中,P/HZSM-5 所含的 P、Al、Si 三类物种发生了局域结构重整,生成了一种耐水热条件的新酸位,同时表现出较好的催化丁烯裂解制丙烯的活性。图 3-13 总结了 ZSM-5 改性的主要方法。

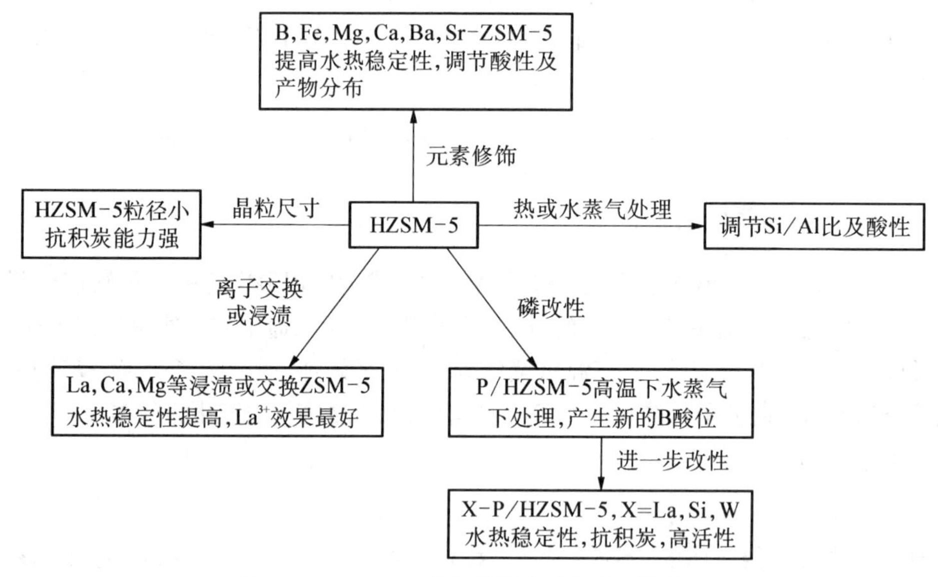

图 3-13　ZSM-5 分子筛的改性方法及其效果

2. ZSM-5 的形貌与尺度

ZSM-5 的形貌与尺度也会影响其稳定性和抗积炭性能。小晶粒 ZSM-5 分子筛具有微孔通道短、外比表面积大和孔口多等特点,有较强的容积炭能力和较好的稳定性。

第六节　分子筛的吸附性能

一、概论

固体物质的表面原子和内部原子处于不同的状态,内部原子的吸引力均匀地分布在周围原子上,使力场成为饱和的平衡状态。而表面原子则得不到这种力场的饱和,即表面有吸附力场存在，有表面能。当气体或液体分子进入该力场作用范围时，就会被吸附，从而降低体系的表面自由能，这种饱和力场的作用范围大约相当于分子直径的大小，即几个埃左右。

广义而言，一切固体物质的表面都有吸附作用。实际上，只有多孔物质或磨得极细的物质，由于具有很大的表面积，才有明显的吸附效应，才是良好的吸附剂。常用的固体吸附剂有：硅胶、活性炭、活性氧化铝、分子筛等，它们都有很大的表面积，一般在 200～1 000 m^2/g。其中沸石分子筛在吸附分离方面具有十分重要的地位，除了有很高的吸附量外，还有独特的择形选择吸附性能。这是由于它具有规整的微孔结构，这些均匀排列的孔道和尺寸固定的孔径，决定了能进入沸石分子筛内部的分子的大小。

根据吸附力的大小，一般将吸附现象分为物理吸附和化学吸附两类。物理吸附是由于表面上的分子与外来分子之间靠永久偶极、诱导偶极和四极矩引力而聚集的，故也称为范氏（通过范德华力发生的吸附）吸附；化学吸附则在吸附剂与吸附质之间有成键作用。常用以下几个标准来区分物理吸附和化学吸附。

(1) 根据吸附热的大小。一般认为，物理吸附所放出的热量小些（8～25 kJ/mol），化学吸附热较大（＞40 kJ/mol）。

(2) 根据吸附的快慢。一般认为，物理吸附如同气体在表面上液化，并不需要克服活化能能垒，所以吸附较快；而化学吸附如同一般的化学反应，要克服一定大小的能垒，所以吸附较慢。

(3) 根据吸附时的温度。物理吸附一般发生在吸附物的沸点附近；而化学吸附要远远高于吸附物的沸点温度才能进行。

(4) 根据气-固作用层的特点。化学吸附往往是在特定条件下发生，对于某种气体来说只能在某种固体上才能发生作用，而在另一种固体上就不会作用。物理吸附是一种液化过程，只要温度适宜，任何吸附物都会在惰性固体表面上一层层地累积起来。所以，物理吸附常表现为多分子层吸附而化学吸附只是单分子层吸附。

分子筛的吸附主要为物理吸附，有时也有化学吸附，例如乙烯在沸石上的吸附为化学吸附。分子筛的吸附不仅在表面进行，而且能深入到分子筛结构的内部。由于分子筛晶体中存在金属离子，所以它的吸附作用具有特殊性。

所谓吸附平衡，是指被吸附剂吸附的液体或气体分子，由于热运动，发生解吸，并且解吸速率随着被吸附物质量的增加而增大。最后，在一定温度和压力下，解吸速率和吸附速率相等，达到吸附平衡。由于吸附过程是放热过程，因此，升高温度，吸附物质的数量减少；压力和浓度越高，吸附物质的量越多。吸附物质的多少，称为吸附量。

二、分子筛吸附的特点

1. 选择性吸附

(1) 根据被吸附分子大小和形状的不同进行选择吸附——分子筛效应

分子筛晶体具有蜂窝状结构，晶体内的晶穴和孔道相互沟通，空穴的体积占沸石晶体体积的 50%以上，并且孔径大小均匀、固定，孔径约在 3～10 Å 之间，分子筛空腔的直径一般在 6～15 Å，与通常分子的大小相当。硅胶、活性氧化铝和活性炭没有均匀的孔径，硅胶的孔径分布约 10～1 000 Å，活性氧化铝的孔径分布为 10～10 000 Å，孔径分布范围比较广，因而没有筛分性能。

表 3-3 和表 3-4 分别为分子筛对直链烃、直链醇的选择性吸附性能。

表 3-3 分子筛对直链烃的选择吸附

吸附质	温度(℃)	压力(mmHg)	吸附量(g)/100 g 吸附剂		
			5A	硅胶	活性炭
正丁烷	25	47	9.8	3.4	24
异丁烷	25	98	0.5	4.8	26
苯	25	50	0.5	35	44

表 3-4 分子筛对直链醇的选择吸附

吸附质	温度(℃)	压力(mmHg)	吸附量(g)/100 g 吸附剂		
			5A	硅胶	活性炭
正丁醇	25	2.0	12.6	27	39
异丁醇	25	3.0	1.4	21	21
仲丁醇	25	1.5	0.3	25	24

(2) 根据分子的极性、不饱和度和极化率的不同选择吸附

分子筛对极性分子和不饱和分子具有很高的亲合力。在非极性分子中，对于极化率大的分子具有较高的吸附能力。图 3-14 表示若干气体分子在 4A 分子筛上的吸附等温线(图中所有分子的临界直径都小于 4A 分子筛的孔径)。图 3-14 中，CO 和 Ar 的吸附等温线说明了对极性分子的选择优势。极性大的分子，如 H_2O、NH_3、CO_2、H_2S 等，在相同条件下的吸附量高。C_2H_2、C_2H_4 和 C_3H_6 的吸附等温线表明：随着不饱和度的提高，吸附量显著增大。

对于非极性分子，随着极化率的增大，分子筛的吸附量也增大。

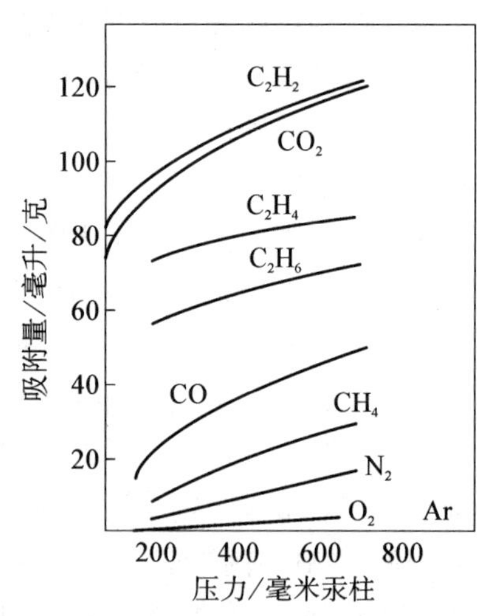

图 3-14 若干气体分子在 4A 分子筛上的吸附等温线(0℃)

2. 高效吸附

沸石分子筛对于 H_2O、NH_3、H_2S、CO_2 等极性分子具有很高的亲和力。特别是对于水，在低分压或低浓度、高温等十分苛刻的条件下仍有很高的吸附量。

(1) 低分压或低浓度下的吸附

图 3-15 是几种吸附剂的吸附等温线。不难看出，在相对湿度小于 30%时，分子筛的

吸水量比硅胶和氧化铝都高。随着相对湿度的降低，分子筛的优越性越发显著，硅胶和活性氧化铝随着湿度的增加，吸附量逐渐增大，在相对湿度很低时，吸附量很小。

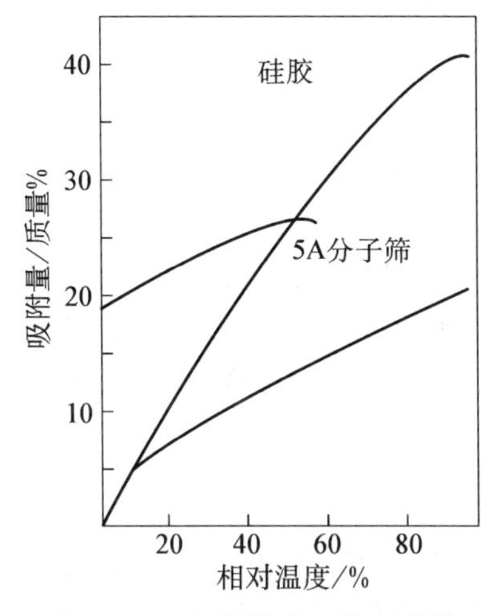

图 3-15 不同湿度下的吸附量

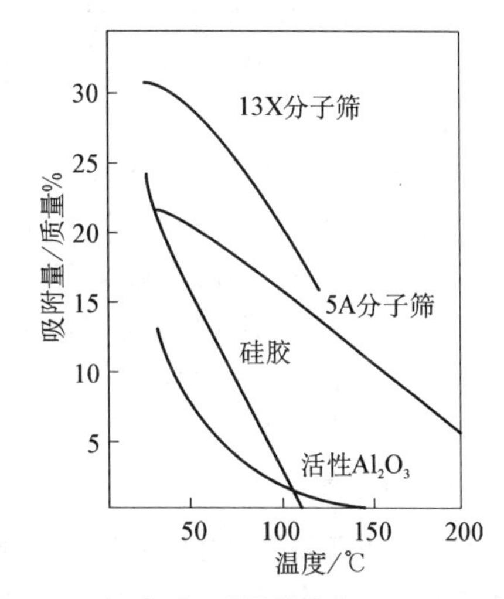

图 3-16 温度对吸附量的影响(10 mmHg 压力)

(2) 高温吸附

分子筛是唯一可用的高温吸附剂。例如在 100 ℃和 1.3%相对湿度时，分子筛可吸附 15%质量的水分，比相同条件下活性氧化铝的吸水量大 4 倍，比硅胶大 12 倍以上。图 3-16 表示温度对各种吸附剂平衡吸附量的影响。

(3) 高速吸附

上面提及，在分压或浓度很低时，分子筛对水等极性分子的吸附效率远远超过硅胶和氧化铝。但在相对湿度很高(如 50%以上)时，硅胶的平衡吸附量高于分子筛(因为分子筛的孔径及孔隙率比硅胶小)。不过大多数的工业过程都在动态条件下进行，这时即使相对湿度在 50%以上，若吸附物的线速度很大时，分子筛的吸附能力仍然超出其他吸附剂(见表 3-5)。

表 3-5 线速度对吸附量的影响(质量%)

线速度(m/s)	15	20	25	30	35
吸附量(分子筛)	17.6	17.2	17.1	16.7	16.5
吸附量(硅胶)	15.2	13.0	11.6	10.4	9.6

可见，分子筛对极性分子在低分压或低浓度、高温和高速等条件下，仍有相当高的吸附能力，这说明分子筛对水等极性分子的吸附能力很强。

三、分子筛在吸附分离领域的应用

1. 干燥

(1) 气体的干燥

① 空气、N_2、H_2、Ar 等无机气体的干燥。

② 天然气的干燥。

③ 裂解气及其他气体的干燥。对裂解气如乙烯、丙烯和丁二烯等烯烃的干燥一般用3A或4A分子筛。当气体含水量较高时，可采用二段吸附床，下段装硅胶或活性氧化铝，上段装3A或4A分子筛，由下至上通入裂解气。

(2) 液体的干燥

液相干燥与气相干燥的主要差别在于液相中分子间的作用力很强，分子的扩散速率较慢，因而液相干燥不如气相干燥那样迅速。

像聚丙烯、聚乙烯、间戊二烯以及合成橡胶等溶液的聚合过程，由于水会使催化剂迅速失去活性，所以要求溶剂和单体不仅纯度要高而且要十分干燥。例如，在合成丁基橡胶时，用$AlCl_3$作催化剂，在CH_3Cl介质中的少量水就会严重影响聚合过程，用KA分子筛干燥可使含水量降至0.005%以下。

2. 净化与分离

净化和分离都是将混合物组分彼此分开，但在化学工程方面是两个不同的概念。净化一般是指从系统中除去少量杂质，而分离组分的相对数量往往比较大。

(1) 气体的净化与分离

① 天然气和烃类气体的净化与分离

天然气及烃类气体(如乙烷、丙烷等)中常含有H_2S及其他硫化物，用分子筛净化效果最佳。

② 氢气的净化及稀有气体的精制

以电解氢为原料(杂质O_2、N_2、Ar、CO_2、CH_4含量分别为5 880 mg/kg、540 mg/kg、2 600 mg/kg、4 610 mg/kg和11 mg/kg)，经过硅胶或分子筛干燥脱水，钯型分子筛催化脱氧，然后在低温下用5A分子筛吸附净化，可制得纯度为99.999 99%的超纯氢。

稀有气体氦、氖、氩、氪、氙等在国防工业及尖端科学方面有着重要的应用，对它们的纯度一般要求很高。通常存在的杂质是氮和氧，借助它们与分子筛亲和力的差异，可在低温下进行有效的分离精制(一般用4A或5A分子筛)。

③ 分子筛富集氧气

富氧气体是指含氧量大于21%(体积)的气体。空气主要成分是N_2和O_2，分子筛富集氧气是基于它对N_2和O_2的亲和力不同，N_2分子含有孤电子对，极化率大于O_2，因此当空气通过分子筛床层后，分子筛优先吸附N_2，使得出口气体中N_2含量较低而吸附相中N_2含量较高，O_2含量刚好相反，便可以得到富氧气体。如果分子筛床层足够长，则可制取纯氧。

(2) 液体的净化与分离

① 分子筛脱蜡

分子筛脱蜡是石油加工工业中广泛应用的吸附分离过程，是利用分子筛的选择吸附特性从汽油、喷气燃料以及柴油等馏分中脱除正构烷烃的过程。可以从石油馏分中分离出正构烷烃。正构烷烃是蜡的主要成分，故称为分子筛脱蜡。

正构烷烃的临界直径约4.9 Å，异构烷烃、环烷烃及芳烃等都在5.5 Å以上。当这些烃类混合物与5A分子筛接触时，只有正构烷烃能通过分子筛孔道被吸附。除去正构烷烃的脱蜡油由吸附塔出来，经冷凝、冷却、沉降、切水过滤，可作为成品油。含蜡分子筛用1.0 MPa的水蒸气进行脱附再生以循环使用。

② 分子筛脱芳烃

液体石蜡广泛用于制造合成洗涤剂、农药乳化剂、塑料增塑剂。但用不同原料生产出的液体石蜡的质量存在显著差别。将原料进行酸碱预精制后，质量改善还是不大。若采用10X分子筛吸附精制液体石蜡，可取得良好效果。

10X分子筛孔径8～9 Å，硫化物(硫醚、硫醇等)、氮化物、有机酸、芳烃、正构烷烃等，都能进入孔道中，由于杂质的极性大于正构烷烃，所以分子筛选择性地优先吸附杂质。

③ 吸附分离对二甲苯

四种C_8芳烃异构体有：乙苯、邻-二甲苯、间-二甲苯、对-二甲苯。K^+交换的Y型分子筛对于对-二甲苯和乙苯有较强的吸附能力，Ba^{2+}交换的Y型分子筛对于三种二甲苯有一定的吸附能力，而对于乙苯的吸附能力较弱。在K^+充分交换后再用Ba^{2+}部分交换，生成的KBa-Y型分子筛，对于对-二甲苯的选择吸附能力大大提高，能从含对二甲苯为16%～17%的C_8芳烃中，取得纯度为95%以上的对二甲苯，收率在50%以上。分离操作原理及方法大致为(图3-17)：先将经过成型及筛取的20～45目分子筛活化后，称量加入玻璃柱内(外加恒温夹套水浴)，以甲苯作为解吸剂。筛/油(油是指C_8芳烃)比为5，剂/油(剂是指解吸剂)比为6，空速为0.55 h^{-1}，柱温为85℃，柱压为0.5 kg/cm^2的稳压空气，通过原料油的加入和解吸剂甲苯的切换，构成间歇法分离过程中的一个周期。由于KBa-Y型分子筛对于对二甲苯有较强的吸附能力，当解吸剂甲苯进行解吸时，先流出的是甲苯和C_8组分中的乙苯、间-二甲苯和邻-二甲苯。然后流出的是甲苯和对位二甲苯。

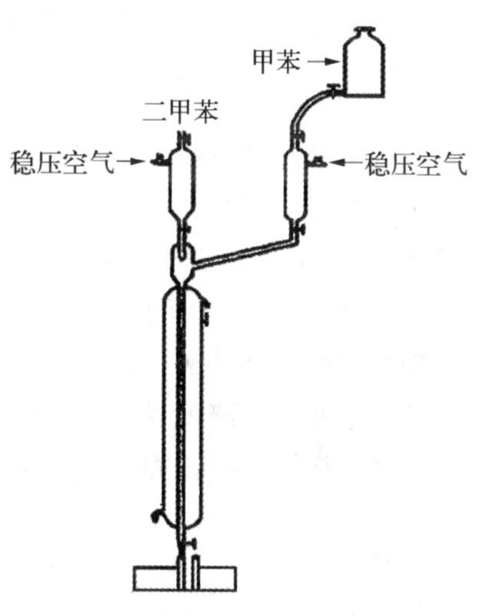

图3-17 分离对二甲苯装置示意图

第七节 分子筛的催化性能

一、基本概念

分子筛的催化活性有赖于表面酸性—OH基团(B酸)及其脱水而生成的L酸中心。这些酸性中心绝大部分位于分子筛的孔腔内。由于孔道结构与酸中心的联合作用，导致了分子筛规整结构所特有的择形催化性。若用适当的金属离子同晶交换，可形成多功能催化剂。

1. 沸石分子筛催化剂的优越性能

(1) 沸石具有晶体结构，较高的化学及热稳定性，使催化剂的制备及活性易于重复。

(2) 沸石的离子交换性能，使其具有可控制及逐渐变化的性能。

(3) 沸石具有分子大小的微孔，可以对分子进行筛分及选择，即具有“筛子”作用。

(4) 具有高活性及独特的选择性，即具有择形催化作用。

(5) 对含S化合物具有高的抗毒能力。

(6) 可保留高度分散的金属离子于沸石孔腔中，形成优良的双功能催化剂。

(7) 在固体中引入非常强的酸位，而不会导致材料腐蚀。

2. B酸及L酸的产生

(1) 质子酸(B酸)的产生

质子酸可由有机胺及无机铵热分解或阳离子水解产生。

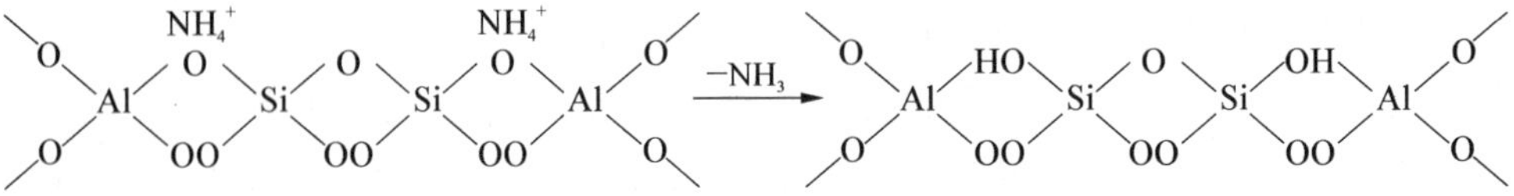

$$M^{2+}(H_2O) \longrightarrow (MOH)^+ + H^+$$

$$M(OH)^+ + M^{2+} \longrightarrow M^+—O—M^+ + H^+$$

分子筛中只有桥羟基Si—OH(Al)才具有酸性，端羟基Si—OH不具有酸性。因此，对于同类型分子筛，随着Si/Al比提高，酸量减少，但酸强度增加。这是因为，分子筛酸性是源于与Si原子邻近的Al原子，Si原子的电负性大，使得与其邻近的Al原子的电子向Si原子转移，与Al原子连接的羟基上的电子向Si偏移，从而导致羟基上的氢容易电离，表现出酸性。随着Al含量增多，使得某些Si可能不止和一个Al邻近，Si原子对Al原子上的电子吸引力降低，故酸强度下降。

(2) 路易斯酸(L酸)的产生

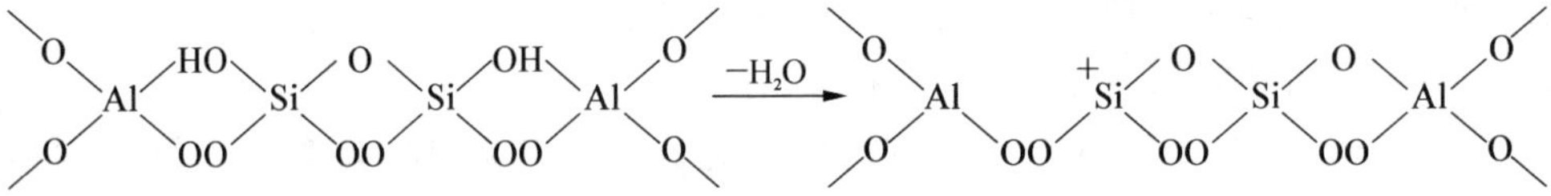

金属离子也是L酸中心。

3. 分子筛的择形催化选择性

几乎所有的微孔沸石分子筛在化学工业中的成功应用可以归结于微孔的存在，正是因为这些纳米尺度的微孔，导致分子筛具有择形催化性能。在非均相催化反应中，分子筛微孔尺度上的多样性，使得各种各样的反应物、中间体、产物分子可以在分子筛孔道中选择性地被分离、吸收、排出，最终起到对特定反应的催化作用。此外，择形催化之所以能够发生，是因为特定空间排列的择形空隙位于微孔中的酸性活性位上，也就是说沸石分子筛中的微孔起两方面作用：① 提供反应活性位；② 提供反应物、中间产物、目标产物分子流通的孔道。分子筛的择形催化可分为四类：

(1) 对反应物的择形催化：反应混合物中的分子，只有直径小于分子筛内孔径的分子才能进入分子筛孔道内，在催化剂内表面酸性部位进行催化反应。对反应物的择形催化在炼油工业中已获得多方面的应用，如油品脱蜡、重油加氢裂化等。

（2）对产物的择形催化：产物混合物中的某些分子过大，难以从分子筛催化剂的内孔中扩散出来，这些未扩散出来的大分子可能异构成线度较小的异构体扩散出来，或者裂解成较小的分子，乃至不断地裂解，脱氢，最终以炭的形式沉积于孔内和孔口，导致催化剂失活。

（3）过渡态限制的择形催化：某些反应需要比较大的空间，才能形成相应的过渡状态，这就构成了限制过渡态的择形催化。

（4）分子交通控制的择形催化：在具有两种不同形状和大小的孔道的分子筛中，反应物分子可以很容易地通过一种孔道进入到催化剂的活性部位，进行催化反应，而产物分子则从另一孔道扩散出去，这样能尽可能减少逆扩散，从而增大反应速率，这在炼油工艺和石油化工中也有广泛的应用。

图 3-18 为分子筛择形催化的示意图。

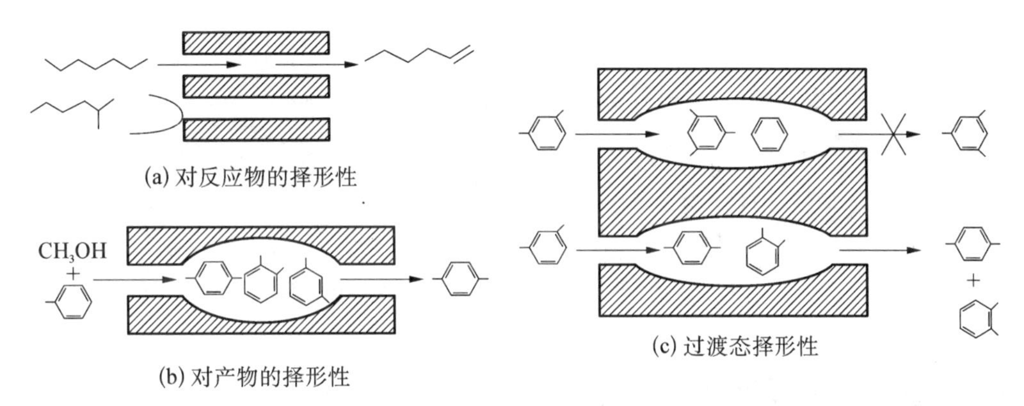

(a) 对反应物的择形性

(b) 对产物的择形性

(c) 过渡态择形性

图 3-18　分子筛择形催化类型

二、沸石分子筛在催化中的应用

1. β-消除生成烯烃

当质子从相邻两个碳原子的一个碳原子上失去，而亲核子的 X 从另一个碳原子上失去时，便生成烯烃。

$$X—\overset{|}{\underset{|}{C}}—\overset{|}{\underset{|}{C}}—H \xrightarrow{\text{沸石}} \gt C{=}C \lt$$

$$[X = —OH、—OC—CH_3、—Cl、—Br、—I、—SH]$$

2. 烯烃转化

烯烃转化正碳离子型主要反应包括双键和碳骨架的异构、聚合、同位素交换和氢转移反应，在酸性分子筛上主要发生氢转移反应。

例如，在稀土 X(ReX)分子筛上，60 ℃时 1-己烯发生异构和聚合，可生成大分子 $C_{30}H_{60}$。

3. 非正碳离子型反应

甲醇、甲基卤化物、甲基硫醇和苯基硫醇等在沸石分子筛催化下会生成碳烯型中间体。

$$H-CH_2-OH \longrightarrow H_2O + [:CH_2]$$

4. 芳烃的烷基化

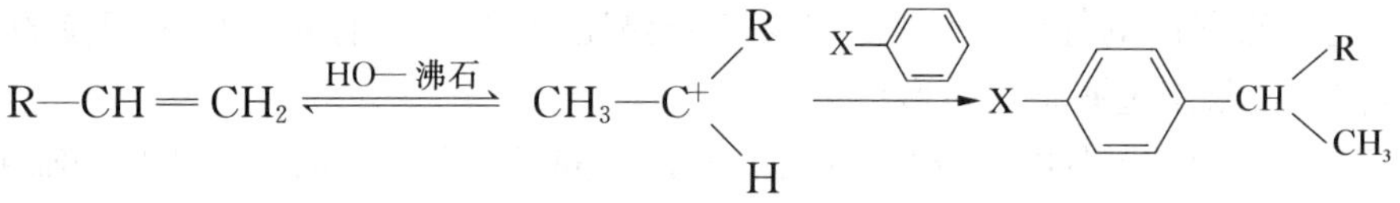

$$R-CH=CH_2 \underset{}{\overset{HO-沸石}{\rightleftharpoons}} CH_3-\overset{+}{C}(R)(H) \xrightarrow{X-C_6H_5} X-C_6H_4-CH(R)(CH_3)$$

5. 羰基的缩合反应

在沸石催化剂上很容易发生羰基的缩合反应。基本特征是亲核子试剂 A 攻击 C═O 键带正电荷的一端，生成新的 C—A 键和—OH 基。

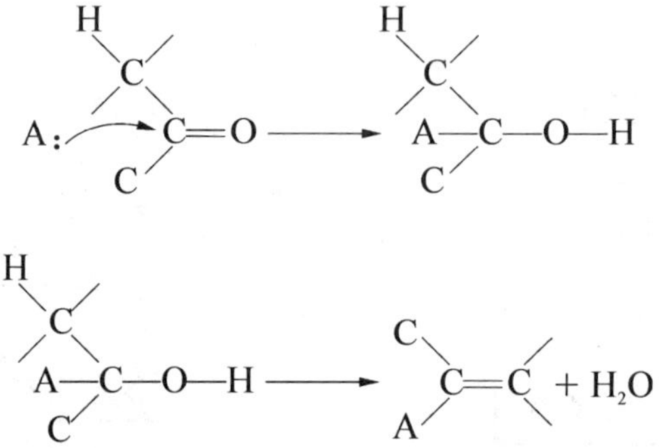

$$A: + (H-C)(C)C=O \longrightarrow (H-C)(C)(A)C-O-H$$

$$(H-C)(C)(A)C-O-H \longrightarrow (C)(A)C=C + H_2O$$

三、ZSM-5 分子筛的催化性能

目前在高硅沸石分子筛中应用最广泛的是 ZSM-5。它具有高的稳定性，很宽的硅铝比范围以调变表面酸性，独特的三维直通道体系以限制大分子的形成，10 元环开孔与许多石油化学过程中烃类分子大小相近等，使其具有优异的择形催化性能，而且在一些反应中，具有较长的寿命和优良的活性。

ZSM-5 分子筛可用于以下几方面的催化反应中：

1. 直链烷烃选择裂化、分子剪裁、馏分油脱蜡

这些反应是最早应用 ZSM-5 分子筛作催化剂的石油加工过程。其中的直链烷烃择形催化裂化为汽油馏分，经脱蜡后馏出物具有较低的凝固点。如将 ZSM-5 和工业催化裂化催化剂混合使用，可得到高辛烷值汽油。

2. C—C 键的生成及 C—链的增长

对于甲醇转化反应中 C—C 键形成及碳链增长的过程，可利用 ZSM-5 分子筛的孔道控制产物分子的截面积，选择适宜的反应条件控制分子的长度。据此发展了甲醇制汽油(MTG)及甲醇制低碳烯烃(MTO)的过程。

3. 分子重排

其中最简单的是苯环上的甲基重排如二甲苯异构化反应，可将邻、间-二甲苯转化为对-二甲苯。若采用 Si 沉积收窄 ZSM-5 分子筛的孔道，产品中对-二甲苯含量可增至

98%。也可进行分子间的甲基重排，如甲苯歧化反应，经 Mg 或 P 改性后对-二甲苯选择性可达 83%，且可排除大分子的生成。

4. 分子间的偶合

ZSM-5 分子筛上可进行乙烯+苯（乙苯选择性 99.6%）、乙烯+甲苯（对-乙基甲苯选择性 96.7%）、甲醇+甲苯（对-二甲苯选择性 90%）、乙烯+乙苯（对-二乙基苯选择性 99.6%）和乙烯+二甲苯（3,4 —二甲基乙苯选择性 94%）等烷基化反应，有趣的是最后主要产物都是选择性地生成截面最小、扩散速率最大的异构体。

5. 甲醇转化为烃类产物

HZSM-5 分子筛的酸性强，不易高选择性地使甲醇转化为低碳烯烃，而杂原子 ZSM-5 分子筛则容易达到。

6. F-T 合成

在合成气转化为汽油的过程中，改性 ZSM-5 杂原子分子筛可作为 F-T（费托合成）合成 Fe 催化剂的载体，可选择性控制产物分子的大小。

四、磷铝系列分子筛

美国联合碳化物（Union Carbide）公司 1982 年首先报道了磷酸铝分子筛（$AlPO_4-n$，n 代表不同的晶体结构）的合成。$AlPO_4-n$ 是由 PO_4 和 AlO_4 四面体组成的中性骨架结构，具有良好的稳定性，可用作吸附分离剂和催化剂载体等。

$AlPO_4-n$ 的不足之处就是由于 PO_4 四面体和 AlO_4 四面体严格有序地交替排列，不具有阳离子交换能力，且呈现为弱酸性（主要为 L 酸）。1984 年，该公司又合成出一类新型的硅磷酸铝分子筛（SAPO-n）。它是在 $AlPO_4-n$ 分子筛研究的基础上合成出来的。由于一部分硅取代铝或者磷进入骨架，SAPO-n 具有与相应的磷酸铝分子筛类似的吸附性质、孔径、热稳定性和水热稳定性。SAPO-n 分子筛，由于骨架中 SiO_4 四面体的存在，因而具有阳离子交换能力和酸性可调性。作为催化剂，SAPO-n 可用于许多烃类转化反应中，如裂解、氢化裂解、芳香族化合物的烷基化和异构化、支链烷烃的烷基化和异构化、聚合、重整、加氢、烷基转移反应、脱烷基反应、水合作用等。例如，1984 年美国联合碳化物开发的 SAPO-34，由于其优越的孔道结构尺寸（0.38 nm）以及较强的高温段酸性位，在甲醇制烯烃反应中表现出了比 ZSM-5 更高的催化活性和更长的单程寿命。

磷铝系列分子筛目前已迅速发展到可将+1 到+5[+1(Li)，+2(Mg、Mn、Fe、Co、Zn、Be)，+3(B、Al、Fe、Ga)，+4(Si、Ge、Ti)及+5(As、P)]价的 13 种元素引入骨架，构成数十种结构、200 种以上组成，孔径在 0.3～0.8 nm 之间的分子筛。

五、介孔分子筛

1. SBA-15 分子筛

SBA-15 分子筛属于介孔分子筛的一种，在催化、分离、生物及纳米材料等领域有广泛的应用前景，而其水热稳定性高的优势为催化及吸附分离等开拓了新的研究领域。

SBA-15 分子筛具有高度有序的六边形直孔结构，孔径在 5～50 nm 范围，对酶分子具有较强的吸附能力，是固定酶的新材料。SBA-15 分子筛比表面积大，孔道直径分布均一，孔径可以调变，水热稳定性好。SBA-15 分子筛上负载 MgO 后可以制成含较多中强碱位的固体碱，可作为固体碱催化剂。该分子筛的缺点是表面酸性较弱，若对 SBA-15 分子筛进行酸改性后可以得到具有较大表面积和高催化活性的催化剂。

2. MCM-41 分子筛

MCM-41 分子筛，具有六方形规则排列的一维孔道，孔径分布均一且可在 1.5～10 nm之间系统调变，这一中孔材料的发现，不仅将分子筛和沸石由微孔范围扩展至中孔范围，且在微孔材料（沸石）与大孔材料（如无定型硅铝酸盐）之间架起了一座桥梁。

MCM-41 与合成传统分子筛时以单个有机小分子或金属离子作为模板剂不同，它的合成是以大分子表面活性剂为模板剂，模板剂的烷基链一般多于 10 个碳原子，如 $C_{12}H_{25}(CH_2CH_2O)_{10}OH$。MCM-41 分子筛具有较大的比表面积、较大的孔径和一定的稳定性。该分子筛不仅可以负载碱性金属氧化物制备固体碱，还可以进行氨化处理得到高氮含量和高比表面积的氮氧化硅有序介孔分子筛。另外，还可以合成含有杂原子的 MCM-41 分子筛。MCM-41 分子筛的缺点是只具有较弱的酸性，因而对正己烷的裂解活性远低于 HY 分子筛。但对于柴油裂解，MCM-41 分子筛比无定形的硅酸铝拥有更高的活性和更少的积炭，但水热稳定性差。用磷酸处理 MCM-41，能够在一定程度上提高分子筛的热稳定性和酸性。

第八节　分子筛催化剂的表征

一、X 射线衍射（X-ray Diffraction，XRD）

根据晶体的各晶面对 X 射线的衍射能力鉴定晶体物相的方法，称为 X-射线物相分析。晶体中原子呈周期性排列，由于各原子的散射波之间存在固定的相位关系而产生干涉作用，即形成衍射波。衍射波具有两个基本特征：衍射线在空间的分布规律（衍射方向）和衍射强度。衍射线的分布规律由晶胞大小、形状和相位决定，而衍射强度则取决于原子在晶胞中的位置、数量和种类。因此，根据衍射波的特征可以对晶体进行定性和定量分析。

X 射线被晶体衍射服从布拉格方程：

$$2d(h.k.l)\sin\theta(h.k.l)=n\lambda \tag{3-1}$$

式中：d 为平面点阵图的面间距；λ 为入射 X 射线的波长（Cu 靶，$\lambda=1.5406$ Å）；θ 为晶面衍射之掠射角；n 为衍射级数（$n=1$，为一级衍射，$n=2,3\cdots$，则为二、三级…衍射）；h、k、l 为晶面指数。

X 射线衍射可用于固体物质的物相鉴定（定性分析）、晶粒尺度以及晶格畸变率分析，也可用于固体物质的定量分析。

1. 定性分析

XRD 定性分析是利用 XRD 衍射角位置(θ 值)及衍射强度来鉴定样品的物相组成。由于各衍射峰的 θ 值及其相对强度是由物质本身的内部结构决定的，每种物质都有其特定的晶体结构和晶胞尺寸，而这些又与衍射角和衍射强度有着密切的对应关系。因此，可以根据衍射峰的位置来鉴别晶体结构。通过未知物相的衍射峰位置与已知物相的衍射峰位置比较，可以逐一鉴定出样品中的各种物相。同时可判断是否有杂质存在等。

2. 定量分析

(1) 利用衍射线峰的强度来确定物相的含量

每一种物相都有各自的特征衍射峰，而衍射峰的强度与物相的质量分数呈正比。各物相衍射峰的强度随该物相含量的增加而增加。

对于样品 a 与 b 的混合物，根据国际衍射数据中心(ICDD)查各组分的 RIR(当样品 A 与刚玉 $\alpha-Al_2O_3$ 以质量比 1∶1 混合时，该样品与 $\alpha-Al_2O_3$ 的最强峰的强度比：$RIR_A=I_A/I_{Al_2O_3}$)值，再测量各组分最强衍射峰的强度，即可计算混合物中各组分的质量分数 W_a 及 W_b。

$$W_a=I_a/[I_a+(I_b/(RIR_b/RIR_a))] \tag{3-2}$$

$$W_b=I_b/[I_b+(I_a/(RIR_a/RIR_b))] \tag{3-3}$$

(2) 根据谢乐(Scherrer)公式估算颗粒的直径

$$D=k\lambda/(B\cos\theta) \tag{3-4}$$

式中：λ 为 X-射线波长；B 为衍射峰半高宽(通过对样品的最强衍射峰进行慢扫描后求得)；θ 为最强衍射峰的衍射角；k 为仪器宽化系数。

衍射峰的宽化包括仪器宽化和试样本身引起的宽化。试样引起的宽化又包括晶粒尺寸大小的影响、不均匀应变(微观应变)和堆积层错(在衍射峰的高角一侧引起长的尾巴)。后两个因素是由于试样晶体结构的不完整所造成的。若假设试样中没有晶体结构的不完整引起的宽化，则衍射线的宽化仅是由晶粒尺寸造成的，而且当晶粒尺寸均匀、小于 0.1 μm 时，可采用谢乐公式估算粒径。

(3) 计算晶格畸变率

$$(2\omega)^2\cos^2\theta=(4/\pi^2)(\lambda/D)^2+32<\varepsilon^2>\sin^2\theta \tag{3-5}$$

式中：2ω 为衍射峰的半高宽；θ 为衍射角；D 为晶粒的平均粒径；$<\varepsilon^2>^{1/2}$ 为平均晶格畸变率。

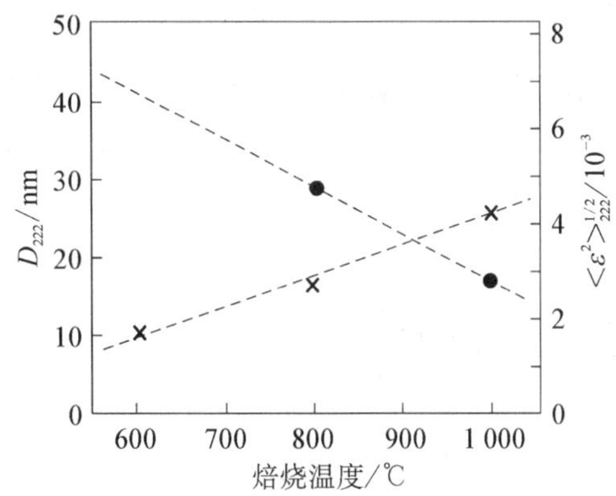

图 3-19 D_{222}("x")和($<\varepsilon^2>^{1/2}_{222}$)("·")随焙烧温度的变化

图 3-19 为制备 Tm_2O_3 时焙烧温度对颗粒大小及晶格畸变率的影响。由图可知，平均晶粒随焙烧温度的升高而增加。平均晶格畸变率随焙烧温度的升高、晶粒度的增大而减

小，表明晶粒越大，晶粒发育越完整，晶格畸变越小。

除了粉末 XRD 在分子筛结构表征中的分析应用外，还可通过单晶 XRD 测得晶胞参数，通过晶胞容量[V(nm)^3]与杂原子在晶胞中含量的线性变化关系确证该元素是否位于骨架位，但该方法需要培养出单晶，解析单晶的晶体结构。如在[B]、[Ga]- ZSM - 11 中(见图3 - 20)，由于 B^{3+} 离子半径小于 Si^{4+}、Ga^{3+} 离子半径大于 Si^{4+}，因此，若 B^{3+} 或 Ga^{3+} 取代 Si^{4+} 进入分子筛骨架，则晶胞体积随杂原子含量的变化趋势相反。

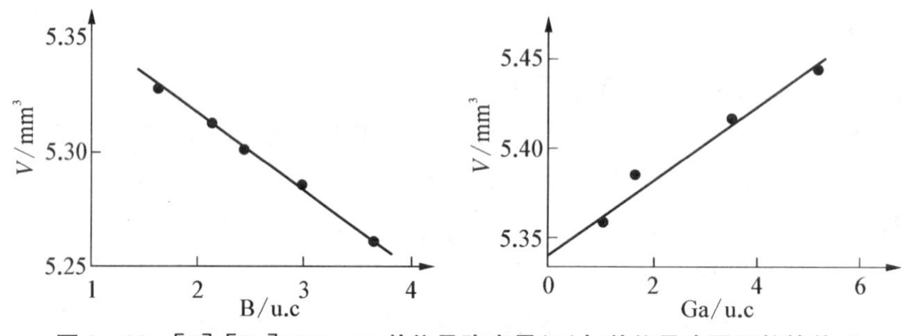

图 3 - 20 [B]、[Ga]ZSM - 11 单位晶胞容量(V)与单位晶胞原子数的关系

二、红外光谱(Infrared spectrum, IR)

1. 骨架振动的红外光谱

在沸石分子筛的 IR 光谱中，Flanigen 将沸石骨架振动的 200～1 400 cm^{-1} 区，分为 Si(A1)- O 四面体内部(1 100 cm^{-1}、700 cm^{-1}、450 cm^{-1} 附近)与外部连接的振动频率(630～550 cm^{-1}、1 200 cm^{-1})两部分。后者与四面体的连接方式有关，可以给出有关沸石结构的信息。如对于表征 ZSM - 5 结构特征的 550 cm^{-1} 附近的吸收峰，Goudurier 认为经焙烧的高结晶度 ZSM - 5 沸石的 550/450 cm^{-1} 峰的光密度比＞0.7，可作为测定结晶度的标准。由于 IR 对短程有序较敏感，据此推测沸石微晶结构比 XRD 法更有利。

利用 IR 还可鉴定杂原子是否进入分子筛的骨架。如当 Si 引入 APO - 5 形成 SAPO - 5 后，在 795 cm^{-1} 处出现 Si—O 振动吸收峰(见图 3 - 21)。当 X 型分子筛的 Si—O—Al 中 Al 被其他元素(如 Ga 和 Fe)取代后，其对称伸缩振动频率明显向低波数位移(表 3 - 6)。

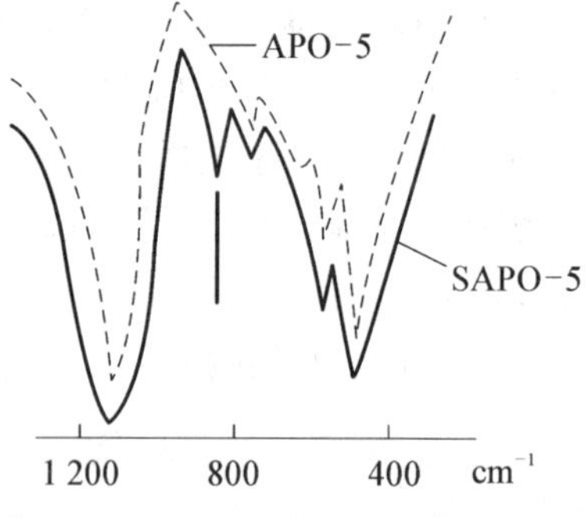

图 3 - 21 APO 及 SAPO 分子筛的 IR 谱

表 3 - 6 分子筛骨架中 Si—O—T 振动频率(cm^{-1})

分子筛类型	元素 T	ν_2(Si—O—Al)	ν_3(Si—O—T)
X	Ga	—	660,611
Y	Ga	768	660,611
方钠石	Ga	768	611
ZSM - 5	Fe	768	656

2. 表面酸性的测定

引入具有碱性的探针分子，其在分子筛表面酸位被吸附后，根据碱分子与表面酸位作用方式的不同，可以测定酸位的性质、强度和酸量。如碱性探针分子被 B 酸质子化、与 L 酸位形成配位络合物、或与碱性分子形成氢键等，不同的结合方式将产生不同的红外光谱特征吸收峰或吸收峰发生位移。IR 已经成为研究分子筛催化剂酸性的常规方法。

在测定分子筛的酸性时，常采用 NH_3 为探针分子，由于 NH_3 的动力学直径比较小(0.165 nm)，可以进入到分子筛的笼及孔道内。当 NH_3 吸附在 L 酸部位时，氮的孤对电子与 L 酸配位，在 1 620 cm^{-1} 附近形成 L－NH_3 特征吸收峰，当 NH_3 吸附在 B 酸部位，接受一质子形成 NH_4^+，1 450 cm^{-1} 处会出现 N—H 键的弯曲振动吸收峰。

何长青等采用红外光谱考察了 SAPO－34 分子筛的表面酸性质，从 SAPO－34 的 OH 红外谱图(图 3－22)可以看出，样品在 3 621 cm^{-1} 处有一个尖锐的吸收峰，并在 3 600 cm^{-1} 处有较强的肩峰，都位于羟基的特征红外吸收区间，表明 SAPO－34 骨架上有两种羟基。

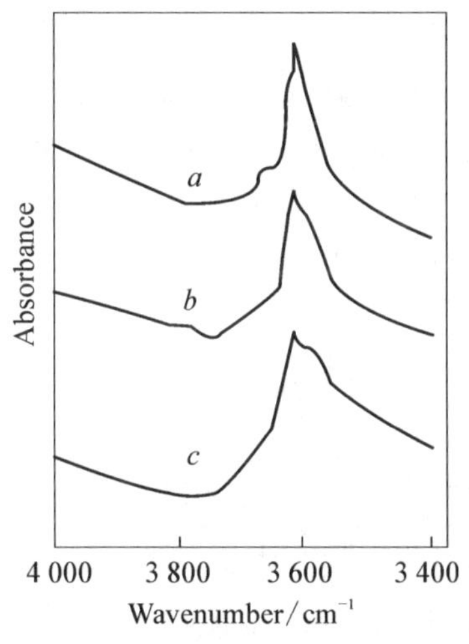

图 3－22　SAPO－34 的 OH 红外振动谱图

(注：从 a→c，P/Si 比减小)

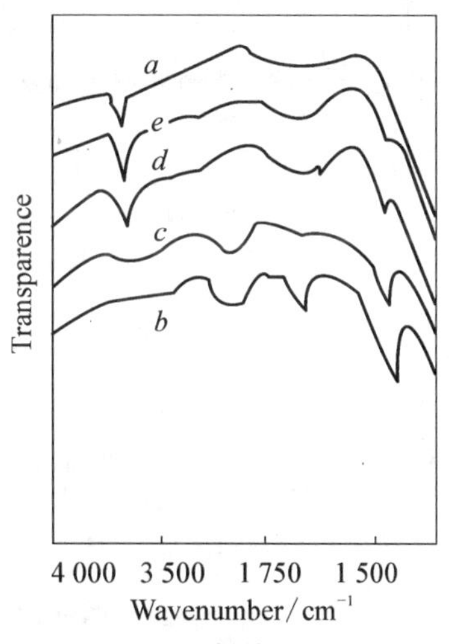

图 3－23　吸附氨的 SAPO－34 在不同温度抽空后的红外光谱图

a. 吸附前　b. 273K　c. 473K　d. 573K　e. 693K

图 3－23 表示 SAPO－34 吸附 NH_3 后在不同温度抽空的 IR 谱图。样品吸附 NH_3 后，3 621 cm^{-1} 和 3 600 cm^{-1} 处的特征峰全部消失，在 1 620 cm^{-1} 和 1 450 cm^{-1} 处出现很强的吸收峰，说明分子筛骨架上具有 B 型和 L 型两种酸中心。对样品进行 473 K 抽空后，1 620 cm^{-1} 处吸收峰大大减弱，1 450 cm^{-1} 吸收峰仍然很强，继续升高温度至 573 K 或更高温度下脱氨时，1 450 cm^{-1} 处的吸收峰大幅度减弱，3 620 cm^{-1} 和 3 600 cm^{-1} 开始出现并逐渐增强，表明 3 620 cm^{-1} 和 3 600 cm^{-1} 两个特征峰对应的羟基具有较强的 B 酸特征，为 SAPO－34 的 B 酸中心。这些峰位的变化对应于—OH 与 NH_3 反应生成 NH_4^+，L 酸位与 NH_3 配位形成 L－NH_3，脱氨后—OH 又恢复等。

三、固体核磁共振(Nuclear Magnetic Resonance，NMR)

XRD 是测定沸石结构最重要的工具，但也有其局限性：① Si 和 A1 原子几乎具有相等的X射线散射性，因此通过XRD不可能得到有关Si、Al位置排布的数据；② 多数合成的分子筛为微晶，难以直接应用常规的单晶X射线衍射技术分析。采用高分辨率固体核磁共振技术（^{27}Al、^{29}Si）可直接测定局部Si和Al的排布情况，区分骨架铝（四面体）、非骨架铝（八面体），以及验证杂原子是否进入骨架位等。

以ZSM－5和ZSM－11为例，两者都是由8个五元环联结而成的基本单元组成的。但ZSM－11是通过镜面反映对称联结两个单元，ZSM－5则通过中心反转联结不同的片状单元，其组成结构虽不同，但由于存在大量的重复间距，使得两者粉末法XRD谱很相似，而$^{29}Si_{MAS\ NMR}$则反映出较明显的差异（如图3－24）。

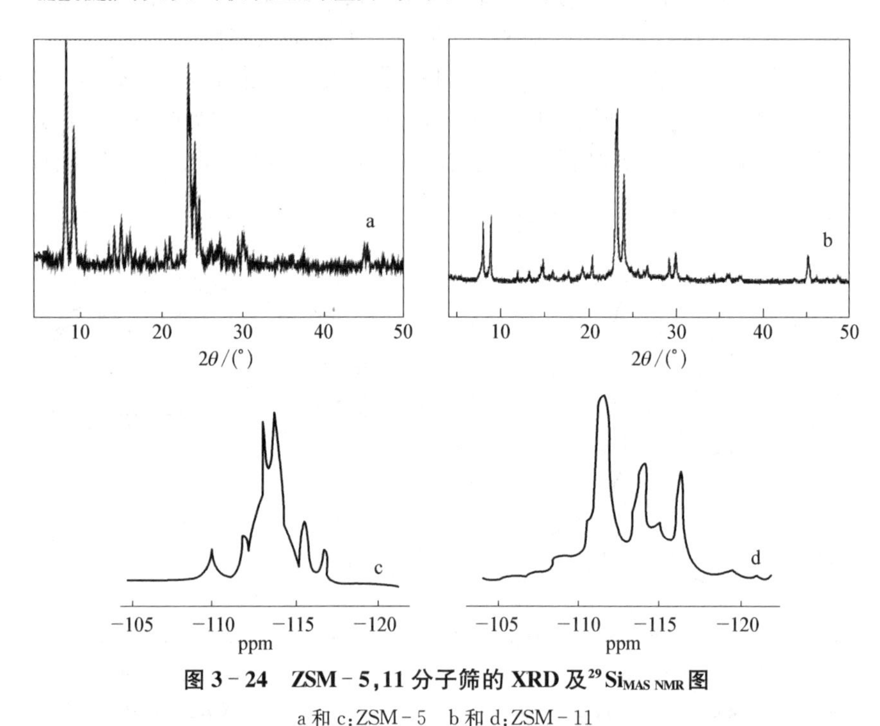

图3－24　ZSM－5，11分子筛的XRD及$^{29}Si_{MAS\ NMR}$图

a和c：ZSM－5　b和d：ZSM－11

与^{27}Al、^{29}Si一样，$^{23}Na_{MAS\ NMR}$（魔角旋转固体核磁共振技术）已逐步引起人们的重视。在钠型分子筛中，与硅原子、铝原子不同，钠原子能以非骨架阳离子形态存在，并可在沸石中自由移动。因此，可以根据钠原子的核磁矩判断分子筛晶体结构变化情况。

从图3－25中不难发现，样品A存在两类Na质点，$\delta=0$ ppm的谱线归属于分子筛表面或缺陷处的Si—O—Na基团，$\delta=-10$ ppm左右的谱线则归属于骨架处的（Si—O—Al）Na基团。当样品A于500 ℃焙烧后得到样品B，在此过程中，NaZSM－5分子筛中的模板剂逐步被脱附掉，而原来位于表面或缺陷处的Na^+逐步向内孔道移动并占据了部分交叉位，形成了（Si—O—Al）Na基团，从而使（Si—O—Al）Na中的Na含量由样品A的28%上升为70%，这一结果表明Na^+在NaZSM－5的本体与焙烧处理后的样品中所受到的电场梯度大不相同。

对分子筛酸性质的表征，除了采用氨法程序升温脱附（NH_3－TPD）和红外光谱法（IR）外，随着固体核磁技术在催化领域的迅速发展，还可以用NMR研究分子筛的酸性。

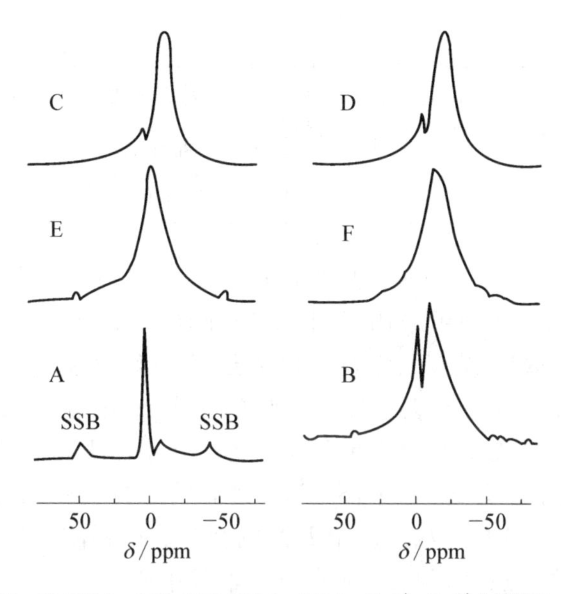

图 3-25 NaZSM-5 及 MNaZSM-5(M=Ga^{3+}、Zn^{2+})的$^{23}Na_{MAS\ NMR}$谱

A. NaZSM-5(未处理) B. NaZSM-5(500 ℃焙烧 4 h) C. GaNaZSM-5(含 1% Ga^{3+}) D. GaNaZSM-5(含 4% Ga^{3+}) E. ZnNaZSM-5(含 1% Zn^{2+}) F. ZnNaZSM-5(含 4% Zn^{2+}) SSB:自旋边带

$^{1}H_{MASNMR}$技术已成为研究分子筛催化剂表面 B 酸位最直接的方法。基于化学位移的不同可区分和定量分析 SAPO 类分子筛上四种不同的质子:① 非酸性的端羟基 SiOH(1.5~2 ppm);② 非骨架铝上的羟基 AlOH(2.6~3.6 ppm);③ 酸性的桥羟基 SiOHAl(13.6~5.6 ppm);④ 铵离子(6.5~7.6 ppm)。Buchholz A 等通过 NMR 研究了 H-SAPO-34 上 B 酸位的热稳定性。发现当 H-SAPO-34 的热处理温度达到 773 K 时,只有约 5%的桥联羟基发生脱羟基反应,此过程 B 酸表现出较好的热稳定性,随着热处理温度升至 1 173 K,约 40%的 SiOHAl 会发生脱羟基,桥联羟基浓度大大降低,NMR 谱图的信号强度降低。773 K 和 1 173 K 的$^{1}H_{MASNMR}$谱图如图 3-26 所示。

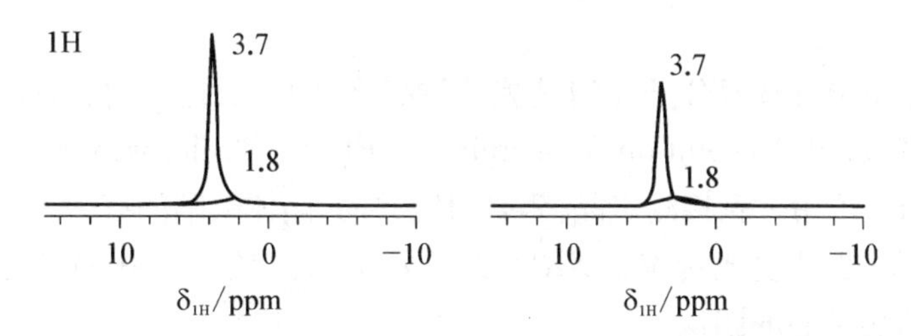

图 3-26 HSAPO-34 经 773 K(左)及 1 173 K(右)热处理后的^{1}HNMR 谱

同时,两种羟基的相对强度也发生变化,桥联羟基(SiOHAl)所占比例减少,见表 3-7。

表 3-7 H-SAPO-34 的$^{1}H_{MAS\ NMR}$化学位移及相对强度

温度	化学位移 δ_m(ppm)	对应羟基	相对强度
773 K	3.7	SiOHAl	0.90
	1.8	SiOH	0.10

续 表

温度	化学位移 δ_m(ppm)	对应羟基	相对强度
1 173 K	3.7	SiOHAl	0.85
	1.8	SiOH	0.15

通过 ^{31}P、^{15}N、^{13}C MAS NMR 谱也可进行 B、L 酸中心的表征，但需要选择合适的探针分子。包信和院士课题组采用吸附三甲基膦(TMP)或氘代吡啶探针分子与高分辨 ^{1}H 和 ^{31}P MAS NMR 及双共振技术相结合，系统地研究了 HZSM－35 分子筛的酸性。探针分子氘代吡啶能够进入分子筛的十元环孔道和八元环孔道，但需在 300 ℃ 下长时间吸附才能扩散到八元环开口的孔穴中。吸附氘代吡啶后的 ^{1}H MAS NMR 谱和吸附三甲基膦后的 ^{31}PMAS NMR 谱表明，这两种孔道中均具有酸强度不同的两种 B 酸位，并且 B 酸的数量多于 L 酸的数量。中科院武汉物理与数学研究所的邓风教授通过固体核磁共振技术对分子筛中酸中心种类、骨架 Al 及非骨架 Al、分子筛超笼及 β 笼中酸性质等进行了详细研究。

利用高分辨固体核磁共振技术可直接或间接证明杂原子 Al、P、Mg、Li、B、Zn 和 Ga 等是否进入分子筛的四面体骨架中。如硼(B)原子处于骨架位时，BO_4^- 四面体在 ^{11}B MAS NMR 中－23.3 ppm 处有一窄峰，而处于非骨架位时为一宽峰，即 3 个氧原子配位状态(见图 3－27)。

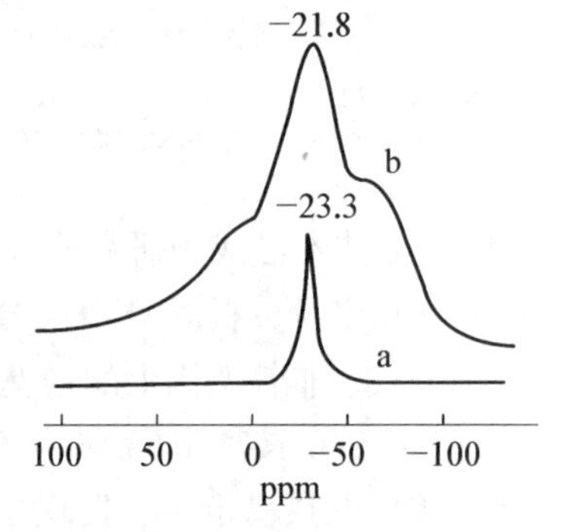

图 3－27　^{11}B MAS NMR 谱

a. 骨架位 B　b. 非骨架位 B

有关核磁共振技术在分子筛结构表征中的研究报道还有很多，例如南京大学的彭路明教授通过 ^{17}O NMR 技术对分子筛中不同的氧位置进行了区分。

四、晶貌

利用电子显微镜可观察分子筛的晶貌，跟踪晶体的生长过程，获得晶粒分布等数据。高分辨透射电镜(High Resolution Transmission Electron Microscope，HRTEM)的分辨率达 0.1～0.2 nm，可用来直接测定晶格，是研究共晶、晶体缺陷的有力工具。如 ZSM－11 与 ZSM－5 共晶，难以生成纯晶。XRD 及高分辨固体核磁共振技术已无能为力，而 HRTEM 却能给出共晶的图像。

裘式纶教授课题组通过 SEM(扫描电子显微镜)电镜观察，证明合成得到了螺旋形结构的 MCM－41 分子筛，如图 3－28 所示。

五、孔径及比表面积的测定(BET 法)

1. 吸附等温线

在恒温下，以吸附量 q(用体积或物质的量表示)对气体压力 p 作图，得到的曲线称为吸附等温线。除个别情况外，大多数吸附等温线符合图 3－29 所示的五种类型。

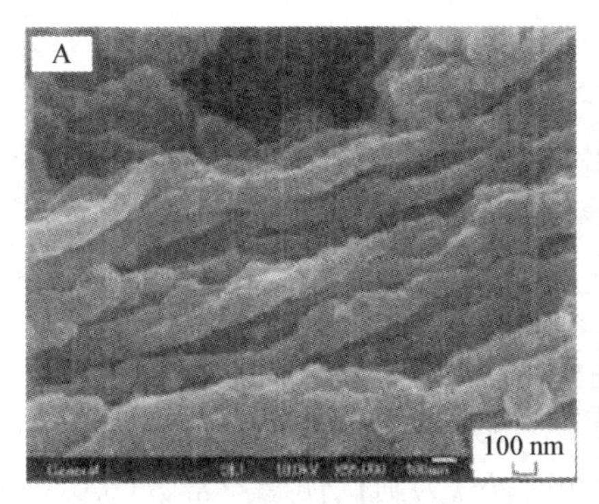

图 3-28　螺旋形(A)和条形(B)MCM-41 的 SEM 照片

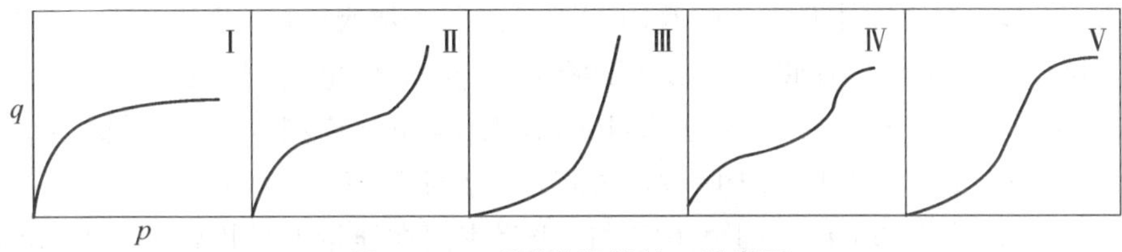

图 3-29　吸附等温线的五种类型

图 3-29 中,第Ⅰ类为单分子层吸附等温线,如-195 ℃下 N_2 在活性炭上的吸附。第Ⅱ类为非孔固体上多层吸附等温线,如-195 ℃下 N_2 在硅胶或铁上的吸附。第Ⅲ类如 79 ℃时溴在硅胶上的吸附。第Ⅳ类为多孔固体上的吸附等温线,如 50 ℃下苯在氧化铁上的吸附。第Ⅴ类如水蒸气在活性炭上的吸附。这五类吸附等温线反映了吸附剂的表面性质、孔分布、吸附剂与吸附质间的相互作用有所不同。因此,从吸附等温线可以了解固体的表面性质。

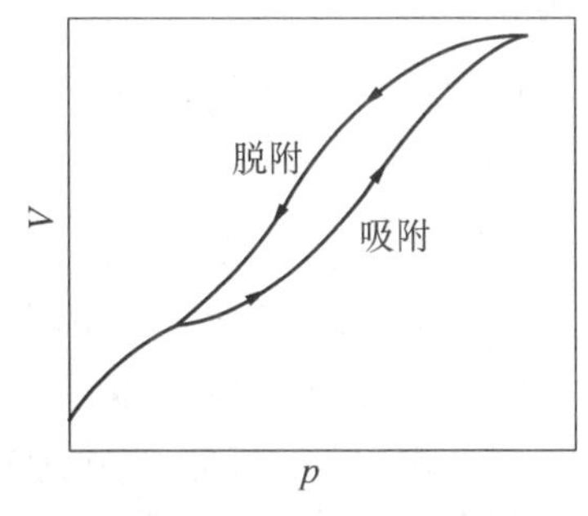

图 3-30　物理吸附滞后现象

在多孔性固体的物理吸附-脱附曲线中,有滞后现象存在,如图 3-30。即吸附等温线与脱附等温线两者不能重合,在两个等温线中间有一段不能重合的滞后圈。

2. 吸附等温式

(1) Langmuir 吸附等温式及其应用

Langmuir 用动力学观点研究了吸附等温线。这个理论的基本观点是:固体表面存在一定数量的活化位置,当气体分子碰到固体表面时,一部分气体被吸附在活化位置上,并放出吸附热;每个活化位置只能吸附一个分子,吸附作用只能发生在固体的空白表面上,吸附是单分子层的;固体表面是均匀的,表面各个位置发生吸附时吸附热都相等;被吸附分子间没有相互作用力;已被吸附在固体表面上的气体分子,当其热运动足够大时,又可重新回到气相,即发生脱附,吸附速率与脱附速率相等时,达到动态平衡。

Langmuir 吸附等温线具有Ⅰ型曲线形状,等温式可表示为:

$$\frac{p}{V}=\frac{1}{V_m C}+\frac{p}{V_m} \tag{3-6}$$

式中：V_m为表面上吸满单分子层气体时的吸附量；V代表压力为p时的实际吸附量；C为吸附系数。以$p/V \sim p$作图，可得一直线，从直线斜率和截距可求出V_m和C。

根据V_m值可求出固体的比表面积。固体吸附剂的表面积常以比表面积表示，即每克固体吸附剂（或催化剂）的总表面积，以S_g表示。V_m与固体比表面积S_g关系如下：

$$S_g = A_m \times N_A \times \frac{V_m}{wV_0} \tag{3-7}$$

式中：A_m代表一个吸附分子的平均截面积，测定比表面积时常用的吸附剂为N_2和Ar，N_2的$A_m = 0.162\ nm^2$，Ar的$A_m = 0.138\ nm^2$；N_A为阿伏伽德罗常数（6.023×10^{23}）；w为固体的质量(g)；V_0代表标准状态下气体的摩尔体积(22.4 L/mol)。

(2) BET吸附等温式及其应用

实验证明，大多数固体对气体的吸附并不是单分子层吸附的，尤其对于物理吸附，常表现为多分子层吸附。因此，Langmuir吸附等温式不能适用。1938年，布朗诺尔(Brunauer)、埃米特(Emmett)和泰勒(Teller)在Langmuir模型的基础上，提出了多分子层吸附模型，并且建立了相应的吸附等温方程，称为BET等温方程式。

BET模型的建立基于以下四个假定：① 吸附表面在能量上是均匀的，即各吸附位具有相同的能量；② 被吸附分子间的作用力可略去不计；③ 固体吸附剂对吸附质气体的吸附可以是多层的，第一层未饱和吸附时就可由第二层、第三层等开始吸附，因此各吸附层之间存在着动态平衡；④ 自第二层开始至第n层($n \to \infty$)，各层的吸附热都等于吸附质的液化热。

BET吸附等温方程式表示为：

$$\frac{p}{V(p_0 - p)} = \frac{1}{V_m C} + \frac{C-1}{V_m C} \cdot \frac{p}{p_0} \tag{3-8}$$

式中：p_0为吸附温度下吸附质的饱和蒸汽压；p为吸附气体的压力；V_m为单分子层饱和吸附量；C为常数，其值为$\exp\{(E_1 - E_2)/RT\}$，E_1、E_2为第一、二吸附层的吸附热。

由式(3-8)可见，当物理吸附的实验数据按$p/[V(p_0 - p)]$对p/p_0作图时应得到一条直线。直线的斜率为$m = (C-1)/V_m C$，直线在纵轴上的截距为$b = 1/V_m C$，所以单层饱和吸附量V_m为：

$$V_m = \frac{1}{\text{斜率} + \text{截距}} \tag{3-9}$$

再根据式(3-7)，即可求得固体的比表面积。

BET等温吸附方程的适用范围：相对压(p/p_0)在0.05～0.35之间。

3. 孔容

对于沸石分子筛晶胞参数的测定可借助X射线衍射法获得，但该方法属于静态法，而实际催化反应中分子处于动态状态，因而用分子探针来估计分子筛的孔径和孔容更有实际意义。

对于吸附剂分子如N_2、Ar等，可应用Dubinin的吸附势理论公式计算固体的微孔体

积,即

$$\lg\alpha=\lg(W_0/V)-0.434(B/\beta^2)T^2(\lg p_s/p)^2 \tag{3-10}$$

式中:α 为温度 T 时的吸附量,mmol/g; W_0为吸附空间的极限体积,即吸附剂的微孔体积,cm^3/g; B 为微孔的特征常数;β 为特征曲线的亲和力系数;V 为吸附质体积,mmol;p_s为吸附质在实验温度 T 时的饱和蒸汽压;p 为气相平衡分压。将式(3-10)中的 $\lg\alpha$ 对 $T^2(\lg p_s/p)^2$ 作图,得一直线,由截距即可求得固体微孔的孔容 W_0。

用 N_2、Ar 或 CO_2作吸附质,用 Dubinin 方程计算固体孔容的方法存在局限性,它适用于纳米级孔径的固体,而大多数沸石分子筛孔径的数量级是 Å 级,吸附质分子的动力学直径和长度也都在 Å 级。另外还存在着吸附质分子与孔壁间的作用、电场对分子的作用、动态平衡等因素。因此,将吸附质看成是吸附温度下的液体是不够妥当的。

六、X-射线光电子能谱(X-ray photoelectron spectroscopy,XPS)

1. XPS 的原理

XPS 的原理是基于光的电离作用。当一束光子辐射到样品表面时,样品中某一元素的原子轨道上的电子吸收了光子的能量,使得该电子脱离原子的束缚,以一定的动能从原子内部发射出来,成为自由电子,而原子本身则变成处于激发态的离子。在光电离过程中,固体物质的结合能可表示为:

$$E_b=h\nu- E_k-\varphi_s \tag{3-11}$$

式中:E_k为射出的光子的动能;$h\nu$ 为 X 射线源的能量;E_b为特定原子轨道上电子的电离能或结合能(电子的结合能是指原子中某个轨道上的电子跃迁到表面 Fermi 能级所需要的能量);φ_s为谱仪的功函数。

由于 φ_s是由谱仪的材料和状态决定,对同一台谱仪来说是一个常数,与样品无关,其平均值为 3～4 eV。因此,式(3-11)可简化为:

$$E_b=h\nu-E'_k \tag{3-12}$$

由于 E'_k可以用能谱仪的能量分析器检出,根据式(3-12)就可以知道 E_b。在 XPS 分析中,由于 X 射线源的能量较高,不仅能激发出原子轨道中的价电子,还可以激发出内层轨道电子,所射出光子的能量仅与入射光子的能量及原子轨道有关。因此,对于特定的单色激发光源及特定的原子轨道,其光电子的能量是特征性的。当固定激发光源能量时,其光子的能量仅与元素的种类和所电离激发的原子轨道有关。对于同一种元素的原子,不同轨道上电子的结合能不同,所以可用光电子的结合能来确定元素种类。图 3-31 表示固体材料表面受 X 射线激发后的光电离过程。

另外,经 X 射线辐射后,在一定范围内,从样品表面射出的光电子强度与样品中该原子的浓度呈线性关系,因此,可通过 XPS 对元素进行半定量分析。但由于光电子的强度不仅与原子浓度有关,还与光电子的平均自由程、样品表面的清洁度、元素所处的化学状态、X 射线源强度及仪器的状态有关。因此,XPS 一般不能得到元素的绝对含量,只能得到元素的相对含量。

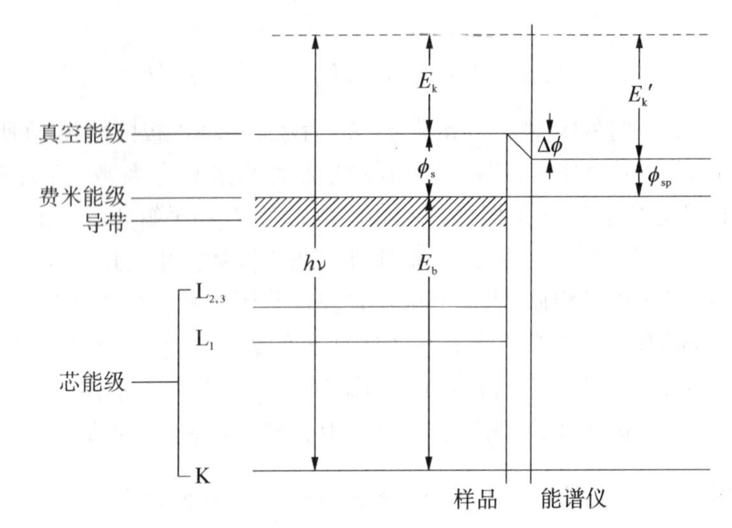

图 3-31　固体材料表面光电过程的能量关系

虽然射出的光电子的结合能主要由元素的种类和激发轨道所决定，但由于原子外层电子所处化学环境不同，电子结合能存在一些微小的差异。这种结合能上的微小差异被称为化学位移，它取决于原子在样品中所处的化学环境。一般来说，原子获得额外电子时，化合价为负，结合能降低；反之，该原子失去电子时，化合价为正，结合能增加。利用化学位移可检测原子的化合价态和存在形式。如图 3-32，分别为(a) 聚乙烯、(b) 聚苯乙烯和(c) 聚对苯二甲酸乙二醇酯的 C1s 谱。(a)中碳元素的 C1s 结合能值为 284.6 eV，是高分子中—CH_2—结构的 C1s 峰值，此谱并无其他伴峰，表明样品由—CH_2—结构组成，正好是聚乙烯的结构。C1s 峰值 284.6 eV，一般用作结合能的标度。用作该标度的 C 并不是来自于—CH_2—，而是固体表面的污染碳。任何物质只要接触空气后，都会被 C 污染，因而用它作为标准来校正其他元素的结合能。不同仪器设定值不同，有的仪器设定在 284.8 eV。(b)中除了有一个与(a)相类似的强碳峰外，还有一个较弱且不太尖的小峰，称为驼峰，其位置距主峰约 7 eV，强度约为主峰的 1/5，此伴峰是由于芳香环中 π 电子跃迁 $\pi\rightarrow\pi^*$ 产生的。(c)中有多重峰结构，在碳强峰的高能侧有两个已化学位移了的小峰，根据此小峰的横坐标读数，即可判断出这两个伴峰分别为 C—O(285.8eV) 和 C=O (288.5eV)。

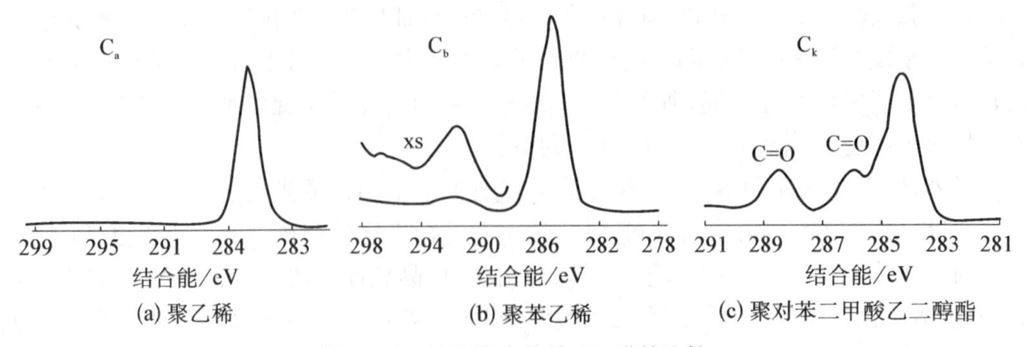

图 3-32　三种聚合物的 C1s 谱的比较

除了化学位移外，固体的热效应与表面荷电效应等物理因素也可能引起电子结合能的改变，从而导致光电子谱峰位移，称之为物理位移。因此，在应用 XPS 进行化学价态分析时，应尽量避免或消除物理位移。

2. XPS 分析的特点及用途

（1）可以分析除 H 和 He 以外的所有元素，可以直接测定来自样品单个能级光电离后发射出光电子的能量分布，直接得到电子能级结构的信息。

（2）从能量范围看，如果把红外光谱提供的信息称之为“分子指纹”，那么电子能谱提供的信息可称作“原子指纹”。它提供有关化学键方面的信息，即直接测量价层电子及内层电子轨道能级。而相邻元素的同种能级的谱线相隔较远，相互干扰少，元素定性的标识性强。

（3）XPS 是一种高灵敏度超微量表面分析技术。分析所需试样约 10^{-8} g 即可，绝对灵敏度高达 10^{-18} g。

（4）XPS 的采样深度与光电子的能量及材料的性质有关。一般定义 X 射线光电子能谱的采样深度为光电子平均自由程的 3 倍。根据平均自由程的数据可以大致估计各种材料的采样深度。对于金属样品为 0.5～2 nm，对于无机化合物为 1～3 nm，而对于有机物则为 3～10 nm。对于薄膜或块状样品（即除粉末状样品外），还可以通过刻蚀方法，获得不同深度的元素的化学状态，即分析 1 cm 厚度内的状态，并不局限于表面分析。

思考题

1. 从哪几个方面区别物理吸附与化学吸附？
2. 分子筛择形催化表现在哪几个方面？
3. 分子筛的结构特点是什么？
4. 请说说分子筛改性的方法及意义。
5. 用 XRD、NMR 表征分子筛结构的原理及所获得的信息。
6. 分子筛表面酸性的来源有哪些？
7. 分子筛的吸附特点是什么？
8. 如何测定分子筛的孔径？

第四章

层状硅酸盐催化剂

第一节　层状硅酸盐的结构及改性

一、层状硅酸盐的结构

层状硅酸盐的结构可分为两大类：双层式和三层式（见图 4-1）。双层式如高岭土，化学通式为 $Al_2Si_2O_5(OH)_4$，由 $Al(OH)_6$ 八面体层与 $Si_2O_3(OH)_2$ 四面体层缩聚连接而成，层间有可交换阳离子。三层式如蒙脱土、滑石粉等，由二个四面体和夹在中间的一个八面体层构成。在八面体层中，阳离子可以是 Al^{3+} 或 Mg^{2+}，四面体层中阳离子可以是 Al^{3+} 或 Si^{4+}，过剩的电荷由层间阳离子平衡。部分层状硅酸盐（粘土）的理想化学式见表 4-1。

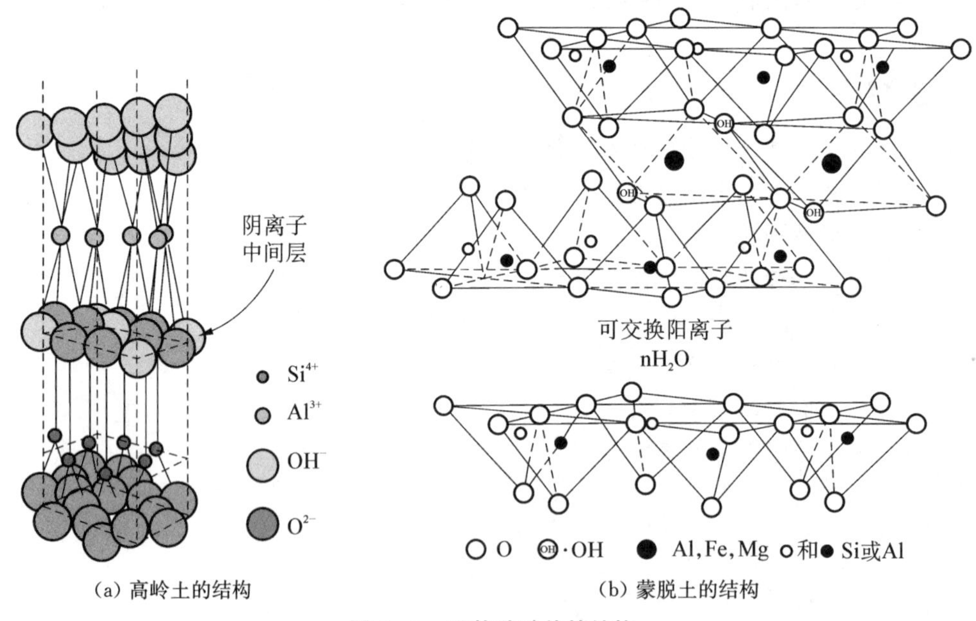

(a) 高岭土的结构　　(b) 蒙脱土的结构

图 4-1　层状硅酸盐的结构

表 4-1　一些粘土的理想化学式

粘土	化学式	粘土	化学式
蒙脱土	$(Al_{(2-x)}Mg_x)\cdot Si_4O_{10}(OH)_2\cdot nH_2O$	绿脱石	$Fe_2(Si_{(4-x)}Al_x)O_{10}(OH)_2\cdot nH_2O$
滑石粉	$Mg_3(Si_{(4-x)}Al_x)O_{10}(OH)_2\cdot nH_2O$	锂蒙脱土	$(Mg_{(3-y)}Li_y)\cdot Si_4O_{10}(OH)_2\cdot nH_2O$
贝得石	$Al_2(Si_{(4-x)}Al_x)O_{10}(OH)_2\cdot nH_2O$	锌蒙脱土	$Zn_3(Si_{(4-x)}Al_x)O_{10}(OH)_2\cdot nH_2O$

二、蒙脱土的改性

在粘土矿物中，以蒙脱土（Montmorillonite）为主要矿物成分的膨润土（Bentonite）粘土矿物，常被首选用作制备多孔粘土催化材料的基体。该类粘土矿物在自然界广泛存在，储量丰富，一直备受重视并具有典型意义。蒙脱土是一种水合的层状铝硅酸盐矿物，典型的结构特点是：每个单位晶胞由两个硅氧四面体中间夹着一个铝氧八面体构成，四面体与八面体之间靠共用氧原子连接，形成高度有序的准二维晶片。晶胞平行叠置，属于 2∶1 型三层夹心结构，具有很高的刚性，层间不易滑移。每个结构单元的尺度约为厚 1 nm、长×宽为 100 nm×100 nm 的片层，晶胞表面积高达 700～800 m^2/g。

在蒙脱土的层结构中，四面体以硅氧四面体为主，Si^{4+} 可被 Al^{3+} 等离子置换，八面体由六个氧原子或氢氧根组成，中心主要是 Al^{3+}，Al^{3+} 可被 Fe^{3+}、Fe^{2+}、Mg^{2+} 等取代，使蒙脱土表面具有反应活性的 L 酸位和 B 酸位。因有可溶物溶出而形成特有的微孔结构，有良好的化学活性和物理吸附性能。当八面体、四面体中的阳离子置换为低价时，使原结构增加等当量负电荷，通过层间吸附阳离子补偿。蒙脱土晶层之间结合力较弱，根据阳离子种类及相对湿度，层间能吸附一层或两层水分子。另外，在蒙脱土晶粒表面也吸附了一定的水分子，结构水以羟基形式存在于晶格中。蒙脱土矿物晶粒细小，具有较大的比表面积，同时由于层间作用力较弱，在溶剂的作用下层间可以剥离、膨胀，分离成更薄的单晶片，使蒙脱土具有更大的比表面积。蒙脱土的带电性和巨大的比表面积使其具有很强的吸附性能。利用蒙脱土的可膨胀性和层间阳离子的可交换性，在蒙脱土层间引入各种阳离子或阳离子基团，可制备不同类型的蒙脱土催化剂。

蒙脱土特殊的晶体结构赋予其独特的性质，如较大的表面活性、较高的阳离子交换能力、异常含水特征的层间表面等。但是，为了提高蒙脱土的使用效果，在实际使用前通常要对蒙脱土进行改性处理。改性方法常见的有：

1. 钠化改性

天然蒙脱土按其层间可交换阳离子的种类分为氢基、钙基、钠基、锂基等，以钙基蒙脱土为主。钠基蒙脱土比钙基蒙脱土有更好的膨胀性、阳离子交换性、水介质中的分散性、黏性、润滑性、热稳定性等。一般使用的是易于进行阳离子交换的钠土，因此，需对钙基蒙脱土进行钠化改性，减缓对天然钠土的需求压力。钙基蒙脱土的钠化通过溶液中离子的浓度差来实现，常采用挤压法。即在加入改性剂的同时施加一定的压力（主要为剪切应力），使蒙脱土晶层之间及粒子之间产生相对运动而分离，增加了与 Na^+ 的接触面积，利于钠化的进行。蒙脱土钠化改性常用的改性剂有碳酸钠、氟化钠、醋酸钠、草酸钠、焦磷酸钠、氢氧化钠、多聚磷酸钠等。由于碳酸钠价格便宜、无毒，目前被普遍使用。但使用 Na_2CO_3 改性所得蒙脱土的质量并不理想，尤其有机蒙脱土等行业需要高膨胀性、高质量的钠基蒙脱土，所以需要开发新的钠化改性剂。陈淑祥等研究了用 NaF 代替 Na_2CO_3 作钠化改性剂，钠化后蒙脱土的膨胀容积可达 98 mL/g。李永伦等比较了用碳酸钠、焦磷酸钠及多聚磷酸钠作为改性剂对钙基蒙脱土钠化改性的影响，其中多聚磷酸钠不仅能提供改性用的 Na^+，其阴离子还可以改变蒙脱土晶片端面电性，使黏度下降，有利于蒙脱土的分散。同时，多聚磷酸根离子还可将交换出来的多价金属阳离子螯合起来，保证离子交换反应不断地向改性钠化的正反应方向持续进行，因此多聚磷酸钠的改性效果更好一些。

2. 酸改性

酸性蒙脱土的活性、比表面积及吸附性能都优于钠基蒙脱土。使用的酸主要为硫酸、盐酸、磷酸或其混合酸。当用酸处理蒙脱土时，蒙脱土层间的 K^+、Na^+、Ca^{2+}、Mg^{2+} 等阳离子转变为酸的可溶性盐类而溶出，从而削弱了原来层间的结合力，使层间晶格裂开，层间距扩大。改性后蒙脱土的比表面积和吸附能力都显著提高。H^+ 除了能置换出层间的阳离子外，还会与铝氧八面体作用，将部分 Al^{3+}、Mg^{2+}、Fe^{2+} 等离子溶出，使蒙脱土带负电。由于电荷的相互排斥使颗粒变细，比表面增加。另外，部分铝氧八面体片层的 Al—OH可能脱羟基，原六配位铝变为四配位铝，从而产生大量的断键。以上这些作用的结果都会使蒙脱土的反应活性增强。

3. 柱撑

(1) 层柱剂种类

柱撑是将有机或无机大分子阳离子插入蒙脱土层间，经过一定的处理，使阳离子像“柱子”一样支撑于蒙脱土层间，如图 4-2 所示。最常见的层柱剂是聚合羟基铝离子，分子式为$[Al_{13}O_4(OH)_{24}(H_2O)_{12}]^{7+}$，它是 Al^{3+} 在适当的碱件条件下水解生成的大分子阳离子。这些交换后的粘土复合物经过热处理，使低聚羟基阳离子脱羟基和脱水，形成稳定的氧化物柱子，把粘土片层柱撑开，孔道高度可以达到 1 nm 以上。除了聚合羟基铝离子外，目前已有多种形式的聚合铝离子及其他阳离子被用于制备相应的柱撑蒙脱土中。如金属螯合物、多核羟基金属阳离子、金属原子簇衍生物等。

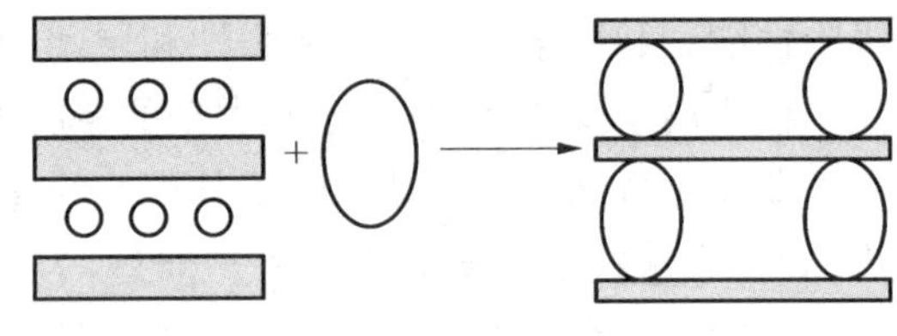

图 4-2　柱撑示意图

复合型层柱研究较多的是 Si-Al 复合型层柱体系。以 $Si(OH)_3$基团部分替代 Al_{13}(即聚合羟基铝离子)中的氢氧根基团，即生成羟基硅铝聚阳离子：

$$\{[Al_{13}O_4(OH)_{23}(H_2O)_{12}]—OH\}^{7+}+Si(OH)_4 \longrightarrow \{[Al_{13}O_4(OH)_{23}(H_2O)_{12}]—O—Si(OH)_3\}^{7+}+H_2O$$

或者

$$\{[Al_{13}O_4(OH)_{24}(H_2O)_{11}]—(H_2O)\}^{7+}+Si(OH)_4 \longrightarrow \{[Al_{13}O_4(OH)_{24}(H_2O)_{11}]—O—Si(OH)_3\}^{6+}+(H_3O)^+$$

(2) 层柱结构粘土的稳定性

层柱剂的热稳定性是粘土层柱结构材料研究中的关键问题之一。为提高其稳定性，首选的层柱剂是热稳定性好的氧化铝，但是其水热稳定性有限。研究发现 $GaAl_{12}$ 比 Al_{13} 及 Ga_{13} 具有更高的热稳定性。$GaAl_{12}$ 柱体结构有可能通过 Al_{13} 阳离子四面体中的 $A1^{3+}$ 被 Ga^{3+} 取代而制得。离子半径稍大的 Ga^{3+} 取代 Al_{13} 阳离子四面体中的 Al^{3+}，使得 $GaAl_{12}$ 结构比相应的 Al_{13} 低聚体更具有对称性，因而具有更高的热稳定性。也有研究人员尝试用 Al 和 Ce 的混合前驱体处理蒙脱土以提高其热稳定性。

层柱粘土稳定性的提高不仅可使用不同的层柱剂(如 Al/Ga、Al/Ce)来改善，也可通过改变粘土的种类来实现。例如，在各种粘土矿物中，层柱累托土(reetorite)(累托土是一种通过规则排列高电荷密度非膨胀性的云母似的片层与较低电荷密度的蒙脱土似的片层而形成的交互层状的硅酸盐矿物)最具稳定性。如果采用$[Al_{13}O_4(OH)_{24}(H_2O)_{12}]^{7+}$柱撑，累托土的热稳定性和水热稳定性远优于用相似方法制备的柱撑蒙脱土材料。

第二节　层状硅酸盐的催化性质及应用

一、催化性质

没有经过处理的蒙脱土是弱酸。酸性来源：由于处在可交换阳离子水合层中的水分子，受到强极化电场的作用，解离度要比普通液态水大几个数量级。

$$Al(H_2O)_n^{3+} \longrightarrow Al(OH)^{2+} + H^+ + Al(H_2O)_{n-1}^{3+}$$

常需要对天然蒙脱土改性后才能作为固体酸催化剂。由于蒙脱土固体酸的制备是以蒙脱土层间为反应场所，通过物理或化学方法调控层间域而实现的，其间层间域发生两大变化：一是层间随着插入物或取代离子的大小而改变，特别是柱撑蒙脱土，作为催化剂，对大分子有机物具有较高的选择性；二是由于插入或交换进入层间的阳离子所带的电荷不同，破坏了层间电荷平衡，促使电荷重新分布。

固体酸的催化活性源于表面酸性，这种酸性直接影响着催化反应的选择性和活性。在有机反应中，不同的反应对催化剂的表面酸性有不同的需求。例如，烷烃骨架异构化需要强酸中心($H_0 < -13$)，醇脱水只需要弱酸中心。这就要求固体酸催化剂的表面酸性必须能够根据不同的反应需要加以调节。而蒙脱土固体酸由于其层结构的特点及制备方式的独特，能够通过选择不同的取代阳离子在不同的条件下交换层间离子，达到调节蒙脱土表面酸性的目的，从而克服了其他固体酸表面酸性难以调控的不足，更适应于不同有机反应的需求。例如，用酸处理蒙脱土，酸强度可达$H_0 = -8.2$。通过调节酸的浓度、处理时间等，可改变酸强度，达到提高选择性的目的。

虽然沸石分子筛在处理加工分子动力学直径在 1 nm 以下的化工过程中取得了巨大成功，目前已成为工业中广泛使用的催化剂。但是，当遇到分子直径大于孔道直径的反应物时，它们的应用就受到明显限制。研究和开发中、大孔材料已成为当前催化和材料等领域的迫切需要。经改性后具有大孔结构的粘土可以弥补微孔分子筛在渣油加工方面的不足。

典型的催化反应如下：

1. 消去反应

在Al^{3+}交换的蒙脱土上，伯醇于 473 K 时脱水形成醚，仅有少量烯烃。仲醇和叔醇脱水生成烯烃，几乎不生成醚。

2. 裂解反应

1930 年，蒙脱土已成为裂解催化剂的始祖。但由于热稳定性差(500～550 ℃)，后被合成的硅铝酸盐催化剂所取代，近来被分子筛取代。

但是，由于蒙脱土的孔径可达 19 Å，对于多环大分子烃类及重油馏分的裂解，例如，十二氢苯稠[9,10]菲的裂解，经 Ce^{3+} 交换的铝交联蒙脱土的催化活性是 CeY 分子筛的数百倍。不过，随着近几年介孔分子筛的发展，热稳定性好的分子筛催化剂将成为裂解催化剂的主流。

3. 缩合反应

用酸处理或阳离子交换的蒙脱土作催化剂，很容易制备缩醛类化合物，如：

OC_2H_5 + HO OH ⟶ O O

4. 加成反应

在 Cu^{2+} 交换的蒙脱土催化作用下，水与烯烃加成形成醚。醇也能与烯烃发生加成反应形成醚。

5. 负载型蒙脱土催化剂

以蒙脱土或活性白土作为载体，将活性组分高度分散地负载于载体上。由于载体具有良好的孔径结构和其他特性，能使活性组分在催化反应中发挥出较好的催化活性。不过，由于活性组分主要通过静电力的作用吸附在蒙脱土层间，在反应过程中容易脱去，导致结构的不稳定，影响催化剂的寿命。但是由于这种催化剂制作工艺简单，催化活性好，所以这方面的研究还在不断进行。如何选择更好的活性组分、如何使加入的活性组分更牢固地吸附在粘土层间是目前负载型蒙脱土催化剂的主要研究方向。

二、高分子/层状硅酸盐复合材料

层状硅酸盐价格便宜，成为制备高分子/层状硅酸盐纳米复合材料的研究热点。由于天然蒙脱土具有亲水疏油性，与聚合物的相容性较差，为使其与各类聚合物有良好的相容性、反应性和插层性，首先必须对层状硅酸盐进行有机改性。有机改性主要通过阳离子交换来实现。例如，采用有机阳离子(也称为插层剂，如十六烷基三甲基溴化铵 CTAB)取代层间的 Na^+、K^+、Ca^{2+} 等，使层状硅酸盐的表面变为亲油疏水，降低其表面能，同时扩大层间距，增强与聚合物的相容性，使聚合物的单体能更好地进入硅酸盐片层间，在层间发生聚合反应。同时，层间的有机阳离子在制备复合材料过程中还可与聚合物基体产生较强的分子链接能力，有利于聚合物大分子进入层间。高分子/层状硅酸盐复合材料的制备方法可概括如下：

1. 插层聚合法

插层聚合法是指聚合物单体插层进入经有机改性处理后的层状硅酸盐中，再进行原位聚合。所谓原位聚合是指将层状硅酸盐在液态单体(或单体溶液)中溶胀，并将其生成的聚合物插入到片层间。在单体溶胀前，利用合适的引发剂或者通过阳离子交换引入催化剂，采用热或辐射来引发聚合反应。原位聚合时放出大量的热，可克服硅酸盐片层间的库仑力而使其剥离，从而使硅酸盐片层与聚合物基体以纳米尺度相复合。插层聚合法的局限性在于除了一些乙烯基单体如甲基丙烯酸甲酯、丙烯腈、苯乙烯外，其他的聚合物一般不能用这种方法制得。

2. 聚合物溶液直接插入法

聚合物溶液直接插入法大致分三个步骤：溶剂分子插层进入经过有机改性的硅酸盐片层间→聚合物大分子将溶剂分子置换出来→挥发除去溶剂。该方法要求有合适的溶剂能同时溶解聚合物及分散层状硅酸盐。聚合物溶液插层的制备条件比较温和，缺点是对于如聚丙烯和聚乙烯等不易制备成溶液的聚合物有一定的限制性。

3. 聚合物熔融插层法

聚合物熔融插层是指聚合物在高于软化温度下加热，在静止条件下或剪切力作用下直接插层进入经过有机改性的硅酸盐片层间，使层状硅酸盐剥离，与聚合物以纳米尺度相复合。与插层聚合法和聚合物溶液插层法相比较，此方法不需要使用大量溶剂，因此对环境的污染很小。同时，由于其设备均为普通的塑料加工设备，如挤出机和混炼机等。与其他方法相比，更加有效、可行，具有更大的工业化前景。

目前，高分子/层状硅酸盐纳米复合材料还处于发展阶段，据预测，纳米复合材料将会迅速发展，成为近年来对塑料工业影响较大的技术。

思考题

1. 比较交联粘土与分子筛在结构、性质及催化性能上的异同点。
2. 请阐述制备高分子/层状交联粘土复合材料的意义、方法及用途。

第五章

多酸催化剂

第一节　多酸的组成、制备及结构

多酸包括同多酸与杂多酸，同多酸是指含相同酸根的多金属氧酸盐，如 $H_2Cr_2O_7$。杂多酸（Heteropoly Acid，HPA）是由不同的含氧酸缩合而制得的缩合含氧酸的总称。现在一般不对它们进行详细区分，而且大部分情况下所讨论的多酸都是杂多酸。杂多酸的酸根由杂原子（如 P、Si、Fe、Co 等）与多原子（如 Mo、W、V、Nb、Ta 等）按一定的结构通过氧原子配位桥联组成。多酸具有很高的催化活性，它不但可作为酸催化剂，而且还可作为氧化还原催化剂。通过改变分子组成，可调节酸强度和氧化还原性能，是一种新型的多功能催化剂。多酸既可用作均相催化剂，又可用作多相催化剂，甚至可作为相转移催化剂。在很多反应中具有很高的活性，如催化丙烯液相水合制备异丙醇，甲基丙烯醛氧化制备甲基丙烯酸等。多酸的稳定性好，对环境无污染，又由于其独特的“假液相”行为，使得多酸在催化领域备受关注，是一类大有前途的绿色催化剂。

一、多酸的组成

多酸的酸根是由中心原子（以 X 表示，如 P，也称为杂原子）与氧组成的四面体（XO_4）或八面体（XO_6）与多个共面、共棱或共点的由配位原子 M（如 Mo，也称为多原子）与氧组成的八面体（MO_6）配位而成。能作为配位原子的元素有：Mo、W、V、Cr、Nb、Ta 等，能作为杂原子的元素列于表 5－1 中。

表 5－1　能作为 HPA 杂原子的元素

族　别	元　　素
Ⅰ	Cu^{2+}
Ⅱ	Be^{2+}，Zn^{2+}，Mg^{2+}
Ⅲ	B^{3+}，Al^{3+}，Ga^{3+}，Ce^{3+}
Ⅳ	Si^{4+}，Ge^{4+}，Sn^{4+}，Ti^{4+}，Zr^{4+}
Ⅴ	P^{5+}，As^{5+}，V^{5+}，Bi^{5+}
Ⅵ	Cr^{3+}，S^{4+}，Se^{4+}，Te^{4+}
Ⅶ	Mn^{2+}，Mn^{4+}
Ⅷ	Fe^{3+}，Co^{2+}，Co^{3+}，Ni^{2+}，Ni^{4+}

二、多酸的制备

形成多酸的反应方程式为：

$$PO_4^{3-} + 12\ MoO_4^{2-} + 27\ H^+ \longrightarrow H_3PMo_{12}O_{40} + 12\ H_2O$$

多酸盐一般可通过将可溶性钼酸盐或钨酸盐与价态相当的中心原子的可溶性盐在适当 pH 的热溶液中混合加热一定时间制得，也可将适当价态中心原子的氧化物与钼或钨的盐加热共熔制得。多酸可通过适当的简单酸或酸酐混合、或从多酸盐通过阳离子交换、或用王水氧化多酸的铵盐制得。还可通过电渗析法制备 HPA，例如，起始原料为 Na_2MoO_4 和 H_3PO_4，两极通入直流电，Na_2MoO_4 和 H_3PO_4 在阳极室内相互作用生成磷钼多酸，通过结晶法分离。用该方法制备 HPA 的收率近 100%，而且不会生成废弃物。采用类似的方法还可制备 SiW 及 $PW_{11}Ti$、$PW_{11}Zr$、$PW_{11}Bi$、$PW_{11}Ce$、$P_2W_{21}O_{71}$ 等混合多酸（盐）。

制备条件非常重要，当组成一定时，改变浓度或酸度可以生成多种不同结构的多酸，见表 5-2。

表 5-2　pH 对多酸阴离子结构的影响

pH	阴离子结构	pH	阴离子结构
7	$[As_2Mo_6O_{26}]^{6-}$	2～3.5	$[AsMo_{11}O_{39}]^{7-}$
6	$[As_2Mo_5O_{23}]^{6-}$	0.5～2	$[As_2Mo_{18}O_{60}]^{6-}$
3～4	$[As_2Mo_{17}O_{62}]^{12-}$		

三、多酸的结构

多酸是由杂多阴离子[由杂原子（如 P、Si、Fe、C 等）、配位原子（如 Mo、W、V、Nb、Ta 等）及氧原子组成]、反荷阳离子（质子、金属阳离子、有机金属阳离子）及结晶水按一定的结构桥联组成的一种具有特殊结构的含氧配位化合物即多核配合物。

根据杂原子与配位原子之比，多酸（盐）阴离子的结构（所谓的一级结构）可分为五类：keggin 结构（1∶12A 型）、Anderson 结构（1∶6 型）、Silverton 结构（1∶12B 型）、Waugh 结构（1∶9 型）和 Dawson 结构（2∶18 型）。其中 Keggin 结构是最有代表性的结构。1933 年 keggin 首先确定了缩合比为 1∶12 的杂多阴离子的结构。它是由 12 个 MO_6 八面体围绕一个 XO_4 四面体构成，如图 5-1。多酸阴离子的一级结构较稳定，属于软碱，对反应物分子具有特殊的配合能力，是影响杂多化合物催化活性和选择性高低的重要原因。

由多个杂多阴离子、阳离子、水或有机分子等三维排布的结构称为二级结构（或次级结构），即固态多酸的结构（图 5-2）。二级结构中反荷阳离子的电荷、半径、电负性等不同，对 HPA 的酸性、氧化性、表面积、孔径等有很大影响。

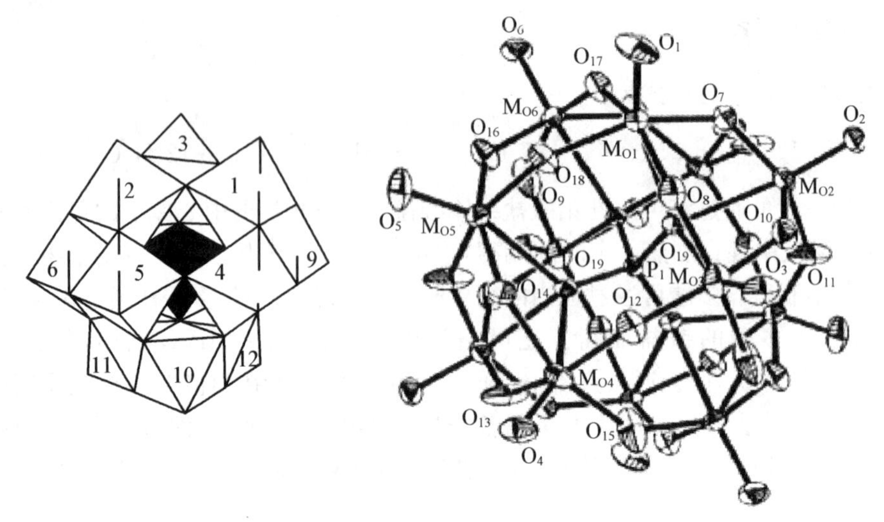

图 5－1　Keggin 结构杂多阴离子的空间结构及$[PMo_{12}O_{40}]^{3-}$的结构单元图

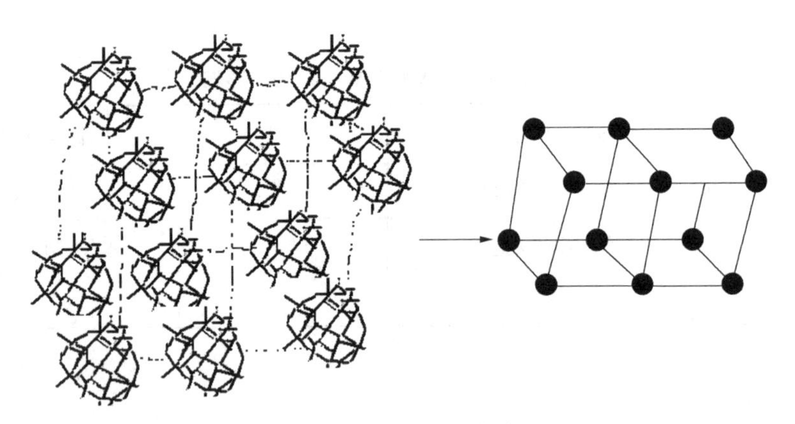

图 5－2　多酸的三维结构堆积图

第二节　多酸的性质及应用

一、多酸的性质

1. 物理性质

多酸常常含有大量结晶水，大部分结晶水可在 373 K 除去。不同多酸的热稳定性不同，多数多酸在 620～870 K 发生分解反应。例如，磷钼多酸的分解反应为：

$$H_3PMo_{12}O_{40} \longrightarrow 1/2P_2O_5 + 12MoO_3 + 3/2H_2O$$

金属离子的极化能力主要由离子电荷与离子半径的比值大小来衡量。比值越大，相应金属离子的极化能力就越强，金属离子的极化能力越强，其与多酸根形成的多酸盐就越不稳定。这是因为多酸根为软碱,极化能力强的金属离子可看作硬酸。

多酸盐水溶液根据反荷阳离子的直径大小分为 A 组盐和 B 组盐。A 组盐为水溶性盐,构成该组盐的反荷阳离子的体积较小,在水中溶解度较大,如 Na^+、Li^+、Co^{2+}、Fe^{3+}、Al^{3+}、Cu^{2+}等。A 组盐呈固态时的结晶水含量高,比表面积小,在某些方面类似于酸。B 组盐的金属离子体积较大,在水中的溶解度较小,如 Ag^+、Cs^+等,固体时结晶水含量低,比表面积较大。

2. 准液相性质

由于多酸及其 A 组盐类的二级结构具有较大的柔性,极性分子如醇、胺等,容易通过取代其中的水分子或扩大阴离子之间的距离而进入体相中。极性分子在多酸中的吸附过程并非是在微孔中的扩散过程,而是伴随着杂多阴离子之间距离的收缩与扩张及二级结构的迅速重排。这种过程类似于液相,其状态介于固体和液体之间,称为"准液相"或"假液相"效应。因而多酸对极性分子(如水、醇、氨、吡啶等)的吸附量很大。HPA 及其盐的这种特性非常重要,使它比一些硅铝酸盐催化剂具有更好的催化活性和应用价值。

由于多酸的"准液相"特点,固态多酸的催化反应可分为表面型和体相型催化两类。

(1) 表面型催化反应

对于烷烃等非极性分子的反应,如丁烯异构化,由于没有"假液相"效应,反应只能在 HPA 的表面上进行,因而反应速度与催化剂表面积及表面上的总酸量有关。

(2) 体相型催化反应

在体相中,多酸的大阴离子之间具有一定的空隙度,除了水分子,许多含氧有机化合物、氨及吡啶等极性高的分子也可以自由地进出,这就极大地增加了反应物在多酸(盐)结构体相内的接触面积。因此,虽然多酸(盐)的比表面有限,有的仅为 8～9 m^2/g,但是其催化剂反应时的实际反应表面却很可观(可达 450～1 200 m^2/g),可与分子筛的比表面积相当。另外,在多酸(盐)表层上反应产生的活性变化,可以很快地扩展到体相结构内部各部分,这就使 HPA 在多相催化反应中有效地降低了反应的活化能,增强了反应能力。在这种场合下,固体 HPA 如同催化剂液体一样,具有均相催化反应的特点。如,异丙醇脱水、异丁酸氧化脱氢制异丁烯酸、甲酸分解以及甲醇转化等多相催化反应均属于这种"假液相"效应过程。这种催化反应可归属于体相型反应范畴,体相型反应的反应速度与吸附性质及催化剂的总酸量有关。

一般,大离子多酸盐通常表现为表面型催化作用,小离子多酸盐及多酸易发生体相型催化反应。图 5-3 为多酸上两种反应类型的示意图。

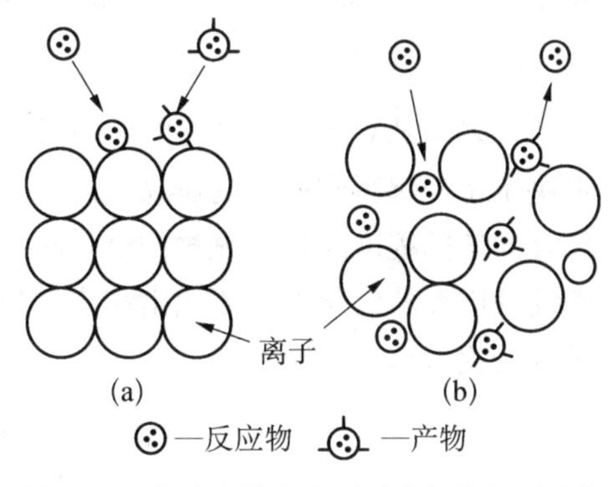

图 5-3　多酸上的表面型反应与体相型反应

3. 酸性及其催化作用

多酸的所有质子均具有酸性,酸强度比组成它的相应简单酸的强度大,在水中能完全电离,这是由于多酸酸根阴离子体积大、对称性高所致。通常多酸阴离子单位面积上的电荷密度越小(可理解为失去质子后的阴离子越稳定),酸性

越强。多酸的酸强度还与其结构和组成元素(配位原子与中心原子)有关。如,Keggin 型多酸的酸强度有如下顺序:

$$磷钨酸 > 硅钨酸 > 磷钼酸 > 硅钼酸$$

多酸盐的酸性比相应多酸的酸性弱,但有些多酸盐仍具有强酸性。这可能是由于杂多阴离子中外层氧原子上的负电荷较为分散及 M－Od(端位氧原子)键的极化作用而使氧原子对 H^+ 束缚能力较小所致。由于反荷阳离子对多酸盐的酸性影响很大,因此可通过调节反荷阳离子控制酸量。

多酸盐产生酸性主要有五种原因:

(1) 酸性多酸盐中的质子。

(2) 制备多酸盐时发生的部分水解反应:

$$PW_{12}O_{40}^{8-} + H_2O \longrightarrow PW_{11}O_{37}^{7-} + WO_4^{2-} + 6H^+$$

(3) 配位水的酸式解离:

$$Ni(H_2O)_m^{2+} \longrightarrow Ni(H_2O)_{m-1}(OH)^+ + H^+$$

(4) 金属离子的 Lewis 酸性。

(5) 金属离子还原所产生的质子:

$$Ag^+ + 1/2H_2 \longrightarrow Ag + H^+$$

多酸盐的酸强度因化合物不同而不同,如 $Cs_3PW_{12}O_{40}$ 的酸量接近于零。相同杂多阴离子、不同阳离子的酸强度和酸量按下列顺序递减:

$$H > Zr > Al > Zn > Mg > Ca > Na$$

多酸典型的酸催化反应有:醇脱水、酯化、烷基化、异构化。酯化反应常用的催化剂是硫酸,但硫酸存在用量大、腐蚀设备、废酸排放污染环境等问题。近年来,国内外广泛采用 Keggin 结构钨多酸代替硫酸做酯化反应的催化剂,主要基于该类多酸能溶解于含氧有机溶剂及在有机溶剂中亦能表现出极强的酸性这一特点。例如,采用钨多酸催化乙酸与异戊醇反应制备乙酸异戊酯,异戊醇的转化率达 100%,生成乙酸异戊酯的选择性达 99%。用 $H_3P_{12}WO_{40}$ 催化合成乙酸乙酯,乙醇转化率高达 96%,酯化选择性达 100%。

4. 氧化还原性及其催化作用

许多 HPA 是很强的氧化剂,而且是多电子氧化剂。多酸及其盐的氧化能力不直接取决于钼或钨得到电子的难易程度,而是由 M—O—M 或 M═O(M═Mo、W)键中氧被结合的牢固程度决定。氧被结合得越牢固,其氧化能力越小,反之越大。与它们的酸性质相反,HPA 的氧化电位要比由相应配位原子组成的阴离子低些。不同配位原子组成的多酸的氧化电位大小顺序为:

$$HPA-V > HPA-Mo > HPA-W$$

中心原子对 HPA 氧化性的影响主要是通过改变 HPA 阴离子的电荷实现,一般随着阴离子负电荷的升高，氧化电位下降。

含钒混合杂多化合物($PM_{12-n}V_nO_{40}$，M=Mo，V)作为一系列新型高效的氧化型催化剂在乙烯氧化合成乙醛、甲基丙烯醛氧化制甲基丙烯酸，以及芳香族化合物氧化二聚反应等反应中都是有效的催化剂。

多酸可以是单组分作为催化剂，其催化过程通常与分子氧及过氧化物的活化有关。如，$K_5CoW_{12}O_{40}$催化甲苯氧化及$K_3PMo_{12}O_{40}$催化甲基丙烯醛的氧化。

$$2\,C_6H_5\text{—}CH_3 + H_2O_2 \longrightarrow C_6H_5\text{—}CH_2\text{—}C_6H_4\text{—}CH_3 + 2H_2O$$

多酸也可与其他组分构成双组分或多组分催化剂使用，如与$PdCl_2$构成的双组分催化剂能催化烯烃或醇氧化制备酮。

$$RCH{=}CH_2 + \frac{1}{2}O_2 \longrightarrow RC(=O)CH_2$$

$$R_1R_2CHOH + \frac{1}{2}O_2 \longrightarrow R_1R_2C{=}O + H_2O$$

多酸还具有阻聚作用、光电催化等性能。

二、负载型多酸

由于可溶性多酸催化剂存在回收困难、一定的污染和腐蚀设备问题，且多酸的比表面积较小($<10\ m^2/g$)，不利于充分发挥催化活性，使其在催化方面的应用受到限制。将多酸有效负载在合适的载体上，可大大提高其表面积，从而提高其催化活性和选择性，而且产物易分离，简化了生产工艺。

负载型多酸的制备方法主要有浸渍法、吸附法、溶胶-凝胶法和水热分散法等。

1. 浸渍法

一定量的多酸溶于去离子水中，加入一定量的载体于一定温下搅拌一定时间，再静止，使多酸浸入载体中，然后在水浴上将多余的水蒸去，样品于一定温度下烘干。用浸渍法制备时改变多酸溶液的浓度及浸渍时间可调节浸渍量。

2. 吸附法

将载体放入烧瓶中，加入多酸水溶液，加热回流，持续搅拌反应后放置一段时间，滤去液体，可通过测定母液中多酸的浓度测出吸附的多酸量，制得的固体样品烘干后备用。

3. 溶胶-凝胶法

按一定物质的量之比加入正硅酸乙酯、乙醇、水和盐酸于烧杯中，搅拌至形成硅溶胶液后，将多酸水溶液加入上述硅溶胶液中，搅拌至凝胶形成，老化，放入烘箱干燥后即得硅胶负载的多酸。

4. 水热分散法

将载体和已知浓度的多酸溶液按质量比调制成稠浆，转入热压釜于一定温度处理一定时间，所得润湿固体物质还可进一步在微波场下处理后，除去残留水分，研磨均匀后干燥，焙烧。

多酸与载体之间的相互作用直接影响多酸负载的牢固程度与催化活性的高低。吴越等研究了浸渍法制备负载型多酸催化剂的一般机理。多酸的负载与载体的表面酸碱性质密切相关，多酸和载体表面的相互作用本质上属于酸-碱反应。当载体表面呈碱性时的作用机理为：

$$MOH(s) + H^{+}(aq) \longrightarrow MOH_2^{+}(s)$$

$$MOH_2^{+}(s) + [HPA]^{n-}(aq) \longrightarrow M(HPA)^{(n-1)-}(s) + H_2O(l)$$

式中：M 为金属离子；MOH(s)为与金属离子连接的表面羟基。这时多酸阴离子被强烈固定在载体上，丧失了催化能力。

当表面羟基具有酸性时，按另一机理作用，即

$$MOH_2^{+}(s) + [HPA]^{n-}(aq) \longrightarrow MOH_2^{+}(HPA)^{n-}(s)$$

羟基质子化后即与多酸阴离子配位形成表面配合物。因此，随着载体表面羟基酸碱强度以及多酸酸强度不同，将形成酸强度和负载牢度不同的活性中间体，从而影响载体催化剂在反应中的活性和溶脱量。

作为多酸的载体，大都采用氧化物(也有用炭)，这是由于氧化物一般具有良好的热稳定性和化学稳定性。但是多酸在酸溶液中稳定，如上所述，多酸被固定在碱性载体上时催化能力降低，另外，与碱共沸时多酸易分解，因此，MgO 等碱性载体一般不宜作为多酸的载体。常用的中性与酸性载体包括活性炭、SiO_2、TiO_2、离子交换树脂和大孔的 MCM－41 分子筛等，其中 SiO_2和活性炭最常用。如果在非极性溶剂中进行反应时，负载于 SiO_2上的多酸具有最高的催化活性。而在极性溶剂中的反应，活性炭在负载多酸的牢固性方面是最为有效的载体。

20 世纪 80 年代后，人们又开始研究分子筛负载多酸及原位合成分子筛多酸复合物。采用具有较大孔径的分子筛作载体时，体积较大的多酸可以较容易地进入分子筛的孔腔内。用于负载多酸的分子筛载体主要有 MCM 系列、SBA－15、Y 型分子筛等。而采用的负载方法主要有水热分散法、溶胶-凝胶法、浸渍法和原位合成法等。前三种方法已做介绍，这里重点介绍一下原位合成法。

5. 原位合成法

主要是针对一些分子筛类的多孔载体，利用其孔穴或孔腔作为微型反应器，形成嵌入型或担载型催化剂。例如，将深度脱铝的 Y 型分子筛加入到 Na_2HPO_4溶液中，室温下搅拌一段时间后逐滴加入 Na_2WO_4溶液，反应一段时间后再逐滴加入盐酸，继续搅拌一段时间，将悬浮物从溶液中分离，用热的去离子水反复洗涤几次，干燥后得到负载型多酸催化剂。Sulikowski 成功地将 PW12 原位合成于脱铝 Y 型分子筛超笼中，对负载 PW12 的脱铝 Y 型分子筛催化剂的物理化学性质进行了系统研究，结果发现，脱铝 Y 型分子筛仍保持八面沸石结构；Keggin 型阴离子分散在介孔分子筛表面且热稳定性很好，纯 PW12 在 610℃下焙烧即分解，而负载型 PW12 于 650℃下焙烧仍能保持稳定。分子筛内表面存在

两种类型的多酸阴离子，少部分阴离子与表面羟基作用形成配合物，大部分与表面作用很弱，因而仍保持原有结构。图 5－4 为 Y 型分子筛孔道中负载 HPA 后的示意图。Y 型分子筛超笼的直径为 1.3 nm，窗口直径为 0.74 nm，在 Y 型分子筛的超笼中原位合成的尺寸为 1 nm 左右的多酸，不易从分子筛窗口脱出。

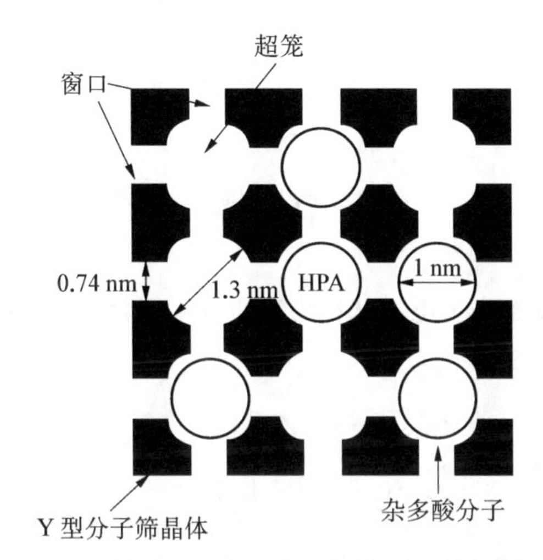

图 5－4　Y 型分子筛孔道中负载 HPA 的示意图

负载型多酸与传统催化剂相比，具有低温、高活性、可重复使用及易于实现连续化生产等优点，具有很好的工业化前景。但其也存在活性组分溶脱损失及积炭失活等问题，还有待于进一步研究。

思考题

1. 请说说多酸的结构特点。
2. 什么是多酸的准液相特点？并说明其对催化性能的影响。
3. 简述多酸结构中不同位置氧原子对其氧化还原性能的影响。

第六章

金属催化剂

第一节 概 论

在无机物范畴内，凡是失去电子就称为物质发生氧化反应；凡是得到电子称为物质发生还原反应：

$$Zn^0: \longrightarrow Zn^+ + e \quad (氧化)$$

$$:\ddot{Br}: + e \longrightarrow :\ddot{Br}:^- \quad (还原)$$

在有机合成中，也经常遇到氧化、还原反应，人们对其难以下个确切的定义。例如反应：

$$CH_2=CH_2 + Br_2 \xrightarrow{(\text{I})} \underset{Br}{CH_2}-\underset{Br}{CH_2} \xrightarrow{(\text{II})} \underset{OH}{CH_2}-\underset{OH}{CH_2} + 2Br^-$$

单从 Br_2 变成 $2Br^-$ 可以确定整个反应一定发生了氧化还原反应。已知(Ⅱ)是个亲核取代反应，所以可以断定(Ⅰ)是个氧化还原过程。

Cram 用十分简单的方法来判断有机物经过反应之后是否发生氧化态的变化。他以某个 C 原子(官能团)伸出去的四个价键所连接的原子来估算。凡是 C 原子接到 H 原子上化合价为－1，连接到杂原子上化合价为＋1，连接到 C 原子上化合价为 0，然后作简单加减就可以断定反应前后氧化态的变化情况。例如：

$$\underset{(-2)}{CH_2=CH_2} \longrightarrow \underset{(-1)}{\underset{Br}{CH_2}-\underset{Br}{CH_2}} \longrightarrow \underset{(-1)}{\underset{OH}{CH_2}-\underset{OH}{CH_2}}$$

从这一原则出发，有机化合物的反应可大致概括成下列几种类型的氧化-还原反应：

(1) 有氧参加的反应，如烃氧化制醇、醛、酮、酸等。

$$\underset{(-3)}{RCH_3} \longrightarrow \underset{(-1)}{RCH_2OH} \longrightarrow \underset{(+1)}{R\overset{O}{\overset{\|}{C}}-H} \longrightarrow \underset{(+3)}{R\overset{O}{\overset{\|}{C}}-OH}$$

（2）脱氢、加氢反应

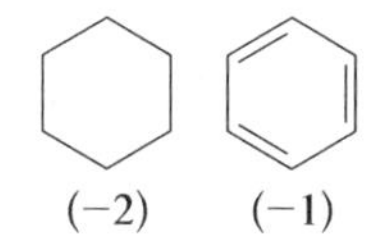

（3）烃的卤代反应

$$\underset{(-3)}{RH} \longrightarrow \underset{(-1)}{RCl}$$

（4）羰基化合物的氨解反应

$$\underset{(+2)}{-C(=O)-R} + NH_3 \longrightarrow \underset{(0)}{-CH(R)-NH_2}$$

第二节　金属催化剂上的重要反应

金属催化剂是多相催化剂的一大门类。过渡金属及许多其他金属都可用作催化剂，尤以Ⅷ族金属应用广泛，有的可称为万能催化剂。Pt、Pd是用途比较多的金属催化剂之一，它们可用于加氢、脱氢、氧化、异构、环化、氢解、裂解等反应，见表6-1。

表6-1　金属催化剂的部分重要反应

反应	具有催化活性的金属	高活性金属举例
H_2-D_2 交换	大多数过渡金属	W，Pt
烯烃加氢	大多数过渡金属	Ru,Rh,Pd,Pt,Ni
芳烃加氢	大多数Ⅷ金属及Ag,W	Pt,Rh,Ru,W,Ni
C—C键的氢解	大多数过渡金属	Os,Ru,Ni
C—N键的氢解	大多数过渡金属	Ni,Pt,Pd
C—O键的氢解	大多数过渡金属	Pt,Pd
羰基加氢	Pt,Pd,Fe,Ni,W,Au	Pt
腈类加氢	Co,Ni	Co,Ni
乙烯氧化为环氧乙烷	Ag	Ag
其他烃类的氧化	Pt族金属及Ag	Pd,Pt
醇、醛的氧化	Pt族金属及Au,Ag	Ag,Pt

下面具体介绍金属催化剂上的一些重要反应。

一、F-T合成

我国是一个富煤少油的国家，煤制油技术对解决我国石油短缺，保证国家能源安全具有重要的现实意义和战略意义。将合成气经过催化剂作用转化为液态烃的方法是煤间接液化合成油技术中的关键步骤。该反应是1923年由德国科学家Frans Fischer和Hans Tropsch发明的，简称F-T(费-托)合成。所谓F-T合成，就是CO在金属催化剂上发生非均相催化氢化反应，生成以直链烷烃和烯烃为主的混合物的过程。1935年，德国采用Co催化剂实现了F-T合成的工业化。鲁尔化学公司进一步开发常压多级过程，于1936年第一批工厂投产，烃的生产能力为20万吨/年。1937年，Fischer、Pichler和Kolbel同时发现在中压操作条件下，使用铁催化剂能使性能得到很大改善。同年，在德国的工厂中，Fe催化剂在中压范围内成为Co催化剂的替代物。从1939年到二次大战后期，德国一直致力于铁系催化剂的开发研究。目前，南非Sasol公司和英荷Shell公司的费托合成技术已实现工业生产。国内潞安、伊泰和神华等煤炭企业也在实施基于铁基浆态床合成油技术的10万吨级规模工业示范。

F-T合成反应因条件不同可能转化为烷烃、烯烃或醇、醛和酸等有机化合物。

(1) 烷烃的生成

$$(n+1)H_2 + 2nCO \longrightarrow C_nH_{2n+2} + nCO_2$$
$$(2n+1)H_2 + nCO \longrightarrow C_nH_{2n+2} + nH_2O$$

(2) 烯烃的生成

$$2nH_2 + nCO \longrightarrow C_nH_{2n} + nH_2O$$
$$nH_2 + 2nCO \longrightarrow C_nH_{2n} + nCO_2$$

反应机理为：

$$CO + M \longrightarrow M{=}C\colon + M{-}O$$
$$M{=}C\colon + H_2 \longrightarrow M{=}C\begin{matrix} \diagup H \\ \diagdown H \end{matrix} \xrightarrow{\text{聚合}} {-}CH_2{-}CH_2{-}CH_2{-}$$

(3) 醇类或醛类的生成

$$2nH_2 + nCO \longrightarrow C_nH_{2n+1}OH + (n-1)H_2O$$
$$(n+1)H_2 + (2n-1)CO \longrightarrow C_nH_{2n+1}OH + (n-1)CO_2$$

反应机理为：

$$M + CO \longrightarrow M{=}CO$$
$$M + H_2 \longrightarrow 2M{-}H$$
$$M{=}CO + 3M{-}H \longrightarrow M{-}CH_2{-}OH$$
$$M{-}CH_2{-}OH + 2M{-}H \longrightarrow M{-}CH_3 + H_2O$$

$$M-CH_3 + M=CO \longrightarrow M-\overset{O}{\overset{\|}{C}}-CH_3$$

$$M-\overset{O}{\overset{\|}{C}}-CH_3 + 2H \longrightarrow M-\underset{OH}{\underset{|}{\overset{H}{\overset{|}{C}}}}-CH_3 \begin{cases} \xrightarrow{+H} CH_3CH_2OH \\ \xrightarrow{-H} CH_3CHO \end{cases}$$

上述这些反应都是物质的量减少的过程,因此加压对正反应进行有利。

从 CO 与 H_2 反应直接生成 CH_4 的反应称为甲烷化反应。金属 Ni 对甲烷化反应有独特的活性,其他金属常使这个反应的产物伴有较大分子量的烃类。

$$2CO + 2H_2 \longrightarrow CO_2 + CH_4$$

该反应的机理为:吸附在金属表面上的 CO 解离成 C 和 O,C 经氢化生成 CH_4,O 则与另一 CO 分子结合,形成 CO_2 而脱附。

$$\underset{\underset{M}{\|}}{\overset{\overset{O}{\|}}{C}} \longrightarrow \underset{M}{\overset{C}{|}} + \underset{M}{\overset{O}{|}}$$

$$\underset{M}{\overset{C}{|}} \xrightarrow{H} \underset{M}{\overset{CH}{|}} \xrightarrow{H} \underset{M}{\overset{CH_2}{|}} \xrightarrow{H} \underset{M}{\overset{CH_3}{|}} \xrightarrow{H} \underset{M}{\overset{CH_4}{|}} \longrightarrow CH_4 + M$$

$$\underset{\underset{M}{\|}}{\overset{\overset{O}{\|}}{C}} + \underset{M}{\overset{O}{|}} \longrightarrow \underset{M}{\overset{CO_2}{|}} + M \longrightarrow CO_2 + 2M$$

其中,还可能发生 Boundouard 反应:

$$2CO \longrightarrow CO_2 + C$$

F-T 合成所用催化剂多为过渡金属或贵金属,如 Fe、Co、Ni、Rh、Pt 和 Pd 等。其中 Ru 和 Ni 活性最高,但 Ru 稀有昂贵,用 Ni 作催化剂主要生成甲烷。实现工业应用的费托合成催化剂为铁基催化剂和钴基催化剂。如何提高催化剂的选择性是改进费托合成技术的重要方向之一。

1. 铁基催化剂

(1) 助剂的作用

典型的商业 Fe 基催化剂中一般均添加一定量电子助剂 K、还原助剂 Cu、载体 SiO_2 及其他一些过渡金属助剂。K 助剂的作用是抑制 CH_4 的生成,提高重质烃和烯烃的选择性,Cu 助剂可以促进铁氧化物的还原,添加 SiO_2 的主要目的是提高催化剂的比表面积和抗磨性。为进一步改善催化剂的活性、选择性和稳定性,其他一些过渡金属,如 Mn、Mo 和 Zn 等也常被引入到 Fe 基催化剂中。

稀土在催化中的应用是当前催化学科中很活跃的研究领域。在铁基催化剂中添加

La、Ce、Nd、Eu 等氧化物，有利于降低甲烷和蜡的产率并提高烯/烷比和醇的产率。其中 Eu 的添加显示独特的作用。Eu_2O_3能显著地分散和稳定铁晶粒，还可能向 Fe 转移电子，从而提高表面 Fe 原子的电子密度。

(2) 金属-载体间相互作用

20 世纪 70 年代以后，载体-金属间相互作用(SMI)及载体-金属间强相互作用(SMSI)的研究受到了重视。在 CO 加氢反应中，这种作用对产品分布的影响特别显著。例如，在相同条件下，以活性炭(AC)为载体，在活性、液体产品收率、烯/烷比等方面远高于其他载体。

当以 SiO_2、Al_2O_3为载体时，铁氧化物与载体氧化物间存在相互作用，如生成固溶体或发生成盐反应，因此，在预处理时，难以将 Fe_2O_3还原成 Fe，导致催化活性降低。活性炭的主要成分是 C，此外还有少量 H，O，N，S 和灰分，这些元素虽少，但对活性炭的性质有一定影响。活性炭具有不规则的石墨结构，表面上存在着羰基、醌基、羟基和羧基等官能团。在 Fe 和 AC 之间也存在相互作用，但作用性质与 SiO_2及 Al_2O_3不同。AC 的石墨微晶中离域 π 电子能将电子传递给 Fe，起电子给予体作用。Fe 在 AC 上分散度越高，与 AC 接触越广泛，越有利于 AC 向 Fe 转移电子，Fe 的 d 轨道中的电子密度也就越大，因而越有利于抑制甲烷的形成而生成烯烃及高碳烃(C_5^+)。

2. 钴基催化剂

费托合成钴基催化剂具有高活性、高直链饱和烃与重质烃选择性、低水煤气变换反应活性等特点，因而成为该领域的研究热点。钴基费托合成催化剂一般为负载型催化剂。Shell 公司主要以 SiO_2 为载体，于 1993 年在马来西亚投产(GTL)。Sasol 公司采用 Co/Al_2O_3 催化剂并匹配浆态床技术建成了商业化装置。Exxon 公司主要研究 TiO_2为载体的钴基催化剂。中科院山西煤炭化学研究所、中科院大连化学物理研究所、石油大学及中南民族大学等也开展了钴催化剂的研发工作。尽管如此，钴基催化剂仍存在以下核心问题，如在高活性前提下如何抑制甲烷的生成，如何调变产物分布以实现产品结构调控并尽可能获得馏分油，以及与催化剂应用相关的基础性研究等。研究热点主要包括以下几方面：

(1) 介孔材料作为钴基催化剂载体

介孔硅分子筛(如 MCM-41 和 SBA-15 等)具有高的比表面积、大而可调的孔径、规整的孔道结构、狭窄的孔径分布以及高的热稳定性等结构特点，在 F-T 合成中具有较为广泛的应用。介孔硅分子筛作为费托合成钴基催化剂的载体，其独特的结构将对催化剂制备和反应物传质产生影响，从而可改变费托合成的烃产物分布。但以介孔硅分子筛为载体的钴基催化剂性能与无定形氧化硅的类似，预期的择形效应表现得并不显著。这是因为柴油馏分烷烃分子的动力学直径约 0.8 nm，而介孔硅分子筛的孔径多在 3～15 nm。此外，介孔硅分子筛具有丰富的表面羟基，特别是小孔径载体易与钴形成难还原的硅酸钴物种，从而导致催化剂还原度较低。

(2) 载体表面的疏水改性

费托合成钴基催化剂常用载体为 SiO_2、Al_2O_3、TiO_2和分子筛等。这些无机氧化物表面富含羟基，呈亲水性。若在无机材料表面嫁接有机官能团，材料表面将变成疏水性，表现出与传统载体明显不同的性质。例如，随着 SiO_2 表面硅烷化程度的增加，表面剩余的硅羟基浓度减小，使得钴硅之间的相互作用减弱，难还原的硅酸钴物种减少，还原度增加，催化性能得到改善。

(3) 与酸性中心的复合

费托合成产物主要是直链烷烃，其柴油馏分十六烷值高达 70，抗爆燃性能优异，但汽油馏分辛烷值非常低，不符合汽油对辛烷值的要求。因此，尝试将酸性组分与费托合成催化剂的活性中心复合，能增加异构功能，提高汽油馏分品质。常用的酸性组分有 Al_2O_3 和沸石分子筛。将费托合成催化剂的活性组分(如 Fe、Co、Ni 或 Ru 等) 直接负载到酸性载体上，常由于活性组分金属氧化物与酸性载体间存在强相互作用而导致还原度非常低，使得费托合成活性低及甲烷选择性偏高。这可能是由于活性金属呈碱性，因而易与酸性中心结合的缘故。Tsubaki 研究组制备了H－ZSM－5沸石膜包覆的 Co/SiO_2 核壳结构催化剂。在反应过程中，合成气穿过沸石膜在 Co/SiO_2 上反应生成不同链长的烃类物质，由于长链烃在沸石膜中具有较大的扩散阻力，在沸石膜层中具有较长的停留时间，进而在 H－ZSM－5 沸石的酸性位上发生二次反应，裂解重排并异构化为汽油范围(C4～C10)的富含支链烃的产物。与 Co/SiO_2－H－ZSM－5 物理混合催化剂相比，核壳结构催化剂完全抑制了 $C11^+$ 烃类的产生，但甲烷选择性也急剧升高。这可能是因为 H_2 的扩散速率远大于 CO，尤其是经沸石膜的小孔或孔道扩散后，导致壳层里 H_2/CO 比例明显增大，使甲烷选择性提高。

(4) 通过载体结构限制链增长的择形效应

Co 催化剂上链增长与 Al_2O_3 载体的孔径大小有关，孔径变小，产物分子量随之变小。用沸石分子筛作载体可控制产物的分布。中科院山西煤化所提出将传统的 F－T 合成与分子筛相结合的固定床两段法合成工艺技术(MFT)，合成气单程转化率为 60%，汽油收率为 60～70 g/m^3。

二、重整反应

通过重整反应可将直链烃(烷烃和烯烃等)转化为异构的产物、环化的产物或芳烃的产物。一般说，重整反应是指在不改变碳数条件下原有分子结构的重新组合，但现在把氢解和加氢脱硫等反应也包括在重整反应之中，这是因为 Pt 催化剂都能活化这些反应。

1. 直链烷烃异构

如正庚烷异构化为不同的异构体。

$$n\text{-}C_7H_{16} \longrightarrow H_3C{-}CH_2{-}CH_2{-}C(CH_3)_2{-}CH_3 \longrightarrow (CH_3)_2CH{-}CH_2{-}CH_2{-}CH_2{-}CH_3$$

$$\longrightarrow (CH_3)_2CH{-}CH(CH_3){-}CH_2{-}CH_3 \longrightarrow H_3C{-}CH_2{-}CH(CH_3){-}CH_2{-}CH_2{-}CH_3$$

… … …

重整反应中常采用双功能负载金属催化剂。如 Pt/Al_2O_3，第一个功能是由金属部分承担的加氢和脱氢功能，第二个功能是由酸中心承担的裂解、异构和环化等功能。可通过添加卤素（如氯或氟）提高载体 Al_2O_3 的酸强度。

异构、环化、裂解等反应常需经过生成碳正离子的中间过程，而能提供这种反应条件的则是固体表面的酸中心，例如在添加卤素的 Al_2O_3 上，甲基环戊烷异构生成正己烯反应的中间物就是碳正离子：

$$\text{(甲基环戊烷, }CH_3\text{)} + H^+\text{—催化剂} \rightleftharpoons \text{(甲基环戊基碳正离子, }CH_3\text{, }+\text{)—催化剂} \rightleftharpoons CH_2{=}CH{-}CH_2{-}CH_2{-}CH_2{-}CH_3 + H^+\text{—催化剂}$$

在重整反应中所用的双功能催化剂上两个功能表示如图 6－1。横坐标方向表示在载体氧化物酸中心上进行的反应，纵坐标方向表示在所负载的金属表面原子上进行的加氢或脱氢反应。

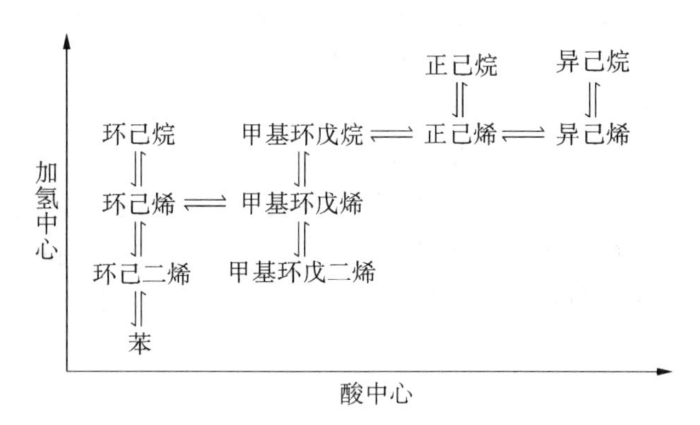

图 6－1　双功能催化剂上的不同反应模型

根据此反应模型，在 Pt/Al_2O_3 催化剂上，正己烷首先在金属 Pt 原子上脱氢生成正己烯，后者在表面上移动到邻近的酸中心上质子化为叔正碳离子，经异构为吸附态的异己烯。异己烯再移向邻近的金属原子上加氢生成异己烷而脱附。或者，上述的叔正碳离子进一步反应生成甲基环戊烷。类似地，生成的某种产物如能继续在金属原子上或表面酸中心上发生反应，便可得到更多的产物，如苯、环己烯等。

正庚烷异构生成异庚烷的反应在不同载体负载的铂催化剂上的转化率有很大差别。当反应在 Pt/C 或 Pt/SiO_2 催化剂上进行时，转化率很低。如果只在 $SiO_2-Al_2O_3$ 上进行，没有活性；如果用粒度 100 μm 的 Pt/SiO_2 和 $SiO_2-Al_2O_3$ 各占 50％的混合催化剂，转化率明显升高；如果再减小上述混合催化剂颗粒大小至 5 μm，转化率进一步增加。此例进一步说明由正庚烷生成异庚烷的反应不是简单的烷烃异构反应，中间经过正庚烷脱氢为烯烃，烯烃异构为异烯烃，后者再加氢为最终产物异庚烷。含适当酸中心的载体制成的负载型 Pt 催化剂起双功能催化作用。上述例子还说明，载体颗粒减小可提高反应的转化率。

2. 直链烷烃脱氢环化

$$n\text{-}C_7H_{16} \longrightarrow \begin{cases} \text{甲基环己烷} + H_2 \\ \text{乙基环戊烷} + H_2 \\ \text{甲苯} + 4H_2 \end{cases}$$

3. 烃的氢解

这里是指分子中部分 C—C 键因加 H 而解离成几个较小的分子。例如：

$$CH_3—CH_3 + H_2 \longrightarrow 2CH_4$$

$$C_9H_{20} + H_2 \longrightarrow C_5H_{12} + C_4H_{10}$$

含 C—N 键或 C—X(X 为卤素)键的分子也会在与氢作用时解离成为相应的小分子，如：

$$C_2H_5NH_2 + H_2 \longrightarrow C_2H_6 + NH_3$$

$$C_2H_5Cl + H_2 \longrightarrow C_2H_6 + HCl$$

4. 环烷烃脱氢异构

$$\text{甲基环戊烷} \longrightarrow \text{环己烷} \longrightarrow \text{苯} + 3H_2$$

铂是具有多种用途的重整催化剂，它既可用于直链烃的脱氢环化和异构化反应，又可用于加氢、脱氢以及氢解反应。近年来，对铂系催化剂多方面的催化作用及功能研究日趋增多和深化。目标有两个：一是对金属催化剂在多种反应中作用的基元步骤获得透彻的了解；另一是寻找适当途径选择 Pt 的代用品以替换这一极好然而十分昂贵的催化剂。

5. 重整催化剂的发展过程

催化剂是催化重整的关键要素之一，它用于促进原料油分子重排，促进芳烃生成和烷烃异构化。历年来，各国都对催化剂的研究开发工作十分重视，自 1940 年第一套催化重整装置——临氢重整装置在美国建成投产起，重整催化剂的发展主要经过了三个阶段。

第一阶段：从 1940 年到 1949 年，工业装置上主要采用钼、铬金属氧化物为活性组分的催化剂(MoO_3/Al_2O_3和 Cr_2O_3/Al_2O_3)。它与近代铂重整催化剂相比较，其活性及芳构化选择性都比较低，尤其是烷烃的芳构化选择性低，活性稳定性差，运转周期短，反应 4～12 h 后，即需进行催化剂烧焦再生。

第二阶段：自 1949 年到 1967 年是催化重整催化剂革命性变革的时期。1949 年美国环球油品公司(UOP)开发成功含贵金属铂的重整催化剂，并建成投产第一套铂重整工业装置，Pt/Al_2O_3 重整催化剂的发明成功，开创了催化重整的新纪元。Pt/Al_2O_3 催化剂的活性高(比 MoO_3/Al_2O_3催化剂活性高 10 倍多,比 Cr_2O_3/Al_2O_3催化剂高 100 多倍),选择性好,液体产品收率高,稳定性好,连续反应的运转周期长,上述诸多优点使 Pt/Al_2O_3催化剂在 50～60 年代得到迅速发展,很快取代了含钼和铬氧化物催化剂。

第三阶段:1967 年美国雪弗隆公司首次宣布发明成功 $Pt-Re/Al_2O_3$双金属重整催化剂,并在埃尔帕索炼厂投入工业应用,命名为铼重整。自此重整催化剂开始进入发展过程的第三阶段。$Pt-Re/Al_2O_3$双金属重整催化剂不仅活性得到改进,选择性明显提高,更主要的是稳定性较 Pt/Al_2O_3催化剂有了成倍提高,从而可使重整装置能在较低压力(1.5 MPa～2.0 MPa)下长期运转,烃类芳构化选择性显著改善。$Pt-Re/Al_2O_3$双金属催化剂的成功开发,又一次使催化重整技术获得新的提高。二十多年来,各国先后相继研究开发成功了多种双(多)金属重整催化剂,如 Pt-Ir、Pt-Sn、Pt-Ge 系列催化剂等。催化剂的性能不断得到改进,较快地取代了 Pt/Al_2O_3催化剂。

6. 重整催化剂的稳定性问题

在生产过程中,重整催化剂的活性下降有多方面的原因,例如催化剂表面积炭、卤素流失、长时间处于高温下引起铂晶粒聚集使分散度减小以及催化剂中毒等。

(1) 积炭失活

一般来说,在正常生产中,催化剂活性下降主要是由于积炭引起的。重整催化剂上的积炭主要是缩合芳烃,具有类石墨结构。积炭的成分主要是碳和氢,其氢碳原子比一般在 0.5～0.8 的范围。在催化剂的金属活性中心和酸性活性中心上都有积炭,但是积炭的大部分是在酸性载体 $\gamma-Al_2O_3$上,金属活性中心上的积炭在氢的作用下有可能解聚而消除,但是在酸性活性中心上的积炭在氢的作用下则难以除去。对一般铂催化剂,当积炭增至 3%～10%时,其活性大半丧失;而对铂铼催化剂则积炭达约 20%时其活性才大半丧失。催化剂因积炭引起的活性降低可以采用提高反应温度的办法来补偿。但是提高反应温度有一定的限制,重整装置一般限制反应温度不超过 520℃,有的装置可达 540℃左右。当反应温度已提高到限制温度而催化剂活性仍不能满足要求时,则需要用再生的办法烧去积炭并使催化剂的活性恢复。再生性能好的催化剂经再生后其活性可以基本上恢复到原有的水平。催化剂上积炭的速度与原料性质和操作条件有关。反应条件苛刻,如高温、低压、低氢/油比、低空速等也会使积炭速度加快。

(2) 水、氯含量的变化

催化剂的脱氢功能和酸性功能应当有良好的配合。氯(用于增加 $\gamma-Al_2O_3$的酸强度)是催化剂酸性功能的主要来源,因此在生产过程中应当使其含量维持在适宜的范围之内,氯含量过低时,催化剂的活性下降。当原料中含水量过高或反应时生成水过多时,则这些水分会冲洗氯而使催化剂氯含量减小。在高温下,水的存在还会促使铂晶粒的长大和破坏氧化铝载体的微孔结构,从而使催化剂的活性和稳定性降低。此外,水和氯还会生成 HCI 而腐蚀设备。

(3) 中毒

催化剂中毒可分为永久性中毒和非永久性中毒两种。永久性中毒的催化剂其活性不能再恢复;非永久性中毒的催化剂在更换无毒原料后,毒物可以被逐渐排除而使活性恢复。对含铂催化剂,砷和其他金属毒物如铅、铜、铁、镍、汞等为永久性毒物,而非金属毒物如硫、氮、氧等则为非永久性毒物。砷与铂有很强的亲和力,它会与铂形成合金,造成催化剂的永久性中毒。当催化剂上砷含量超过 2 200 $\mu g/g$ 时,催化剂的活性完全丧失。原料中的含硫化合物在重整反应条件下生成 H_2S,若不从系统中除去,则 H_2S 在循环中积聚,导致催化剂的脱氢活性下降。当原料中硫含量为 0.01%和 0.03%时,铂催化剂的脱氢活性分别降低 50%和 80%。原料中允许的硫含量与采用的氢分压有关,当氢分压较高时,允许的硫含量可以较高。一般情况下,硫对铂催化剂是暂时性中毒,一旦原料中不再含硫,经过一段时间后,催化剂的活性可望恢复。但是如果长期存在过量的硫,也会造成永久性中毒。多数双金属催化剂比铂催化剂对硫更敏感,因此对硫的限制也更严格。原料中的有机含氮化合物在重整反应条件下转化为氨,吸附在酸性中心上抑制催化剂的加氢裂化、异构化及环化脱氢性能。CO 能与铂形成配合物,造成铂催化剂永久性中毒,但也有人认为是暂时性中毒。CO_2能还原生成 CO,也可看成是毒物。

三、氧化反应

金属催化剂除了可用于还原、氢解、异构和环化外,还可用于氧化反应。如 Au、Ag、Pd 和 Pt 等可用作 CO 氧化为 CO_2的催化剂,Pd 和 Pt 还可作为烃类氧化的催化剂。金属 Pt 可解离吸附 O_2成为原子吸附态氧,后者可与气相中的 CO 反应生成 CO_2。反之,吸附的 CO 与气相的氧分子作用也可生成 CO_2,即 Rideal 机理。由于实验条件不同,CO 在 Pt 上氧化生成 CO_2的机理也可是另外方式:吸附的氧原子和吸附的 CO 作用生成 CO_2,即 Langmuir-Hinshelwood 机理。

四、雷尼镍催化剂

雷尼镍(Raney Nickel)催化剂活化前为银灰色无定型粉末(镍铝合金粉),具有中等程度的可燃性,有水存在下部分活化并产生氢气,易结块,长久暴露于空气中易风化。镍铝合金粉用 NaOH 或 KOH 溶去不需要的铝或硅后即得到多孔骨架结构的雷尼镍。

$$Ni-Al + 2NaOH + 2H_2 \longrightarrow Ni + 2NaAlO_2 + 3H_2$$

用水洗可除去偏铝酸钠。在实际进行合金粉活化过程中,所制备的 Ni 催化剂的活性不是很容易控制。例如,用水洗时,如果水流量偏小,偏铝酸钠未清洗干净,有残留,活化后的催化剂活性无法满足生产要求;如果水流量过大,可能会使已经成为蜂窝状的高活性 Ni 遭到破坏,使催化剂漂浮,活性下降。

雷尼镍为灰黑色颗粒,能吸附大量的氢,具有很高的催化活性和相当的机械强度。在空气中易氧化燃烧,须浸在水或乙醇中保存。

雷尼镍催化剂主要应用于催化加氢反应中。可用于有机物碳氢键的加氢、碳氮键的加氢、亚硝基化合物与硝基化合物的加氢,以及偶氮与氧化偶氮化合物、亚胺、胺与连氮二苄的加氢,还可以用于脱水反应、成环反应、缩合反应等。最典型的应用是葡萄糖加氢、脂肪腈类的加氢。例如,葡萄糖加氢生产山梨醇可用于合成维生素 C、树脂表面活性剂等。苯酚催化加氢生产的己二醇可用于制备己二胺、油漆、涂料等。呋喃催化加氢生成的四氢呋喃是良好的溶剂。脂肪酸氨化后加氢生产的脂肪伯胺广泛应用于有机化工生产中。苯胺加氢制备的环已胺可用于合成脱硫剂、腐蚀抑制剂、硫化促进剂、乳化剂、抗静剂、杀菌剂等。

五、Pd 催化剂

钯系催化剂大多用于石油化工中的催化加氢和催化氧化等反应中，如制备乙醛、吡啶衍生物、乙酸乙烯酯等，氨氧化制备硝酸时常用含钯的铂网催化剂。

为制造复杂的有机材料，需要通过化学反应将碳原子集合在一起。但是碳原子本身非常稳定，不易发生化学反应。2010 年，瑞典皇家科学院诺贝尔颁奖委员会把诺贝尔化学奖授予美国科学家理查德-赫克(Richard Heck)、日本科学家根岸英一(Ei-ichi Negishi)和日本科学家铃木章(Akira Suzuki)，三位科学家因研发“有机合成中钯催化的交叉偶联”而获奖。他们发现，碳原子会和钯原子连接在一起，进行一系列化学反应。这一技术让化学家们能够精确有效地制备所需要的复杂化合物。目前钯催化交叉偶联反应技术已在全球的科研、医药生产和电子工业等领域得到广泛应用。钯催化交叉偶联反应是一类用于碳碳键形成的重要反应，在有机合成中应用十分广泛。

1. 赫克(Heck)反应

Heck 反应是指不饱和卤代烃和烯烃在强碱和钯催化下生成取代烯烃的反应，是一类形成与不饱和双键相连的新 C—C 键的重要反应。反应物主要为卤代芳烃(碘、溴)与含有 α-吸电子基团的烯烃，生成物为芳香代烯烃。该反应的催化剂通常用 Pd(0)、Pd(+2)或 Pd 配合物，如氯化钯、醋酸钯、钯的三苯基膦配合物等，所用碱主要为三乙胺、碳酸钾、醋酸钠等。

$$RX \xrightarrow{[Pd]} R[Pd]X \xrightarrow{H\diagdown C=C\ H} R[Pd]X \xrightarrow[NR'_3]{R'_3NH+X^-} R[Pd]C=C \xrightarrow{[Pd]} R\diagdown C=C$$

(中间步骤 R[Pd]X 上方箭头来自 $\diagdown C=C$)

可更简单地表示为：

$$R-X+R'\diagup\!\!\diagdown \xrightarrow[\text{base}\ -HX]{Pd^0} R'\diagup\!\!\diagdown\!\!\diagup R$$

一般使用 Pd(+2)作为催化剂，在反应过程中得到电子变成 Pd(0)而实现催化。其主要反应过程包括：① 卤代烃与 Pd(0)氧化加成，生成 C—Pd 中间体 RPdX；② 烯烃与 Pd 配位，双键被活化；③ C═C 对 C—Pd 键的顺式共平面插入，形成一个新的 C—Pd 键及 C—C 单键；④ 中间体发生顺式脱氢，即生成取代烯烃，并产生 HPdX，后者被碱还原为 Pd(0)，从而推动催化过程继续进行。

2. 根岸(Negishi)反应

Negishi 反应是指卤代芳烃和有机锌在 Pd 催化下进行的反应。用有机锌试剂和卤代芳香烃的偶联来增长碳链。反应中具有催化活性的是零价金属 Pd，反应整体上经过了卤代烃对金属的氧化加成、金属转移与还原消去三步。具体机理为:① 卤代烃与 Pd(0)氧化加成,生成 RPdX;② 生成物与活化的有机锌试剂发生金属转移形成络合物;③ 最后发生还原消除反应生成产物 R—R′。卤素 X 可以是氯、溴、碘,也可以是其他基团,比如三氯甲磺酰基或乙酰氧基,基团 R 可以是烯基、芳基、烯丙基、炔基或炔丙基,而 X′可以是氯、溴、碘,R′则可以是烯基、芳基、烯丙基或烷基,催化剂为钯的配体 L 可以为三苯基膦或双(二苯基膦)丁烷。

$$RX \xrightarrow{[Pd]} R[Pd]X \xrightarrow[R'M]{MX} R[Pd]R' \xrightarrow{[Pd]} R-R'$$

M=ZnBr,可简单地表示为:

$$R—X + R'—Zn—X' \xrightarrow{ML_n} R—R'$$

此反应有其特有的优点:首先,反应使用的锌试剂有非常多的官能团和衍生物可以选择,甚至可以进行原位合成;对于多种官能团的兼容性也很好;适用于芳基锌也适合于较长链的一级烷基锌。另外,卤代烃也可以是一级卤代烷烃,能较好地避免 β-H 消除反应,并且反应条件温和,选择性和产率都很好,有利于规模化生产。

3. 铃木(Suzuki)反应

Suzuki 反应通常指的是卤代烃和有机硼试剂进行的交叉偶联反应,广泛应用于合成联苯类化合物。Suzuki 反应的催化机理为:① 卤代烃与 Pd(0)氧化加成,生成 Pd(Ⅱ)络合物;② 生成物与碱反应生成 R[Pd]OH; ③ 生成物与活化的硼酸发生金属转移,生成 Pd(Ⅱ)络合物;④ 最后进行还原消除生成产物和 Pd(0)。

$$RX \xrightarrow{[Pd]} R[Pd]X \xrightarrow[OH^-]{X^-} R[Pd]OH \xrightarrow[R'B(OH)_2]{B(OH)_3} R[Pd]R' \xrightarrow{[Pd]} R-R'$$

可简单地表示为:

$$R_1—BY_2 + R_2—X \xrightarrow[Base]{Pd\ catalyst} R_1—R_2$$

Suzuki 反应对官能团的耐受性非常好,反应有选择性,不同卤素以及不同位置的相同卤素进行反应的活性可能有差别。三氟甲磺酸酯、重氮盐、碘鎓盐或芳基锍盐和芳基硼酸也可以进行反应。其他各种金属有机试剂相比,有机硼试剂具有许多优点:它可以和许多官能团和谐相处;其副产物毒性低,且容易进行分离;许多硼试剂易于合成,对热、空气、水等稳定性好,容易操作等。

以上三种钯催化交叉偶联反应均具有选择性好、产率高、合成步骤短等优点。利用以上反应,科学家能够在更低的温度下,使用更少的溶剂、更低的成本来制造复杂有机物,而且反应产生的废物更少,更加精准和高效。

如今,这三个反应经过不断改进,在化学界和工业界发挥了重要的作用,已应用于许多物质的合成研究和工业化生产。例如，Heck 反应被用于合成抗癌药物紫杉醇和抗炎症药物萘普生，铃木反应则帮助合成了有机分子中一个体格特别巨大的成员——水螅毒素。科学家还尝试用这些方法改造一种抗生素——万古霉素分子，用来杀灭有超强抗药性的细菌。此外，利用这些方法合成的一些有机材料能够发光，可用于制造只有几毫米厚，像塑料薄膜一样的显示器。研究成果不仅有学术价值，应用范围也很广，已经成为支撑现代工业文明的巨大力量。

六、汽车尾气净化催化剂

汽车尾气的污染物主要有碳氢化物、一氧化物、氮氧化合物，此外还有铅、二氧化硫等有害物质，它们对人体的健康以及动植物的生存构成了巨大危害。汽车尾气污染控制主要包括机内净化和机外净化两个方面。机内净化指的是通过改善燃烧系统来减少有害物质的生成；机外净化指的是将汽车尾气中的有害物质转化为无害物质。由于绝大多数污染物来自尾管排放，因此机外净化控制是控制汽车排污的快捷而有力的手段，其研究的重点主要集中在催化净化，而催化剂的活性及选择性是提高净化效果的关键。

汽车尾气净化常用的催化剂为铂-铑-钯，铑能促进 NO_x 还原生成 N_2，还能催化 CO 氧化，用量少且有较好的抗硫中毒能力，但铑的价格太贵。铂对 CO 和碳氢化合物具有特别好的催化转化作用。钯用来转化 CO 和碳氢化合物，相对于铑和铂来说，钯较廉价，在低温下具有良好的活性，但对 Pb、S、P 中毒特别敏感，在还原气氛下易烧结。研究发现，添加少量贱金属的单钯催化剂比同等价格的铂、铑催化剂性能更为优越，在高温富氧条件下，钯的优越性更加明显，人们正在试图用钯代替铑和铂。

催化 CO 氧化的反应机理解释之一：

$$CO + * = CO* \tag{6-1}$$

（*代表催化剂的活性中心）

$$O_2 + 2* = 2O* \tag{6-2}$$

$$CO* + O* = CO_2* + 2* \tag{6-3}$$

第二种机理解释如下：

$$CO + * = CO^* \tag{6-4}$$

$$CO^* + O^{2-} = CO_2^* + \square^{2-} \tag{6-5}$$

$$CO_2^* = CO_2 + * \tag{6-6}$$

$$O_2^* + 2\square^{2-} = 2O^{2-} \tag{6-7}$$

式中：O^{2-} 和 $\square^{2-}$ 分别表示晶格氧离子和表层阴离子空缺。催化碳氢化合物氧化的机理与 CO 相同。

催化净化 NO 的反应机理的一种解释如下：

$$CO + * = CO^* \tag{6-8}$$

$$NO + * = NO^* \qquad (6-9)$$

$$CO^* + NO^* \longrightarrow CO_2 + N^* + * \qquad (6-10)$$

$$2N^* \longrightarrow N_2 + 2^* \qquad (6-11)$$

第三节　金属的吸附性能与催化活性

多相催化反应中，气体分子在催化剂表面上能否被吸附、吸附的强度如何，这些都影响催化反应的速度。一般来说，处于中等吸附强度的化学吸附态的分子会有最大的反应速率。因为，太弱的吸附使反应分子改变或变形很小，不易参与反应。而太强的吸附又会生成稳定的中间化合物将催化剂表面覆盖，亦不利于反应。

吸附的强弱常用吸附键能或吸附热来表示。由于吸附热的测定过程复杂，在选择催化剂时，可以根据现有物理化学数据估计吸附能力的强弱。

估计吸附能力强弱的两种方法：

(1) 可以根据各种气体在不同金属上的吸附热和相应金属在标准状态下生成最高价氧化物的生成热 ΔH_f 的关系中定性地估计吸附能力。

如图 6－2 所示，吸附热与最高价氧化物的生成热呈直线关系。一般说来，吸附热和生成最高价氧化物生成热大的，都是强吸附；生成热小的，都是弱吸附。这些气体在一系列金属上吸附能力大小的次序大致是相同的，并大致与金属在周期表中的次序相同。过渡金属的性能按周期表中从左到右的顺序递减，这主要是因为过渡金属 d 轨道充满程度依次增加。Ⅷ族金属由于 d 轨道中电子数未充满，因此具有较高的活性。

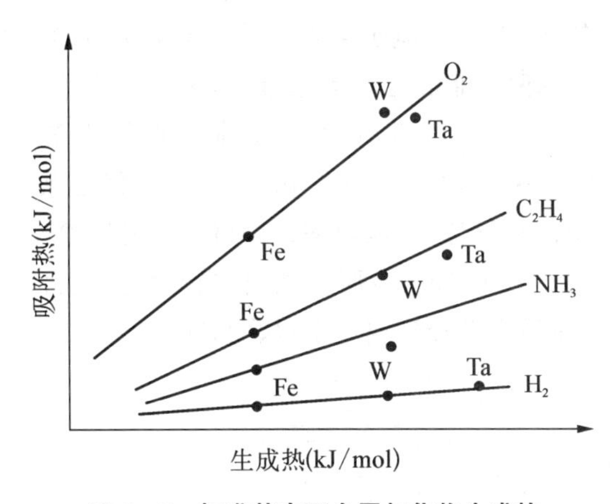

图 6－2　标准状态下金属氧化物生成热与吸附热的关系

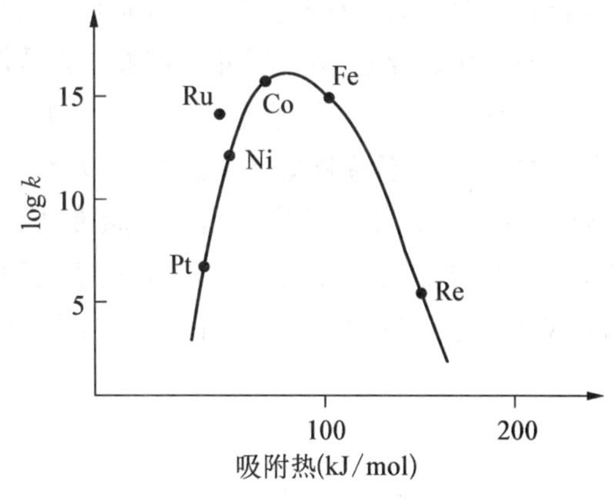

图 6－3　金属对 NH_3 的吸附强度与 NH_3 分解活性间的关系

(2) 从电负性定性估计。电负性表示原子吸引电子的趋势，是发生化学反应的原动力。从图 6－2 可见，电负性越大的金属(相同原子价)，ΔH_f 越小，吸附热也越小。

总之，吸附强度与催化活性密切相关。图 6－3 表示 NH_3 的吸附强度与 NH_3 分解活性间的关系。由图可见，ΔH_f 在 60～100 kJ/mol 的金属具有比较好的催化 NH_3 分解的活性。

第四节　金属的电子结构与催化活性

一、能带理论

1. 能带的形成

一个原子的核外电子是按能级的高低分别排列在内外许多层的轨道上，如 1s、2s、2p、3s、3p、4s、3d……轨道。一块固体如金属晶体，由许许多多的原子组合而成，由于原子相互之间挨得很近，不同原子的轨道发生了重叠，外层电子就不再属于哪一个原子，可由一个原子的轨道转移到另一个原子的轨道上去，外层电子公有化了。外层电子公有化后，相应的能级也发生了变化。

如图 6-4，N 个 3s 原子能级便形成 N 个 3s 共有化电子能级，这一组能级的总体便叫做 3s 能带。N 个 2p 原子能级便形成了 N 个 2p 共有化能级，这一组能级的总体叫做 2p 能带。3s 能带和 2p 能带之间有一间隔，没有能级，不能填充电子，这个区域就叫做禁带。

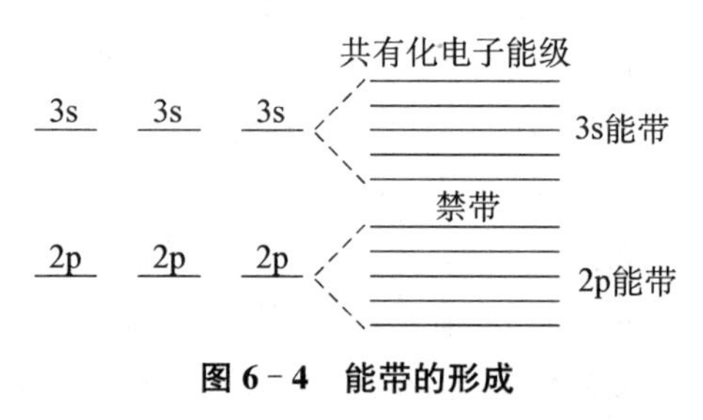

图 6-4　能带的形成

2. 金属、半导体、绝缘体的能带

在固体中每一个电子的能级，由于核与电子、核与核、电子与电子的相互作用，能级便分裂成两个部分的能带：下面一个带一般充满或部分充满价电子，称为满带或价带；上面的一个能带在基态时往往不存在电子，而是空着的，称为空带。当电子从满带激发至空带后，空带的电子可起导电作用，因此空带被称为导带。在这两个能带之间，没有能级，称为禁带。

金属、半导体与绝缘体三者的能带有很大区别，如图 6-5 所示，绝缘体禁带很宽，满带中的价电子不易激发到导带中去，因而其导电性不好，电阻率约在 100 亿～100 亿亿欧姆/厘米之间。金属的导带紧连着满带，因而是电的良导体，其电阻率约为百分之几欧姆/厘米。半导体的禁带宽度居中，电阻率约为 10 万～100 亿欧姆/厘米之间，当环境温度升高或在一定能量的光照下，满带中的电子获得能量后会跃迁到空带中，从而导电。

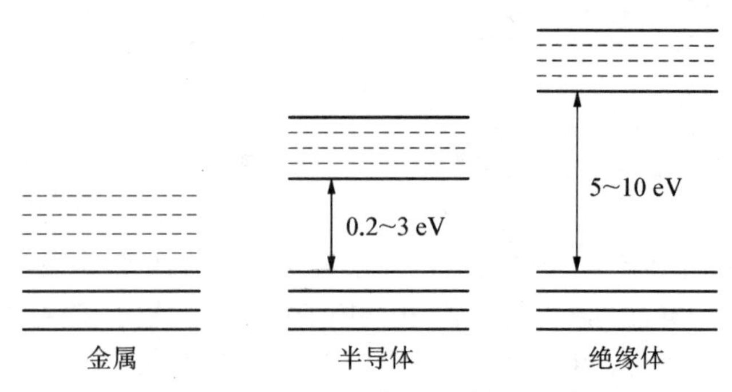

图 6-5　金属、半导体与绝缘体的能带

3. 用能带理论解释金属催化剂的电子结构对催化活性的影响

以金属钠和镍为例。

(1) 钠原子的价电子结构是 $3s^1$，由 N 个 Na 原子组成金属钠单质之后，形成了由 N 个能级组成的 3s 能带(相当于钠原子的 3s 能级)。在能带中有 N 个 3s 电子，由于每个 3s 能级可填充两个电子，所以钠的 N 个电子共占有 $N/2$ 个能级，3s 能带未填满(如图 6-6)。

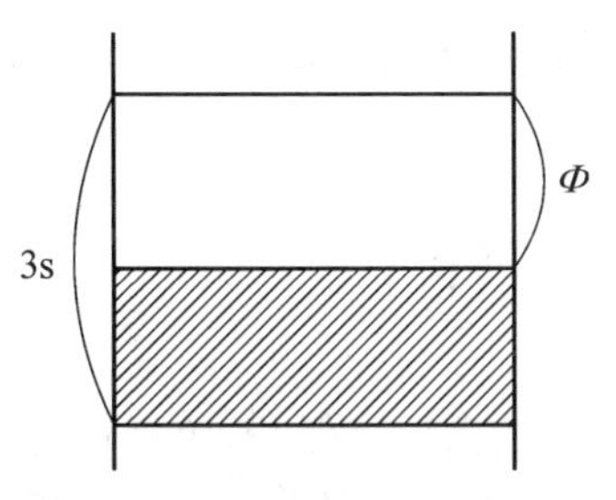

图 6-6　金属钠的 3s 能带图

表 6-2　一些金属的电子脱出功数值

金属	Φ(eV)	金属	Φ(eV)
钠	1.9	钼	4.2
铯	1.8	银	4.8
镍	4.6	铂	5.3
钨	4.5	铬	4.6

若用足够强的光照射或一定温度下，电子就会脱离金属。所需要的最小能量称为脱出功(Φ)。金属钠的 Φ=1.9 eV，与过渡金属相比，这个数值不大(见表 6-2)。

因此，电子很容易脱离金属钠原子，这与金属钠的活泼性是一致的。当金属钠吸附分子之后，分子得到了钠原子给出的电子形成离子键。例如，Na 和 Cl_2 能形成离子键，钠原子变成 Na^+，具有稳定的八电子外层结构，电子转移给 Cl_2 分子时是放热反应，其能量 E 可表示为 $E=\varepsilon-\Phi$(ε 为 Cl_2 分子对电子的亲合势)。形成化学键的必要条件是 $\varepsilon>\Phi$，由于金属钠的 Φ 比较小，因此 E 值较大。Cl_2 分子与钠原子之间易形成稳定的化学键，这是一个不可逆过程。所以钠原子表面上不能再吸附活化其他反应分子。因此，一般说来，碱金属和碱土金属对烃类化合物不显示催化活性。

(2) 镍原子的价电子结构是 $3d^8 4s^2$，由于 N 个镍原子构成金属镍后形成 3d 能带和 4s 能带，共有 $5N$ 个 3d 能级和 N 个 4s 能级，每个能级可容纳两个电子，所以两个能带共可容纳 $12N$ 个电子，而镍的最外层只有 $10N$ 个电子，因此能带中的能级并未被电子填满。在金属镍中，好像应该是 3d 能带中填 $8N$ 个电子，4s 能带中填 $2N$ 个电子。实际上，由于 3d 能带和 4s 能带发生交盖重叠，部分的 s 电子转移到 3d 能级上去了。通过对磁性的测定可知，对每一个镍原子来讲，平均有 9.4 个电子在 3d 带中，有 0.6 个电子在 4s 带中。0.6 个未填电子的 d 带被称为 d 带空穴，d 带空穴愈多，说明未配对的 d 电子愈多，呈现的磁化率愈大。

以骨架型 Ni-Cu 催化苯加氢的反应为例。Cu 原子比 Ni 原子多一个电子，其外层电子结构是 $3d^{10}4s^1$，如在 Ni 中掺入 Cu，组成 Cu-Ni 合金，将使 Ni 的 d 带空穴数下降，催化活性与纯 Ni 比也下降。实验证明，在所有情况下，每个周期的最后一个过渡金属(Cu、Ag、Au)的活性突然下降，也就是说当金属的 d 能带完全填满时，活性突然下降，表明金属 d 带空穴的多少影响其催化活性。但 d 带空穴也不宜过多。例如，当用 Fe-Ni 合金为催化剂时，Fe 的 d 电子比 Ni 少，Fe-Ni 合金的空穴将比纯 Ni 更多。研究发现，随着Fe-Ni 合金中 Fe

含量增加，催化活性反而降低，这表明过多的 d 带空穴反而不利于催化活性的提高。

二、鲍林理论(Pauling)(杂化轨道理论)

该理论认为金属键是一种特殊形式的共价键，金属间的共价键由 d 电子参加的杂化轨道组成，d 轨道参加的成分越多，则这种金属键的 d 成分越多。通常用 $d\%$表示 d 轨道参加金属键的分数。而化学吸附主要是与金属原子中未参与金属键的 d 轨道有关。在 d 能带中成键电子数越多，金属键的 $d\%$越大，未参与成键 d 轨道越少，因而参与化学吸附的 d 轨道就愈少。实验证明，$d\%$在 40%～50%的金属，如 Co、Ni、Pd、Pt、Rh 等是较好的催化剂。

第五节　金属的空间因素与催化活性

上节讲到，金属中 d 带空穴及未成键 d 电子数会影响催化剂的活性。但是，单从催化剂的电子因素来考虑问题，往往得不出正确的结果，还应考虑催化剂的空间因素。这里所指的空间因素包括几何因素(原子间距和原子的几何排列)、晶体的结构缺陷及分散度(晶粒的大小和分布情况)等。

一、几何因素

举两例说明几何因素对催化活性的影响。

1. 乙烯在金属 Ni 上的加氢反应

烯烃加氢生成烷烃的反应在金属原子上很容易进行。公认的机理是烯烃分子的—C═C—与两个活性金属原子结合为吸附态烯烃分子，然后与两个 H 原子作用，生成吸附态烷烃分子，后者脱附为气相烷烃分子。反应机理为：

$$H_2 + 2M \longrightarrow 2H-M$$

$$2M + RCH{=}CH_2 \rightleftharpoons \begin{array}{c} \quad\ \ R \quad H \\ \quad\ \ | \quad\ | \\ H-C-C-H \\ \quad\ \ \vdots \quad\ \vdots \\ \quad\ \ M \quad M \end{array}$$

$$HM + \begin{array}{c} \quad\ \ R \quad H \\ \quad\ \ | \quad\ | \\ H-C-C-H \\ \quad\ \ \vdots \quad\ \vdots \\ \quad\ \ M \quad M \end{array} \rightleftharpoons \begin{array}{c} \qquad R \\ \qquad | \\ CH_3-C-H \\ \qquad \vdots \\ \qquad M \end{array} + 2M$$

$$HM + \begin{array}{c} \qquad R \\ \qquad | \\ CH_3-C-H \\ \qquad \vdots \\ \qquad M \end{array} \rightleftharpoons \begin{array}{c} \qquad R \\ \qquad | \\ CH_3-C-H \\ \qquad | \\ \qquad H \end{array} + 2M$$

实验发现，乙烯在 Ni 上加氢，取向的 Ni 薄膜(高比例暴露(110)晶面)比非取向的 Ni 晶粒((110)、(100)、(111)晶面各占 1/3)的活性大 5 倍。由于不同晶面上原子间距不同，这一事实说明，催化活性与催化剂表面原子间距有很大关系。可解释如下：

乙烯双位吸附在金属表面原子上，C—C 间的距离为 1.52 Å（设为 c），C—Ni 间的距离为 1.82 Å（设为 b），Ni—Ni 间的距离设为 a，根据图 6－7，可得 θ 角（∠CCNi）：

$$\frac{a-c}{2}=b\cos(180°-\theta)$$

$$\theta=\arccos\frac{c-a}{2b}$$

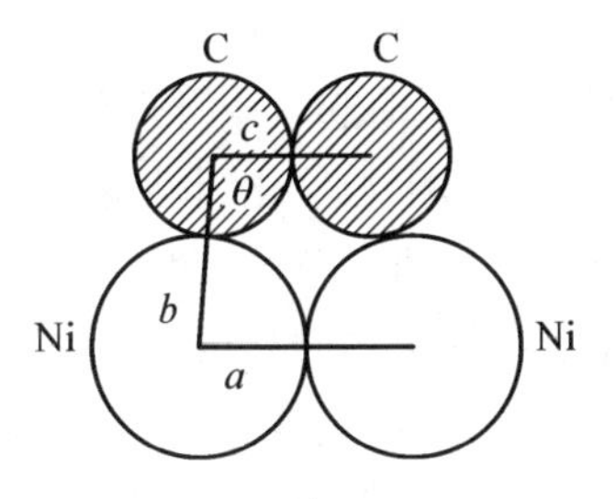

图 6－7　乙烯在 Ni 上的双位吸附

已知面心立方的镍有三种晶面，两种 Ni—Ni 间距，分别为 2.48 Å 和 3.51 Å，见图 6－8 所示。

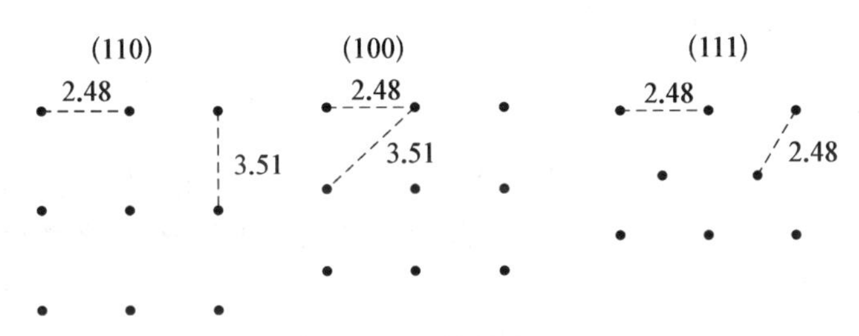

图 6－8　镍的晶面

若乙烯双位吸附在 a＝3.51 Å 的两个 Ni 原子上，可算出 θ＝123°；若乙烯双位吸附在 a＝2.48 Å 两个 Ni 原子上，可算出 θ＝105°。众所周知，碳原子位于四面体顶点时（如 CH_4 分子），键角为 109°28′，与 105°约差 4°。因此，乙烯吸附在原子间距为 a＝2.48 Å 的 Ni 原子上时可形成稳定中间吸附态，吸附热也较大。而当乙烯吸附在原子间距为 a＝3.51 Å 的原子上时，由于键角与稳定的四面体的键角相差较大，因而形成的中间吸附态不稳定，吸附热也较小。对于表面吸附为速率控制步骤的催化反应，较低的吸附热可能对应于较高的催化活性，因此，具有 Ni—Ni 距离为 3.51 Å 的表面 Ni 原子的催化活性比 2.48 Å 的要高。从图 6－8 可以看出，三种晶面中距离为 3.51 Å 的 Ni 原子数目，(110)面内的比(100)面或(111)面内的都多。因此，取向镍膜的活性比非取向镍晶粒的活性更高。

2. 环己烷脱氢制苯

曾经用 66 种金属催化此反应，结果发现只有 Pt、Pd、Ir（铱）、Rh、Co、Ni、Re（铼）、Tc（锝）、Os（锇）、Zn、Ru 等 12 种金属有活性。这些金属具有两个共同点：① 相邻原子间距离 a 都在 2.491 6～2.774 6 Å 之间；② 晶体内具有金属原子排列成等边三角形的晶面。实验证明，对环己烷脱氢制苯具有催化活性的金属必须同时具备①和②两个条件，才有较好的催化活性。可用图 6－9 的六位模型解释该现象。

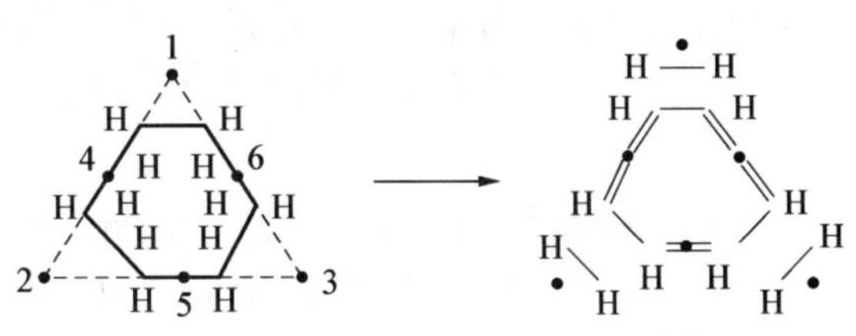

图 6－9　环己烷脱氢制苯反应的六位模型

由于环己烷分子的对称性为正六边形，所以要求催化剂原子间排列的对称性也是正六边形。具有这样对称性的金属催化剂如立方晶系面中心的(111)晶面或六方晶系的(001)晶面。图 6－9 中,标号 1～6 是催化剂的六位,六位中的三个原子(1,2,3)起到从环己烷分子中拉走氢原子、促使它们结合为 H_2的作用,六位中的另外三个原子(4,5,6)起吸附环己烷、促使其形成苯环的作用。从这个例子可以看到,不仅金属表面原子间距与催化活性有关,而且表面原子的几何排布也与催化活性有关,如果金属不能同时满足两个条件,即反应分子中的氢原子距离吸附它的催化剂原子太远或者六元环不能铺在催化剂的晶格上,这样的金属对环己烷脱氢没有活性,这是多位催化理论的基本思想。1929 年,苏联学者巴兰金提出了多位催化理论(multiplet theory of catalysis),认为在金属催化作用中,往往需要几个具有一定几何排布的金属原子(活性中心)的协同作用才能完成,这些被称为活性中心的金属原子组成一个多位体。多位体的几何性质与反应物的几何结构要适应,同时吸附键的键能与断裂键的键能和生成键的键能之和相适应,被称为几何对应原则和能量对应原则。

二、结构缺陷

Gwathaney 等人研究了金属 Pt 单晶及负载在载体上形成金属微晶时微晶大小与催化活性的关系。他们发现在 10～50 Å 范围内微晶几乎成球形,并多数坐落在载体凹凸不平的边、角上,直径愈小的晶体,愈易坐落在边、角上。10 Å 的晶粒约有 3/4 在边、角上,50 Å 的晶粒只有 1/3 在边、角上。坐落在台阶、边、角上的原子,其催化活性不同于平台上的原子,在平台上的 Pt 不具备打断 H—H、C—C 键的能力,而在边、角上的 Pt 就有这种能力。有人认为这是由于晶格缺陷使得电子运动受到阻碍,在边、角上的电子比较容易脱离表面。所以,当吸附物停留在催化剂表面上时,电子容易从固体上转移到吸附物上(但这仅解释了电子从催化剂一方向反应物转移的难易,未能解释电子从反应物向催化剂转移)。

刘娟等研究了天然金红石的缺陷浓度对光催化性能的影响。天然金红石具有较高的缺陷浓度,这些缺陷使天然金红石表面对水和羟基具有较大的吸附能力。同时,缺陷和杂质形成的杂质能级和缺陷能级以及相应的表面态使得天然金红石的紫外-可见吸收光谱在可见光范围具有吸收。研究表明,天然金红石具有良好的光催化活性。而且,高温加热和淬火处理能够进一步改善天然金红石的缺陷和表面特征,增大其在可见光范围内的吸光能力,有利于提高金红石的可见光光催化活性。

三、晶粒尺寸

固体催化剂通常是多晶体,这种多晶体由许许多多微小晶粒(一次粒子)堆积成的二次粒子所组成。一次粒子的大小只能用 x-射线和高分辨电子显微镜测定,二次粒子的大小可以用普通显微镜来观察。通常,一次粒子之间形成细孔,二次粒子之间形成粗孔。晶粒大小还与孔径分布有关。常用催化剂的晶粒大小,一般在几十 Å 到几百 Å 之间,有的甚至超过 1 000 Å。

金属晶粒大小与催化活性、选择性、抗毒性都有很大关系,从图 6－10 可见,镍的晶粒在 60～80 Å 之间,环己烷的脱氢活性最好,晶粒越大,抗毒性越差。由此可见,并不是所有的催化剂都是晶粒越小,活性越高。

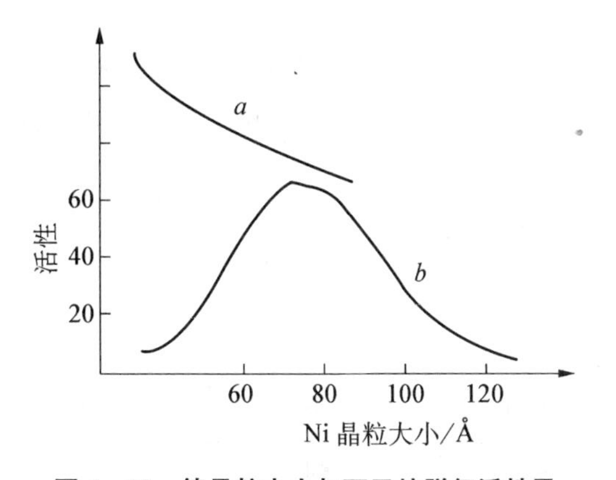

图 6-10　镍晶粒大小与环己烷脱氢活性及抗硫中毒能力的关系

a. 抗硫中毒能力　b. 环己烷脱氢活性

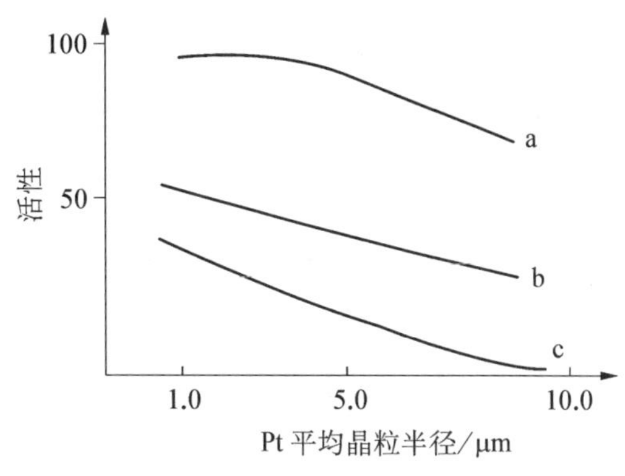

图 6-11　Pt 晶粒大小与催化活性的关系

a. 加氢裂解　b. 异构化　c. 脱氢环化

对于铂重整反应，随着铂晶粒的增大，脱氢环化、异构化、加氢裂解的活性都降低，如图 6-11。因此，为了获得更多的芳烃，就必须使铂金属处于高度分散状态。

以上是一些对催化剂的几何结构有要求的反应，这类反应称为结构敏感反应。除了几何对应因素外，还要求催化剂与被吸附并进行反应的分子之间有一定的能量适应关系。

第六节　负载型金属催化剂

一、载体的种类

载体的种类很多，可以是天然物质（如沸石、硅藻土、白土等），也可以是人工合成物质（如硅胶、活性氧化铝等）。载体的分类可以按比表面大小和酸碱性来分。

1. 按比表面积分类

（1）低比表面积载体

如：SiC、金刚石、沸石等，比表面积在 20 m^2/g 以下。这类载体对所负载的活性组分的活性没有太大的影响。

低比表面积载体又分有孔和无孔两种：

① 无孔低比表面积载体。如刚铝石，比表面积在 1 m^2/g 以下，特点是硬度高、导热性好、耐热性好，常用于热效应较大的氧化反应中。

② 有孔低比表面积载体。如沸石、SiC 粉末烧结材料、耐火砖等，比表面积低于20 m^2/g 。

（2）高比表面积载体

如活性炭、Al_2O_3、硅胶、硅酸铝和膨润土等，比表面积可高达 1 000 m^2/g，同样也分有孔和无孔两种。

TiO_2、Fe_2O_3、ZnO、Cr_2O_3等是无孔高比表面积载体，这类物质常需要添加黏合剂，于高温下焙烧成型。

Al_2O_3、活性炭、MgO、膨润土是有孔高比表面积载体，这类载体常具有酸性或碱性，并由此影响催化剂的性能，有时载体本身也提供活性中心。部分载体的比表面积和比孔容如表6－3。

表6－3　部分载体的比表面积和比孔容

载体	比表面/(m^2/g)	比孔容/(cm^3/g)	载体	比表面/(m^2/g)	比孔容/(cm^3/g)
活性炭	900～1 100	0.3～2.0	硅藻土	2～80	0.5～6.1
硅　胶	400～800	0.4～4.0	石　棉	1～16	—
$Al_2O_3-SiO_2$	350～600	0.5～0.9	钢铝石	0.1～1	0.03～0.45
$\gamma-Al_2O_3$	100～200	0.2～0.3	金刚石	0.07～0.34	0.08
膨润土	150～280	0.3～0.5	SiC	<1	0.40
矾　土	150	0.25	沸　石	0.04	—
MgO	30～50	0.3	耐火砖	<1	—

2. 按酸碱性分类

碱性载体：MgO、CaO、ZnO、MnO_2。

两性载体：Al_2O_3、TiO_2、ThO_2、Ce_2O_3、CeO_2、CrO_3。

中性载体：$MgAl_2O_4$、$CaAl_2O_4$、$Ca_3Al_2O_4$、$MgSiO_2$、Ca_2SiO_4、$CaTiO_3$、$CaZnO_3$、$MgSiO_3$、Ca_2SiO_3、碳。

酸性载体：沸石分子筛、磷酸铝。

二、几种常用载体

1. Al_2O_3

氧化铝是工业催化剂中用得最多的载体。价格便宜，耐热性高，对活性组分的亲和性好。高比表面的Al_2O_3可用于石油重整催化剂(Pt，Pt－Re)、加氢脱硫催化剂($CoO-MoO_3-NiO$)、汽车尾气净化催化剂等场合。

2. 硅胶

硅胶的化学成分为SiO_2，通常由水玻璃酸化制取。SiO_2可作为萘氧化制苯酐催化剂$V_2O_5-K_2SO_4$的载体，乙烯制乙酸催化剂Pd的载体，乙烯水合制乙醇催化剂H_3PO_4的载体。但工业上的应用没有Al_2O_3广泛，这是因为制造困难，与活性组分的亲和力弱，水蒸气共存下易烧结等缺点影响了它的使用，但相对来说仍是用得较多的载体。

3. 硅藻土

主要化学成分为SiO_2，是由硅藻类生物在久远的地质作用下演变而来的。硅藻土中含少量的Fe_2O_3、CaO、MgO、Al_2O_3及有机物，其孔结构和比表面随产地而变。我国的硅藻土比表面积一般在20～65 m^2/g，比孔容在0.95～0.98 cm^3/g，主孔径在50～800 nm。

硅藻土在使用前要用酸处理：一是为了提高 SiO_2 的含量，降低杂质含量，增大比表面积及比孔容；二是为了提高热稳定性。经酸处理后，再在 1 173 K 下焙烧，可进一步增大比表面积。硅藻土主要用于制备固定床催化剂。

4. 活性炭

活性炭的主要成分是 C，此外还有少量的 H、O、N、S 和灰分等。活性炭的特征是具有发达的细孔和大的表面积，热稳定性高。很早以前就被用作贵金属催化剂的载体。制造活性炭的原料有木材和果壳等植物及煤、石油等矿物经炭化再活化而成。活化方法是在水蒸气、CO_2、空气等氧化性气氛中于 750～1 050 ℃处理，也可用 $ZnCl_2$、H_3PO_4 浸渍后再经高温处理。一般活性炭含有 5%的灰分，比表面积为 500～1 200 m^2/g，微孔径为 0.5 nm，比孔容为 0.6～1.0 cm^3/g，填充密度为 0.4～0.56 g/cm^3。图 6－12 为活性炭的表面化学结构示意图。

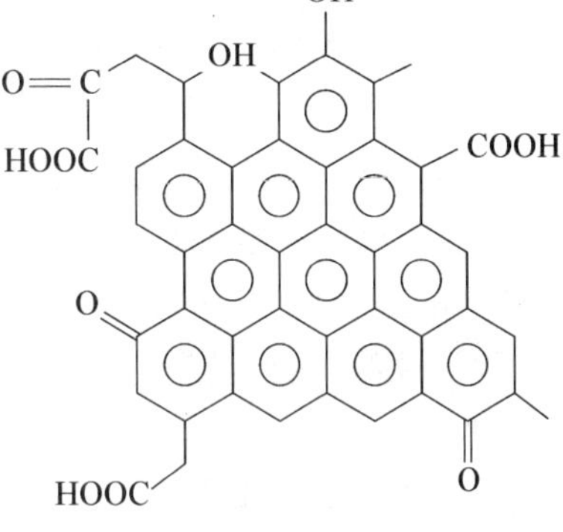

图 6－12　活性炭的表面化学结构示意图

5. 二氧化钛

TiO_2 具有锐钛矿、板钛石、金红石三种结晶形态。TiO_2 表面存在 OH 基。制备方法和所含杂质将影响其酸碱性，一个 Ti 与一个 OH 基连接时呈碱性，两个 Ti 与一个 OH 基连接时呈酸性，但总的来说酸碱性较弱。工业用 TiO_2 载体的化学组成（质量分数）为：TiO_2，95%；SO_3，3.64%；H_2O，1.66%。比表面积约为 72 m^2/g。

6. 层状化合物

在层状化合物（如上一章介绍的粘土）的结构中，层与层之间的间隙比形成层面的原子间的间隔大得多。层间的结合力仅为范德华力或静电力，十分弱，易被破坏，这种弱的结合力使其他分子或离子易进入层间，形成层间化合物。层状化合物的重要性在于其大孔结构。

7. 碳化硅

碳化硅属于陶瓷，熔点高于 2 000 ℃，具有高的热传导率，高的硬度，强的耐热、耐冲击性等优点，但在氧化气氛中容易被氧化。

碳化物系陶瓷的耐氧化性：SiC(1 500 ℃)＞TiC(600 ℃)，所以在碳化物系陶瓷中只有 SiC 可作为载体。

三、载体的作用

与许多其他类型多相催化剂一样，金属催化剂在多数情况下，都做成负载型而被使用。一般认为，载体主要具有以下作用：

(1) 提高催化剂的机械强度，保证催化剂具有一定的形状。因为所选择的载体都必须具有一定的强度，如抗磨损、抗冲击以及抗压性能等。

(2) 增大活性表面并提供适宜的孔结构。同时，把催化剂负载在载体上也可节约催化剂的用量。例如，用于 SO_2 氧化的钒催化剂，把 V_2O_5 负载于硅藻土上，可节约 V_2O_5 的用量。

（3）改善催化剂的导热性和热稳定性。载体一般具有较大的热容和表面积，使放热反应的反应热得以消除，因而避免局部过热而引起催化剂的烧结。

（4）载体能与活性组分相互作用以改善催化剂的活性，避免烧结现象，抵抗中毒。

（5）有些载体本身也可提供活性中心，例如，Al_2O_3 载体就可提供酸中心，从而可促进某些需要酸中心的反应如异构化反应的进行等。

随着催化科学和研究方法的发展，人们对载体作用的认识也不断深化。载体的作用不单纯是上面所述的这些。它与活性组分可以发生相当强的相互作用，在有些体系中，载体和活性组分甚至能形成化合物，所有这些对催化剂的吸附性能和催化性能都将产生影响。

现举例说明载体-金属间的相互作用对催化活性的影响。

1. Al_2O_3 载体对镍催化剂表面性质及催化活性的影响

表 6-4　Al_2O_3 载体对镍催化剂结构及乙苯氢解催化活性的影响

样品	Ni%(wt)	S(m^2/g)	D(nm)	S_{elB}(%)	S_{eln}(%)
Ni/Al_2O_3	28.5	650	7.0	18	1
Ni	100	1.7	400	14	6

注：S_{elB}：苯的选择性，S_{eln}：芳核断裂产物的选择性。

从表 6-4 可看到，添加载体在很大程度上改变了整个体系的物理性质，而且还改变了对某种目的产物的选择性。这种大幅度变化说明活性组分 Ni 与载体之间存在着某种作用。

2. 添加不同载体对催化剂催化性能的影响

不同载体负载的 Ni 催化剂对 F-T 反应有不同作用，见表 6-5。在相近的温度范围内，载体的变化使催化剂转化 CO 的比率相差 4～8 倍。因此，金属-载体作用的影响很大。

表 6-5　不同载体的 Ni 催化剂对 F-T 反应的影响

催化剂	反应温度，K	CO 转化率，%	产物分布，%(重)				
			C_1	C_2	C_3	C_4	C_5^+
1.5%Ni/TiO_2	524	13.3	58	14	12	8	7
10%Ni/TiO_2	516	24	50	9	15	8	9
5%Ni/η-Al_2O_3	527	10.8	90	7	3	1	—
8.8%Ni/γ-Al_2O_3	503	3.1	81	14	3	2	—
42%Ni/α-Al_2O_3	509	2.1	76	1	5	3	1
16.7%Ni/SiO_2	493	3.3	92	5	3	1	—
20%Ni/石墨	507	24.8	87	7	4	1	—
Ni 粉末	525	7.9	94	6	—	—	—

四、双金属负载型催化剂

除了人们较为熟悉的单金属负载型催化剂外，还有一类双金属负载型催化剂，可用于许多类型的反应。例如，烃的重整反应中，常使用 Pt－Re、Pt－Ir、Pt－Ge 等负载型催化剂。这种催化剂涉及的反应包括加氢、脱氢、脱氢环化、异构化以及氢解等，此外还可用于 F－T 合成，汽车尾气中 NO_x 的还原，CO 或小分子烃的氧化等。如，汽车尾气中 NO 的还原可采用有较好活性的 Rh/SiO_2，若在其中添加少量 Pd 或 Pt，还有助于将汽车尾气中的 CO 和烃类转化成完全氧化产物 CO_2 和 H_2O，从而大大降低汽车尾气的公害程度。

环己酮脱氢制备苯酚及丙醇转化成丙酮的反应可用 $Sn-Ni/SiO_2$ 催化剂，该催化剂活性高，寿命长。对于环己酮制备苯酚的反应，Ni/Sn 的物质的量比值以 2.5 最佳。对于 2－丙醇转化成丙酮的反应，最佳 Ni/Sn 物质的量比值为 8。这些催化体系中还有 NiSn、Ni_3Sn_4、Ni_3Sn_6 等合金相存在。若使用 $Pd-Sn/SiO_2$ 催化剂，对环己酮转化成苯酚的最佳 Pd/Sn 比值为 0.3。对环己羟胺转化成苯胺的最佳 Pd/Sn 比值为 3。在这些催化体系中，分别测出了不同的晶相，如当 Pd/Sn 比值为 0.3 时，有 PdSn 相和 β－Sn 相，当 Pd/Sn 比值为 3 时，则有 Pd、PdSn、Pd_2Sn_2 和 $PdSn_3$ 相等。

上述几例表明，相同组分的双金属负载催化剂可用于不同的反应，当组分的比例改变时，催化剂的晶相结构也发生很大变化，所有这些会在一定程度上影响其催化性能。

另外，载体本身还具有催化活性，可与金属形成双功能负载金属催化剂，如重整反应中的 Al_2O_3 载体(见本章第二节)。

第七节 金属催化剂的稳定性

一、耐热稳定性

金属催化剂的活性与暴露在反应物下的金属的表面积有关，至少是顺变关系。所以要求金属有高的分散度以提高这种暴露面积，然而，在反应过程中烧结的发生却使金属的分散度降低，引起比表面积、活性晶面点减少。特别是单组分金属催化剂，当温度超过熔点一半时即发生烧结。

1. 改善催化剂耐热性的两种方法

(1) 加入适量的高熔点、难还原的氧化物作为间隔体，防止易烧结的金属微晶相互接触。如加入 Al_2O_3、Cr_2O_3、MgO、SiO_2、ZrO_2、WO_2 和 ThO_2 等，可以起到间隔体作用，这类氧化物被称为结构性助催化剂。

(2) 用负载方法将活性组分分散在耐热的载体表面上。

2. 影响烧结的因素

烧结是一个复杂的现象，与多种因素有关，如金属和载体的种类、温度、时间、气氛等。

(1) 金属和载体的种类

熔点低的金属比熔点高的金属易烧结。金属和载体的种类不同，将决定金属-金属间及金属-载体间键合能量的相对强弱，进而影响金属原子从晶粒的脱离和在载体表面上的扩散，而扩散又影响晶粒的生长，扩散可增加分散度(扩散与生长成反向关系)，晶粒易生长，即易烧结。

(2) 气氛

在 H_2、He 和 O_2 等不同气氛下，所负载金属晶粒的烧结行为是不同的。

对 Pt 族金属而言，在氧气氛下，能形成挥发性不高的金属氧化物，它沿载体表面扩散或通过蒸气从能量高的中心转移至能量低的中心。因此，在氧气氛下，在 673～773 K 范围内就可以增加 Pt 在 Al_2O_3 上的分散度，这对重整催化剂的再生是有利的。类似地，负载于 Al_2O_3 上的 Ir 在氧气氛下加热也发生重分散作用，重分散的机理尚不确定，很可能也是通过氧化物。利用这些性能，可在氧气气氛中使烧结的金属晶粒再生。

(3) 温度、时间

一般来说，随着温度的提高和时间的延长，烧结程度加重。在 H_2 气氛下，所有的金属都遵从这样的模式。

二、抗毒稳定性

由于有害杂质(毒物)对催化剂的毒化作用，使催化剂的活性、选择性或稳定性降低，寿命缩短的现象，称为催化剂中毒。

催化剂的中毒现象可以粗略地解释为表面活性中心吸附了毒物，或进一步转化为较稳定的表面化合物，活性点被钝化了，因而降低了催化活性。毒物可能加快副反应的速率，降低催化剂的选择性，毒物也会降低催化剂的烧结温度，使晶体结构受到破坏等。

催化剂中毒的原因有：原料中所含毒物强吸附在活性中心上；原料中所含毒物与活性中心起化学作用，变成别的物质；在催化剂制备过程中，载体内所含的杂质与活性中心作用，毒化活性中心。

1. 催化剂的毒物种类

催化剂的毒物主要有：含硫化合物，如 H_2S、COS(氧硫化碳)、SO_2、CS_2、RSH、R_1SR_2(硫醚)、C_4H_4S(噻吩)、RSO_3H(磺酸)、H_2SO_4 等；含氧化合物，如 O_2、CO、CO_2、H_2O 等；含磷化合物；含砷化合物；卤素化合物以及重金属化合物等。各种催化剂对各种杂质有着不同的抗毒能力，同一种催化剂对同一种杂质在不同的反应条件下也具有不同的抗毒能力。因此，某种杂质对某种催化剂在给定条件下是否有毒化作用要作具体分析，不能一概而论。催化剂毒物不仅针对催化剂，而且还针对这个催化剂所催化的反应(见表 6－6)。

表 6－6　各种催化剂在不同反应下的毒物

催化剂	反应	毒物
Ni、Pt、Pd、Cu	加氢	S、S 的化合物、Se、Te、P、As、Sb、Bi、Zn、卤化物、Hg、Pb、NH_3、吡啶、O_2、Co(＜180℃)
	脱水	
	氧化	铁的氧化物、银化合物、C_2H_2、H_2S、PH_3、砷化合物

续 表

催化剂	反应	毒物
Co	氢化裂化	NH_3、S、Se、Te、P的化合物
Ag	氧化	CH_4、C_2H_6
V_2O_5、V_2O_3	氧化	As的化合物
Fe	氨合成	PH_3、O_2、H_2O、CO、C_2H_2、S的化合物
	加氢	Bi、Se、Te、H_2O、P化合物
	氧化	Bi
	合成汽油	S的化合物
活性白土、硅铝、硅镁	烃的裂解、烷基化、异构化、聚合	喹啉、有机碱、水、重金属化合物
铬铝催化剂	烃类芳香化	H_2O

对于Ⅷ族金属,常见毒物可分为三种:

(1) 周期表中的ⅤA和ⅥA族的非金属元素及其化合物。这些化合物的中心元素都含有孤对电子,电子对易与Ⅷ族的金属相结合,形成强吸附键,毒化活性组分。例如,Pd上吸附的二甲基硫的孤对电子,可以与Pd的d轨道结合成键,使Pd的活性下降。解决方法有:选择适当的氧化剂将这些毒物氧化,使这些毒物不再含有孤对电子而解毒。

(2) 金属和金属离子。制备金属催化剂的过程中,载体所含的金属和金属离子,有些是毒物,它和活性组分作用,毒化活性中心。例如,用Pd或Pt催化加氢反应时,用含有汞、铅、锡、镉、铜以及铁的物质为载体时,这些物质起毒化作用,使Pd和Pt的活性很快下降。特别是汞和铅,毒性很强。金属和金属离子的d电子结构与其毒性有内在联系,d轨道全充满(即d^{10})或从d^5到d^9者有毒,相反,d轨道全空或部分空,即d^0到d^4者无毒。

(3) 具有不饱和结构的化合物。它们能够提供电子与Ⅷ族金属的d轨道结合成键,毒化催化剂。

2. 催化剂中毒现象

根据中毒的本质,可分为暂时性中毒和永久性中毒两种现象。

(1) 暂时性中毒(可逆中毒)

有些催化剂因活性中心吸附了毒物,活性有所下降,但经再生处理或改用纯净原料气后,能使活性基本恢复或完全恢复。这种中毒现象称为暂时性中毒或可逆中毒。如,烃类转化制氢的镍催化剂。表面活性镍与H_2S作用生成NiS的反应是一个可逆反应:

$$Ni + H_2S \rightleftharpoons NiS + H_2$$

当硫含量足够低时,活性便可完全恢复。

(2) 永久性中毒(不可逆中毒)

有些催化剂遇到毒物之后在活性中心位置形成了稳定的化合物,或者降低了烧结温度,逐步地永远地丧失部分或全部活性,这种现象成为永久性中毒或者不可逆中毒。例如，卤素对铜催化剂（即使含有 Al_2O_3 助催化剂）的毒化作用。卤素与铜反应生成低熔点、略有挥发性的表面化合物，它很容易越过由 Al_2O_3 将铜晶体隔开的 10 Å 间隙，在 200 ℃ 的低温，几个小时内，铜晶粒就由几十 Å 长大到几千 Å。即使除去毒物，催化活性也无法重现。又如：合成氨的铁系催化剂，水和氧是毒物，所以可以用还原或加热的方法，使催化剂重新活化。另外，硫或磷化合物也是该反应中铁系催化剂的毒物，当它们引起中毒时，催化剂就很难再活化，应予以避免。

催化剂中毒虽然使催化剂的活性下降，但有时可以提高选择性。因此，在实际生产过程中可以利用中毒现象。例如，乙烯氧化制环氧乙烷时，用 Ag 作催化剂，副产物是 CO_2 和 H_2O。如果在反应气体中混入少量的 $C_2H_4Cl_2$，它能毒化催化剂上促进副反应的活性点，抑制 CO_2 的生成，提高环氧乙烷的选择性。

三、机械稳定性（机械强度）

固体催化剂颗粒抵抗摩擦、冲击、重力的作用和温度、相变应力的作用的能力统称为机械稳定性或机械强度。机械稳定性高的催化剂能够经受得住颗粒与颗粒之间、颗粒与流体之间、颗粒与器壁之间的摩擦，催化剂运输、装填期间的冲击，反应器中催化剂本身的重量负荷，以及活化或还原过程中突然发生温变或相变所产生的应力，而不发生明显粉化或破碎（包括活性组分的脱落、载体的破裂等）。

四、抗积炭稳定性

积炭失活是指一类高分子量含碳杂质覆盖活性表面、堵塞孔口的物理过程（注意：中毒过程多指毒物与活性中心之间发生的某些化学作用）。积炭失活在裂化、重整、烷基化、异构化等催化过程中是常见的现象。一般是由于副反应的延续引起，例如烯烃或芳烃聚合成为高分子量的石墨般的高聚物覆盖在催化剂表面引起失活。因此，结焦积炭引起的失活程度常常是温度和时间的函数。催化剂的再生与暂时性中毒不一样，一般借助空气、氧气的助燃来除炭。在某些场合下也可用氢气，使碳加氢或高分子量不饱和碳氢化合物加氢裂解为低分子量碳氢化合物。

思考题

1. 影响金属催化剂寿命的因素有哪些？
2. 什么是汽车尾气处理的三效催化剂？
3. 请叙述金属的电子结构与空间结构对其催化性能的影响。
4. 理想的催化剂载体应具备哪些条件？
5. 用多位理论解释金属催化剂的几何结构对环己烷脱氢制苯反应的影响。
6. 请写出 Pt/Al_2O_3 催化剂在重整反应中的双功能催化机理。

第七章

金属氧化物催化剂

第一节 概 论

金属氧化物因可以作为主催化剂、助催化剂和载体而在催化领域中被广泛使用。表7-1和表7-2列出了工业用氧化物催化剂的一些典型反应。就主催化剂而言，金属氧化物催化剂可分为过渡金属氧化物催化剂（简称为氧化物催化剂）和非过渡金属氧化物催化剂（常称为固体酸碱催化剂）。周期表中ⅠA和ⅡA族的碱金属和碱土金属氧化物以及Al_2O_3、SiO_2等的氧化物，其金属离子最高占有轨道和最低空轨道，都不是d轨道或f轨道，具有不变价的倾向。这些氧化物大多数具有很高的熔点，并抗烧结，可作为耐高温的载体或结构助催化剂，如Al_2O_3、MgO、SiO_2等。它们的另一个特性，是具有不同程度的酸碱性，对离子型（或正碳离子型）反应，具有酸碱催化活性。而且它们之间的适当组合，可以制成酸碱多功能催化剂。如MgO-SiO_2在从乙醇制丁二烯的反应中，同时具有酸碱催化活性。催化裂化的酸催化剂，从无定形的凝胶发展到结晶形的分子筛，可以说是催化裂化工业中一项重大的改革。使用分子筛的突出优点是活性高、选择及稳定性好。

表7-1 酸碱催化剂及其反应

催化裂化	（1）断键  $C_6H_5-CH_2-CH_3 \longrightarrow C_6H_6 + CH_3CH_3$ $-C-C-C-C-C \longrightarrow -C-C-C+-C-C$ （2）环构化 $-C-C-C-C-C-C \longrightarrow C_6H_{12}$（环己烷） 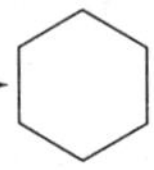 （3）芳构化  C_6H_{12}（环己烷）$\longrightarrow C_6H_6$ （4）加合反应 异丁烯+异丁烷$\longrightarrow$异辛烷	① 酸性白土、蒙脱土 ② 硅铝胶 ③ 分子筛
脱水	$CH_3CH_2OH \longrightarrow CH_2=CH_2+H_2O$	r-Al_2O_3
烷基化	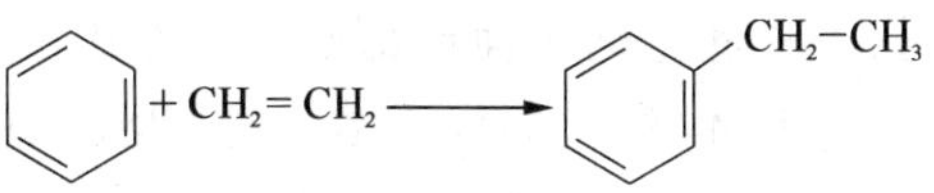 $C_6H_6 + CH_2=CH_2 \longrightarrow C_6H_5-CH_2-CH_3$	磷酸

表 7-2 过渡金属氧(硫)化物上的反应

反应类型	反应式	催化剂
加氢脱硫	$COS + 4H_2 \rightleftharpoons CH_4 + H_2O + H_2S$ $C_2H_5SH + H_2 \rightleftharpoons C_2H_6 + H_2S$ $C_2H_5SC_2H_5 + 2H_2 \rightleftharpoons 2C_2H_6 + 2H_2S$ $C_4H_4S + 4H_2 \rightleftharpoons C_4H_{10} + H_2S$ (噻吩)	① $CoO - MoO_3 - Al_2O_3$ ($MoS_2 - Co_9S_8$) ② ZnO
氧化	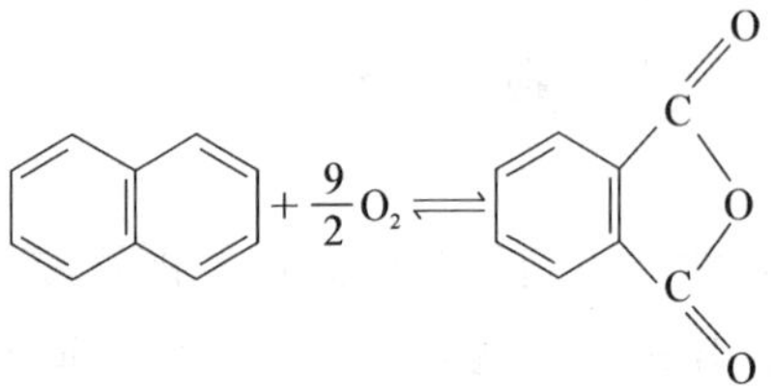 $+ \frac{9}{2}O_2 \rightleftharpoons$ (C=O, O, C=O)	$V_2O_5 - K_2SO_4$ -硅胶
脱氢	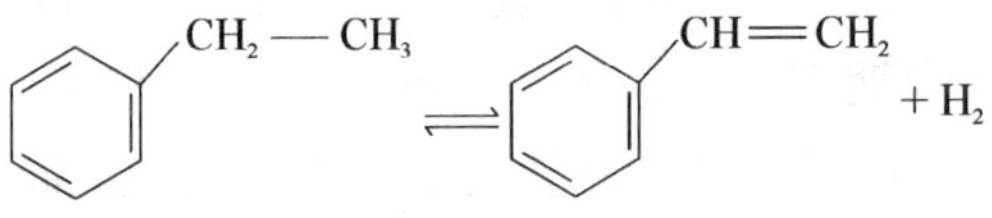 $CH_2—CH_3$ $\rightleftharpoons$ $CH=CH_2$ $+H_2$	$Fe_2O_3 - Cr_2O_3 - K_2O$
聚合	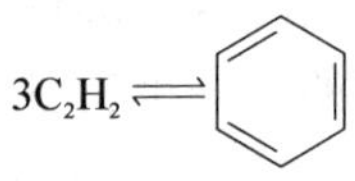 $3C_2H_2 \rightleftharpoons$	$V_2O_5 - SiO_2$

过渡金属氧化物中,金属离子最高占有轨道与(或)最低空轨道,是 d 轨道或 f 轨道,或是 d 和 f 杂化的轨道,具有容易变价的倾向,广泛用于氧化、加氢、脱氢、聚合、加合等催化反应中。实际应用中,仅含一个组分的氧化物催化剂一般不常见,通常是在主催化剂中加入多种添加剂,制成多组分氧化物催化剂。这些氧化物催化剂的存在形式有三种:① 生成复合氧化物。如,尖晶石型(或钙钛矿型)复合氧化物、含氧酸盐、多酸等。② 形成固溶体。如 NiO 或 ZnO 与 Li_2O 或 Cr_2O_3、Fe_2O_3 与 Cr_2O_3 生成固溶体。在 V_2O_5 中能固溶约 25%(物质的量)的 MoO_3、能固溶 5%(物质的量)的 P_2O_5。而且,形成固溶体后会影响 V═O 键的强度,有利于提高催化活性。③ 各成分独立的混合氧化物。即使是在这种情况下,由于晶粒界面上的相互作用,也必然会引起催化性能的改变,因而也不能以单独的化合物来看待,要注意到它们的复合效应。如 SiO_2 和 Al_2O_3 都是弱酸性,但形成 $SiO_2 \cdot Al_2O_3$ 凝胶后酸强度增加了(见第一章)。

随着固体电子理论的发展,由于所使用的过渡金属氧化物催化剂通常属于半导体,现代科学相互渗透,就必然会把半导体物理学中的一些概念引用到催化领域中。由于半导体的电子能带结构比较清楚,能带反映半导体整体的电性质,因此,曾用能带概念来解释催化现象,这种概念能够描述半导体催化剂和反应分子间电子传递的能力。例如,催化剂从反应分子得到电子,或是催化剂上的电子给予反应分子,这是催化反应现象中的一方面。但对催化反应更重要的是反应分子和催化剂表面局部原子起作用形成的化学键性质,这种化学键与稳定的分子内部的化学键本质不同,属于络合键类型。如将催化剂的半导体性质和表面局部原子与反应分子间的化学键性质结合起来研究催化作用会更全面。

下面介绍半导体催化剂的能带结构，并从能带结构出发，讨论催化剂的导电率、脱出功与催化活性的关系。

第二节　半导体的类型及导电性质

一、半导体的能带结构

按照导电性能，可将固体可分为导体、半导体和绝缘体。金属是电的良导体，电阻率约为百分之一欧/厘米；绝缘体的导电性能最小，电阻率约在 100 亿欧/厘米以上；半导体的导电性能介于两者之间，电阻率一般在 10 万到 100 亿欧/厘米。金属的电阻随温度的升高而增加，半导体的电阻随温度的升高而降低，绝缘体的电阻基本上不随温度而变化。

在正常情况下，电子总要处于较低的能级。也就是说，电子首先填充能量最低的能带，而较高的能带可能没有被完全充满。凡是没有被电子充满的能带，在外电场的影响下可以导电，所以称为导带(即在外电场的影响下导带中的电子很容易从一个能级跳到另一个能级)。凡是已被电子充满的能带称为满带。满带中的电子不能从满带中的一个能级跃迁到另一个能级上去，它不能导电，绝缘体的能带都是满带。

金属、半导体与绝缘体三者的能带有很大的区别。金属的能带中满带和导带紧连在一起，在导带中有自由电子，在电场的作用下，这些自由电子就移动，产生电流，故其电阻率特别小。当温度增加时，这些自由电子碰撞的机会就增加，因而电阻也随之增加。

绝缘体的禁带宽度较宽，一般在 5～10 eV，满带中的价电子不易激发到导带中，没有自由电子或空穴，所以电阻很大，对温度的变化关系也较小。半导体的禁带宽度则介于两者之间，一般在 0.2～3.5 eV 之间。由于半导体的禁带宽度相对来说较窄，只有在绝对零度时满带才被电子完全充满，此时半导体和绝缘体没有区别。而在有限温度时，由于电子热运动，总有少数电子从满带激发到没有被电子充满的空带上去，如图 7－1。

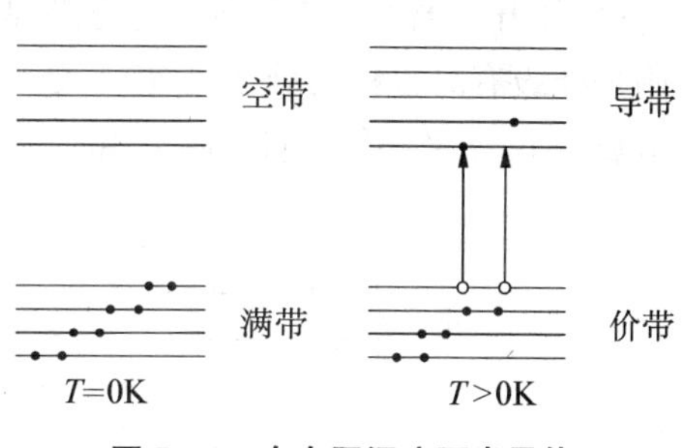

图 7－1　在有限温度下半导体电子的能级跃迁

当满带的电子激发到空带，空带就变成了导带，导带中的电子即能导电。这种由导带中电子引起的导电叫做电子导电，又称为 N 型导电。满带放走了电子之后，由本来的中和状态(不带电)变为带正电，叫做正空穴(或简称空穴)，又称为 P 型导电。空穴的导电原理是临近的电子补充了空穴的位置，产生了新的空穴，而新的空穴又被其临近的电子所补充，如此继续下去，好像空穴也在流动一样(实际上仍是电子的流动而引起空穴位置的变化)。经常把导带中的电子和满带中的空穴统称为载流子。对于掺杂后的半导体，若掺入受主杂质，则在禁带中出现受主能级，受主能级接受激发的价带电子，在价带中形成正孔穴，这种半导体为 P 型半导体，如 Ga 掺入到 Ge 中，Fe^{3+} 掺入到 FeO 中。若掺入施主杂质，则在禁带中出现施主能级，施主能级中的电子激发到导带中形成的半导体称为 N 型半导体，如 Zn 掺入到 ZnO 中，Sb 掺入到 Ge 中。

二、半导体的类型

1. 计量化合物

例如 Fe_3O_4，属于尖晶石型结构，在一个单胞内含有八倍于 Fe_3O_4 分子式的离子。就是说有 24 个铁正离子和 32 个氧负离子，24 个铁正离子中有 Fe^{2+} 和 Fe^{3+} 两种价态，8 个 Fe^{3+} 处于氧离子的四面体空隙中，另外 8 个 Fe^{3+} 和 8 个 Fe^{2+} 处于氧离子的八面体空隙中，可表示为：

$$8[Fe^{3+}(Fe^{2+}Fe^{3+})O_4]$$

由于该计量化合物中没有受主和施主，或者说是没有缺陷，晶体中的准自由电子或准自由空穴不是由施主或受主提供出来，这种半导体称为本征半导体。

2. 非计量化合物

很多金属氧化物催化剂是半导体，其化学组成大多是非计量的。这些化合物中，元素的比与简单化学式所规定的比例不同。例如，氧化亚铜中含有稍稍过量的氧，氧化锌中含有稍稍过量的锌，这种化学计量的偏差，对催化及其有关性质有很大的影响。

(1) 含过量正离子的非计量化合物

例如，ZnO 中含有稍过量的 Zn(例如，在热分解时产生，$ZnO \longrightarrow Zn + 1/2O_2$)。间隙锌原子的电子被束缚在间隙锌离子上，有自己的能级，称为附加能级。当受到外界影响时(例如升高温度或光照射)，电子就能由附加能级跳到导带中去，成为半导体(因此这种附加能级有时也称为施主能级)。ZnO 的导电是由于施主的电子激发到导带而产生的，故属于 N 型半导体(见图 7-2 和图 7-3)。

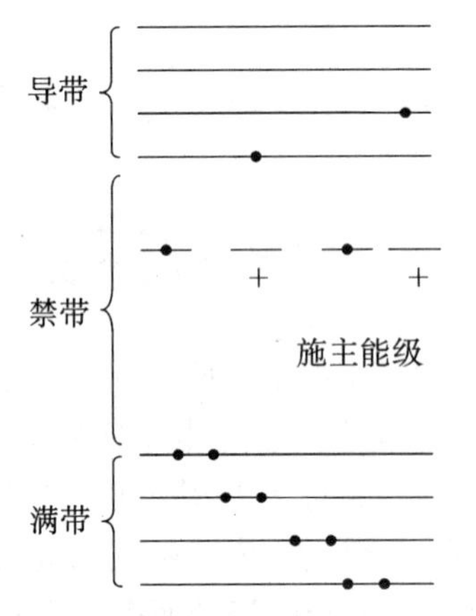

图 7-2　ZnO 半导体的附加施主能级

Zn^{2+}	O^{2-}	Zn^{2+}	O^{2-}
O^{2-}	Zn^{2+}	O^{2-}	Zn^{2+}
$Zn^{2+}eZn^{+}$	O^{2-}	Zn^{2+}	O^{2-}
O^{2-}	Zn^{2+}	O^{2-}	Zn^{2+}

图 7-3　ZnO 中含过量 Zn

Ni^{2+}	O^{2-}	Ni^{2+}	O^{2-}
O^{2-}	Ni^{2+}	O^{2-}	Ni^{2+}
$Ni^{2+}\oplus$	O^{2-}	$Ni^{2+}\oplus$	O^{2-}
O^{2-}	□	O^{2-}	Ni^{2+}

图 7-4　NiO 半导体中 Ni^{2+} 缺位

(2) 含过量负离子的非计量化合物

这种现象比较少见，因为负离子的半径比较大，晶体中的孔隙处不易容纳一个较大的负离子，因此间隙负离子出现的机会少。

(3) 正离子缺位的非计量化合物

例如，NiO 半导体中，易产生 Ni^{2+} 缺位（见图 7-4）。图中“□”表示 Ni^{2+} 缺位，出现一个缺位相当于缺少两个单位的正电荷“2＋”，因此在附近有两个 Ni^{2+} 的价态变化（$2\ Ni^{2+} \longrightarrow 2\ Ni^{3+}$）以保持晶体的电中性，$Ni^{3+}$ 可看成是 Ni^{2+} 束缚了一个单位正电荷的空穴。

当温度升高时，空穴可以接受满带跃迁来的电子，形成了空穴导电，这就是 NiO 导电的原因。故 NiO 为 P 型半导体。

(4) 负离子缺位的非计量化合物

例如 V_2O_5 半导体，易产生氧缺位（见图 7-5）。V_2O_5 中出现 O^{2-} 缺位时，缺位“□”要束缚一个电子形成 [e]，且附近的 V^{5+} 变成 V^{4+} 以保持晶体的电中性。[e] 通常称为 F 中心（或色心），其束缚的电子随温度的升高可变成准自由电子，因此 V_2O_5 是 N 型半导体。F 中心能提供准自由电子，被称为施主。

O^{2-}　V^{5+}　O^{2-}　V^{5+}　O^{2-}

　　O^{2-}　　　O^{2-}

O^{2-}　V^{5+}　[e]　V^{4+}　O^{2-}

　　O^{2-}　　　O^{2-}

图 7-5　含 O^{2-} 缺位的 V_2O_5 半导体

(5) 含杂质的非计量化合物

非计量化合物中掺入杂质后，情况较复杂，以 NiO 为例讨论。

NiO 中掺入 Li^+，当掺入量少时，将导致 NiO 的体积膨胀，导电率下降。掺入量超过一定值后，导电率上升。这一事实的解释是：

Li^+（0.068 nm）和 Ni^{2+}（0.069 nm）离子半径相近，因此，当掺入少量 Li^+ 时，Li^+ 可能出现在 Ni^{2+} 的缺位处（见图 7-6）。当 Li^+ 补充了 Ni^{2+} 缺位后（以符号 [Li^+] 表示），在 [Li^+] 附近要有一个 Ni^{3+} 变成 Ni^{2+} 以保持电荷平衡。这相当于消灭了一个空穴，因此使得靠空穴导电的 P 型半导体 NiO 的导电率下降。又因 Ni^{2+} 半径大于 Ni^{3+}，结果使 NiO 体积增加。

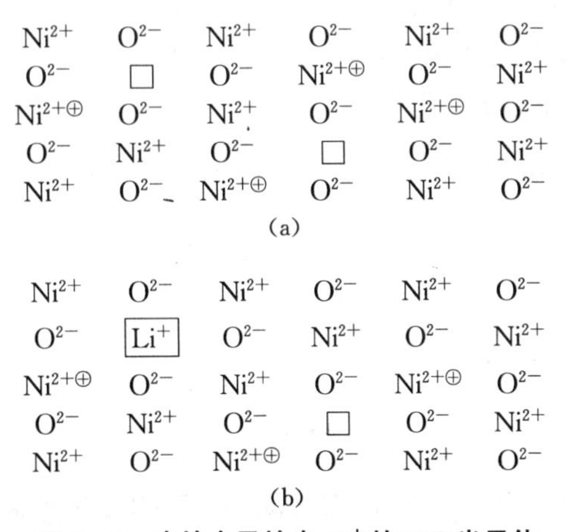

图 7-6　未掺杂及掺杂 Li^+ 的 NiO 半导体

当掺入量超过 NiO 中 Ni^{2+} 缺位数时，Li^+ 除填满缺位外，多余的 Li^+ 可能取代晶格上的 Ni^{2+}。当一个 Li^+ 取代晶格上的一个 Ni^{2+} 时，相应地引起附近的 Ni^{2+} 变成 Ni^{3+}，这恰好与上面提到的变化相反。显然，这个变化导致 NiO 晶体体积缩小，导电率上升。凡能提供自由空穴和接受电子的杂质称为受主，因此这时的 Li^+ 是受主。

如果在 NiO 中引入杂质的价态比 Ni^{2+} 的价态高，例如 Cr^{3+}（离子半径为 0.062 nm）。当引入少量 Cr^{3+} 时，每当 Cr^{3+} 填充一个缺陷，相应地就有三个 $Ni^{3+} \longrightarrow Ni^{2+}$，相当于消灭了三个空穴，使得靠空穴导电的 P 型 NiO 半导体的导电率下降。Cr^{3+} 引入量多时，由于 Cr^{3+} 取代了晶格上的 Ni^{2+}，为了保持电平衡，相应地引起邻近 Ni^{3+} 变成 Ni^{2+}，消灭了空穴，结果导电率也下降。

若外加离子的半径大于原来离子的半径，则不能取代晶格离子，掺杂离子可能停留在晶格间隙中。

三、费米(Fermi)统计几率分布及半导体的导电性

1. 半导体中电子的能量分布

在一般条件下气体的能量分布服从 Maxwell-Boltzmann 分布规律，但固体（半导体）中电子的能量分布只能用费米-狄拉克（Fermi-Dirac）分布来处理。费米-狄拉克统计几率分布为：

$$f(E)=\frac{N_i}{n_i}=\frac{1}{e^{(E_i-F_f)/KT}+1} \tag{7-1}$$

式中：n_i 为处于能级 E_i 的电子的微观状态 Φ_{i1}、Φ_{i2}……Φ_{in} 的数目，N_i 为处在这些微观状态中的电子数；K 为 Boltzmann 常数；E_f 为半导体中电子的平均位能，与电子的脱出功直接有关。脱出功是指把一个电子从固体内部拉到外部变成自由电子所需的能量，这个能量用以克服电子的平均位能。因此，从 Fermi 能级到导带顶间的能量差就是脱出功（见图 7－7），Fermi 能级的高低与半导体的导电性质有关。

图 7－7　Fermi 能级与脱出功的关系

从式(7－1)可看出，当温度一定时，$f(E)$ 随 E_f 变化。

$T=0$ K 时，当 $E_i<E_f$，则

$$f(E)=1 \tag{7-2}$$

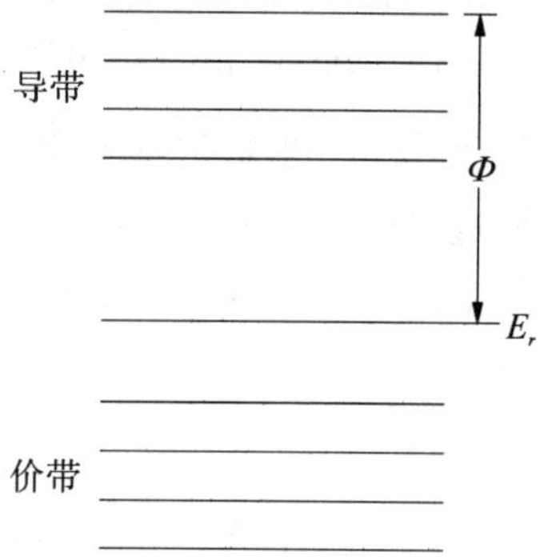

当 $E_i>E_f$，则

$$f(E)=0 \tag{7-3}$$

T 为任意温度，当 $E_i=E_f$，则

$$f(E)=0.5 \tag{7-4}$$

式(7－2)说明，在固体中，当 $T=0$ K 时，小于 E_f 的那些能级 E_i 上电子出现的几率都是 1，从式(7－1)得 $N_i=n_i$，即 E_i 对应的微观状态 Φ_{i1}、Φ_{i2}…Φ_{in} 都被电子充满。

式(7－3)说明，当 $T=0$ K 时，大于 E_f 的那些能级上电子出现的几率都是零，从式(7－1)得 $N_i=0$，即 E_i 对应的微观状态 Φ_{i1}、Φ_{i2}…Φ_{in} 中没有电子，是空着的。因此，E_f 可定义为绝对零度时，固体中电子所能填充的最高能级的能量。

式(7-4)说明，在任意温度下，等于E_f的那些能级中电子出现的几率是$\frac{1}{2}$。从式(7-1)得$N_i=\frac{1}{2}n_i$，即E_i能级的微观状态Φ_{i1}、$\Phi_{i2}\cdots\Phi_{in}$有一半被电子占着。

以图7-8表示式(7-2)、式(7-3)和式(7-4)。

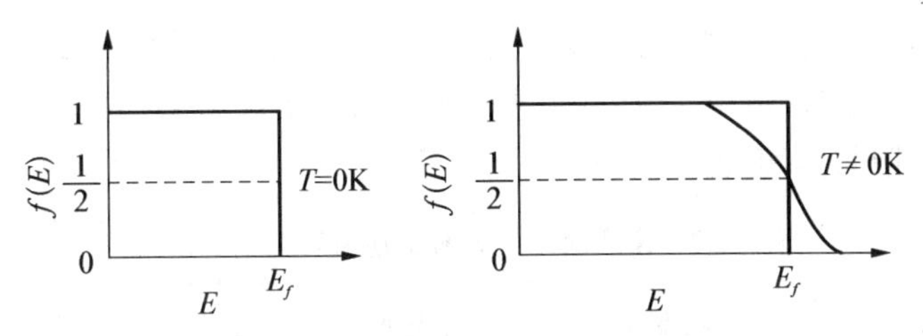

图7-8　半导体中电子的几率分布

从式(7-1)和图7-8可看出，当T不等于0 K时，E_i大于E_f的那些能级上电子出现的几率不为零，在E_i小于E_f的那些能级上电子出现的几率不全为1；当T不等于0 K的曲线相对于$T=0$ K的曲线有偏离，这种偏离在E_f的左边和右边都是对称的(所得图的对称性是由式(7-1)决定的)。

2. 掺入杂质对半导体电子分布及导电性能的影响

(1) 对电子分布的影响

由于E_f是电子的平均位能，杂质应该直接影响E_f，相应地影响几率$f(E)$的数值。从式(7-1)容易看出，若杂质使E_f提高，则$f(E)$变大；反之，若使E_f降低，则$f(E)$变小。

(2) 对导电性能的影响

① 本征半导体

图7-9是几率图和能带图合绘在一起构成的。实线部分代表有限温度下不掺杂质的半导体。这时导带底E_c附近能级上的电子都是由满带顶E_v附近能级中的电子跃迁而来，如果满带顶附近能级上电子的几率为$f(E)$，则空穴出现的几率就是$1-f(E)$，这些空穴出现时由于电子跃迁到了导带中，所以导带底附近电子出现的几率也是$1-f(E)$。图7-9所示导带中代表电子出现几率的黑色面积和满带中代表空穴几率的黑色面积相等。加上由于几率变化在大于E_f和小于E_f是对称的(由式(7-1)决定)，因此，半导体的E_f应该处于E_c和E_v中间。

② 掺入杂质后的半导体

如果掺入杂质后使E_f提高(图7-9中虚线)。由于几率分布在大于E_f和小于E_f时是对称的，在导带底E_c附近能级中电子出现的几率(虚线部分面积)大于满带顶E_v附近能级中空穴出现的几率。这说明导带底E_c附近电子几率的增加并非全由满带跃迁而来，而有一部分是由杂质能级中的电子跃迁而来，该杂质是施主杂质。

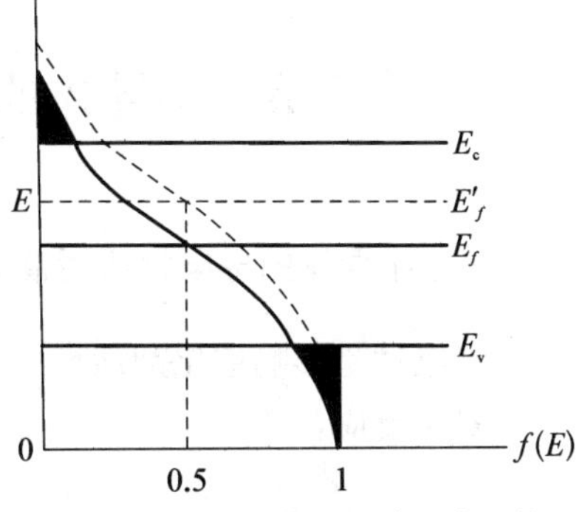

图7-9　Fermi能级移动对半导体导电性质的影响

比较图 7-9 中实线和虚线部分可看出，掺入施主杂质后 E_f 值提高，使导带电子增多，满带空穴减少（当导带中电子太多时，电子将从导带跳回满带，使满带中空穴数反而比未加施主杂质前更少，这种现象叫复合）。N 型半导体的导电来源主要靠导带中的电子，因此掺入施主杂质增加了 N 型半导体的导电率。P 型半导体的导电来源是靠满带中的空穴，因此掺入施主杂质降低了 P 型半导体的导电率。

作类似讨论可得另外一种情况：掺入受主杂质，E_f 降低（脱出功变大），使满带中的空穴增加，导带中的电子减少，对于 P 型半导体来说增加了导电率，对于 N 型半导体降低了导电率。总结上述讨论，可得表 7-3。

表 7-3　杂质对半导体脱出功及导电率的影响

杂质种类	脱出功变化	导电率变化(N 型)	导电率变化(P 型)
施主	变小	增加	减少
受主	变大	减少	增加

四、吸附气体对半导体导电性质的影响

这里主要讨论半导体催化剂表面吸附反应分子的情况。当表面吸附分子后，可能在表面产生正电荷层，即反应分子将电子给予半导体，反应分子以正离子形式吸附于表面。也可能在表面产生负电荷层，即反应分子从半导体得到电子，以负离子形式吸附于表面。当表面形成正电荷层时，表面分子起施主作用，因此对半导体的脱出功、导电率的影响与表 7-3 中掺入施主杂质的结果一致。当表面形成负电荷层时，表面分子起受主作用，因此对半导体的脱出功、导电率的影响与表中掺入受主杂质的结果一致。

例如，给电子气体 H_2、CO 等在 ZnO（N 型半导体）上的吸附，表面晶格 Zn^{2+} 为吸附中心，气体把电子给予半导体，以正离子形式吸附，Zn^{2+} 变为 Zn^{+} 和 Zn，使半导体导电率增加，脱出功减少。ZnO 表面上 Zn^{2+} 数目较多，所以吸附量也较多。

H_2 在 NiO（P 型半导体）上被吸附时，表面上的 Ni^{3+} 为吸附中心，吸附后 Ni^{3+} 变为 Ni^{2+}，减少了空穴，因而导电率降低，脱出功减少。

第三节　半导体的导电率与脱出功对催化性能的影响

一、半导体的导电性质对催化活性的影响

导电性是影响催化剂活性的因素之一，而且是重要因素，下面举例说明。

对于反应：

$$2N_2O \longrightarrow 2N_2 + O_2$$

N_2O 的分解由以下几个基元反应完成：

$$N_2O + e(\text{从催化剂取电子}) \longrightarrow N_2 + O^-_{ad} \quad (7-5)$$

$$2O^-_{ad} \longrightarrow O_2 + 2e(\text{给催化剂电子}) \quad (7-6)$$

$$O^-_{ad} + N_2O \longrightarrow N_2 + O_2 + e \quad (7-7)$$

关于 N_2O 的分解曾经用一系列金属氧化物作催化剂进行研究，不同催化剂活性不同(如图 7-10)。从图可看到，P 型半导体所需要的反应温度最低，活性最好；其次是绝缘体，N 型半导体的所需要的反应温度最高，活性最低。

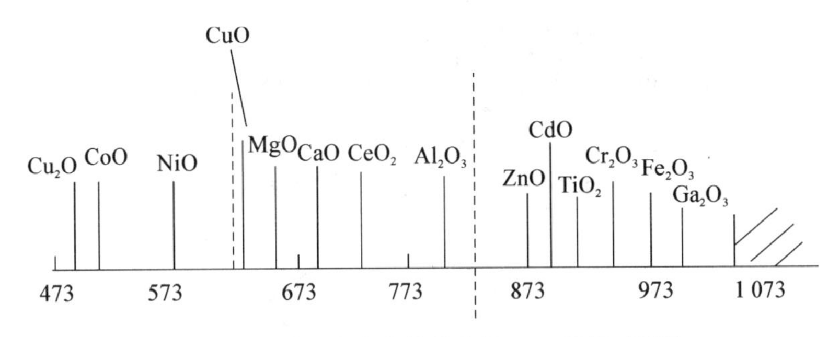

图 7-10 金属氧化物催化分解 N_2O 的相对活性

其中，反应(7-5)是从催化剂取走电子，形成 O^- 负电荷层，使 N 型半导体催化剂的导电率下降，P 型半导体催化剂的导电率增加。

至于为什么 P 型半导体催化剂的活性高于 N 型半导体催化剂，可以从假定反应(7-6)是慢步骤进行解释。这步反应是给催化剂电子，实际上就是催化剂表面的 O^- 负离子变成 O_2 分子脱附的过程。一般来说，满带对应的能级低于导带对应的能级。对于各种不同材料的半导体，往往也是如此，即 N 型半导体的导带能级比 P 型半导体的满带(实际上已不是满带)能级高。因此，P 型半导体比 N 型半导体更容易接受电子，利于反应(7-6)的进行。所以，P 型半导体的催化活性高于 N 型半导体。

二、半导体催化剂的脱出功对选择性的影响

掺入杂质后，改变了催化剂的导电性质，同时也改变了催化剂的脱出功。对于某些反应，催化剂脱出功的改变将影响反应的选择性，这种现象称为调变作用。现以丙烯氧化生成丙烯醛为例说明。

CuO 催化丙烯氧化生成丙烯醛的反应中，向 CuO 中分别掺入杂质 Li^+、Cr^{3+}、Fe^{3+}、SO_4^{2-} 和 Cl^-，CuO 的脱出功发生了改变，反应的选择性也明显改变。

用 $\Delta\Phi$ 代表掺入杂质后 CuO 脱出功的改变，对于不同的离子，有如下关系：

$\Delta\Phi(Li^+) < \Delta\Phi(Cr^{3+}) < \Delta\Phi(Fe^{3+}) < 0 < \Delta\Phi(Cl^-) < \Delta\Phi(SO_4^{2-})$

丙烯在 CuO 上的氧化是一个连续的过程。

$$C_3H_6 \xrightarrow{v_1} C_3H_4O \xrightarrow{v_2} CO_2$$

1. $\Delta\Phi$ 变化对活化能、指数前因子的影响

在 CuO 中掺入杂质后，对生成丙烯醛及 CO_2 的活化能和指前因子都有影响，将脱出

功的改变对活化能的改变 ΔE 及指前因子的改变 $\Delta\log A$ 作图，得到图 7-11。

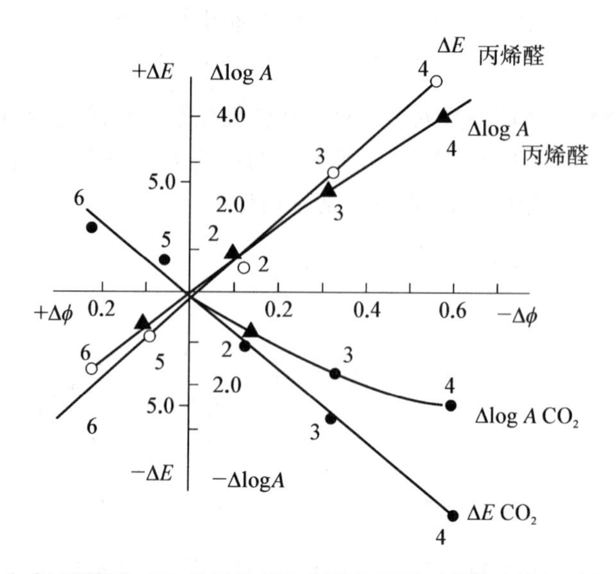

图 7-11　生成丙烯醛和 CO_2 的活化能和指数前因子对数的变化与脱出功的关系图

1. CuO　2. $CuO+Fe^{3+}$　3. $CuO+Cr^{3+}$　4. $CuO+Li^{+}$　5. $CuO+Cl^{-}$　6. $CuO+SO_4^{2-}$

从图 7-11 看到，CuO 中掺入杂质后，脱出功的增加引起生成丙烯醛反应的活化能和指前因子降低，而使生成 CO_2 的活化能和指前因子增加。

2. $\Delta\Phi$ 变化对选择性的影响

从动力学数据分析得知，丙烯氧化为丙烯醛的速率与氧的一次方成正比，与丙烯醛的浓度无关。因此，生成丙烯醛和 CO_2 的速率可以近似用一级形式表示：

$$v_{丙烯醛}=v_1=A_1[O_2]e^{-(E_1+Q_0+\Delta\Phi)/RT} \tag{7-8}$$

$$v_{CO_2}=v_2=A_2[O_2]e^{-(E_2+Q_0+\Delta\Phi)/RT} \tag{7-9}$$

式中：E 为活化能；Q_0 为纯 CuO 上氧的吸附热；A 为指前因子；$[O_2]$ 为氧在表面上的浓度。生成丙烯醛的选择性为：

$$Sel=v_1/(v_1+v_2) \tag{7-10}$$

式(7-10)中，v_1 和 v_2 分别代表生成丙烯醛和 CO_2 的速率，将式(7-8)与式(7-9)代入式(7-10)即可得到丙烯醛的选择性 Sel 值，将丙烯醛的 Sel 值的变化 ΔSel 对 $\Delta\Phi$ 作图，得到图 7-12。

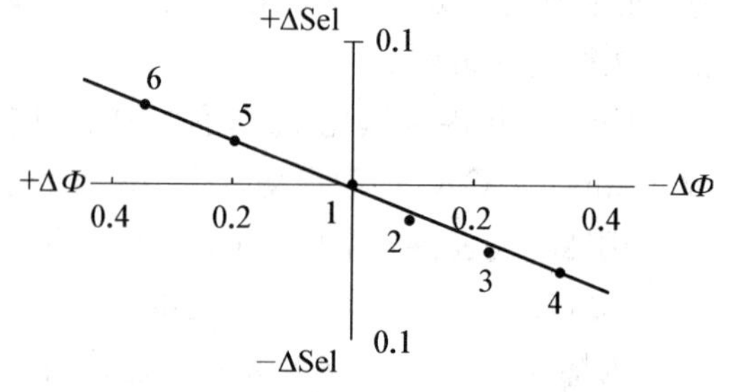

图 7-12　丙烯氧化选择性与脱出功的关系

1. CuO　2. $CuO+Fe^{3+}$　3. $CuO+Cr^{3+}$
4. $CuO+Li^{+}$　5. $CuO+Cl^{-}$，6. $CuO+SO_4^{2-}$

从图中可以看到，在 CuO 中引入 Fe^{3+}、Cr^{3+} 和 Li^{+}，即点 2，3 和 4，导致氧化铜的脱出功变小，降低了丙烯醛的选择性；在 CuO 中引入 Cl^{-} 和 SO_4^{2-}，即点 5 和 6，使氧化铜的脱出功增加，提高了丙烯醛的选择性。

第四节　几种典型的氧化物催化剂

一、五氧化二钒催化剂

以五氧化二钒(V_2O_5)为主催化剂的氧化物催化剂几乎对所有的氧化反应都有效。从无机化合物 SO_2 的氧化，到有机物烃类、芳香族化合物、醛类的氧化等，钒催化剂都很有成效，典型反应见表 7－4。

表 7－4　V_2O_5 催化的主要反应

反　　应	主要的助催化剂	载　体
$SO_2 + O_2 \longrightarrow SO_3$ 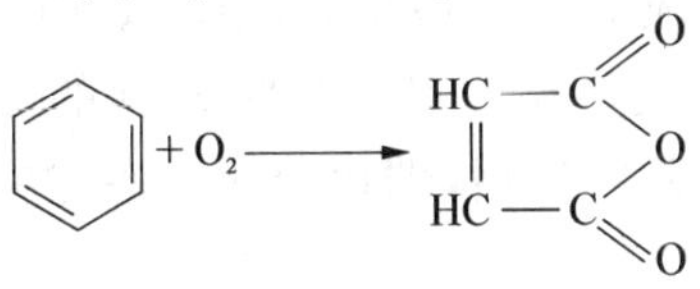 $+ O_2 \longrightarrow$ HC—C(=O)、‖、O、HC—C(=O)	碱金属硫酸盐、碱金属氧化物等	硅藻土、硅胶、分子筛等
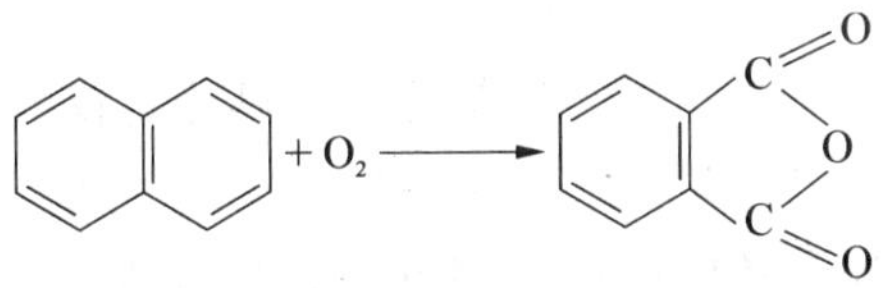 $+ O_2 \longrightarrow$ C(=O)、O、C(=O)	P、Ti、Zr、Fe、Ag 等氧化物，K_2SO_4，K_2SnO_3	硅胶、$\alpha-Al_2O_3$、SiC 等
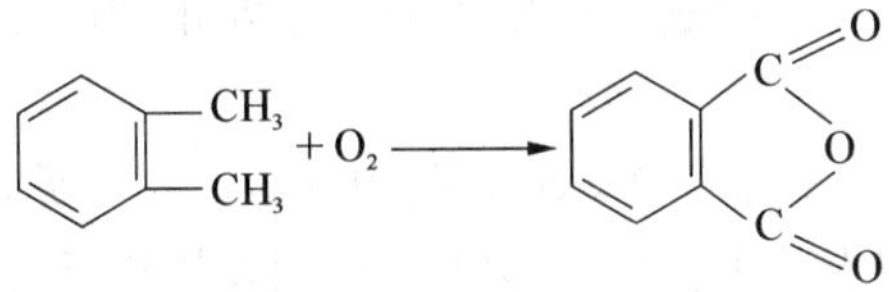 CH_3、CH_3 $+ O_2 \longrightarrow$ C(=O)、O、C(=O)	P、Ti、Zr、Cr、碱金属等硫酸盐	硅胶、硅藻土等
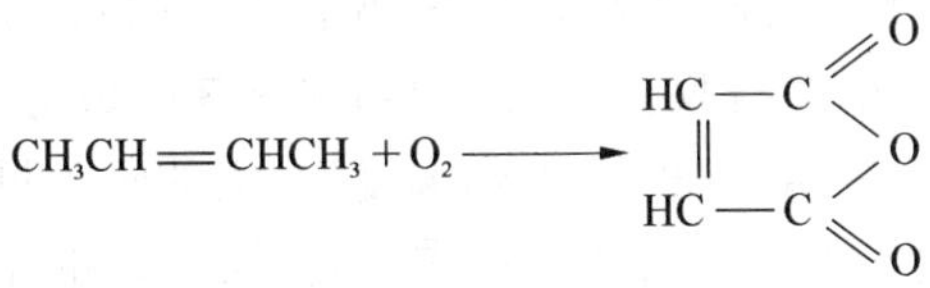 $CH_3CH=CHCH_3 + O_2 \longrightarrow$ HC—C(=O)、‖、O、HC—C(=O)	P、Co、Zn、Fe 碱金属	硅胶、$\alpha-Al_2O_3$、TiO_2
$CH_2=CHCHO + O_2 \longrightarrow CH_2=CHCO_2H$	W、Mo、Sc、Mn、P 等	硅胶、硅藻土等

1. SO_2 氧化

(1) 概论

1740 年，工业上用硝化法生产硫酸(硝酸法或亚硝基法)，通过下式进行：

$$CO_2 + NO_2 + H_2O \longrightarrow H_2SO_4 + NO$$

（NO 经 O_2 氧化返回 NO_2）

由于反应的主要设备是铅室或填料塔，所以又称为铅室法或塔式法。这种方法生产的硫酸浓度低(65%～75%)，杂质含量高，现在已经被淘汰了。

SO_2氧化反应是化学工业中最早使用固体催化剂的一个反应，反应本身很简单，但是催化机理较复杂。现在工业上使用的钒催化剂，主要由 V_2O_5 主催化剂、碱金属硫酸盐助催化剂及硅质载体组成。其中 V_2O_5 含量为总质量的 7%左右，这些化学组分组成了一个相互联系，不可缺少的统一体。

已经研究过的助催化剂有碱金属、Mg、Ca、Ba、Cu、Ag、Al、Fe、Pb 等元素的化合物。其中 Mg、Ca、Cr、Ba 对 V_2O_5 主催化剂并无突出的助催化作用，而碱金属硫酸盐的助催化作用都非常明显，含碱金属硫酸盐的钒催化剂的活性比单纯的 V_2O_5 催化剂的活性要高数百倍。碱金属硫酸盐助催化效果的顺序为：

$$Cs_2SO_4 > Rb_2SO_4 > K_2SO_4 > Na_2SO_4 > Li_2SO_4$$

虽然 Cs、Rb 盐的助催化效果最好，但由于价格昂贵，工业上并不采用它们，常用的是 K_2SO_4。K_2SO_4 的含量以 K_2O 计，K_2O 与 V_2O_5 的物质的量之比在 2～4 之间。工业催化剂以硅质材料为载体，如硅胶、硅藻土等。硅藻土的主要成分为 SiO_2，杂质有 Fe_2O_3、Al_2O_3、CaO、MgO 等，因产地不同而不同。硅胶一般选用粗孔产品。实践表明，载体的性质对催化剂的活性有很大影响，因此，在催化剂的组成基本确定以后，催化剂的制备方法和载体的选择很重要。

(2) 反应机理

关于碱金属硫酸盐的助催化机理一直是探讨的课题之一。有人通过差热分析仪、X 射线仪、红外吸收光谱等表征研究指出，在 V_2O_5－K_2SO_4 的双元系统中，有 V_2O_5－$V_2S_2O_3$、$6K_2O \cdot V_2O_5 \cdot 12SO_3$、$K_2O \cdot V_2O_5 \cdot 2SO_3$、$K_2O \cdot V_2O_5 \cdot 4SO_3$ 存在，在 V_2O_5－K_2SO_4－SiO_2 三元体系中有 KV_4O_{10}、$K_3V_5O_{14}$、$K_2V_5O_{13}$ 存在，并认为 SiO_2 在催化剂的化学转变中起了活化作用。

通常认为，助催化剂 K_2SO_4 与 V_2O_5 生成低共融混合物，其熔点为 440 ℃，可见，K_2SO_4 的存在，把熔点为 675 ℃的 V_2O_5 转变为低熔点的 $K_2O \cdot 4V_2O_5$。因而在操作条件(SO_2氧化反应的温度一般为 440～560 ℃)下，催化剂表面呈熔融状态(见图 7－13)。在载体 SiO_2 表面，覆盖着一层融体薄膜，这层液膜中存在着反应物、产物和催化剂的成分，催化作用就在这个液膜中进行。支持这种解释的另一事实是，在共熔温度下，氧的吸收量剧烈增大，K_2SO_4 含量越大，氧的吸收量越大，活性也越大，从这一事实出发，认为该催化剂为熔盐催化剂，该催化反应属于固体表面上的液相反应。

O_2　SO_2　O_2　SO_2　} 气相(反应气体)

O^{2-}　O_2　SO_2　V^{5+}　V^{4+}　SO_3
K^+　SO_4^{2-}　K^+　} 液相(熔融液膜)

SiO_2　} 固相(载体)

图 7－13　V_2O_5－K_2SO_4－SiO_2 催化剂各成分的分布

2. 萘氧化

萘氧化后可以得到多种产物，见表 7－5。

表 7-5 萘氧化产物及其热效应

反应	放出热量 Q(kJ/mol)	反应	放出热量 Q(kJ/mol)
萘→萘醌	505	萘→顺丁烯二酸酐	3 653
萘→邻苯二甲酸酐	1 789	萘→二氧化碳	5 150

其中邻苯二甲酸酐(苯酐)是合成纤维、塑料、油漆、有机染料等工业产品的重要原料。然而,萘氧化反应有两点必须提及:① 反应是复杂的、多途径的,包含着平行反应和连串反应,且从热力学上对生成 CO 和 CO_2 最有利;② 反应放出大量的热,而且氧化深度越大,放出的热量也越大。由于反应热很大,容易引起催化剂的局部过热和烧结,也可能伴随着爆炸事故的发生。可见,提高催化剂的选择性,选择合适的反应条件和反应装置非常重要。通常采用以下几种措施:

① 选择适当的主催化剂、助催化剂和载体,抑制深化氧化;

② 选用传热性能良好的载体,防止局部过热;

③ 采用流化床反应器,改善床层的传热状况。

其中第③点比较容易达到,目前广泛采用的是流化床催化剂。下面讨论主催化剂、助催化剂及载体的选择问题。

(1) 主催化剂

对于无机化合物的氧化,如 SO_2 的氧化,由于生成物的种类是有限的,所以催化性能的好坏主要取决于活性和稳定性(寿命)。但是,有机化合物的氧化,热力学上可能生成的种类很多。例如,萘的氧化就可能生成萘醌、苯酐、顺酐、CO、CO_2 等,而且热力学上最有利的途径是完全氧化成 CO_2。因此,对于有机化合物的氧化反应,催化剂的选择性很重要。

已经发现,Fe、Co、Ni、Cr、Mn、Ti、Zn、Zr、Cd、Sn、Pb、Ce、Th 等氧化物,会引起有机物的完全氧化,生成 CO_2 和 H_2O。Al、Si、碱金属、碱土金属等的氧化物对氧的活化能力太小,不能作为催化剂。能够成为萘部分氧化主催化剂的氧化物是 V_2O_5、MoO_3、WO_3、SbO_3、Bi_2O_3、As_2O_3、SeO_2 等,其中 V_2O_5 和 MoO_3 是最好的主催化剂,具有选择性高、活性稍低的特征。而萘的氧化,世界各地几乎都以 V_2O_5 为主催化剂。

(2) 助催化剂

已经发现 K 盐,如 $K_2S_2O_7$、K_2SO_4 等具有重要的助催化作用。而且 K 对氧化反应有较大的影响,例如,K/V 比增加,醌的含量增大,顺酐的含量减少,苯酐的含量基本不变。可以认为 K_2SO_4 对深度氧化起抑制作用。但是 K/V 比太高,醌含量高,又影响到苯酐的精制。因此,要权衡得失,选取合适的 K/V 比。

(3) 载体

由于氧化反应是在沸腾床上进行的强放热反应,有发生深度氧化的可能。因此,要求催化剂载体具有高的热稳定性、导热性和耐磨强度。为此,应当选用比表面积比较小、孔径比较大的载体。因为低比表面或大孔隙的载体,细孔比较少,可以防止已经部分氧化的生成物在细孔内发生深度氧化。实验发现,粗孔硅胶的孔隙率大,苯酐产率高。

3. V_2O_5 具有优异催化性能的原因

V_2O_5 的催化作用是多种协同作用的结果。

(1) 半导体特征

前面已讨论，V_2O_5属于N型半导体，当温度升高时，电子脱离晶格，变成准自由电子，使被氧化物质以给电子形式吸附。

(2) 复相催化氧化

复相催化氧化是催化剂通过自身发生氧化还原反应过程而使反应进行的。在催化过程中，$V^{5+}=O$被反应物还原成$V^{4+}=O$，又被氧气氧化成$V^{5+}=O$，晶格氧参与催化反应。加入MoO_3及K等助催化剂后，减弱了$V=O$键，提高了催化活性。

二、氧化钼催化剂

以MoO_3为主催化剂的系列催化剂主要用于非芳烃系烯烃的部分氧化及加氢脱硫反应。

1. $CoO-MoO_3/Al_2O_3$加氢脱硫催化剂

$CoO-MoO_3/Al_2O_3$是常用的一种加氢脱硫催化剂，在合成氨工业和炼油工业中有着重要的用途。含S、O、N、Cl、P、As的化合物，对贵金属催化剂起毒化作用，所以要把这些有害的杂质除去。

(1) 炼油工业中

在原料油进入铂重整催化反应器之前，需用钴钼催化剂将有机硫化物、氧化物等杂质通过加氢反应转化成易于除去的H_2S、H_2O等无机气体，保证铂重整催化剂不中毒，这步工序叫做预加氢。经重整后的汽油，所含的烯烃和双烯烃会影响产品质量，又需要用钴钼催化剂进行选择加氢，除去烯烃，这个过程在重整之后，故称为后加氢。

(2) 合成氨工业中

在合成氨工业中，轻质石脑油所含的有机硫化物会引起蒸气转化镍催化剂、氨合成熔铁催化剂中毒。用钴钼催化剂先把有机杂质转变成无机物，然后用ZnO脱硫 ($ZnO+H_2S \longrightarrow ZnS+H_2O$)，用干燥剂(CaO)去除水。

工业催化剂通常是附载在Al_2O_3载体上的钴和钼的氧化物，制成片剂或条剂，典型的颗粒尺寸为1.6～3.2 mm。

2. MoO_3的其他典型催化反应

(1) 丙烯氧化生成丙烯醛

这类反应的特点是先在α-C上脱氢氧化，如：

$$CH_2=CH-CH_3 \longrightarrow CH_2=CH-CHO$$

$$CH_2=\underset{\displaystyle |}{\overset{CH_3}{C}}-CH_3 \longrightarrow CH_2=\overset{CH_3}{\underset{\displaystyle |}{C}}-CHO$$

丙烯氧化制丙烯醛曾用CuO-Se作催化剂。这类催化剂的特点是使用初期选择性高，但丙烯转化率不高。Se很容易挥发掉，因此活性下降得快。后改用$MoO_3-Bi_2O_3$或$U_2O_8-Sb_2O_3$作催化剂，在原料气中混入2%～10%丙烯，有70%～95%的丙烯转化成丙烯醛。反应机理包括：

① 吸附　在催化剂上，丙烯按下列模式吸附：

$$
\begin{array}{c}
H \\
\vdots \\
H_2C \overset{\cdots}{=} C - CH_3 \\
\vdots \\
K
\end{array}
$$

催化剂从丙烯上脱除一个氢原子，余下部分与表面阳离子吸附中心（K 代表催化剂的活性中心）形成 π 烯丙基络合物。

② 氧的进攻　实验证明，吸附氧和晶格氧都参与了反应。低温时，由于晶格氧移动较慢，主要是吸附氧参与反应。在较高温度下，晶格氧移动快，容易与丙烯反应。所以在较高温度下，一般是晶格氧参加反应，然后气相氧补充失去的晶格氧，完成氧化-还原反应过程，反应机理可简写为：

$$C_3H_6 + M_1^{n+} + O_2 \longrightarrow [C_3H_5 - M_1^{(n-1)+} - OH^-] \text{（气相氧参与脱氢）} \quad (7-11)$$

$$[C_3H_5 - M_1^{(n-1)+} - OH^-] + O^{2-} + M_1^{n+} \longrightarrow C_3H_4O + 2M_1^{(n-2)+} + H_2O \text{（晶格氧插入）} \quad (7-12)$$

$$M_1^{(n-2)+} + M_2^{m+} \longrightarrow M_1^{n+} + M_2^{(m-2)+} \quad (7-13)$$

$$M_2^{(m-2)+} + 1/2O_2 \longrightarrow M_2^{m+} + O^{2-} \quad (7-14)$$

总反应为：

$$C_3H_6 + O_2 \longrightarrow C_3H_4O + H_2O \quad (7-15)$$

③ 两种金属离子的不同作用　上述机理中的 M_1 和 M_2 是哪个金属呢？Harber 等实验发现，烯烃易吸附在低价阳离子上，即像铋这样的阳离子起活化丙烯脱除 α－H 的作用（M_1）。而在钼阳离子（M_2）多面体上的氧起插入作用。SnO_2－MoO_3 也是如此，丙烯和丙烯醛吸附在 Sn^{4+} 上而不是在 Mo^{6+} 上。

（2）形成二烯烃

在 MoO_3－Bi_2O_3 催化剂上，对于 4 个 C 以上的烯烃反应物，当形成丙烯基络合物后，会进一步使丙烯基邻近相连的 C—H 键继续脱氢生成二烯烃。

$$\left.\begin{array}{l} CH_2{=}CH{-}CH_2CH_3 \\ CH_3{-}CH{=}CH{-}CH_3 \end{array}\right\} \longrightarrow CH_2{=}CH{-}CH{=}CH_2$$

$$\left.\begin{array}{l} CH_2{=}CH{-}CH(CH_3){-}CH_3 \\ CH_3{-}CH{=}C(CH_3){-}CH_3 \\ CH_3{-}CH_2{-}C(CH_3){=}CH_3 \end{array}\right\} \longrightarrow CH_2{=}CH{-}C(CH_3){=}CH_2$$

$$C_6H_5{-}CH_2CH_3 \longrightarrow C_6H_5{-}CH{=}CH_2$$

(3) 丙烯氧化成丙酮

在低温及水蒸气存在下,在 SnO_2 - MoO_3 催化剂上,丙烯氧化生成丙酮。反应机理为:水分子在具有酸中心的 SnO_2 催化下与丙烯加成生成丙醇,丙醇进一步被氧化生成丙酮。

$$CH_2{=}CH{-}CH_3 + \underset{|}{\overset{H}{\overset{|}{O}}} \longrightarrow [CH_3{-}\underset{\underset{O}{|}}{CH}{-}CH_3]^+ \xrightarrow{H_2O} [CH_3{-}\underset{\underset{OH}{|}}{CH}{-}CH_3]_{ad} \xrightarrow{O_2} CH_3{-}\underset{\underset{O}{\|}}{C}{-}CH_3$$

(4) 丙烯腈的合成

$$H_2C{=}CHCH_3 + NH_3 + 3/2O_2 \longrightarrow H_2C{=}CHCN + 3H_2O$$

催化剂是以 MoO_3 与 Bi_2O_3 的复合氧化物为基本成分的多组分催化剂,如:Mo - Bi - Fe - Na - K - P 或 Mo - Bi - Fe - Co - Ni - W - Ge。由于催化剂组成复杂,各成分所起的作用难以阐明。丙烯腈是重要的化工原料,如 20 世纪 30 年代末期,用于合成聚丙烯腈即人造羊毛,解决了穿衣等问题。聚丙烯腈还可纺丝合成碳纤维,用于制造耐热性能优异的复合材料。

第五节 复合金属氧化物催化剂

复合金属氧化物是指两种以上金属(包括有两种以上氧化态的同种金属)共存的氧化物。其基本结构是 O^{2-} 以一定方式密堆积,金属阳离子按其离子半径大小填充在 O^{2-} 组成的合适空隙位置上组成,结构中不存在独立的含氧酸根离子。

例如尖晶石型结构:$MgAl_2O_4$、$MnFe_2O_4$ 等。钙钛矿型结构:$CaTiO_3$、$BaTiO_3$、$LiNbO_3$、$SrZrO_3$ 等。钛铁矿型结构:$FeTiO_3$。这些结构都不属于含氧酸盐。

还有同种金属不同氧化态的混合价态氧化物,如 Fe_3O_4、Pb_3O_4,它们虽可称为铁(Ⅱ、Ⅲ)酸铁(Ⅲ)、铅酸亚铅,实际上不具备含氧阴离子。Fe_3O_4 为反式尖晶石型结构,Pb_3O_4 是由 Pb(Ⅳ)、Pb(Ⅱ)与 O^{2-} 以不同方式结合而成的三维网格结构。

一、钙钛矿型复合氧化物

钙钛矿型复合氧化物 ABO_3 是一种具有独特物理性质和化学性质的新型无机非金属材料,A 位一般是稀土或碱土金属离子,B 位为过渡金属离子,A 位和 B 位皆可被半径相近的其他金属离子部分取代而保持其晶体结构基本不变,而性能却得到改善。可被应用在固体燃料电池、固体电解质、传感器、高温加热材料、固体电阻器及替代贵金属的氧化还原催化剂等诸多领域,成为化学、物理和材料等领域的研究热点。

1. 结构

理想的钙钛矿型复合氧化物为立方结构(图 7 - 14)。A 为半径大的阳离子,B 为半径较小的阳离子，B阳离子与6个氧配位，位于八面体的中心，O位于立方体各条棱的中点。A离子与12个氧配位，位于立方体的中心。

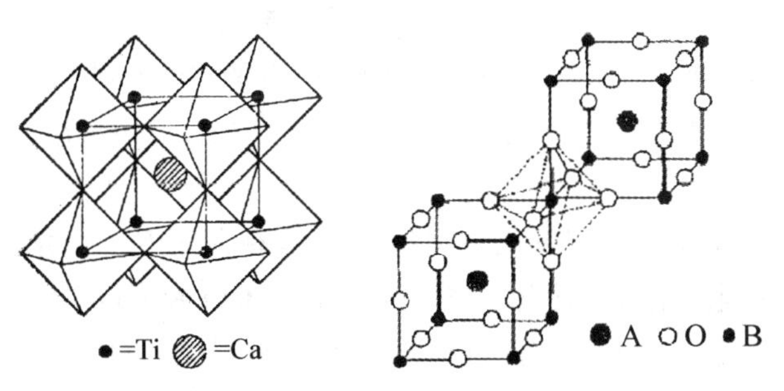

图7-14　钙钛矿结构

理想的钙钛矿结构中，B—O之间的距离为$a/2$（a为晶胞参数），A—O之间的距离为$a/\sqrt{2}$，各离子半径之间满足下列关系式：$r_A+r_o=\sqrt{2}(r_B+r_o)$。研究发现，当各离子半径不满足上述关系时，$ABO_3$化合物仍能保持立方结构。可由Goldschmidt容限因子t来度量，定义为：

$$t=(r_A+r_o)/[\sqrt{2}(r_B+r_o)]$$

对于理想的钙钛矿结构，$t=1.0$，而当$0.77\leqslant t\leqslant 1.1$时，$ABO_3$化合物具有稳定的钙钛矿结构；$t<0.77$时，以铁钛矿结构存在；$t>1.1$时，以方解石或文石结构存在。

钙钛矿复合氧化物在常温下很少具有理想的立方结构，更确切地应表示为$ABO_{3-\delta}$，δ介于$-0.5\sim0.2$之间。大量钙钛矿型复合金属氧化物，特别是掺杂的复合氧化物，都是非化学计量的。在钙钛矿型复合氧化物中，A或B位被其他金属离子取代或部分取代后，其晶体结构未发生变化，而性能有很大的改善，因而可根据需要合成独特结构和性能的钙钛矿型复合氧化物材料。

2. 在催化中的应用

(1) 光催化降解污染物

与其他催化剂相比，钙钛矿型稀土复合氧化物作为光催化剂时，对水体污染物降解方面具有很好的光催化作用及应用价值。当用适当波长的光照射时，催化剂表面会产生电子-空穴对，空穴进一步与水作用产生活性较强的羟基自由基，与吸附在催化剂表面的染料分子发生氧化还原反应，最终将其降解为无机小分子。杨秋华等研究了A位离子的电子结构对光催化活性的影响，发现A离子不同对表面氧物种有一定影响，氧的吸附量与氧空穴有关，吸附氧在光催化反应中是活性氧种，可有效阻止电子与空穴的复合，并能产生高活性物质羟基自由基HO·，从而加速光催化氧化反应。A位离子不同对B离子价态也有一定的影响，从而促进了光生电子和光生空穴的分离，提高了光催化活性。桑丽霞等发现钙钛矿化合物的催化活性与B位过渡金属离子的d电子结构密切相关，随3d电子数的增加，总体效应是禁带宽度逐渐减小，光催化活性逐渐提高。Hideki等对钽酸盐系列的$LiTaO_3$、$NaTaO_3$、$KTaO_3$的光催化活性进行了研究，发现无负载的$LiTaO_3$、$NaTaO_3$在紫外光照射下均取得了较好的光催化效果，而负载NiO的$NaTaO_3$在紫外光照射下，其分解水的活性显著提高，量子效率达到了28%。Omata等研究了$SrZr_{0.9}Y_{0.1}O_{3-\delta}$与$TiO_2$的协同光催化反应，发现$SrZr_{0.9}Y_{0.1}O_{3-\delta}$作为P型半导体，其光催化活性很低，但能吸收波长$\lambda<800$ nm的可见光，而TiO_2作为N型半导体，紫外光激发下催化活性高，但它几乎不吸收可见光。将两种半导体混合后，在Xe灯照射下，形成的P-N结型半导体催化剂粒子对甲基蓝的光催化降解接近100%，是单一TiO_2活性的数倍，对甲酸溶液也能完全降解。

(2) 汽车尾气净化

汽车尾气中主要含有CO、碳氢化合物和NO_x等有害气体。研究认为，$Zr_{0.5}Ce_{0.5}O_2$作为高效的汽车尾气净化催化剂，对汽车尾气所排放的CO和CH具有良好的催化转化作用。将其作为活性组分负载于蜂窝状堇青石载体上所制成的汽车尾气催化剂，三元催化效果较好，价格便宜，有可能替代昂贵的贵金属催化剂。Tascon等研究了CO在一系列$LaBO_3$($B=V^{3+}$、Cr^{3+}、Mn^{3+}、Fe^{3+}、Co^{3+}、Ni^{3+})上的氧化活性，发现其活性主要由B位元素控制。随着B位离子d轨道电子数目的增加，对CO氧化活性呈现有规律的变化。有学者研究了$La_{1-x}Ba_xMnO_{3+y}$中Mn^{3+}/Mn^{4+}的比值与CO氧化活性的关系，发现钡部分取代镧后，能引起Mn^{3+}/Mn^{4+}比值显著变化，从而引起活性变化，当$x=0.2$时活性最高。还有发现含有Pt或Ru的ABO_3，其催化活性比不含贵金属的ABO_3有明显提高，而且与贵金属催化剂相比，抗Pb中毒的能力大大提高。不过，这些钙钛矿型催化剂对NO_x的还原能力不如贵金属。

(3) 催化燃烧

钙钛矿型复合氧化物具有很强的催化氧化能力，它能将大部分挥发性有机化合物完全氧化成CO_2和H_2O。例如，$La_{0.8}Sr_{0.2}MnO_{3+\delta}$在350 ℃以下就能将多种挥发性有机化合物(丙烷、丙烯、己烷、环己烷、苯、甲苯、乙醇、丙醛、丙酮、乙酸乙酯等)完全氧化成CO_2和H_2O。有学者研究了Mn、Ni、Fe、Co掺杂的La-Ce复合氧化物对甲烷燃烧的催化活性，表明金属阳离子的掺杂对甲烷燃烧的催化活性影响不大，催化剂的比表面积对甲烷的转化率起到决定性作用，而其比表面积随氧化物复合程度以及催化剂制备方法的不同而改变。Wang等比较了$Ag/La_{0.6}Sr_{0.4}MnO_3$、$Ag/La_{0.6}Sr_{0.4}MnO_3/Al_2O_3$、0.1wt% Pd/Al_2O_3及0.1 wt% Pt/Al_2O_3对甲醇和乙醇燃烧的催化活性，已发现银掺杂的钙钛矿型氧化物的活性高于Al_2O_3负载的贵金属的活性，并认为是由于Ag^+对$La_{0.6}Sr_{0.4}MnO_3$表面的改性增加了可还原的Mn^{n+}的含量，促进了氧空位的形成及增加了表面O_2^{2-}/O^-物种的相对含量，从而提高了催化剂的氧化活性。

二、尖晶石型复合氧化物

1. 结构

尖晶石(Spinel)结构的氧化物在自然界中广泛存在。由于其结构特殊，具有耐热、耐光、无毒、防锈、耐火、绝缘等特点，在冶金、电子、化学工业等领域都有广泛的用途。广义的尖晶石型复合金属氧化物的分子式为：$A_xB_yC_z\cdots O_4$。式中A,B,C等分别代表不同的金属元素，O为氧元素。其中，x,y,z等满足$x+y+z+\cdots=3$，$xM_A+yM_B+zM_C+\cdots=8$(M_A、M_B、M_C等代表A,B,C的化合价)。具有尖晶石结构的复合金属氧化物中，最常见和研究最广泛的是 AB_2O_4 型。AB_2O_4 型尖晶石属于立方晶系，其中 O^{2-} 为面心立方紧密堆积(cpp)，其结构如图 7 - 15(a)。每个尖晶石晶胞中含有 32 个 O^{2-}、16 个 B^{3+}、8 个 A^{2+}，相当于 8 个 AB_2O_4 分子。32 个 O^{2-} 作立方密堆积时，共产生 64 个四面体空隙和 32 个八面体空隙。A^{2+}、B^{3+} 可填充在四面体空隙或八面体空隙内，结构如图 7 - 15(b)和图 7 - 15(c)。若所有 A^{2+} 都填充在四面体空隙，而所有 B^{3+} 都填充在八面体空隙，该结构的尖晶石称作正尖晶石。若 A^{2+} 占据八面体空隙，而 B^{3+} 同时占据四面体空隙和八面体空隙，该结构的尖晶石称作反尖晶石。当 A^{2+}、B^{3+} 两种离子对四面体空隙和八面体空隙的选择性没有差异时，它们都既填充在四面体空隙内，又填充在八面体空隙内，就形成无序的尖晶石构型。

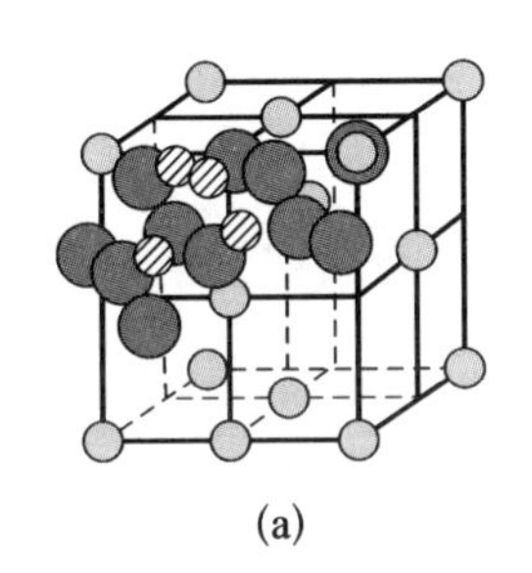

(a)

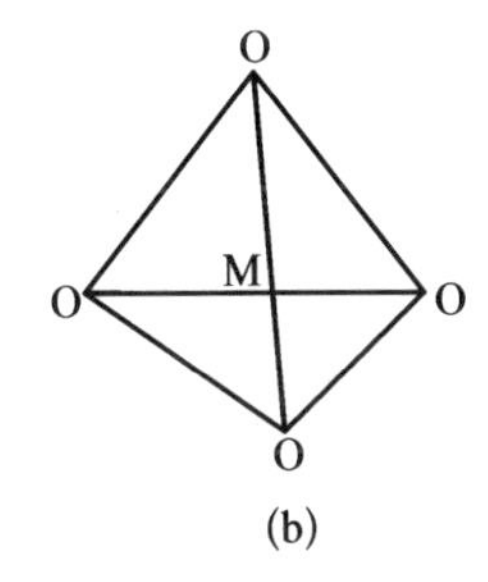

(b)

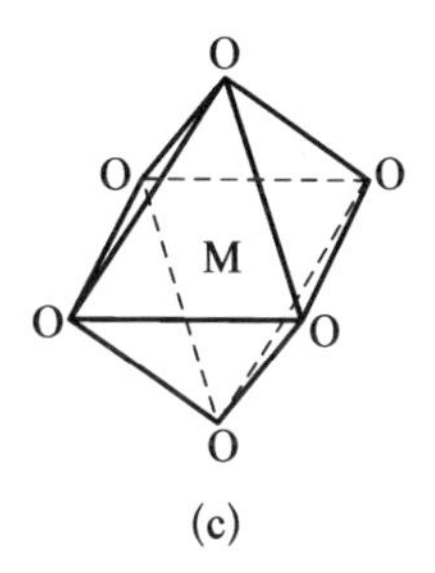

(c)

图 7 - 15　尖晶石结构

2. 催化性能

尖晶石型复合金属氧化物由于其独特的晶体结构和众多的物性一直吸引着科学家的注意。这主要是由于其晶体格子中 A 位离子和 B 位离子可以相互替换，由此可以更为方便地调节材料的磁性和各向异性。尖晶石是一种具有多种性质的材料，在诸多领域都有较高的应用价值，如颜料、磁性材料、陶瓷材料、防火材料和隐身材料等。

尖晶石由于其独特的结构和表面性质，作为催化剂或载体已在催化领域中得到广泛的应用。目前已在低碳烷烃催化脱氢制取低碳烯烃、丁烯氧化脱氢制丁二烯、CO 还原、F - T合成、环己酮双聚反应、合成气制低碳醇、脱硫、脱水、异构化、丁烷氧化脱氢、碳氢化合物燃烧、乙苯脱氢等众多反应中显示了良好的性能并起着重要的作用。例如，$ZnAl_2O_4$ 尖晶石，由于其结构中存在着阳离子空位和表面能很大，且热稳定性好、表面酸性低，是很有潜力的催化材料。国际上 PhillPs 公司开发的以锌铝复合金属氧化物为主体的催化剂已在低烷烃脱氢工艺上实现了工业化。国内川化股份有限公司催化剂厂开发的以锌铝复合金属氧化物为主体的催化剂已应用于以煤油及天然气为原料的中低压合成甲醇的工艺中，并很好地解决了传统催化剂的热稳定性差、选择性低、寿命短等问题。$MgA1_2O_4$ 尖晶石可以作为脱硫催化剂、环己酮双聚催化剂、萘重整催化剂载体、甲烷化催化剂载体、烷基苯酚胺化制烷基苯胺的催化剂载体。尖晶石型铁酸盐也是一类重要的催化剂，具有氧缺位的铁酸盐在催化气态氧化物反应后又转化为相应的铁酸盐，尖晶石结构不被破坏，经还原活化后又能恢复其活性，可反复使用，而且它具有选择性好、反应温度低、无副产物等优点，从而为 CO_2、SO_2 和 NO_2 等物质的转化和利用提供了一个有效的途径。

思考题

1. 请描述钙钛矿型结构与正尖晶石型结构特征。
2. 请说明 V_2O_5 具有优异催化性能的原因。
3. MoO_3 系列催化剂催化烯烃氧化可能的产物及反应机理。
4. Co－Mo 氧化物加氢脱硫催化剂在炼油工业中的应用。
5. ZnO 与 NiO 受热时分别会变成什么类型的半导体？为什么？
6. 画图说明掺杂对半导体脱出功及导电性能的影响。
7. 简述助催化剂及载体对 V_2O_5 及 MoO_3 主催化剂催化性能的影响。

第八章

配合物催化剂

第一节 配位催化原理

一、概述

配位催化的含义是指在反应过程中，催化剂与反应基团直接构成配键，形成中间配合物，使反应基团活化。如果催化剂与反应基团无配位能力，或不直接参与配键的形成，则催化剂的作用就不属于配位催化的范畴。

配位催化是均相催化的主流。自20世纪50年代初期齐格勒-纳塔(Ziegler-Natta)型催化剂出现以来，以金属配合物为催化剂的研究有了很大进展。尤其是过去三十年在不对称催化(手性催化)中取得的重大研究成果，使配位催化在医药、农药、精细化工和材料科学等显示出重要的应用前景。具有代表性的部分配位催化反应见表8-1。

表8-1 一些配位催化反应

过程	反应	典型催化剂
Wacker	$C_2H_4+\frac{1}{2}O_2 \longrightarrow CH_3CHO$	$PdCl_2-CuCl_2$(水)
羰基合成	$RCH=CH_2+CO+H_2 \longrightarrow RCH_2CH_2CHO+RCH(CHO)CH_3$	$RhCl(CO)(PPh_3)_2$(有机溶剂)
甲醇羰基化	$CH_3OH+CO \longrightarrow CH_3COOH$	$RhCl(CO)(PPh_3)_2$(有机溶剂或水) 助剂：CH_3I
定向聚合	$nC_2H_4 \longrightarrow (C_2H_4)_n$ $nC_3H_6 \longrightarrow (C_3H_6)_n$	$TiCl_3$(固)$+Al(C_2H_5)_2Cl$ 悬浮于有机相

二、过渡金属元素的配位性能

金属特别是过渡金属元素具有较强的配位能力，能生成多种类型的配合物，这主要与过渡金属原子或离子的电子结构有关。

1. 中心金属离子或原子的“酸、碱”特性

过渡金属离子的最高占有轨道及最低空轨道是d或f轨道，或者是d或f轨道参与

的杂化轨道，这些轨道有多种特性。当其未被电子占有时，可能具有对反应分子的亲电性，起“硬酸”或氧化作用，或具有能与反应分子的电子占有轨道在一定方位上的轨道叠加性，起“软酸”作用。另一方面，当其轨道被电子占据时，可能具有对反应分子的亲核性，起“硬碱”或还原作用，或通过轨道叠加，将电子反馈给反应分子的未占有轨道，起“软碱”作用。

2. 中心金属离子或原子的电子迁移特征

过渡金属离子或原子在电子迁移方面具有如下特征：d电子容易失去也容易得到电子，具有氧化还原能力。d空轨道能与其他非过渡金属元素组成空穴带作为束缚电子的陷阱。而填充电子的d轨道，也可能与其他元素组成施主能带作为供给电子的源泉。

3. 中心金属离子或原子的轨道特性

中心金属离子或原子的d或f轨道具有合适的对称性和能级，可通过反馈电子到反应基团的相应反键轨道来活化其σ键和π键。过渡金属离子的轨道中有的轨道基本保持原子轨道的特性，当外来轨道临近时，可以重新劈裂组成新轨道，具有随机应变的特性。

三、配合物成键机理

配合物催化剂都含有过渡金属原子或离子，它们与配位原子、分子键合形成络合离子或分子。配体围绕金属原子或离子形成以它们为中心的多面体(见图8－1)。

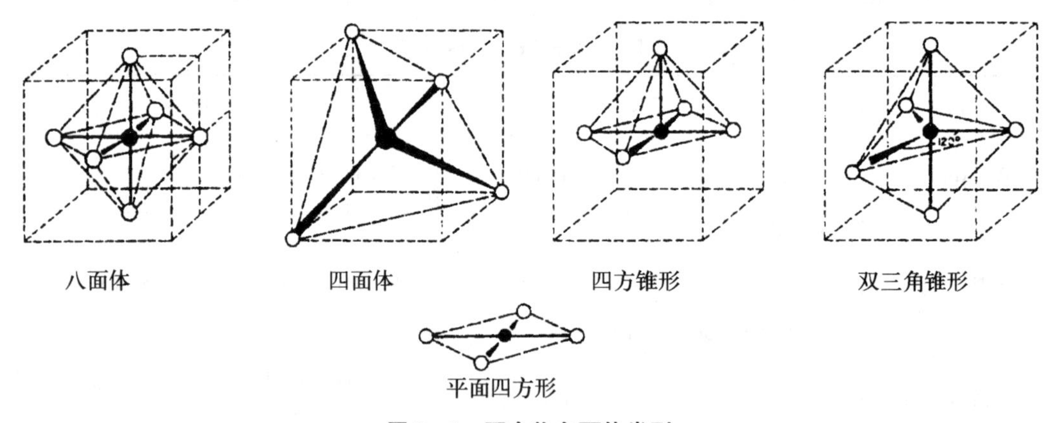

图8－1　配合物多面体类型

过渡金属原子或离子以其部分填充的$(n-1)$d、ns、nd轨道与配体的轨道相互作用，形成金属-配体化学键。有四种成键情况：

(1) 金属提供一个半充满轨道，配体提供一个半充满轨道形成σ键，如，H和烷基配体。

(2) 金属提供一个空轨道，配体提供一个充满轨道(孤对电子)形成σ键，如，NH_3和H_2O配体。

(3) 配体可提供两个充满轨道与金属的相应空轨道作用形成σ键和π键，因为这类配体在形成π键时给出电子，故称它们为π施主配体，如Cl^-、Br^-、I^-和OH^-配体(见图8－2)。

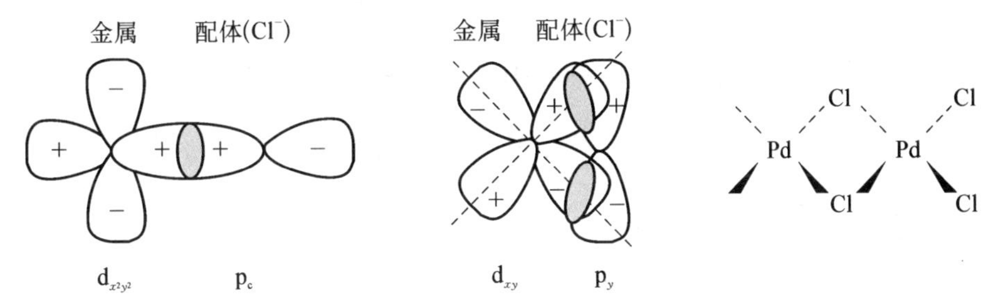

图 8-2　金属与 π 施主配体成键

(4) 金属同时提供一个充满轨道和一个空的反键轨道，配体也提供一个空轨道和充满轨道形成 σ 键和 π 键双键，如 CO、烯烃、磷化氢等配体(见图 8-3)。

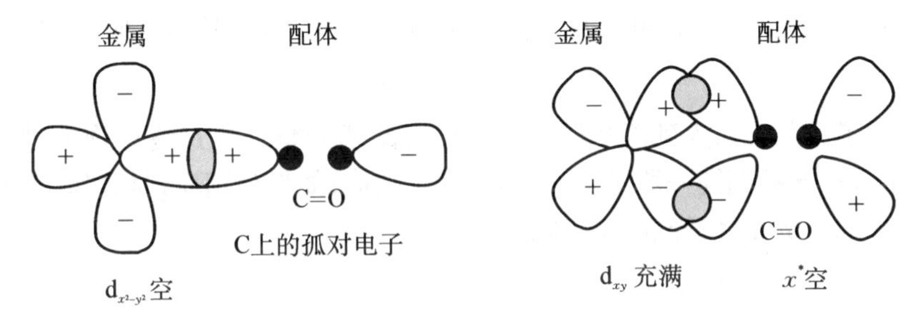

图 8-3　金属与 CO 成键

金属与配体的成键，要求相互作用的轨道具有相同的对称性。由于配体环境不同，金属将采用不同的轨道($d_{x^2-y^2}$ 或 d_{xy})形成 σ 或 π 键。如果配体环境为八面体或平面四边形时，金属可采用 $d_{x^2-y^2}$ 形成 σ 键；当配体环境为四面体时，金属则要用 d_{xy} 形成 π 键。

参与成键的轨道的能级差决定着形成金属-配体化学键的强度。一般地，原子轨道能级差越大，所形成的化学键强度越低。当金属与配体间形成双键时，相互作用的最高占据轨道与最低未占据轨道的能级差取决于金属与配体的 Fermi 能级。

四、配位催化机理

配位催化机理是金属配合物在催化反应中由于金属离子与配体之间的作用，使配体的电荷密度或某些键削弱，从而使配体易受攻击或键裂。通常有以下三种机理：

1. 配位取代或交换

(1) 解离式配位取代机理：金属配合物的原有配体发生解离，然后反应物 A、B 顺式配位至金属原子或离子上，进行催化作用。

$$ML_n \longrightarrow ML_{n-2}\square_2 + 2L$$

(2) 缔合式配位取代机理：反应物 A、B 先配位到中心金属原子或离子上，接着被取代配体从配合物解离。

$$ML_n + AB \longrightarrow \underset{\displaystyle B}{\overset{\displaystyle A}{ML_n}} \longrightarrow \underset{\displaystyle B}{\overset{\displaystyle A}{ML_{n-2}}} + 2L$$

2. 氧化加成/还原消除

$$L_3M^{n+}\square_2 + AB \underset{\text{还原消去}}{\overset{\text{氧化加成}}{\rightleftharpoons}} L_4M^{(n+2)+}AB$$

氧化加成要求金属离子有两个空配位点，并且具有差值为 2 的两种氧化态，如 Rh 配合物。除 H_2 外，HI 和 CH_3I 等都可以发生氧化加成反应，氧化加成的逆过程为还原消去。

3. 插入反应

指一个原子或分子插入到两个初始键合的金属-配体间。在最终产物中，如果金属原子 M 和配体 L 都连接到同一原子上，则称为 1,1 加成；如果分别连到相邻的两个原子上，则称为 1,2 加成。例如，烯烃的 1,2 加成：

$$M-L+X=Y \longrightarrow M-X-Y-L$$

$$L_nMR+H_2C=CH_2 \rightleftharpoons [L_nM(R)\cdots(CH_2=CH_2)] \rightleftharpoons [R\cdots CH_2 / L_nM\cdots CH_2] \longrightarrow L_nMCH_2CH_2R$$

R 和 M 分别连到两个 C 原子上。其机理为：首先烯烃与 M 实现 π 配位，再经过四中心过渡态，转变为 σ 键合的金属烷基配合物。

例如，CO 的 1,1 加成，配体 R 和金属 M 都连接到 C 上，其中 L 可以是 CO、胺或膦化氢。

$$M—L+X=Y \longrightarrow M—X(Y)—L \quad (1,1 加成)$$

$$(OC)_5MnR \rightleftharpoons (OC)_4Mn(\square)C(=O)R \underset{-L}{\overset{+L}{\rightleftharpoons}} (OC)_4Mn(L)C(=O)R$$

第二节 常见的配位催化反应

一、烯烃加氢

许多金属配合物都能活化氢，如 $RuCl_6^{3-}$、$Co(CN)_5^{3-}$、$RhCl(PPh_3)_3$ 等，特别是后者，

称为 Wilkinson 配合物，对均相催化加氢非常有效。

反应方程式为：

$$\mathrm{>C{=}C<} + H_2 \longrightarrow \mathrm{>HC{-}CH<}$$

催化反应机理为：

$$RhClL_3 \underset{}{\overset{H_2}{\rightleftharpoons}} RhClL_3H_2$$

$$RhClL_3 \overset{-L}{\underset{+L}{\rightleftharpoons}} RhClL_2\square \qquad RhClL_3H_2 \overset{-L}{\underset{+L}{\rightleftharpoons}} RhClL_2H_2$$

$$RhClL_2H_2 \overset{+C_2H_4}{\underset{-C_2H_4}{\rightleftharpoons}} RhClL_2H_2(C_2H_4) \rightleftharpoons (C_2H_5)RhClHL_2 \xrightarrow{-C_2H_6} RhClL_2\square$$

反应的第一步是 H_2 氧化加成至铑配合物上，后者解离掉一个配体，继而烯烃通过插入机理插入到 Rh－H 间，同时发生还原消去，完成整个循环。

二、乙烯氧化制乙醛- Wacker 过程

乙烯是重要的化工原料，用于生产乙醇、乙醛、醋酐、醋酸乙烯等十几种重要的有机中间体，由此可进一步生产维尼纶、醋酸纤维素、二辛酯增塑剂等几十种化工产品。

20 世纪 50 年代以前，乙醛的制造是用乙炔水合法或乙醇氧化法。50 年代以后，发明了 $PdCl_2$－$CuCl_2$ 催化剂，由乙烯可直接氧化制备乙醛，在工业上该过程被称为 Wacker(瓦克)过程。该过程的特点是产率高，选择性好，乙烯的转化率达 95%～99%。该过程的总反应为：

$$C_2H_4 + 1/2O_2 \xrightarrow{PdCl_2 - CuCl_2} CH_3CHO$$

反应分以下三个阶段完成：

第一阶段，乙烯被 Pd^{2+} 氧化为乙醛，Pd^{2+} 还原为 Pd^0：

$$C_2H_4 + PdCl_2 + H_2O \longrightarrow CH_3CHO + Pd + 2HCl$$

第二阶段，Pd^0 被氧化为 Pd^{2+}，Cu^{2+} 还原为 Cu^+：

$$Pd + 2CuCl_2 \longrightarrow PdCl_2 + 2CuCl$$

第三阶段，Cu^+ 被空气或氧气氧化为 Cu^{2+}：

$$2CuCl + \frac{1}{2}O_2 + 2HCl \longrightarrow 2CuCl_2 + H_2O$$

Wacker 过程的反应机理可简要表述如下：

(1) $PdCl_2$在反应体系内存在的形式之一是$[PdCl_4]^{2-}$配合物，该配合物与乙烯进行π键合得到 Zeise 盐阴离子$[PdCl_3(C_2H_4)]^-$。

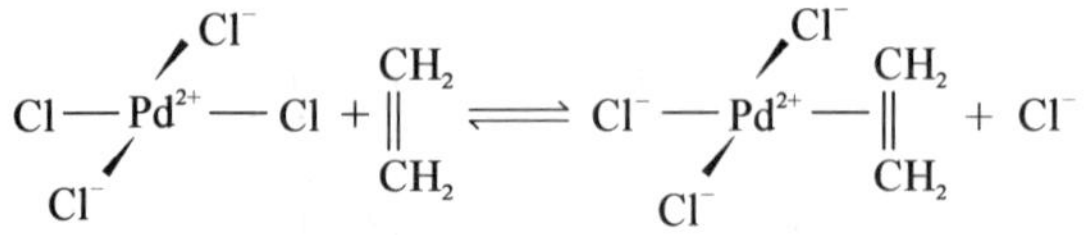

$$Cl—Pd^{2+}(Cl^-)(Cl^-)—Cl + CH_2{=}CH_2 \rightleftharpoons Cl^-—Pd^{2+}(Cl^-)(Cl^-)—(CH_2{=}CH_2) + Cl^-$$

(2) 阴离子与 H_2O 发生配体交换。

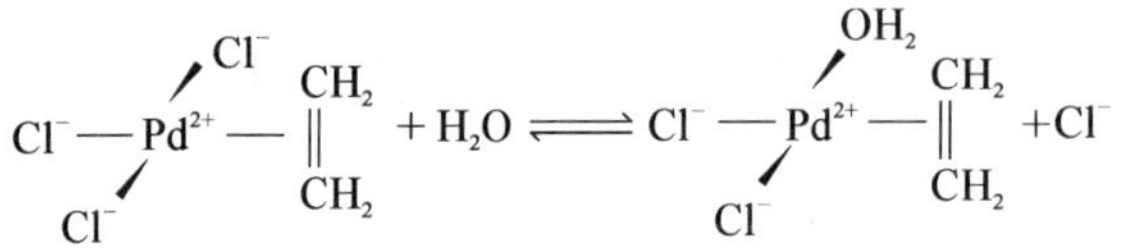

$$Cl^-—Pd^{2+}(Cl^-)(Cl^-)—(CH_2{=}CH_2) + H_2O \rightleftharpoons Cl^-—Pd^{2+}(OH_2)(Cl^-)—(CH_2{=}CH_2) + Cl^-$$

(3) 水中的 OH^- 从配位球外攻击乙烯分子，也可理解为 Pd^{2+} 与 OH^- 加成至乙烯 C═C 键的不同侧。

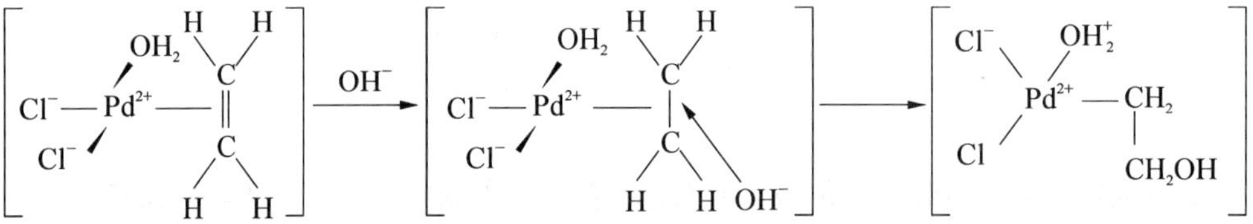

$$[Cl^-—Pd^{2+}(OH_2)(Cl^-)—(H_2C{=}CH_2)] \xrightarrow{OH^-} [Cl^-—Pd^{2+}(OH_2)(Cl^-)—(H_2C—CH_2 \leftarrow OH^-)] \longrightarrow [(Cl^-)(Cl)(OH_2^+)Pd^{2+}—CH_2—CH_2OH]$$

(4) 由第三步得到的中间产物不稳定，迅速发生重排得到产物乙醛和不稳定的钯氢化物，后者发生分解产生金属钯。

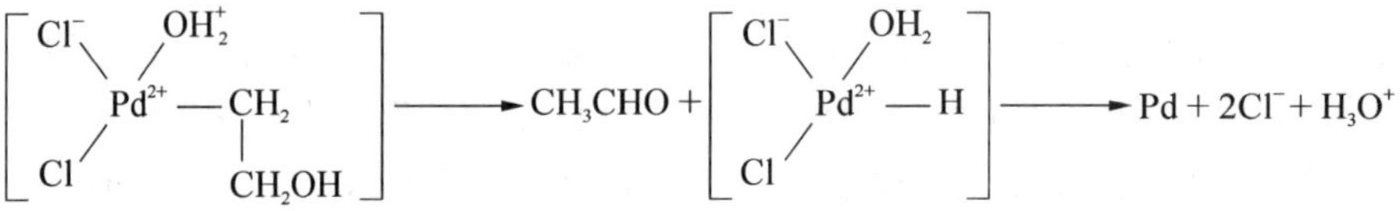

$$[(Cl^-)(Cl)(OH_2^+)Pd^{2+}—CH_2—CH_2OH] \longrightarrow CH_3CHO + [(Cl^-)(Cl)(OH_2)Pd^{2+}—H] \longrightarrow Pd + 2Cl^- + H_3O^+$$

上述机理的提出，依据了以下实验结果：

① 当 $CuCl_2$不存在时，1 mol $PdCl_2$溶液可以吸收 1 mol 乙烯，吸收的乙烯被 $PdCl_2$转化为乙醛。但由于没有 $CuCl_2$存在，反应很快终止。

② 在反应初期，吸收乙烯的速率与 Pd^{2+}浓度成正比，与 Cl^- 浓度成反比，与 H^+ 浓度无关，这支持第一步反应。

③ 如果直接用乙醇代替乙烯作反应原料，从乙醇氧化生成乙醛的速率比乙烯直接氧化得到乙醛的速率慢很多。说明乙烯氧化生成乙醛不是以乙醇为中间产物。

④ 氧的同位素实验表明，产物乙醛中的氧来自水，而不是直接来自氧气。

三、羰基化反应

1. α-烯烃加氢甲酰化

α-烯烃加氢甲酰化是一个具有重要工业意义的反应，产物为醛，醛加氢得到醇，醇可用作溶剂或进一步加工成增塑剂和洗涤剂。

氢甲酰化反应在液相内进行，常用羰基钴为催化剂 $Co_2(CO)_8$。后改用铑催化剂，如 $RhCl(CO)(PPh_3)_3$。铑催化剂更活泼，使用压力更低。随着不对称催化研究的深入，近年来，利用铑及手性配体合成手性产物具有重要的实际意义。以下介绍以铑为催化剂进行的氢甲酰化过程。

总反应为：

$$RCH{=}CH_2 + CO + H_2 \longrightarrow RCH_2CH_2CHO + RCH(CHO)CH_3$$

反应机理较复杂，整个反应主要由以下几步构成：

第一步：烯烃被 Rh 络合并插入 Rh－H 间。

第二步：CO 插入 Rh－C 间。

第三步：氢的氧化加成和醛的还原消除。

根据三苯基膦的浓度，可以是缔合机理，也可以是解离机理。在三苯基膦浓度较高时，倾向于缔合机理。按此机理，烯烃加成至五配位的铑配合物上，由于较强的立体位阻效应，将使产物中的直链醛/支链醛比值增加，即下式中的(D)→(H)→(I)→(J)→(R)→(C)过程。若三苯基膦浓度太高，则形成惰性的配合物 $RhH(CO)(PPh_3)_3$，即(M)，使催化剂活性降低。当三苯基膦浓度较低时，按解离式机理进行，即(D)→(E)→(F)→(G)过程，由于烯烃加成至四配位的配合物上，所以产物中直链醛/支链醛比值较低。

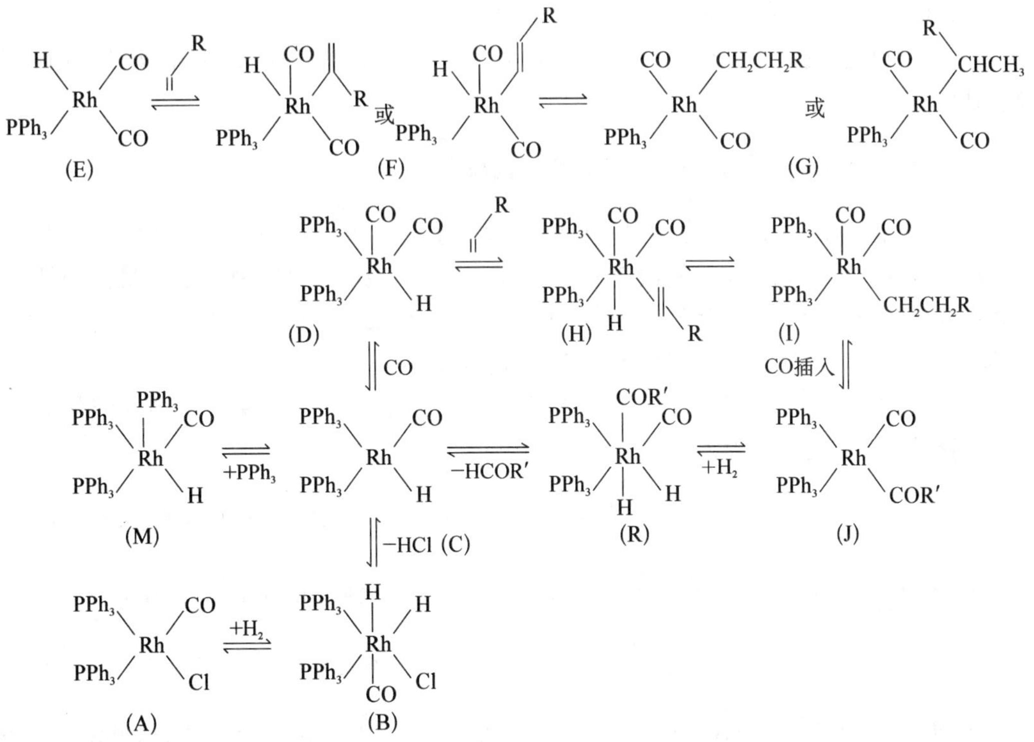

丙烯氢甲酰化可合成正丁醛及异丁醛，醛进一步加氢生成正丁醇和异丁醇。

$$CH_3CH=CH_2 \xrightarrow{CO/H_2} CH_3CH_2CH_2CHO \xrightarrow{H_2} CH_3CH_2CH_2CH_2OH$$

$$CH_3CH=CH_2 \xrightarrow{CO/H_2} CH_3CH(CHO)CH_3 \xrightarrow{H_2} CH_3CH(CH_2OH)CH_3$$

正丁醛在强碱性介质中发生醇醛缩合反应，制备2-乙基-1-己醇(可作为增塑剂)。

$$CH_3CH_2CH_2CHO \longrightarrow CH_3CH_2CH_2CH(OH)CH(C_2H_5)CHO \xrightarrow[H_2]{-H_2O} CH_3CH_2CH_2CH_2CH(C_2H_5)CH_2OH$$

2. 甲醇羰基化制乙酸

总反应为：$CH_3OH + CO \longrightarrow CH_3COOH$

$$[RhI_2(CO)_2]^- \xrightarrow{CH_3I} [CH_3RhI_3(CO)_2]^- \xrightarrow{+CO} [(CH_3CO)RhI_3(CO)]^- \xrightarrow{CO} [(CH_3CO)RhI_3(CO)_2]^- \xrightarrow{-CH_3COI} [RhI_2(CO)_2]^-$$

$$CH_3COI + CH_3OH \longrightarrow CH_3COOH + CH_3I$$

通过红外光谱能检测到室温下有中间产物$[(CH_3CO)Rh(CO)I_3]^-$的生成。CO的插入是一个可逆过程，甲醇羰基化对甲基碘为一级，对CO为零级，表明甲基碘的加成为速率控制步骤。

四、Ziegler-Natta 过程——α-烯烃的定向聚合

塑料工业在发展国民经济和尖端科学中起着重要作用。石油化学工业的迅速发展，为塑料工业提供了丰富原料，使塑料的产量迅速增长。聚烯烃是塑料中发展最快的品种，其中，聚乙烯的产量最大，聚丙烯的发展速度也很快，在聚烯烃树脂中占第二位，在热塑性塑料中位于聚乙烯、聚氯乙烯和聚苯乙烯之后占第四位。

聚乙烯的生产过程经历了高压、中压、低压的发展。不同方法使用不同的催化剂，得到不同性能、不同密度的聚乙烯。

乙烯(C_2H_4)聚合 ⟶
- $\xrightarrow[\text{2 000 大气压}]{\text{有机过氧化物或偶氮化合物或 }O_2}$ 聚乙烯(立体规整性低，熔点低)
- $\xrightarrow[\text{150～180℃ 30 大气压}]{\text{Cy-Si-Al 的氧化物}}$ 聚乙烯(立体规整性中，熔点中)
- $\xrightarrow[\text{60～80℃常压}]{\text{齐格勒-纳塔催化剂}}$ 聚乙烯(立体规整性高，熔点高)

最初，将乙烯置于2×10^5 kPa压力下进行自由基聚合得到的是高分支链、低结晶度的低密度聚乙烯。1953年，德国Keiser Wilhelm煤炭所所长K. Ziegler(齐格勒)发现，乙烯

插入 Al—H 间形成的有机金属化合物 $Al(C_2H_5)_3$，与 $TiCl_3$ 构成的齐格勒催化剂，在常温下能催化乙烯定向聚合得到低分支链、高结晶度的高密度聚乙烯。意大利科学家 Natta（纳塔）发现丙烯或高分子量的 α-烯烃在结晶性 $TiCl_3$ 和 $Al(C_2H_5)_3$ 催化剂作用下，手性碳原子全按 *R* 或 *S* 方式聚合得到高熔点、高结晶度、高立体规整性的产物，称为等规聚合物（如果丙烯或高分子量的 α-烯烃手性碳原子随意按 *R* 或 *S* 方式聚合，则称为无规聚合物；丙烯或高分子量的 α-烯烃手性碳原子按 *R* 和 *S* 方式交替聚合，称为间规聚合物）。1963 年，Ziegler 和 Natta 两人同获诺贝尔奖。

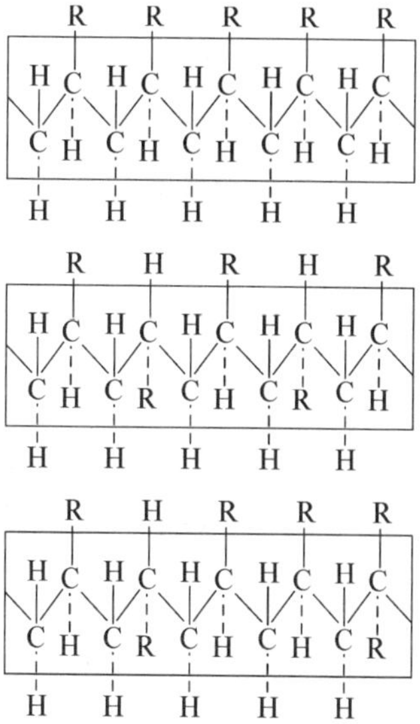

等规（全同）

间规（间同）

无规

1. Ziegler-Natta 催化体系的组成

Ziegler-Natta 催化体系通常由两组分构成，但其组成范围已从当初的 Al-Ti 体系大大扩充到其他体系。

（1）主催化剂

主催化剂通常为Ⅳ～Ⅵ族过渡金属（M）的卤化物 MX_n（X＝Cl，Br，I）、氧卤化物 MOX_n、乙酰丙酮化合物 $M(acac)_n$、烷氧基化合物 $M(OR)_n$、环羧酸盐化合物 $M(OOR)_n$、环戊二烯基（Cp）金属卤化物 Cp_2MX_2 等。

（2）助催化剂

助催化剂是Ⅰ～Ⅲ族的金属有机化合物，如 LiR、MgR_2、ZnR_2、AlR_3 等，其中 R 为 CH_3—$C_{11}H_{23}$ 的烷基或环烷基，以有机铝化合物用得最多，如 AlH_nR_{3-n}（一般 $n=0\sim1$）、AlR_3。常用的有 $AlEt_3$、$Al(i\text{-}C_4H_9)_3$、$AlEt_2Cl$ 等。

Ziegler-Natta 引发体系的性质决定于两组分的化学组成、过渡金属的性质及两组分的配比等。该引发剂中的Ⅰ～Ⅲ金属有机化合物（AlR_3、MgR_2、LiR 等）组分是阴离子聚合引发剂，而Ⅳ～Ⅷ族过渡金属卤化物（如 $TiCl_4$、$TiCl_3$、VCl_3 等）组分却是弱路易氏酸，即阳离子引发剂。这两种引发剂单独使用都不能使乙烯或丙烯聚合，但两者配合之后，并非相互中和，而是起了协同效应。

以 $AlEt_3$＋$TiCl_4$（液体）为例，发生的主要化学反应有：$AlEt_3$ 与 $TiCl_4$ 之间发生烷基化反应形成烷基钛，即形成 Ti—C 键，烷基钛进一步发生部分分解和还原反应而产生 Ti 原子上的空位，此即为配位阴离子聚合引发剂的活性中心。$Al(CH_3)_3$＋$TiCl_3$（固）也发生相似的化学反应。

2. 催化机理

（1）双金属活性中心机理

双金属活性中心机理是 Natta 首先提出的。聚合时，单体首先插入到钛原子和烃基相连的位置上，这时 Ti—C 键打开，单体的 π 键即与钛原子新生成的空 d 轨道配位，生成 π 配位化合物，后者经过环状配位过渡状态又变成一种新的活性中心。就这样，配位、移位交替进行，每一个过程可插入一个单体（增长一个链节），最后得到聚丙烯。

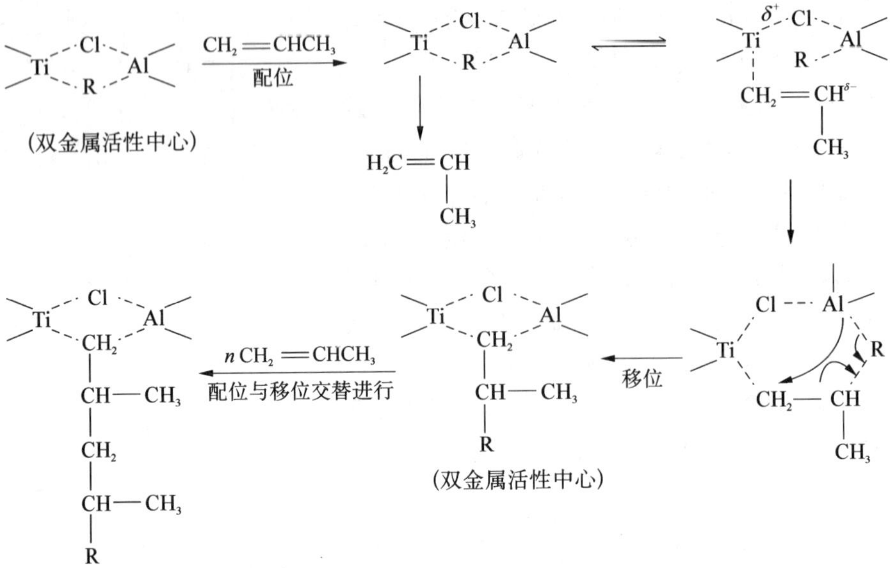

(双金属活性中心)

配位

移位

$n CH_2=CHCH_3$

配位与移位交替进行

(双金属活性中心)

(2) 单金属活性中心机理

α-烯烃配位聚合单金属活性中心机理的要点是:活性种由单一过渡金属(Ti)构成,增长即在其上进行。活性种是以过渡金属原子为中心,即具有一个空位的五配位正八面体。

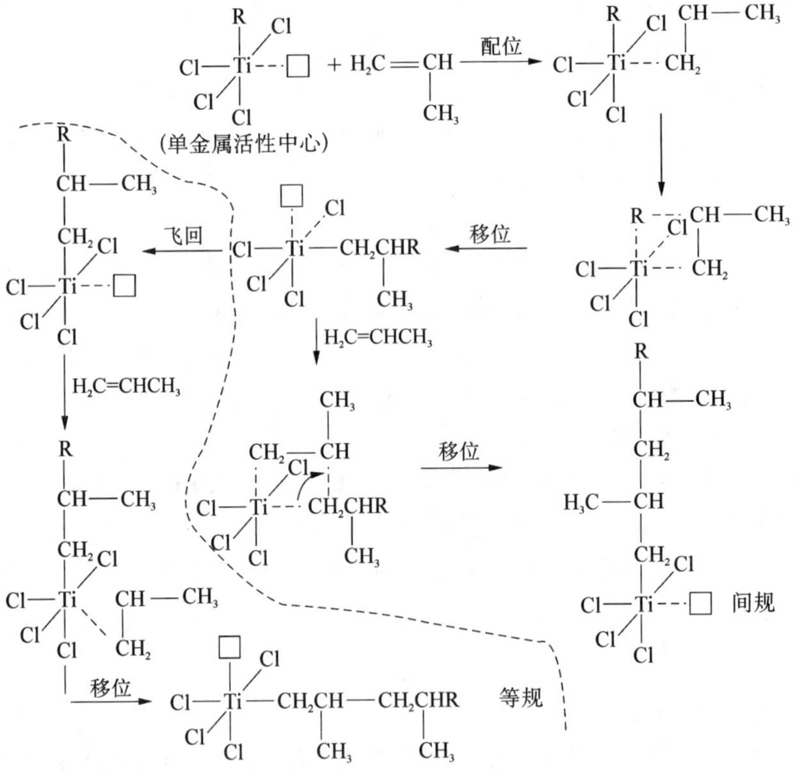

(单金属活性中心)

配位

移位

飞回

$H_2C=CHCH_3$

移位

间规

等规

定向吸附在 $TiCl_3$ 表面的丙烯在空位处与 Ti^{3+} 配位,形成四元环过渡状态,然后三乙基铝上的烷基与单体发生顺式加成,结果使单体在钛-碳间插入增长,同时空位重现,但位置改变。如果按这样再增长,将得到间规聚合物。事实上,由于 $TiCl_3$ 的立体结构特点,空位将“飞回”到原来位置上，这样，每增长一个单体，空位都将发生“复原”，聚合物链继续增长形成全同(或等规)聚合物。

过渡金属化合物的晶型对聚合活性和定向效应也都有影响，例如，$TiCl_3$有四种结晶变体，其中 α、γ、δ 型是层状结构，β 型是链状结构；前三种使丙烯聚合得全同结构聚丙烯。

3. Ziegler-Natta 引发体系的发展史

(1) 第一代 Ziegler-Natta 催化剂——二组分体系

第一代 Ziegler-Natta 催化剂是 1950 年发展的，为 δ 晶型的 $TiCl_3$ 和 $AlCl_3$ 的共晶，由 $AlEt_2Cl$ 活化，聚丙烯的等规度为 90%～94%。由于聚丙烯的等规度太低，而无规聚合物对聚合物的性能不利，需要用溶剂脱除无规物，且催化剂活性低，聚合物中催化剂残余物 Ti 和 Cl 含量高，这些都影响聚合物的性能，所以需要进行脱灰(催化剂残余物)处理。

(2) 第二代 Ziegler-Natta 催化剂——三组分体系

第二代 Ziegler-Natta 催化剂是 1960 年发展起来的。在第一代催化剂的催化体系中加入给电子体，以有效提高催化剂的催化活性和聚丙烯的等规度。给电子体是一些胺类、酯类、醚类等含 O、S、P、N、Si 杂原子的有机化合物。催化剂活性比第一代催化剂活性提高 1 个数量级，聚丙烯的等规度为 94%～97%。聚合工艺中不需要进行脱无规物程序，但是还需要进行脱灰处理。

给电子体的作用有：形成活性更大的活性中心配合物；改变烷基铝的化学组成；提高催化聚合活性；覆盖非等规聚合活性点；使反应中生成的毒物(如 $AlEtCl_2$)转化为催化剂的有效组分。

(3) 第三代 Ziegler-Natta 催化剂——载体型

第三代 Ziegler-Natta 催化剂是 1970 年发展起来的，主要是将 $TiCl_3$ 负载在 $MgCl_2$ 载体上，因为 $MgCl_2$ 具有与 $\delta-TiCl_3$ 类似的层状晶体结构，能形成共晶。将 $TiCl_3$ 直接负载于 $MgCl_2$ 上并不能获得具有高等规度聚丙烯的催化剂，需要借鉴第二代催化剂的给电子体性能。第三代催化剂的组成可以表示为 $TiCl_3$/单酯/$MgCl_2-AlR_3$/单酯，或 $TiCl_3$/双酯/$MgCl_2-AlR_3$/硅烷。

(4) 第四代 Ziegler-Natta 催化剂——茂金属

茂金属催化剂(metallocene)是环戊二烯基过渡金属化合物类的简称。20 世纪 50 年代就已发现双(环戊二烯基)二氯化钛(Cp_2TiCl_2)是可溶性催化剂，但当时的活性较低。经过多年对助引发剂(甲基铝氧烷 MAO)和配制工艺上的深入研究，至 90 年代，已发展成为生产聚烯烃的新型高效引发剂，聚合产物分子结构更均匀，相对分子质量分布更窄。

第三节　不对称催化反应

一、不对称催化反应的意义

在生命的产生和演变过程中，自然界往往对一种手性有所偏爱，如自然界存在的糖为

D-构型，氨基酸为 *L*-构型，蛋白质和 DNA 的螺旋构象又都是右旋的。当今世界常用的化学药物中手性药物的比例超过 60%，它们的药理作用是通过与体内大分子之间严格的手性匹配与分子识别实现的。当手性药物、农药等化合物作用于这个不对称的生物界时，由于它们的分子的立体结构在生物体内引起不同的分子识别，造成“手性识别”现象。两个异构体在人体内的药理活性、代谢过程及毒性往往存在显著的差异，具体可能存在以下几种情况：

(1) 一个对映体具有显著的活性，另一对映体活性很低或无此活性。例如，普萘洛尔(propranolol)的阻滞作用中，*S*-普萘洛尔的活性是其 *R*-普萘洛尔的 100 倍以上。

(2) 对映体之间有相同或相近的某一活性。例如，噻吗洛尔(timolol)两个对映体都具有降低眼压治疗青光眼的作用，其中 *S*-噻吗洛尔为阻滞剂，用它制备滴眼液治疗青光眼时，曾引起支气管收缩，使有支气管哮喘史的患者致死，所以仅 *R*-噻吗洛尔治疗青光眼是安全的。因此仍宜选用单一对映体。

(3) 对映体活性相同，但程度有差异。例如，*S*-氯胺酮(ketamine)的麻醉镇痛作用是 *R*-氯胺酮的 1/3，但致幻作用比 *R* 型强。

(4) 对映体具有不同性质的药理活性。例如，(2*S*,3*R*)-丙氧芬(右丙氧芬)是止痛药，(2*R*,3*S*)-丙氧芬(左丙氧芬)是镇咳药。

(5) 一个对映体具有疗效，另一对映体产生副作用或毒性。典型例子是 20 世纪 50 年代末期发生在欧洲的“反应停”事件，孕妇因服用沙利度胺(俗称“反应停”)而导致海豹畸形儿的惨剧。后来研究发现，沙利度胺包含两种不同构型的光学异构体，(*R*)-对映体具有镇静作用，而(*S*)-对映体具有强致畸作用。以前由于对此缺少认识，人类曾经有过惨痛的教训。

因此，如何合成手性分子的单一光学异构体就成了化学研究领域的热门话题，同时也是化学家面临的巨大挑战。

长期以来，人们只能从动植物体内提取或由天然化合物的转化来制取手性化合物。一般的化学合成在得到外消旋混合物后，需经烦琐的拆分，才能得到单一的手性化合物，需消耗等当量的手性拆分剂。而不对称催化合成仅需少量的手性催化剂，就可合成出大量的手性药物，且污染小，是符合环保要求的绿色合成，引起了人们的关注，成为有机化学研究领域中的前沿和热点。

二、不对称催化反应类型

不对称催化反应中常用过渡金属配合物作为催化剂，一般采用的过渡金属有 Pt、Pd、Co、Rh、Ru、Fe 等。而配体必须具有手性，才能催化合成得到对映选择性高的产物，不对称催化反应中的部分手性配体有：

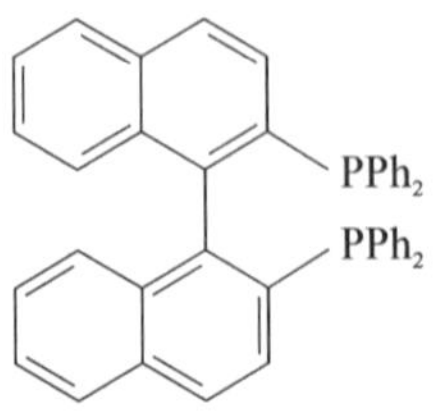

BINAP 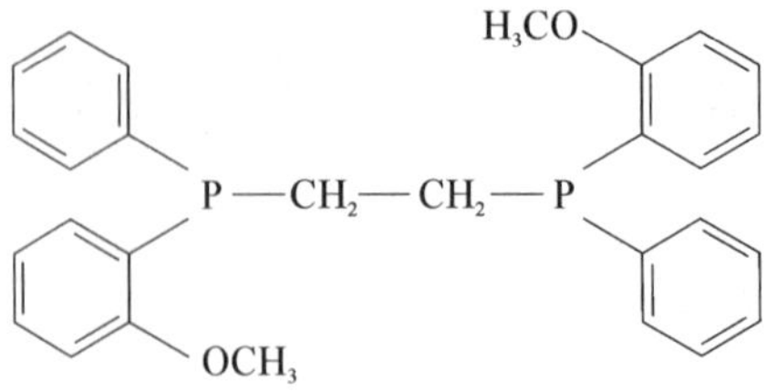　　　DIPAMP 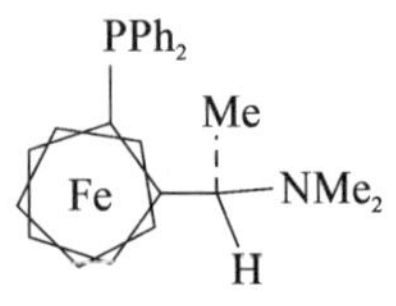　　　手性二茂铁膦催化剂

一般来说,配位催化的催化中心在金属原子周围,即第一配位层中。对于含磷配合物,除了第一配位层,其外部区域对催化作用也有明显影响。即配体的某些部位也能与反应物发生相互作用,从而有利于提高催化活性和选择性,Ito 和 Sawamura 称这种现象为二级效应。二级效应是由氢键、离子对、亲水/疏水等弱相互作用引起的。Landis 认为 Lewis 酸-碱对和共价键这样的强相互作用若能使反应速率更快、选择性更高,也能被称为二级效应。二级效应可增加烯烃与金属的配位键能,从而对反应速率产生很大影响。例如,室温下配位键能每增加 6 kcal/mol,可使反应速率增加四个数量级。Breit 等还建立了通过共价键将烯烃结合到含磷配体上以控制加氢甲酰化催化性能的理论。

不对称催化反应产物的选择性包括区域选择性(直链/支链比)和手性选择性(也称为对映选择性,*R*-型/*S*-型比),产物的选择性及收率高低可通过手性色谱柱检测。

目前研究的不对称催化反应包括:不对称氢化、不对称环氧化、不对称异构化、不对称氢甲酰化、不对称氢硅烷化、不对称环丙烷化和氮丙啶化及不对称 Diels-Alder 反应、不对称相转移催化反应等。下面介绍几类常见的反应。

1. 不对称催化氢化

早在 20 世纪 30 年代,就有报道把金属负载在蚕丝上,催化氢化合成了具有一定光学活性的产物,但此后相当一段时间内没有取得任何进展。直到 1968 年,美国孟山都公司的 W. S.Knowles 应用手性膦配体与金属铑形成的络合物为催化剂,在世界上第一个发明了不对称催化氢化反应,开创了均相不对称催化合成手性分子的先河。以这一反应为基础,70 年代初,Knowles 就在孟山都公司利用不对称氢化方法实现了工业合成治疗帕金森病的 *L*-多巴这一手性药物。这不仅仅成为了世界上第一例手性合成工业化的例子,而且更重要的是成为了不对称催化合成手性分子的一面旗帜,极大地促进了这个研究领域的发展。

此后,日本的 Noyori(野依良治)对其工作进行了创造性的发展,发明了以手性双膦 BINAP 为代表的配体分子,通过与合适的金属配位,形成了一系列新颖高效的手性催化剂,用于不对称催化氢化反应,得到了高达 100%的立体选择性,以及反应物与催化剂的用量比高达几十万的活性,实现了不对称催化合成的高效性和实用性,将不对称催化氢化反应提高到一个很高的程度。自 20 世纪 80 年代起,野依良治的科研成果在日本被大规模采用,用于生产香料和香味薄荷脑。左手性的薄荷脑气味好闻,右手性的则没有这种香气。1983 年,野依与高砂香料工业公司合作,确立了选择性生产左手性薄荷脑的制造方法。目前高砂公司已成为世界上最大的薄荷脑生产厂家,年产 1 000 吨,可满足全世界1/3的需求。

不对称氢化反应是将碳原子的 sp^2 轨道变成 sp^3 轨道,共有三种形式:C=C 双键的不对称氢化反应、C=O 双键的不对称氢化反应和亚胺的不对称氢化反应。

CO_2H —— Ru-(s)-BINAP, 135 atm H_2 ⟶ Me, CO_2H; CH_3 CH_3

O, CH_3, OCH_3, $CH_2NHCOPh$ —— H_2, Ru-(s)-BINAP ⟶ O, CH_3, OCH_3, $CH_2NHCOPh$

>C=N—H —— [cat]*, H_2 ⟶ >*CH—NH_2

2. 烯烃的碳—碳键增长反应

如氢甲酰化、酯化、氰化和酰化等反应,不但能形成新的功能团,还可能生成手性中心。

(1) 氢甲酰化

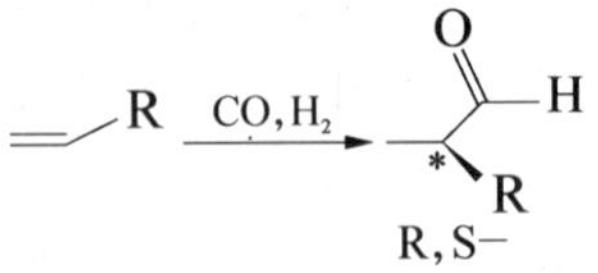

R $\xrightarrow{CO,H_2}$ O H * R R,S−

(2) 酯化

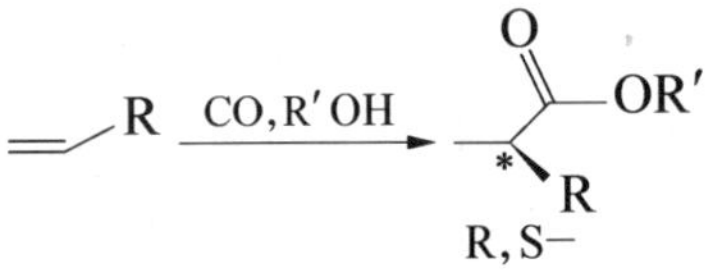

R $\xrightarrow{CO,R'OH}$ O OR′ * R R,S−

(3) 氰化

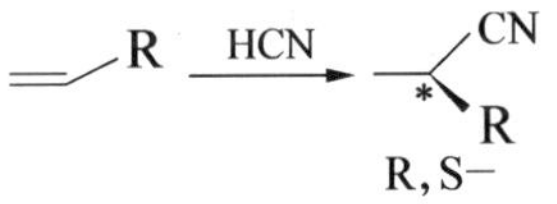

R $\xrightarrow{HCN}$ CN * R R,S−

(4) 酰化

R′ R O H → O R R′ R,S−

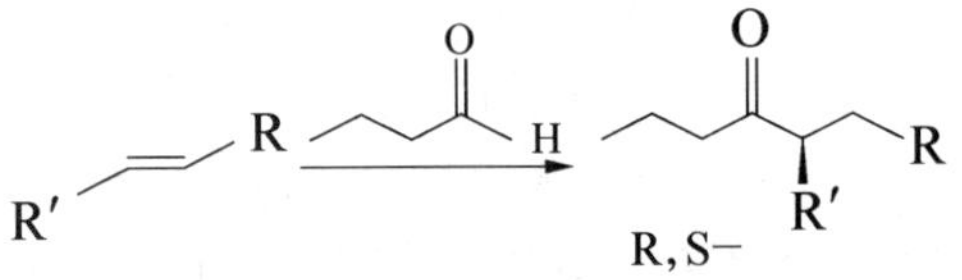

烯烃氢甲酰化反应是指烯烃与 CO 和 H_2 在催化剂的作用下生成醛的反应,产物醛绝大部分被进一步加工成醇、羧酸、胺和羟基醛等产品。其中醇的最大用途是用作溶剂及合成表面活性剂与增塑剂的原料。这类反应最早是由 O.罗兰(O. Roelen)于 1938 年在德国鲁尔化学公司从费托合成中发现的,此工艺迄今为止仍是均相络合催化工业应用的最成功典范,全世界目前利用氢甲酰化生产醛、醇的能力已超过 700 万吨,我国的生产能力也已达 100 万吨。氢甲酰化反应早期应用的催化剂有羰基钴 $Co_2(CO)_8$、$RhCl(PPh_3)_3$、$HRh(CO)(PPh_3)_3$ 等。为了获得手性产物,需将三苯基膦上与 P 原子连接的苯基配体换成具有手性的配体,如手性联萘系列化合物等。

相对于末端烯烃而言,内烯烃价廉易得,因此内烯烃氢甲酰化反应的研究日益受到重视。用于内烯烃氢甲酰化反应的部分配体(配体 1 和 2 中,X 是芳基、联苯基、脂肪基或含杂原子的基因)为:

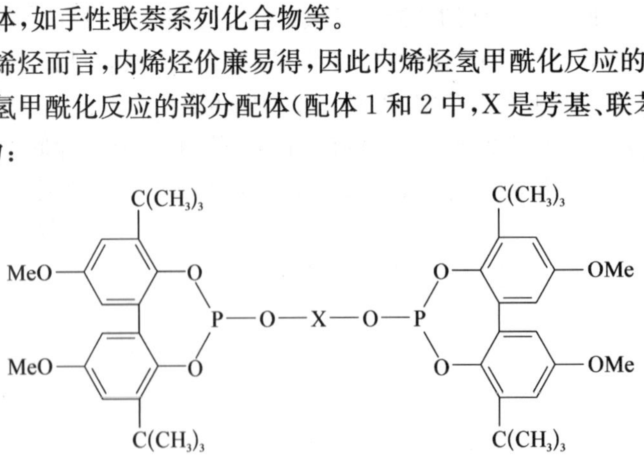

$C(CH_3)_3$ MeO O P—O—X—O—P O MeO O $C(CH_3)_3$ $C(CH_3)_3$ OMe O O OMe $C(CH_3)_3$

1

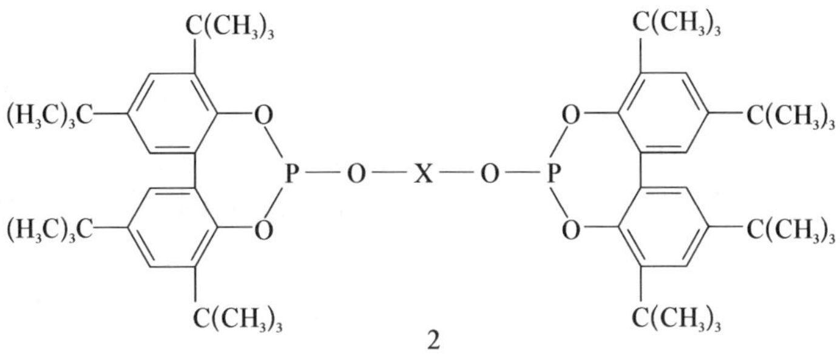

$C(CH_3)_3$　$C(CH_3)_3$

$(H_3C)_3C$—　—$C(CH_3)_3$

P—O—X—O—P

$(H_3C)_3C$—　—$C(CH_3)_3$

$C(CH_3)_3$　$C(CH_3)_3$

2

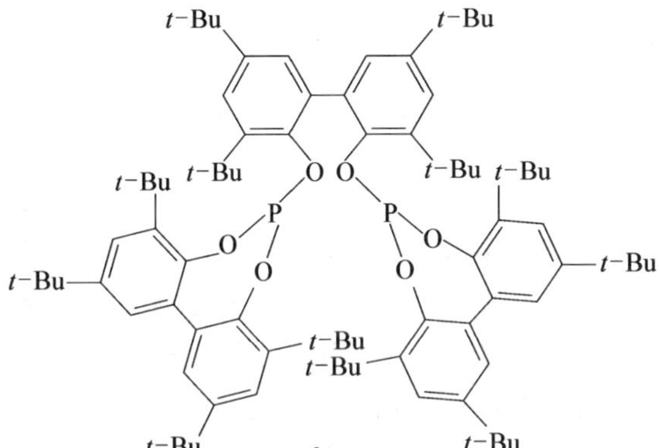

t-Bu　t-Bu　t-Bu　t-Bu　t-Bu　t-Bu

t-Bu　t-Bu　t-Bu　t-Bu　t-Bu　t-Bu

3

$C(CH_3)_3$

$(H_3C)_3C$—　P—O—$\overset{H_2}{C}$—C—

$(H_3C)_3C$—

$C(CH_3)_3$

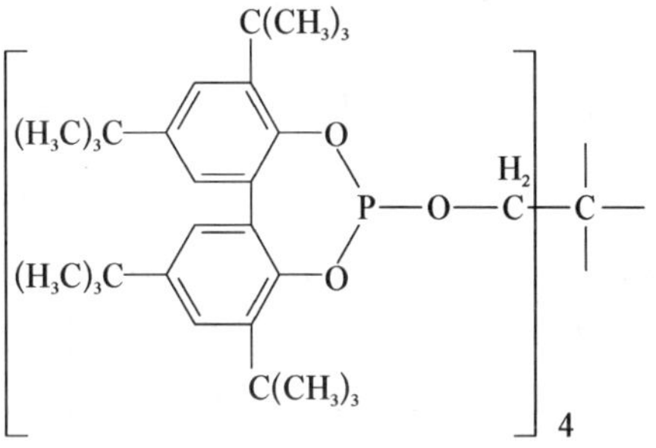

4

3. 不对称催化氧化

在不对称催化还原反应取得迅速发展的同时，美国科学家 Sharpless 从另一个侧面发展了不对称催化氧化反应。1980 年，Sharpless 报道了用手性钛酸酯及过氧叔丁醇对烯丙基醇进行催化氧化。后来在分子筛的存在下，利用四异丙基钛酸酯和酒石酸二乙酯(5～10 mol%)形成的络合物为催化剂对烯丙基醇进行氧化，实现了烯烃的不对称环氧化反应，并在此后的将近 10 年时间里，从实验和理论两方面对这一反应进行了改进和完善，使之成为不对称合成研究领域的又一个里程碑。此后，Sharpless 又把不对称氧化反应拓展到不对称双羟基化反应，这一反应成功用于抗癌药物紫杉醇(Taxo 1)侧链的不对称合成。近年来，Sharpless 还发现了不对称催化氧化反应中的手性放大及非线性效应等新概念，在理论和实际上都具有重要意义。

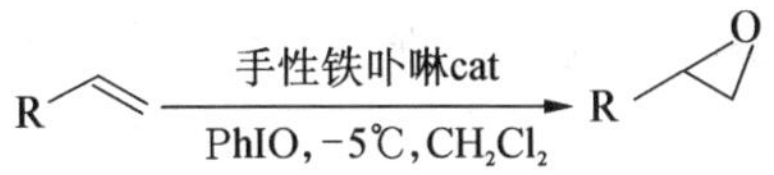

R　手性铁卟啉cat　R

PhIO，-5℃，CH_2Cl_2

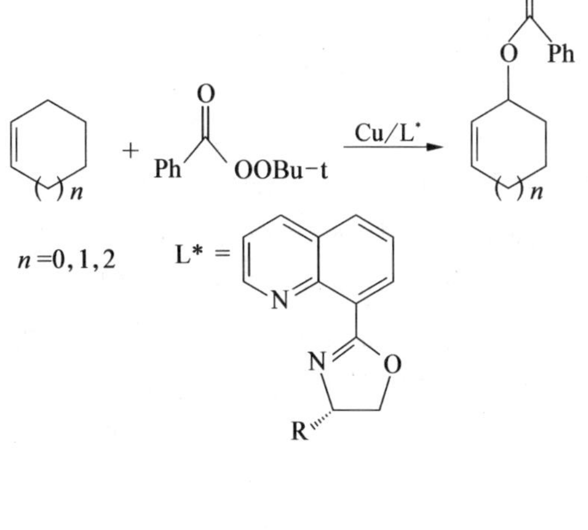

O　Ph

+　Ph　OOBu-t　Cu/L*

n　n

n=0，1，2　L* =　N　N　O　R

4. 其他不对称催化反应

如不对称环丙烷化反应，光学活性的环丙烷类化合物具有重要的生物活性。不对称环丙烷化反应的类型较多，如不对称诱导法、过渡金属-卡宾反应、手性铜配合物催化不对称环丙烷化反应等，其中以手性铜配合物催化烯烃和重氮化物的不对称环丙烷化较有工业化前景。其他还有不对称催化烷基化反应、不对称催化 Heck 反应、不对称 Reformatsky 反应、双键转移反应、手性相转移催化反应等，但它们应用于工业化生产药物的例子并不多，其原因不外乎立体选择性不能达到要求、试剂昂贵、后处理困难等。近年来，酶催化不对称合成亦取得了显著进步。

二、不对称催化反应的发展

自 1968 年诺尔斯实现第一例不对称催化反应以来，这一研究领域已取得了巨大的进展，已经合成和报道了成千上万个手性配体分子和手性催化剂，不对称催化合成已应用到几乎所有的有机反应类型中，并开始成为工业上，尤其是制药工业合成手性物质的重要方法。值得指出的是，目前不对称催化合成研究依然处在方兴未艾的发展阶段，许多与手性相关的科学问题还有待解决。例如，手性催化剂大部分只对特定的反应，甚至特定的底物有效，没有广泛适用的万能手性催化剂。而且多数手性催化剂的转化数（TOF 值）较低，稳定性不高，难以回收和重复使用等。因此，如何设计合成高效、新型的手性催化剂，探讨配体和催化剂设计的规律，解决手性催化剂的选择性和稳定性，以及研究手性催化剂的负载和回收的新方法是不对称催化研究领域面临的新挑战。近年来，双金属催化方法取得了相当大的进展，已经证明双功能或多功能协同作用的不对称催化在各种各样的对映选择性反应中具有高效性，体现了双金属催化剂协同活化底物的潜在优势。另外，由手性科学产生出的不对称合成方法学，如不对称放大、手性活化、手性组合化学、手性固载、手性有机小分子催化等概念也将为手性药物的发展提供新的研究方向。相信不对称催化合成将继续成为 21 世纪有机化学研究的热点，并将进一步拓展到超分子化学和化学生物学的研究中，实现生物催化的人工模拟，并将在高技术领域发挥重要作用。

国内开展不对称催化的研究也很热门。例如，上海有机所的戴立信院士开展了不对称催化合成官能化环氧化物和氮杂环丙烷化合物的研究。北京大学的许家喜和杜大明教授等报道了在不对称催化领域的大量研究成果，如 Friedel-Crafts 反应、烯丙基烷基化反应等。周其林教授报道了手性螺环单磷配体的加氢甲酰化催化性能，区域选择性高达 97%，对映选择性为 36%。香港理工大学的陈新滋院士，成都有机所的蒋耀忠和北京化学所的范青华教授等在合成手性胺、羰基化合物的不对称加成反应研究方面取得了国际领先成果。另外，大连化物所发展了适合于醛、酮不对称加成反应的手性催化剂。

据报道，手性含磷配合物催化剂（BINAP 和 DuPhos）在对映选择性催化氢化反应中具有高选择性。例如 Takaya 和 Nozaki 研究的含 BINAP 配合物，能催化大多数含前手性基团（C=C、C=O、C=N）的化合物加氢，但由于反应活性低及反应压力高而限制了其应用。另有报道，含 DuPHOS 配体的催化剂对苯乙烯的加氢甲酰化的区域选择性达 95%，但反应速率较低。Tang 和 Zhang 综述了几千种学术研究和工业领域中多种多样结构的含磷配体。与不对称加氢催化剂相比，加氢甲酰化催化剂的催化反应速率普遍太小，因而限制了其实际应用。因此，必须发展高活性和高选择性的含磷配体催化剂。

思考题

1. 写出 Wacker 过程的催化机理。
2. 什么是配位催化？其重要特征是什么？
3. 什么是不对称催化？其意义是什么？
4. 写出在齐格勒-纳塔催化剂作用下合成等规高聚物的反应机理。

第九章

相转移催化剂

相转移催化剂(Phase Transfer Catalyst),简称PTC,由施达克(C.M. Stark)于1966年首次提出,20世纪70年代以后在有机合成中开始广泛应用。它的出现使传统方法难以实现或不能发生的反应顺利地进行,而且反应条件温和,操作简便,反应时间短,反应选择性高,副反应少,避免使用价格昂贵的溶剂,无论在实验室或工业上都可使用。

相转移催化作用是指一种催化剂能加速或者能使分别处于互不相溶的两种溶剂(液-液两相体系或固-液两相体系)中的物质发生反应。反应时,催化剂把一种实际参加反应的实体(如负离子)从一相转移到另一相中,以便使它与底物相遇而发生反应。目前相转移催化剂已广泛应用于有机反应的大多数领域,如卡宾反应、取代反应、氧化反应、还原反应、重氮化反应、置换反应、烷基化反应、酰基化反应、聚合反应,甚至高聚物修饰等。相转移催化反应的优点:不需要昂贵的无水溶剂或非质子溶剂;由于相转移催化剂的存在,使参加反应的负离子具有较高的反应活性,增加了反应速度;降低反应温度;在许多情况下操作简便;可用碱金属氢氧化物的水溶液代替醇盐、氨基钠、氢化钠或金属钠等强碱性物质进行反应;能进行其他条件下无法进行的反应;改变反应的选择性和产品比率,通过抑制副反应而提高产品收率等。相转移催化剂的缺点是催化剂价格较贵。

第一节　相转移催化剂及反应机理

一、相转移催化剂种类及催化机理

1. 鎓盐类

最常用的是四级铵盐,如苄基三乙基氯(或溴)(TEBA－Cl或TEBA－Br)化铵,苄基三甲基氯(溴、或氢氧(Triton B))化铵,四丁基氯(溴、碘或氢氧)化铵,十六烷基三甲基溴(或氯)化铵,四正己基溴(或氯)化铵等。与该盐同属一类的还有磷盐类(三丁基十六烷基溴化磷(也写作"鏻")、乙基三苯基溴化磷、四苯基氯化磷等),锍盐及砷盐。作为相转移催化剂的鎓盐具有以下特点:分子量比较大的鎓盐比分子量小的鎓盐具有较好的催化效果;具有一个长碳链的季铵盐,其碳链越长,效果越好(即具有一定的亲脂性);含直链的季铵离子比支链的季铵离子的催化效果好(位阻小);总碳数相当时,四个烷基对称的比仅含一个长链烷基的季铵盐催化效果好;含有芳基的铵盐不如烷基铵盐催化效果好。在中性介质中,优良的相转移催化剂应该具有15个或更多的碳原子,可选用四丁基铵盐。在浓碱溶液存在下，首先应选 TEBA－Cl(苄基三乙基氯化铵)，因为其他季铵盐不稳定。另外，苄基三丁基溴化铵容易在实验室制备，而且十分有效，所以是用得最多的 PTC 催化剂。季磷盐的热稳定性比铵盐高。

叔胺类也常用作相转移催化剂，多用于烷基化反应、卡宾的形成、氰化及硫氢化等。叔胺类具有催化效果的原因是在反应过程中，它先转变成季铵盐。

在相间转移过程中，催化剂分子鎓盐（Q^+X^-）中的阳离子 Q^+ 与反应物的阴离子 Y^-，由于静电引力接近到一定距离后相互吸引，在水相或界面相形成离子对 Q^+Y^-，然后离子对转移到有机相中，与有机相中的反应物 RX 进行反应，新形成的 Q^+X^- 再返回水相，在水相中 Q^+ 又与新的 Y^- 结合而进行下一循环。根据催化剂的溶解性，PTC 反应的循环模型可以有以下三种。

(1) 鎓盐作为相转移催化剂(PTC)，它在水相及有机相中均有一定溶解度，可按 Starks 描述的反应机理进行。总反应：

$$RX(有)+Y^-(水) \xrightleftharpoons{k} RY(有)+X^-(水)$$

反应机理：

$$Q^+X^-(有) \rightleftharpoons Q^+X^-(水)$$
$$Q^+X^-(水)+Y^-(水) \rightleftharpoons Q^+Y^-(水)+X^+(水)$$
$$Q^+Y^-(水) \rightleftharpoons Q^+Y^-(有)$$
$$RX(有)+Q^+Y^-(有) \longrightarrow RY(有)+Q^+X^-(有)$$

模型一：

$$\begin{array}{ccccc} Q^+Y^- + X^- & \longleftarrow & Y^- + Q^+X^- & & 水相 \\ \updownarrow & & \updownarrow & & \\ Q^+Y^- + RX & \longrightarrow & RY + Q^+X^- & & 有机相 \end{array}$$

模型一中 PTC 在两相分配，此时的相间转移是鎓盐把 Y^- 从水相输送到有机相，然后鎓盐阳离子又把 X^- 输送到水相。

(2) 鎓盐阳离子的亲脂性较强时，总反应：

$$RX(有)+Y^-(水) \longrightarrow RY(有)+X^-(水)$$

反应机理：

$$Q^+X^-(有)+Y^-(水) \longrightarrow Q^+Y^-(有)+X^-(水)$$
$$RX(有)+Q^+Y^-(有) \longrightarrow Q^+X^-(有)+RY(有)$$

模型二：

$$\begin{array}{ccccc} Y^- & & X^- & & 水相 \\ \downarrow & & \uparrow & & \\ & & Q^+\uparrow & & \\ Q^+Y^- + RX & \longrightarrow & Q^+X^- + RY & & 有机相 \end{array}$$

模型二中的相间转移即阴离子交换发生在界面上，PTC 的作用是以离子对的形式反复从水中萃取阴离子 Y^- 进入有机相，不需要 Q^+ 在两相间转移。

(3) 有许多有机反应需要强碱以产生活性阴离子来完成各种转化反应，如有机化合物的碳烷基化反应、氧烷基化反应、氮烷基化反应。这类反应必然依赖于碳原子、氧原子、氮原子上所连接的氢原子的离解能力(可用 pK_a 表示)，对于 $pK_a=22\sim25$ 的反应底物的烷基化反应，按 Makosza 提出的反应机理进行。

模型三：

$$Na^+OH^-(\text{水})+HSub(\text{有})\longrightarrow Na^+(\text{固着在相界面})+Sub^-(\text{固着在相界面})+H_2O$$

$$Sub^-(\text{固着在相界面})+Q^+X^-(\text{有})\longrightarrow Q^+Sub^-(\text{有})+X^-(\text{水})$$

$$Q^+Sub^-(\text{有})+RX(\text{有})\longrightarrow R-Sub(\text{有})+Q^+X^-(\text{有})$$

其中，HSub 表示各种反应底物。

模型三中，反应底物的去质子化是在相界面上发生的，Q^+X^- 从相界面脱离出阴离子 Sub^-，形成离子对 Q^+Sub^-，进入有机相参与反应，新生成的 Q^+X^- 又进入下一循环。

2. 冠醚类

常用的冠醚有：15-冠-5、18-冠-6、二苯并-18-冠-6、二环己基并-18-冠-6等。

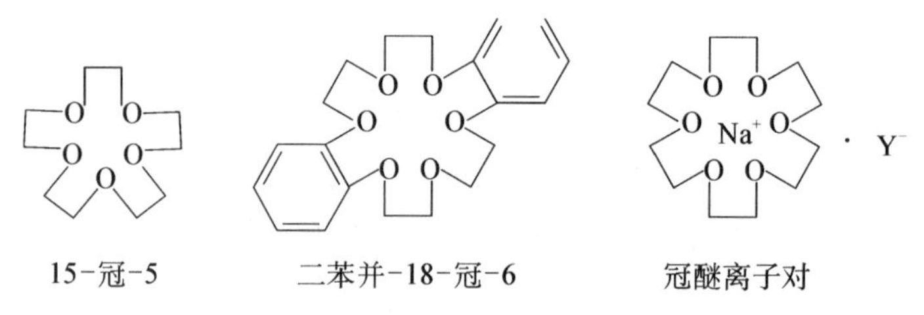

图 9-1 几种冠醚及冠醚离子对的化学结构

冠醚催化剂的催化机理为：冠醚中的 O 原子极易络合碱金属离子，如 K^+、Na^+、Li^+，使冠醚成为与碱金属离子(如 Na^+)配位的阳离子，而后与溶液中阴离子 Y^- 结合成为离子对。该离子对进入有机相，与 RX 反应，生成 RY，催化剂返回水相-有机相界面继续进行催化反应。用冠醚作为相转移催化剂的最大特点是能与正离子，尤其是与碱金属离子络合，并且随环的大小不同而与不同的金属离子络合。例如，12-冠-4 与锂离子络合而不与钠、钾离子络合；18-冠-6 不仅与钾离子络合，还可与重氮盐络合，但不与锂或钠离子络合。冠醚与碱金属离子形成的配合物较稳定，可以在较高反应温度及强碱性介质中使用。当冠醚与反应物中的正离子络合后，由于疏水性的亚甲基(即冠醚环)均匀地排列在环的外侧，使该正离子可溶于非极性有机溶剂中，而负离子则与它以离子对形式进入有机溶剂内。冠醚不与负离子络合，使游离或裸露的负离子反应活性很高，能迅速反应。

鎓盐类与冠醚类催化剂相比，鎓盐能适用于几乎所有正离子，而冠醚则有明显的选择性；鎓盐价廉、无毒，在所有有机溶剂中能以各种比例溶解，但鎓盐中的季铵盐在碱性反应体系中遇高温时易发生消去反应，因此，宜改用高温时(>200℃)能稳定存在的鏻盐，或采用稳定性更好的冠醚。

3. 三相相转移催化剂

普通的两相相转移催化体系中催化剂难以分离回收，无法重复使用，而且还影响产物的纯度。因此，将相转移催化基团固载于聚合物载体或无机载体上，开发了三相相转移催化技术。其显著优点是可用简单的过滤方法分离出催化剂进行循环使用，从而大大提高了合成效率。尤其是以聚合物微球为载体的三相相转移催化剂，由于其化学结构易于进行设计与控制，备受关注。

王玲等通过氯代酰基化及氯甲基化反应对交联聚苯乙烯进行化学改性，制得了具有可交换氯的改性微球，在此基础上通过季鏻化反应，制备了三种化学结构不同的季鏻盐型三相相转移催化剂（图 9－2）。

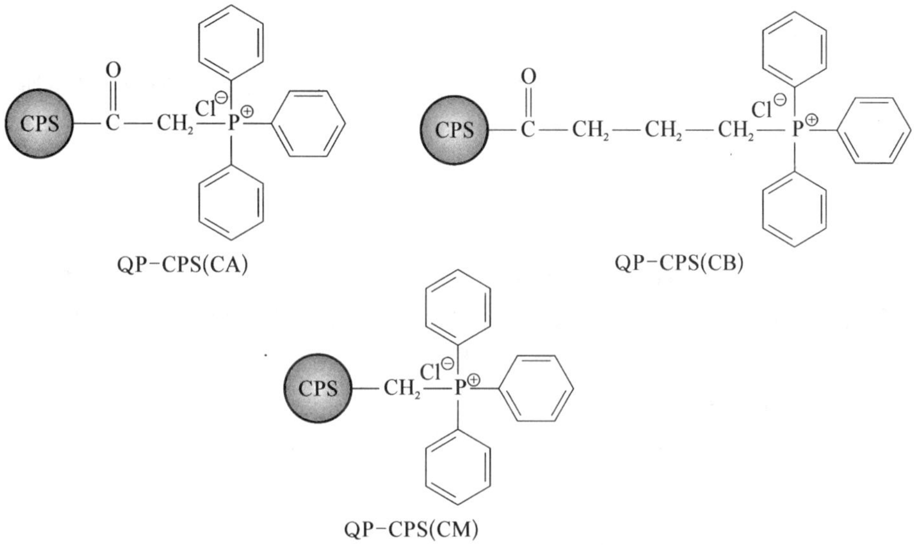

QP−CPS(CA)

QP−CPS(CB)

QP−CPS(CM)

图 9－2　三相相转移催化剂的化学结构

4. 其他相转移催化剂

非环多醚类，如链状聚乙二醇（$H(OCH_2CH_2)_nOH$）、链状聚乙二醇二烷基醚（$R(OCH_2CH_2)_nOR$）等。这类化合物价格便宜，易与金属离子配位，毒性小。另外，还有硫醚、离子液体等。

二、PTC 反应条件的选择

PTC 反应的成败往往决定于反应条件的选择是否恰当。例如，盐在水中与有机介质中的分配大多决定于有机介质的性质。因此，溶剂的选择极为重要。把离子对从水中提取到有机相中的难易程度可用提取常数（E）表示。相转移催化剂鎓盐中的阳离子与阴离子种类及催化反应的溶剂等都会影响 E 值的大小。

$$E=[Q^+X^-]_{有机相}/([Q^+]_{水}[X^-]_{水})$$

1. 鎓盐中阴离子的影响

含不同负离子的季铵盐，其提取常数差别很大。表 9－1 列出了氯仿为溶剂（水/氯仿）时对含不同负离子的四正丁基铵的提取常数值。

表 9-1　含不同负离子的四正丁基铵的提取常数值(水/氯仿)

负离子	Cl^-	Br^-	I^-	ClO_4^-	NO_3^-
提取常数	0.78	19.5	1 023	3 020	24.5

从表中可以看到,Cl^- 的提取常数最小,即最容易留在水中,因而,大部分鎓盐催化剂的阴离子为 Cl^-。

多电荷负离子的提取常数一般小于少电荷负离子,例如:

$$E(H_2PO_4^-) > E(HPO_4^{2-}) > E(PO_4^{3-})、E(HSO_4^-) > E(SO_4^{2-})$$

2. 取代基团的影响

在季铵盐正离子中,取代基团每增加一个碳原子,提取常数的对数值随着增加。但由于位阻效应,合成碳原子数多的季铵盐比较困难。因此,多数情况下,选择含有 16 个碳原子的正离子较合适。

3. 溶剂

在进行 PTC 反应时,若反应物(底物)为液体,一般不必再用其他有机溶剂。如果鎓盐离子对有一定的亲水性,最好选低级氯代烷作溶剂,例如二氯甲烷、氯仿、1,2-二氯乙烷等。对于正离子体积大(如含 4 个碳原子数超过 5 的正烷基)的季铵盐,根据相似相溶原理,可用乙醚、石油醚、甲苯等作溶剂。

二氯甲烷虽然是常用的溶剂,但如遇到不够活泼的反应物进行烷基化反应时,二氯甲烷本身会成为烷基化试剂,例如反应:

$$C_6H_5OH + C_7H_{15}Cl \longrightarrow C_6H_5OC_7H_{15}$$

$$CH_2Cl_2 + C_6H_5OH \xrightarrow[R_4N^+Cl^-]{NaOH/H_2O} C_6H_5-O-CH_2-O-C_6H_5$$

此外,在用季铵盐作为相转移催化剂时,在强碱性溶液中,氯仿易形成二氯卡宾(见下节)。因此,在选用溶剂时,应注意溶剂是否会参与反应。

总之,在选择 PTC 催化剂时,应综合考虑活性、用量、稳定性和易分离性四个方面。

三、逆相转移催化

逆相转移催化的机理为:在互不相溶的两相体系中,亲油物质(通常为阳离子)与逆相转移催化剂(IPTC)形成离子对,不断地从有机相传递到水相,在水相中与疏水的反应物进行反应,反应产物则大部分进入有机相。其过程如图 9-3。

水　相	QY + RX	⟶	RY + QX	
界　面	⇅		⇅	
有机相	Q^+Y^- + X^-	⟵	Y^- + Q^+X^-	

图 9-3　逆相转移催化过程示意图

一般而言,可以作为逆相转移催化剂的物质须具备以下条件:亲核活性中心(如

N、S 等)和非离子化合物。目前常用的逆相转移催化剂主要有吡啶及其衍生物、环糊精、杯芳烃(calix[n]arene)及过渡金属配合物等(见图 9-4)。

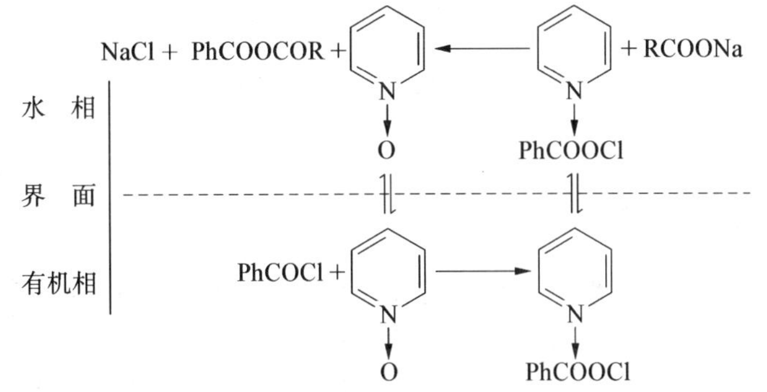

(a) N-氧化吡啶的逆相转移催化过程

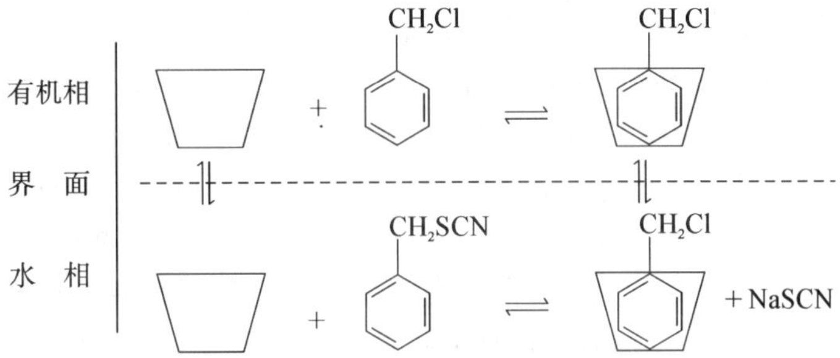

(b) β-环糊精的逆相转移催化过程

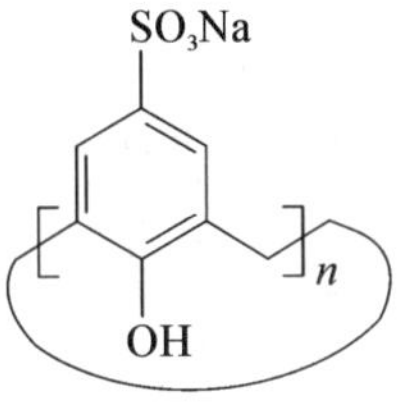

1(n=4)
2(n=6)

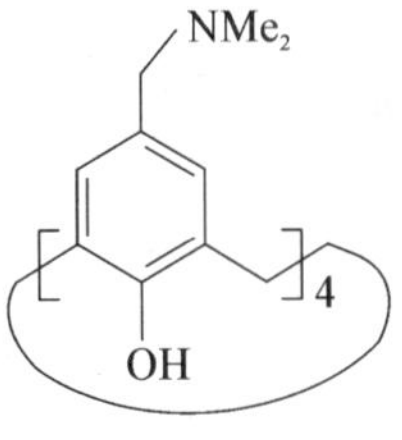

3

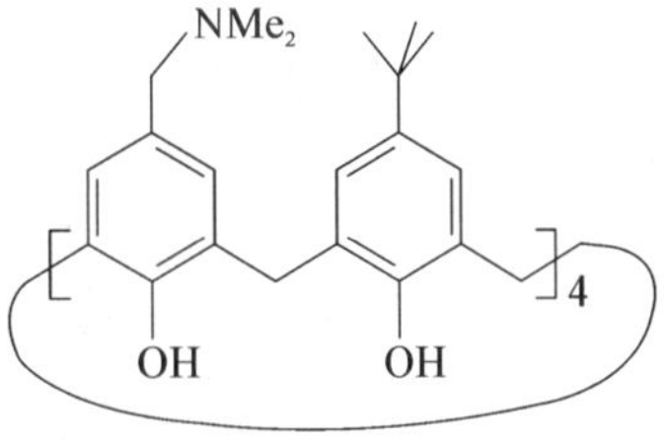

4

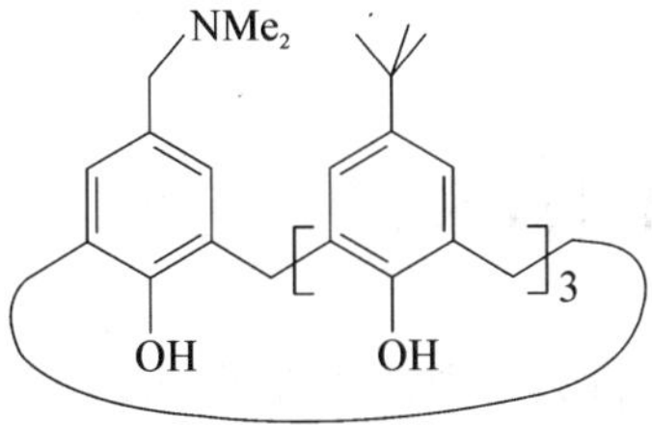

5

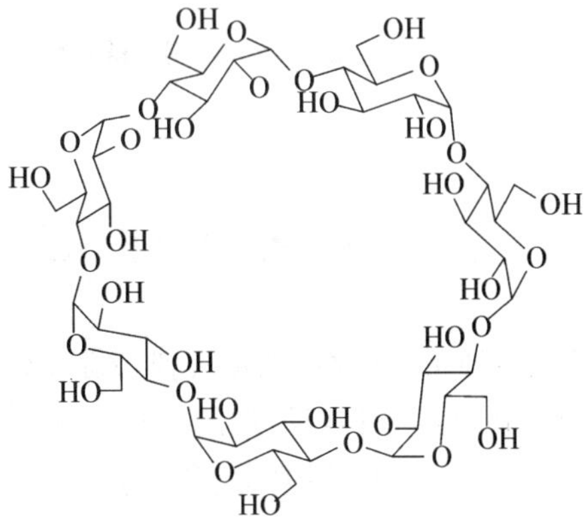

6

(c) 一些水溶性杯芳烃的化学结构式

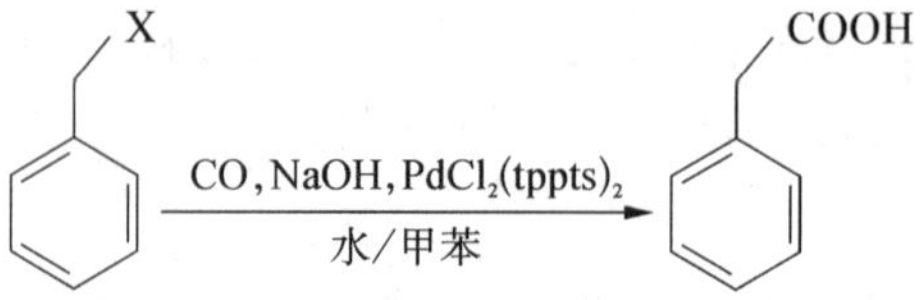

X　　　　　　　　　　　　　　COOH

$\xrightarrow[\text{水/甲苯}]{CO, NaOH, PdCl_2(tppts)_2}$

(d) 水溶性钯配合物催化下苄基卤化物的羰基化

图 9-4　逆相转移催化过程

四、反应控制相转移催化

2001 年，Xi 等设计并发明了一种新的催化体系。该催化剂本身不溶于反应介质中，但在反应物 A 的作用下，催化剂会形成溶于反应介质的活性组分，均相地与反应物 B 进行反应，高选择性地生成产物 C。当反应物 A 消耗完后，催化剂又形成沉淀，从而得以分离和回收，因此将该体系称为反应控制相转移催化体系。它解决了均相催化剂难以分离的问题，兼具均相催化剂和多相催化剂的优点。

与传统的相转移催化不同，反应控制相转移催化包括催化剂形态在反应过程中发生变化，即固态→液态→固态的过程。这种变化是由反应来控制的，例如，在磷钨多酸催化的氧化反应过程中，催化剂$[\pi-C_5H_5NC_{16}H_{33}]_3$-$[PO_4(WO_3)_4]$与 H_2O_2 作用形成$[\pi-C_5H_5NC_{16}H_{33}]_3\{PO_4[W(O)_2(O_2)]_4\}$，分子中与 W 配位的 O 个数增加，削弱了 W 与其他分子中 O 作用的能力，使大分子化合物变成小分子化合物而溶于有机溶剂中，由原来的不溶状态变为可溶状态，从而发生均相催化氧化反应。当 H_2O_2 消耗完后，催化剂又由可溶状态变成不溶状态而从体系中分离出来(图 9-5)。

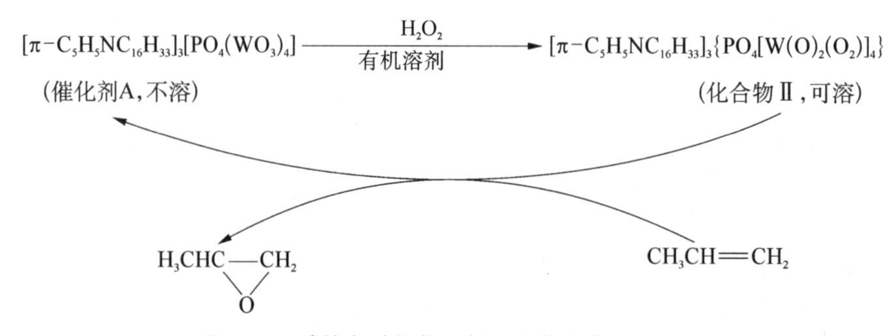

图 9-5　磷钨多酸催化丙烯环氧化制备环氧丙烷

第二节　相转移催化剂在有机合成中的应用

PTC 反应通常在中性、强碱性或酸性条件下进行。在中性条件下的反应研究得比较多，对其反应机制已有相当清楚的了解。这类反应包括：亲核、氧化、还原反应等。强碱性条件下进行的反应有氮-烃基化、异构化、加成、消除、重排反应等。在酸性条件下进行的反应有酯的水解、醇的卤化等。

一、中性条件下的 PTC 反应

1. 脂肪族的亲核取代反应

$$RX + Y^- \longrightarrow RY + X^-$$

X^- $=Cl^-$、Br^-、I^-、$CH_3SO_3^-$ 等，Y^- $=F^-$、Cl^-、CN^-、NO_2^-。

最有代表性的是卤代烷与氰化物发生的亲核取代反应。可通过液-液或固-液两相体系进行，也可以进行三相催化反应。

常用的是叔胺类催化剂，叔胺类具有催化效果是由于在反应过程中先转变成季铵盐的原因。叔胺类用作相转移催化剂须满足下列要求：① 氨基无空间位阻，若 α-碳上有侧链，催化效果要差得多；② 在水中和有机相中需具有适当的溶解度，例如，二乙胺、三乙胺在水中溶解度大，相转移催化能力小；③ 碳链至少共需含有 6 个碳原子。

在固-液两相体系中进行上述类型的取代反应时，现在较多地使用聚乙二醇醚代替冠醚。虽然这种开链多元醚的催化能力不如冠醚，而且用量比冠醚多，但价格便宜，毒性小。例如：

$$C_6H_5-CH_2Br + KY \xrightarrow[\text{聚乙二醇醚}]{C_6H_6} C_6H_5-CH_2Y + KBr$$

Y 的反应活性顺序：$HS^- > SCN^- > N_3^- > CH_3COO^- > CN^- > F^-$。

实验表明，用平均分子量分别为 400、1 000、2 000 的聚乙二醇二甲醚作上述反应的催化剂，催化效果都很好。

2. 氧化反应

这里主要讨论常用的几种氧化剂，如高锰酸钾、次氯酸钠、氧化铬在相转移催化剂作用下的氧化反应，常用的相转移催化剂为季铵盐。

用高锰酸钾作氧化剂时，也可用冠醚作催化剂。反应的本质是通过相转移催化剂把起氧化作用的实体（高锰酸根离子）带入有机相中进行反应。例如：

$$\underset{\text{1-癸烯}}{CH_3(CH_2)_7CH=CH_2} \xrightarrow[\text{氯化三辛基甲基铵 (Aliquat 336)}]{KMnO_4/C_6H_{10}/H_2O} CH_3(CH_2)_7COOH + HCO_2H$$

这是一个放热反应，控制烯烃的滴加速度，反应温度控制在 40～45 ℃，反应可在 1 h 左右完成。催化剂用量只需底物的 1/20。如果不加催化剂，观察不到反应发生。除烯烃外，一级醇、二级醇（即伯醇、仲醇）也可通过该方法氧化成相应的酸和酮。可使用的催化剂还有：氯化三乙基苄基铵（TEBA - Cl）、溴化四正丁基铵（TBA - Br）、溴化十六烷基三甲基铵（HTMA - Br）、氯化四正丁基磷。也可用冠醚作催化剂，常用的有：二环己烷-18-冠-6 或 18-冠-6。例如，α-烯烃、二苯乙烯在冠醚催化作用下发生氧化生成酸，邻苯二酚氧化成醌。

$$\text{3,5-二}(C(CH_3)_3)\text{-邻苯二酚 (OH, OH)} \longrightarrow \text{3,5-二}(C(CH_3)_3)\text{-邻苯醌 (O, O)}$$

在冠醚催化下，除了烯、醇、醛可被高锰酸钾氧化成相应的酸、酮外，甲苯和二甲苯也可分别被高锰酸钾氧化成苯甲酸和甲基苯甲酸。

在 PTC 催化剂作用下，还可以用便宜易得的次氯酸钠作氧化剂氧化醇或胺，生成相应的醛、酮或腈：

$$C_6H_5CH_2OH \longrightarrow C_6H_5CHO$$

$$(C_6H_5)_2CH—NH_2 \longrightarrow (C_6H_5)_2C{=}N—Cl \longrightarrow (C_6H_5)_2C{=}O$$

$$C_6H_{11}(H)CH—NH_2 \longrightarrow C_6H_{11}(H)C{=}N—Cl \longrightarrow C_6H_{11}C\equiv N$$

反应时，使用10%的次氯酸钠水溶液，催化剂用氢硫酸四丁基铵，溶剂用乙酸乙酯效果最好。该氧化过程是制备芳香醛、酮的途径之一。

在有机合成中，常使用六价铬的化合物将一级、二级醇氧化成相应的羰基化合物。催化剂和氧化剂可通过以下方法制备后储存备用：在搅拌下将氯化四丁基铵加入三氧化铬(CrO_3)的水溶液中(CrO_3溶于水形成铬酸)，立刻有桔黄色沉淀析出，过滤、干燥后得到四正丁基铵铬酸盐[$(n\text{-}(C_4H_9)_4N^+HCrO_4^-$]。该沉淀可溶于氯仿及二氯甲烷中。用该催化剂可将醇氧化成酮，该反应的特点是，选择性高，碳—碳重键不被氧化。

$$C_6H_5CH{=}CH(CH_3)CHOH \longrightarrow C_6H_5CH{=}CH(CH_3)C{=}O$$

3. 安息香缩合反应

某些芳香醛在氰离子作用下，可缩合成安息香，称为安息香缩合反应。

$$2Ar—CHO \longrightarrow Ar—\overset{O}{\overset{\|}{C}}—\underset{OH}{\underset{|}{CH}}—Ar$$

$Ar = C_6H_5$、$p\text{-}CH_3—C_6H_4$。

反应机理为：

$$C_6H_5—\underset{O}{\underset{\|}{C}}—H + CN^- \longrightarrow C_6H_5—\overset{CN}{\overset{|}{\underset{O^-}{\underset{|}{C}}}}—H \rightleftharpoons C_6H_5—\overset{CN}{\overset{|}{\underset{OH}{\underset{|}{C^-}}}}$$

下面的反应可用冠醚作催化剂，也可用氰化四丁基铵作催化剂，用甲醇或乙醇作溶剂。

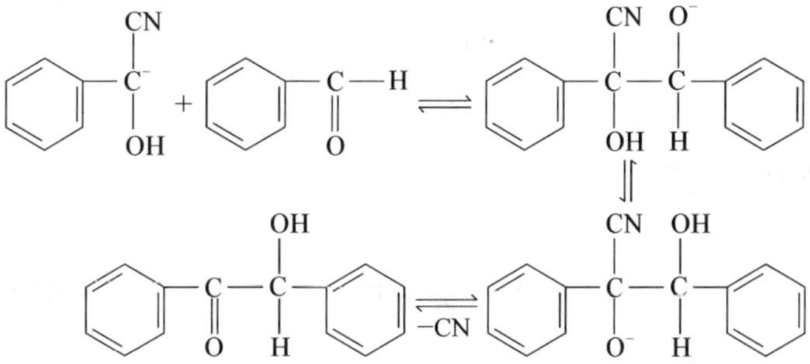

二、碱性条件下的 PTC 反应

1. 二氯卡宾的产生及其反应

在相转移催化作用的应用中，浓氢氧化钠水溶液与氯仿在相转移催化剂作用下反应生成二氯卡宾。用这种方法产生二氯卡宾既方便产率又高，二氯卡宾的活性能维持数日之久。图 9-6 为二氯卡宾的形成过程示意图。常用的催化剂有氯化三乙基苄基铵、氯化正十六烷基三甲基铵。

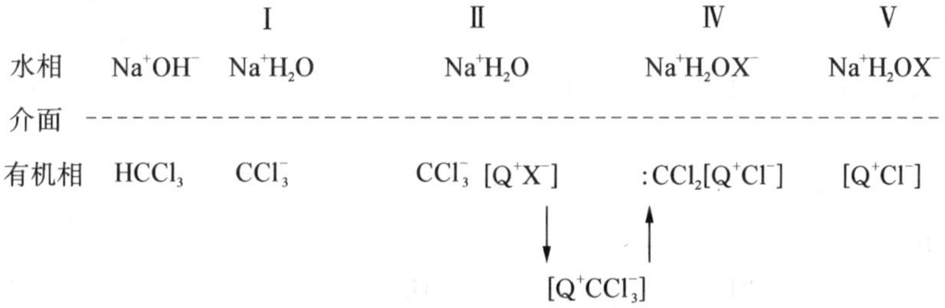

		Ⅰ	Ⅱ	Ⅳ	Ⅴ
水相	Na^+OH^-	Na^+H_2O	Na^+H_2O	$Na^+H_2OX^-$	$Na^+H_2OX^-$
介面					
有机相	$HCCl_3$	CCl_3^-	CCl_3^- $[Q^+X^-]$	$:CCl_2[Q^+Cl^-]$	$[Q^+Cl^-]$
			↓	↑	
			$[Q^+CCl_3^-]$		

图 9-6 二氯卡宾的生成

二氯卡宾是典型的缺电子化合物，具有亲电特征，能与富电子的化合物发生偶合反应等。

(1) 二氯卡宾与烯烃的反应

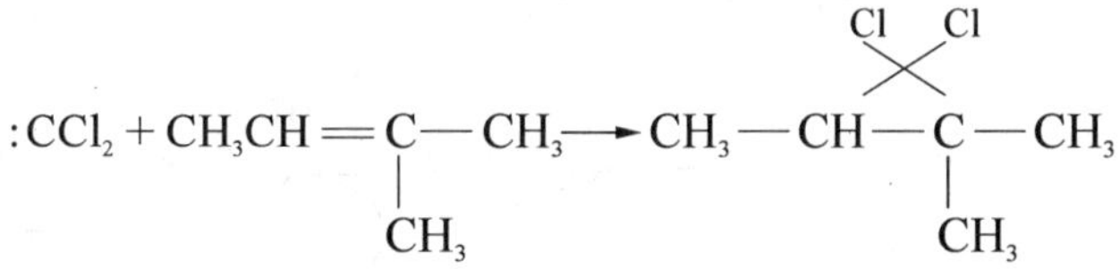

$$:CCl_2 + CH_3CH{=}C(CH_3){-}CH_3 \longrightarrow CH_3{-}CH{-}C(CH_3){-}CH_3 \ (\text{CH 与 C 间以 }CCl_2\text{ 成三元环})$$

(2) 二氯卡宾与芳环的反应

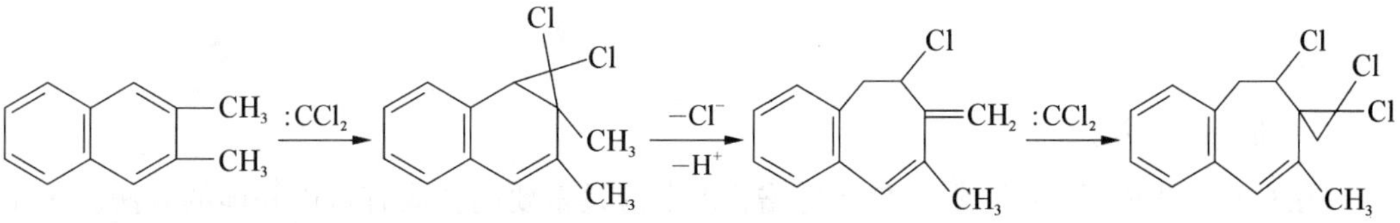

(3) 二氯卡宾与不含碳碳重键的化合物的反应

① 二氯卡宾的插入反应（二氯卡宾插入 C—H 间）

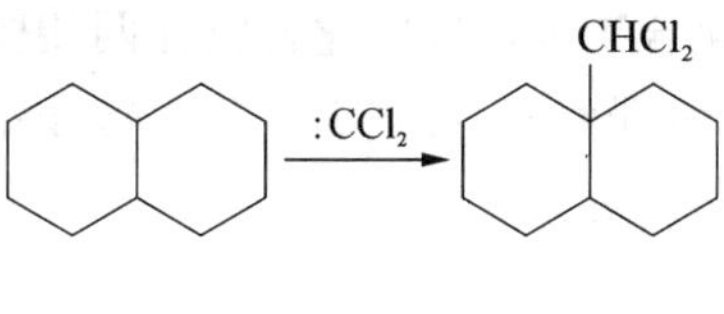

$$\text{C}_6\text{H}_{11}\text{—O—CH}_3 \xrightarrow{:CCl_2} \text{C}_6\text{H}_{10}(\text{CHCl}_2)(\text{OCH}_3)$$

② 二氯卡宾与醇反应

$$ROH \xrightarrow{:CCl_2} R-\overset{+}{\underset{H}{O}}-\overset{-}{C}Cl_2 \xrightarrow{-H^+} R-O-\overset{-}{C}Cl_2 \xrightarrow[-2Cl^-]{+H_2O} RO-\overset{O}{\overset{\|}{C}}H$$

$$R-O-\overset{-}{C}Cl_2 \xrightarrow{\text{或}-Cl^-} R-O-\ddot{C}Cl_2 \longrightarrow RCl+CO$$

一般油溶性大的醇(如碳原子数大于 7),主要反应产物为氯代烷,水溶性大的醇易生成甲酸酯。

③ 二氯卡宾与胺反应

二氯卡宾与伯胺反应,生成具有恶臭的异腈,可用于鉴别伯胺。

$$C_6H_5-NH_2 \xrightarrow{:CCl_2} C_6H_5-\overset{+}{N}H_2-\overset{-}{C}Cl_2 \longrightarrow C_6H_5-NH-CHCl_2 \xrightarrow{-2HCl} C_6H_5-\overset{+}{N}\equiv C^-$$

若与二级胺反应,生成 N,N -取代的甲酰胺:

$$C_6H_5-NH(CH_3) \xrightarrow{:CCl_2} C_6H_5-\overset{+}{N}H(CH_3)\cdot\overset{-}{C}Cl_2 \longrightarrow C_6H_5-N(CH_3)-CHCl_2 \xrightarrow{H_2O} C_6H_5-N(CH_3)-CHO$$

④ 二氯卡宾与酰胺反应

$$C_6H_5-\overset{O}{\overset{\|}{C}}-NH_2 \xrightarrow[TEBAC]{NaOH/H_2O/CHCl_3} C_6H_5-C(O-\overset{-}{C}Cl_2)(\overset{+}{N}H_2)$$

$$\longrightarrow C_6H_5-C(O-CHCl_2)(N-H) \longrightarrow C_6H_5-C\equiv N + Cl_2CH-O^- \;(\downarrow HCOO^-)$$

2. 碳烃基化反应

在有机合成中,形成碳碳键、使碳链增长的反应是重要的合成有机中间体的方法。采用 PTC 法,可在操作简单、所使用溶剂以及试剂便宜的条件下顺利地实现。

能发生烃基化反应的氢碳酸类化合物主要有:乙腈及其一元、二元活性基取代物;醛、酮、酯、砜及含活泼氢的碳氢化合物等。这些化合物在两相体系中,于界面处与碱(氢氧化钠或钾)反应,失去质子,生成负碳离子,负碳离子与季铵盐正离子形成离子对,离开界面,于有机相中与烃基化试剂发生反应。

（1）取代乙腈的烃基化

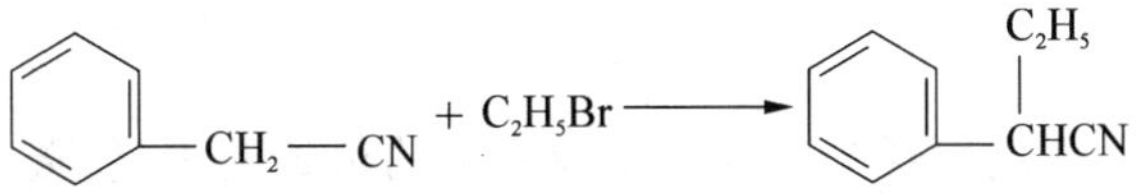

$$C_6H_5CH_2-CN + C_2H_5Br \longrightarrow C_6H_5CH(C_2H_5)CN$$

取代的苯乙腈与活性高的芳香卤化物还会发生亲核取代，生成芳基化产物，如：

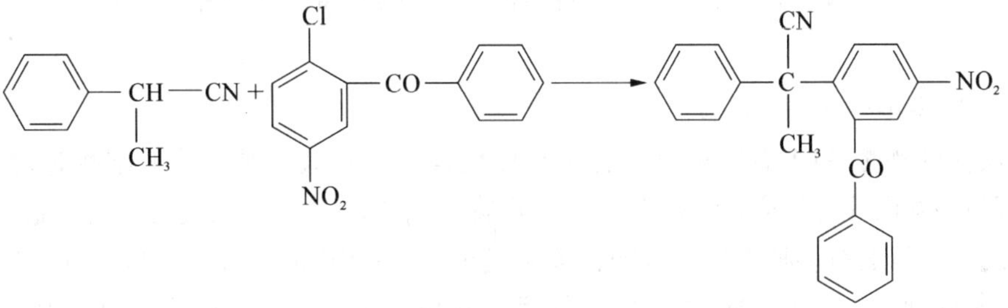

$$C_6H_5CH(CH_3)-CN + 2\text{-}Cl\text{-}5\text{-}NO_2C_6H_3-CO-C_6H_5 \longrightarrow C_6H_5-C(CN)(CH_3)-C_6H_3(NO_2)(COC_6H_5)$$

若烃基化试剂的两个卤原子连在同一个碳原子上，则会形成双取代产物，如：

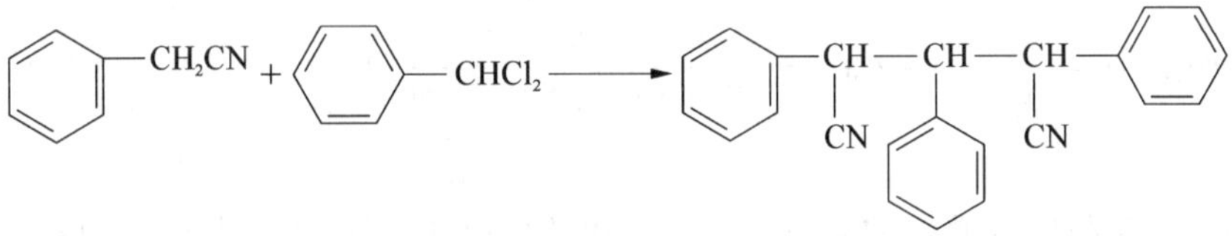

$$C_6H_5CH_2CN + C_6H_5CHCl_2 \longrightarrow C_6H_5-CH(CN)-CH(C_6H_5)-CH(CN)-C_6H_5$$

取代乙腈除了能发生取代反应外，还可以与羰基化合物发生亲核加成反应，如：

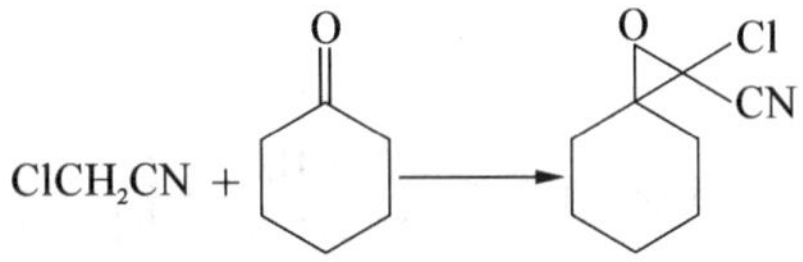

$$ClCH_2CN + \text{环己酮} \longrightarrow \text{螺环氧化物（2-Cl-2-CN-1-氧杂螺[2.5]辛烷）}$$

（2）醛、酮、酯、砜的烃基化

由于羰基、黄酰基等都是较强的吸电子基，其α-碳上的氢很活泼，遇到碱会失去质子形成负碳离子，可与卤代烃发生取代反应，如：

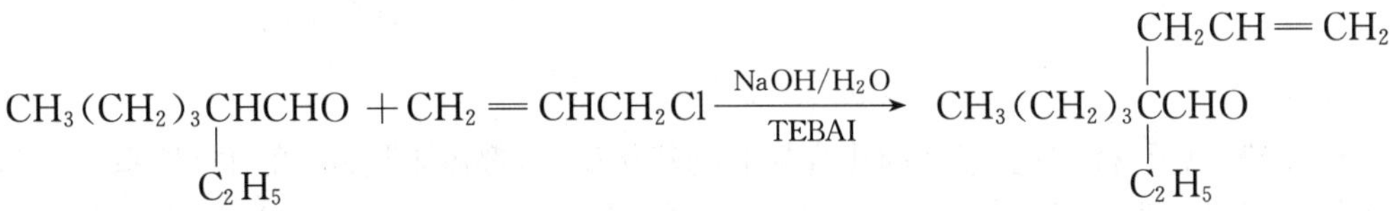

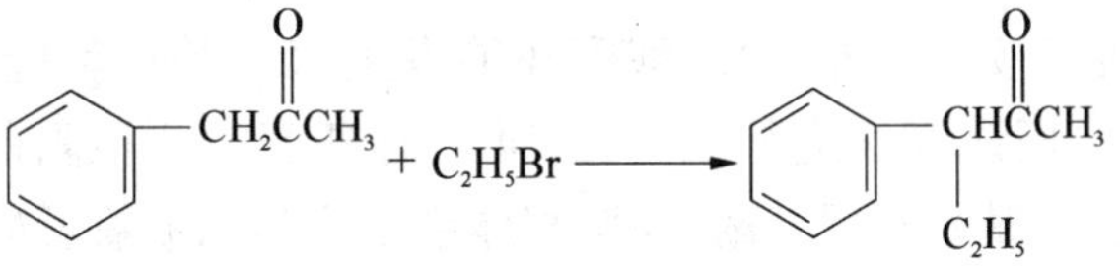

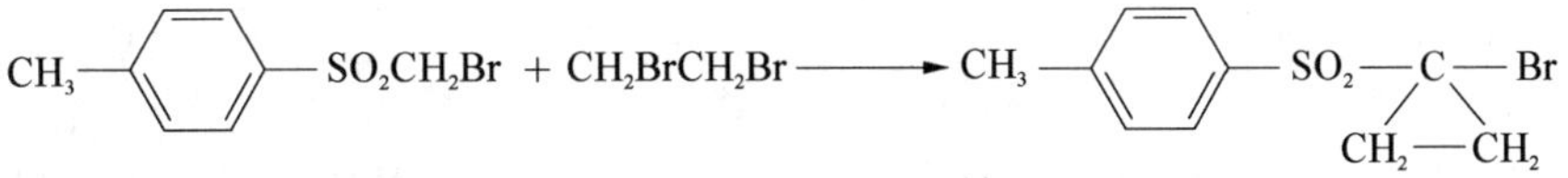

$$CH_3(CH_2)_3CH(C_2H_5)CHO + CH_2=CHCH_2Cl \xrightarrow[\text{TEBAI}]{NaOH/H_2O} CH_3(CH_2)_3C(C_2H_5)(CH_2CH=CH_2)CHO$$

$$C_6H_5CH_2COCH_3 + C_2H_5Br \longrightarrow C_6H_5CH(C_2H_5)COCH_3$$

$$CH_3-C_6H_4-SO_2CH_2Br + CH_2BrCH_2Br \longrightarrow CH_3-C_6H_4-SO_2-C(Br)(CH_2CH_2)$$

（3）酸性碳氢化合物的烃基化

在固-液两相体系中，环戊二烯在冠醚作用下与氢氧化钾和酮反应，生成取代亚甲基环戊二烯。

$$\text{环戊二烯} \xrightarrow[THF]{KOH} \text{环戊二烯负离子}\ K^+ + Ar_2C{=}O \longrightarrow \text{环戊二烯}{=}CAr_2$$

该反应的机理为：环戊二烯与碱反应生成稳定的负碳离子，负碳离子与钾离子形成离子对，K^+与冠醚络合进入有机相，负碳离子以离子对形式进入有机相中与酮发生亲核加成反应。这是一个操作简单及反应条件温和（室温）的制备取代亚甲基环戊二烯类化合物的方法。

3. 氮烃基化反应

氮取代的酰胺、氮上有活泼氢的芳香杂环化合物以及氮上被取代的苯胺等，在碱作用下，都可与一级卤代烃反应，生成 N-烃基化产物。例如，N，N-二取代的酰胺是制备三级胺的原料之一。虽然有多种方法可以制备该取代物，但往往产品不纯，产率低，并且反应时间长，反应条件剧烈。若用 PTC 法，用 N-取代的酰胺作原料，在固相氢氧化钠和碳酸钾混合碱及催化剂四丁基硫酸氢铵存在下，与卤代烃在苯溶液中反应，生成 N，N-取代的酰胺。

$$C_2H_5CONHCH_2-C_6H_5 + C_2H_5Br \xrightarrow[10\%m(n\text{-}C_4H_9)_4N^+HSO_4^-,\ 80℃]{\text{固}NaOH/K_2CO_2/C_6H_6} C_2H_5CON(C_2H_5)-CH_2-C_6H_5$$

此外，酚、芳胺以及醇中的氧或氮的烷基化还可以通过固-液两相体系进行，其中常用的碱为碳酸钾，烷基化试剂为二苯基烷基锍盐。

$$C_6H_5OH + (C_6H_5)_2\overset{+}{S}(CH_2)_3CH_3\cdot ClO_4^- \xrightarrow[85℃,12h]{K_2CO_2/CH_3CN} C_6H_5O(CH_2)_3CH_3$$

$$C_6H_5NHCH_3 + (C_6H_5)_2\overset{+}{S}CH_3\cdot ClO^-_4 \xrightarrow[85℃,25h]{K_2CO_3/CH_3CN} C_6H_5N(CH_3)_2$$

4. 酰化

酚、苯胺以及含活泼亚甲基的化合物的酰基化反应，都可采用固-液两相体系（所用碱为固体）的 PTC 法进行。可使用的溶剂有：二氯甲烷、二氧六环、四氢呋喃、甲苯等，催化剂使用四正丁基硫酸氢铵。另外，丙二酸酯还能发生双酰基化反应，因为引入一个酰基后，另一个氢更活泼。用该方法进行酰基化，甚至有高度空间位阻的酚也能顺利进行反应。例如，2，6-二（三丁基）-对甲基酚，在两相体系中能与乙酰氯反应，生成乙酸酯。

$$2,6\text{-}[(CH_3)_3C]_2\text{-}4\text{-}CH_3C_6H_2OH + CH_3\overset{O}{\overset{\|}{C}}-Cl \xrightarrow[(n\text{-}C_4H_9)_4\overset{+}{N}HSO_4^-\ \ 2h]{NaOH\text{粉末}/CH_2Cl_2} 2,6\text{-}[(CH_3)_3C]_2\text{-}4\text{-}CH_3C_6H_2O-\overset{O}{\overset{\|}{C}}CH_3$$

5. 芳基亲核取代

在相转移条件下，由于负离子特别活泼，有利于进行亲核取代反应，例如；

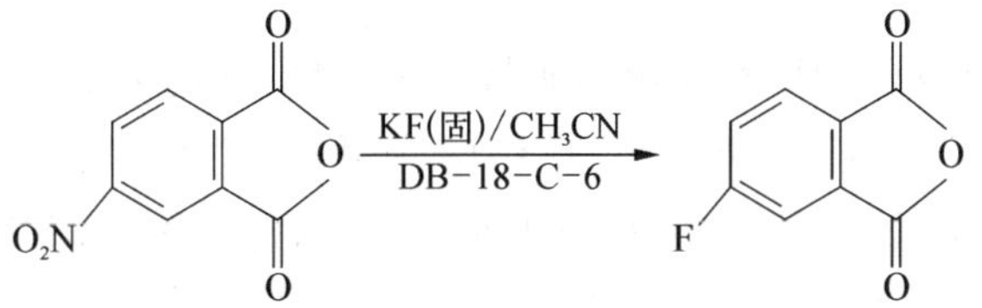

O O
KF(固)/CH_3CN
O O
DB-18-C-6
O_2N F
O O

在水相为浓氢氧化钠水溶液的两相体系中，负碳离子也可以作为芳环取代的亲核试剂。

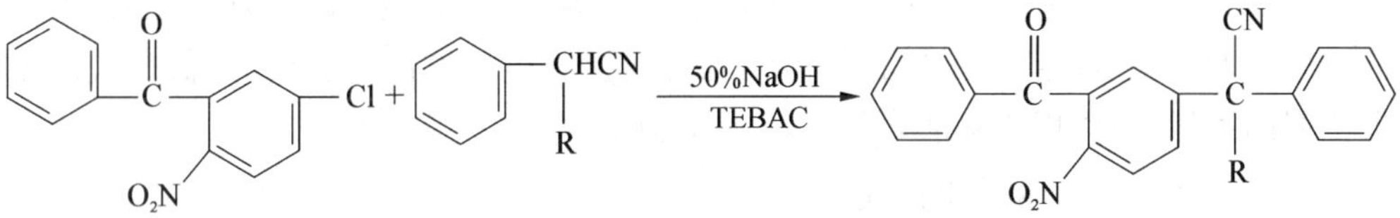

O CN
CHCN
C Cl + 50%NaOH C C
TEBAC
R R
O_2N O_2N

另外，醇的负离子在相转移催化剂作用下，也是很好的亲核试剂。

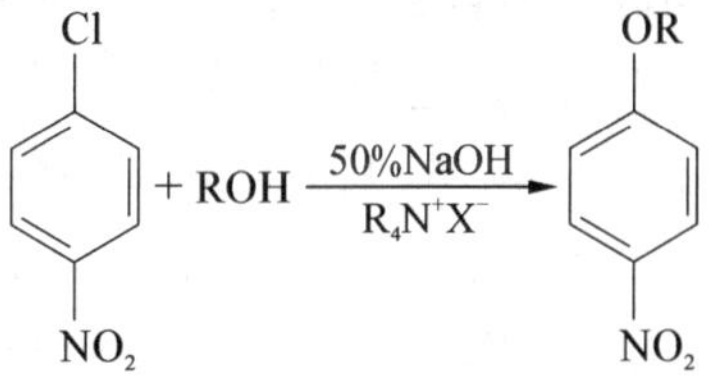

Cl OR
50%NaOH
+ ROH
$R_4N^+X^-$
NO_2 NO_2

三、酸性条件下的 PTC 反应

有关在酸性条件下进行的 PTC 反应，典型的有一级醇直接转变成氯代烷及醚键的断裂等。用传统方法使醇转化为氯代烷需在无水氯化锌催化下，醇与氯化氢气体反应。若采用浓盐酸与醇直接反应，不仅产率低，还需要用大量的氯化锌。但若用相转移催化剂，产率可大大提高。例如，月桂醇在溴化正十六烷基三正丁基磷催化下，与浓盐酸反应 45 h 后，可得到产率为 94%的 1-氯正十二烷。

$$n-C_{12}H_{25}OH+HCl\xrightarrow[100\sim105℃]{n-C_{16}H_{33}P^{+}(n-C_{4}H_{9})_{3}Br^{-}}n-C_{12}H_{25}Cl$$

用经典方法使醚键断裂要求使用较苛刻的反应条件，例如，在浓氢碘酸中回流，或在乙酸溶液中与氢溴酸一起加热等。若采用 PTC 法，在相转移催化剂鎓盐存在下，只需将醚与 47%的氢溴酸一起加热，可使醚键断裂。催化剂用量为醚量的 10%(物质的量)，氢溴酸用量为醚量的 5～10 倍。

$$R^{1}OR^{2}+2HBr\xrightarrow[115℃]{n-C_{16}H_{33}P^{+}(n-C_{4}H_{9})_{3}Br^{-}}R^{1}Br+R_{2}Br$$

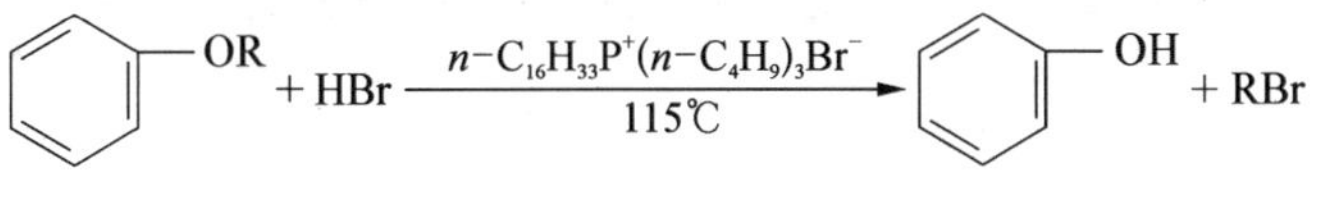

OR OH
+ HBr $\xrightarrow[115℃]{n-C_{16}H_{33}P^{+}(n-C_{4}H_{9})_{3}Br^{-}}$ + RBr

四、相转移催化技术的研究进展

1. 超声波技术在相转移催化反应中的应用

超声波化学的研究已经扩展到化学的每一个领域，并成为了一个极为重要和异常活跃的研究方向。超声波在相转移催化反应中的应用是近几年来才发展起来的，在相转移催化反应中，为了提高有机相与水相的接触面积，一般都采用机械搅拌，但是由于有机相界面张力和搅拌速率的影响，其中一相仍以微滴形式存在于另一相。超声波则可以使某一大小的液滴产生共振效应，有利于两相之间进一步接触和离子对的传递，使得离子对的萃取平衡快速建立起来。超声波之所以能够改善相转移催化反应，是因为超声波能够产生空腔效应，从而在两种液体之间产生很大的相交界接触面积，这就使溶解于各自液体中的活性离子的反应活性急剧增加。超声波既可以提高搅拌作用，又可以降低反应的温度和催化剂的用量，使得相转移催化更有效、更快速地进行。

2. 相转移催化与微波技术的联用

微波化学合成技术在国际上的研究十分活跃，国内外从有机合成到无机合成，从液相反应到干反应，从室温合成到高温高压合成，从聚合反应到解聚反应等均有研究报道。但是微波化学的研究以实验研究和应用研究为主尚处在起步阶段，其原因主要是微波对反应的作用程度和方向与微波的强度、频率、调治方式和环境条件有关。此外，设计能够满足各种化学反应的大容量微波反应器还存在一定的技术问题。在欧美洲，已经有一些国家的工厂使用微波加热技术进行有机化合物合成的报道；在国内，简易的微波化学反应装置还处在开发阶段。为了保证微波反应的安全可靠，微波常压合成技术使用较为广泛。微波技术在液相反应中，选择合适的溶剂作为反应介质是反应成功的关键因素之一。在微波辐射的作用下，溶剂的过热现象经常出现。DMF、低级醇类、水等都是常见的溶剂。选择适当高沸点的溶剂，可防止溶剂大量挥发，这对于采用敞口反应容器进行反应较有效。微波作为一种绿色技术应用于相转移催化有机合成中，不仅可以大大缩短反应时间，而且具有操作简便、产率高、选择性好、产品易纯化等优点。刘素萍等采用微波辐射，用相转移催化剂催化水杨酸钠和溴代正丁烷合成水杨酸正丁酯，反应时间短，对设备基本无腐蚀，三废少，后处理简单，产品质量好，展示了微波相转移催化广阔的应用前景。

思考题

1. 用方程式表示鎓盐的相转移催化机理。
2. 比较冠醚与鎓盐作为相转移催化剂的优缺点。
3. 写出相转移催化剂作用下二氯卡宾的形成过程及用于鉴别伯胺的方程式。
4. 举例说说什么是逆相转移催化？
5. 什么是反应控制相转移催化？
6. 比较高锰酸钾、次氯酸钠及重铬酸钾氧化剂对不同官能团的氧化产物。

第十章 光电催化剂与催化剂的纳米化

第一节 光催化剂

一、光催化降解污染物

1. TiO_2光催化剂概述

1972年，Fujishima和Honda报道了二氧化钛电极光催化分解水的研究。他们设计了一个太阳能光伏电池，在水中插入一个N型半导体二氧化钛电极和一个铂（铂黑）电极，当用波长低于415 nm的光照射二氧化钛电极时，发现在二氧化钛电极上有氧气释放，在铂极上有氢气释放。四十多年来，纳米二氧化钛半导体在催化有机污染物降解及分解水制氢的新能源开发方面均取得了一定成绩。

TiO_2半导体以其优良的抗化学和光腐蚀性能以及价廉等优点而成为最受关注的光催化剂。TiO_2受光照射时产生的电子和空穴具有较强的氧化和还原能力，能氧化有毒的无机物、降解大多数有机物，最终生成无毒无味的CO_2、H_2O及一些简单的无机物。作为空气净化材料，TiO_2光催化剂与一些气体吸附剂（沸石、活性炭、SiO_2等）相结合，在弱紫外光激发下就可有效地降解低浓度有害气体，如甲醛、甲苯等，在居室或办公室的窗玻璃、陶瓷等建材表面涂敷TiO_2光催化薄膜，或在房间内安放TiO_2光催化设备，均可有效地降解这些有机物，净化室内空气。另外，TiO_2光催化剂还能有效地氧化去除大气中的氮氧化物、硫化物，以及各类臭气等。

TiO_2是一种N型半导体氧化物，其光催化原理可用半导体的能带理论来阐述。半导体的主要特征是禁带宽度（或称为带隙）的存在，其电学、光学等性质归根到底是由这一带隙的存在而决定的。在正常情况下，体系中的电子总是占据能量较低的能级。当用能量大于或等于禁带宽度（E_g）的光照射时，价带上的电子（e^-）被激发跃迁至导带，在价带上留下相应空穴（h^+），这些载流子扩散、迁移到固体催化剂表面发生氧化还原反应。光催化污水降解的机理如图10－1。

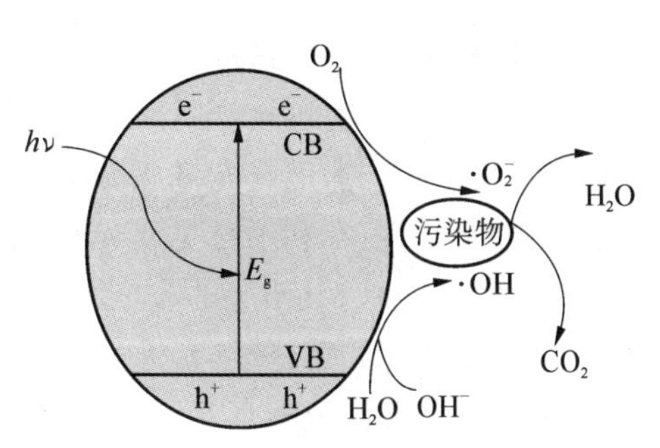

图10－1 光催化污染物降解机理

光催化反应较为复杂，受诸多因素制约，这些影响因素可以大致归为两类：一类是光催化材料本身的光生载流子激发、分离、输运行为；另一类是制约光催化反应发生的多相界面作用行为。对于前者,光生载流子激发要求光催化材料具有合适的带隙。研究表明,掺杂、敏化、形成复合半导体以及能带设计等均可使宽带隙半导体实现可见光激发;担载合适的助催化剂和形成异质结可以有效地提高光生载流子的分离效率。对于后者即光催化反应的多相界面作用行为,其中包含表面吸附行为、表面的微观结构、催化材料缺陷态、杂质态、表面态、界面态等诸多方面。

TiO_2半导体光催化剂在实际应用中存在一些缺陷,主要表现为:带隙较宽(3.2 eV),光吸收波长主要局限在紫外区,故对太阳光能的利用率低(<387 nm 仅占太阳光强的3%~5%);半导体载流子的复合率高,量子效率较低;粉末催化剂难以从体系中分离,导致二次污染等。为了改善催化效率,研究者一方面围绕提高 TiO_2光催化反应量子效率进行了深入而广泛的研究,另一方面,开发其他半导体光催化剂特别是具有可见光响应的窄带隙半导体也成为光催化领域重要的研究方向。例如,ZnO、WO_3、CdS、WO_3、Bi_2S_3、SnO_2、Bi_2O_3、$CaBi_2O_4$、$BiVO_4$、$PbBi_2Nb_2O_9$、Bi_2WO_6、$CaIn_2O_4$等,具有较优异光催化性能。其中,铋基化合物,从半金属 Bi,到铋的氧化物 Bi_2O_3、BiO_2、卤氧化铋 BiOX(X=Cl,Br,I),铋的复合氧化物 Bi_2WO_6、$Bi_2O_2CO_3$、$Bi_2Ti_2O_7$、$Bi_4Ti_3O_{12}$、$BiVO_4$、Bi_2MoO_6,及铋酸盐 $NaBiO_3$、$KBiO_3$等,在可见或紫外光激发下具有优异的催化降解染料、抗生素及重金属离子的活性而受到研究者的青睐。

2. 光催化剂的改性

由于单一化合物作为光催化剂使用时存在诸多缺点,如:载流子容易复合、对可见光的利用率低等,故需要对单一材料光催化剂进行改性以提高其光催化效率。改性方法大致包括以下几种:

(1) 离子掺杂

① 金属离子掺杂

掺杂金属离子,能引起晶格的畸变,形成缺陷位并对光催化材料的相转变温度、晶粒大小等产生影响。金属离子作为电子的有效接受体,可捕获导带中的电子。但金属离子既可能成为电子或空穴的陷阱而延长其寿命,也可能成为复合中心反而加快复合过程,所以掺杂剂浓度对反应活性有很大影响,存在一个最佳点。金属离子掺杂还能在宽带隙氧化物半导体的带隙中插入一个掺杂能带,使其获得可见光响应。金属离子掺杂大多采用Cr、Ni、Fe、V 等具有 3d 电子轨道的过渡族金属,也有采用稀土金属离子进行掺杂改性。

② 非金属离子掺杂

金属离子掺杂具有较好的可见光响应特性,但经常以损失 TiO_2光催化剂在紫外光区的光催化活性为代价,且金属离子有一最佳掺杂量。与金属离子掺杂相比,非金属离子掺杂的条件比较苛刻,但它能将 TiO_2的光响应波长拓展至可见光区域,还能保持在紫外光区的光催化活性,在利用可见光光催化方面表现出崭新的应用前景。当用含硼、碳、氮、氟、硅、磷、硫、氯、溴、碘等的非金属化合物为掺杂剂时,与纯二氧化钛和金属离子掺杂的二氧化钛催化剂相比,降解有机污染物的可见光催化活性大幅度提高。但非金属离子掺杂拓展可见光响应范围有限,且在光化学反应过程中存在催化材料不稳定的问题。

随着碳材料研究的发展,在非金属元素改性中,一项重要的研究就是碳材料改性半导体光催化剂，但这些碳材料改性的原理不是掺杂。一般是将半导体光催化剂负载在少量碳材料上或与碳材料机械混合，以增强可见光吸收、增加电子的迁移能力等，从而提高可见光催化活性。用于改性光催化剂的碳材料有碳纳米管、石墨稀、碳量子点、活性炭、无定形碳以及石墨相 C_3N_4 等。

③ 共掺杂

鉴于金属离子或非金属离子单掺杂 TiO_2 光催化剂的缺陷，发现适量的金属离子与非金属离子共掺杂 TiO_2，将产生良好的协同催化效应。当然，为了实现有效的掺杂，需选择合适的掺杂元素及合适的制备方法。

(2) 贵金属沉积

采用 Ru、Pd、Pt、Au 等贵金属沉积于 TiO_2 表面上，能明显提高其在可见光下降解甲基橙的光催化活性。相对于其他方法而言，贵金属沉积法对 TiO_2 改性效果比较明显，贵金属沉积改性半导体光催化性能的原理可分为两类：一是在半导体表面形成 Schottky 结，使载流子定向迁移而不易复合；二是产生局域表面等离子共振效应(Local Surface Plasmon Resonance，LSPR)，像 Ag、Pt 等金属，当粒径小至几十纳米时，能吸收可见光，发生共振效应，产生大量光生载流子，故光催化活性大幅度提高。但选用贵金属沉积法对催化剂进行改性的成本相对较高，另外，贵金属的制备方法、在 TiO_2 表面的存在形态等对催化活性影响较大，而且经贵金属沉积改性的 TiO_2 对光催化降解的有机物具有选择性。除了贵金属外，半金属 Bi 也具有 SPR 效应，且 Bi 颗粒能从铋基化合物基体通过原位还原获得，故与基体晶格匹配且接触紧密，利于载流子的迁移。如图 10-2，由于 Bi 的 LSPR 效应，不仅增强了可见光吸收能力，产生更多的光生电子，还能从 $Bi_2O_2CO_3$ 接受电子，利于光电子与空穴的分离，从而提高光催化活性。另外，也有报道 $Bi/BiOCl$、Bi/Bi_2O_3 等光催化剂，由于 Bi 的等离子体共振效应能改善基体的可见光光催化活性。

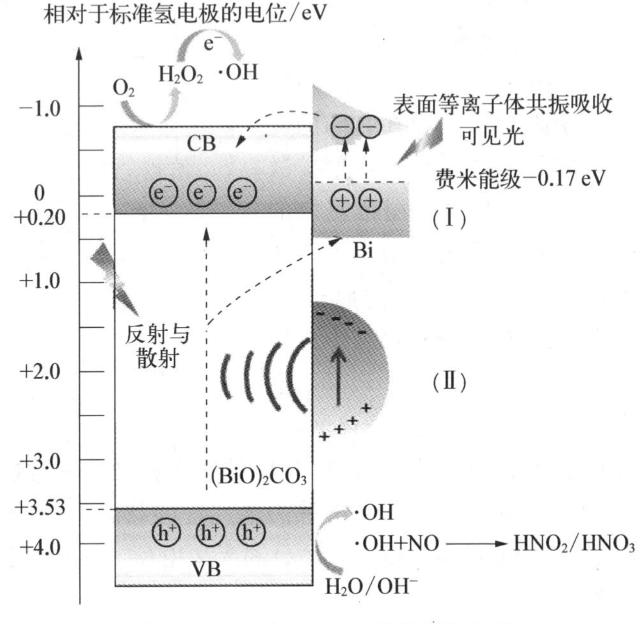

图 10-2 $Bi/Bi_2O_2CO_3$ 的光催化机理

(3) 半导体复合

① 固溶体

复合半导体光催化材料目前主要有两大类:固溶体和异质结。一类是利用两种半导体形成固溶体,其性质随各个组元在固溶体中所占百分比而变化,可以实现对半导体带隙的连续可调。研究较早的固溶体光催化材料是 ZnS 的固溶改性。例如,ZnS 的带隙为 3.5 eV,引入 Cu 元素形成固溶体后,使其具有可见光光催化性能。Tsuji 等发展了 $(AgIn)_xZn_{2(1-x)}S_2$ 固溶体,成功实现了可见光激发下分解水制氢。后来又发展到了三种化合物形成的固溶体体系 $ZnS-CuInS_2-AgInS_2$,能将可见光吸收范围扩展到 700 nm。它的价带由 Cu 3d,Ag 4d 和 S 3p 轨道杂化构成,而导带由 In 5s5p 和 Zn 4s4p 轨道构成。

② 异质结

另一类复合半导体光催化材料是异质结,采用禁带宽度较小的半导体(如 Bi_2S_3、CdS、CdSe、PbS、Fe_2O_3等)与 TiO_2复合,不但能扩展光谱响应范围,而且利用两种半导体材料之间的能级差还能有效地分离载流子,最终提高光降解效率。根据半导体的导电性质,半导体材料的异质结可分 N-N、P-P、P-N 复合三类,前两类称为同型异质结,后者称为反型异质结,即 P-N 结。当不同的半导体紧密接触时,会形成"结",在结的两侧由于其能带等性质的不同会形成空间电势差,这种空间电势差的存在可使光生载流子从一种半导体的能级注入到另一种半导体的能级,从而有利于电子-空穴的分离,提高光催化效率。因此构筑异质结构是提高光量子效率的有效途径。

对于 P-N 异质结,有效分离光生电子-空穴的本质是形成内建电场,从而使得载流子传输具有定向性。如图 10-3 所示,在一块半导体中,掺入施主杂质,使其中一部分成为 N 型半导体,其余部分掺入受主杂质成为 P 型半导体,在它们两区域共处一体时,它们的交界层就是薄薄的 P-N 结。结中电子、空穴都很少,但靠近 N 型一边有正电荷的离子,靠近 P 型一边有带负电的离子。由于在 P 型区空穴的浓度大,在 N 型区电子的浓度大,所以在它们的交界处会发生电子和空穴的扩散运动。随着扩散的进行,P 区的空穴减少,出现了一层带正电的粒子区,因此在 P-N 结的边界附近形成了一个空间电荷区,P 型区一边有带负电荷的离子,N 区一边积累了带正电荷的离子,导致在结中形成了很强的局部电场,方向由 N 区指向 P 区。当 P-N 半导体受到光照时,电子空穴的数目增多,

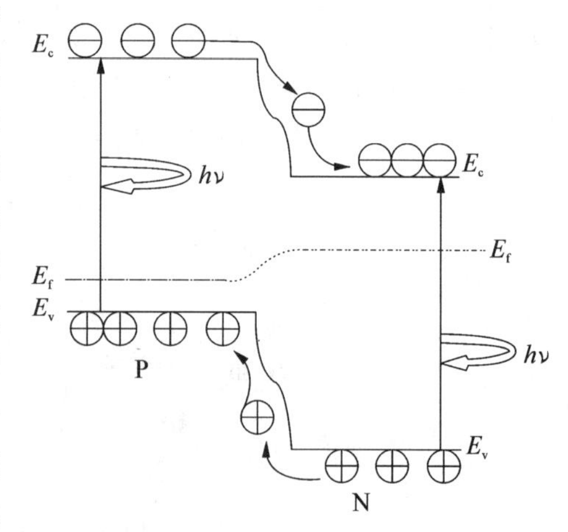

图 10-3 P-N 结在光照下的电子、空穴迁移过程

在结的局部电场作用下,P 区电子移到 N 区,N 区的空穴移到 P 区,这样在结的两端就有电荷积累,形成电势差。这种浓度差导致的热力学允许的载流子(电子空穴)将扩散形成内建电场,该内建电场作为驱动力可以有效地分离光生电荷,而防止电子-空穴对的复合,提高光催化的量子效率。

Vinodgopoal 等比较了 SnO_2、TiO_2和 SnO_2/TiO_2复合半导体薄膜光催化降解染料苯

酚蓝黑(NBB)的催化活性，发现复合半导体薄膜的光催化活性明显高于其他两种单一半导体薄膜。在复合半导体薄膜中，由于 SnO_2 的导带能级低于 TiO_2 的导带能级，当用足够激发能的光照射时，TiO_2 半导体的光生电子迁移至 SnO_2 的导带，而光生空穴则聚集在 TiO_2 表面，从而有效地延长了光生载流子的寿命，提高了光催化效率。复合半导体各组分的比例及制备方法对其光催化性质有较大的影响，一般均存在一个最佳的比例。邹志刚小组用固态烧结法制备了 $Cr-In_2O_3/Cr-Ba_2In_2O_5$，与单一的氧化物相比，该异质结在光催化分解水产氢中的光催化活性得到明显改善。

根据两种半导体的能带结构特点，可以分为三种类型的异质结(图 10-4)：① Ⅰ型即内嵌型异质结。理论上，这种类型的半导体异质结不利于载流子的有效分离及光催化性能的改善。② Ⅱ型即交叉型异质结。在能量大于半导体禁带宽度的入射光激发下，半导体 A 上的光电子迁移到半导体 B 的导带，而半导体 B 上的空穴迁移到半导体 A 的价带，从而有效分离光生电子与空穴，提高了光催化效率。但迁移后的电子由于电位变得更正，故还原能力降低，相反，空穴迁移到了电位更负的能带上而降低了氧化能力，从这方面来说，不利于光催化反应。③ Z-型异质结。根据 Z-型异质结的载流子迁移方式，可分为两类：第一类是由于自身能带结构导致。由于半导体 A 的价带能级与 B 的导带能级很接近，A 价带上空穴容易与 B 导带上的电子发生复合，故使得半导体 A 及 B 的载流子很好地分离。第二类是通过氧化还原媒介，如通过 Fe^{2+}/Fe^{3+}、Ag/Ag^{+}、I_2/I^{-} 等之间的氧化还原反应消耗半导体 A 价带上空穴与 B 导带上的电子。由于 Z-型异质结的构建，使得半导体 A 的导带上留下的电子由于电位较负而 B 的价带上的空穴电位较正，故氧化还原能力强于Ⅱ型异质结上的电子及空穴。需要强调的是，从物理学上看，两种以上半导体只有达到紧密接触并在界面区存在电荷迁移形成局部电场即"结"时的复合半导体才能称为异质结。

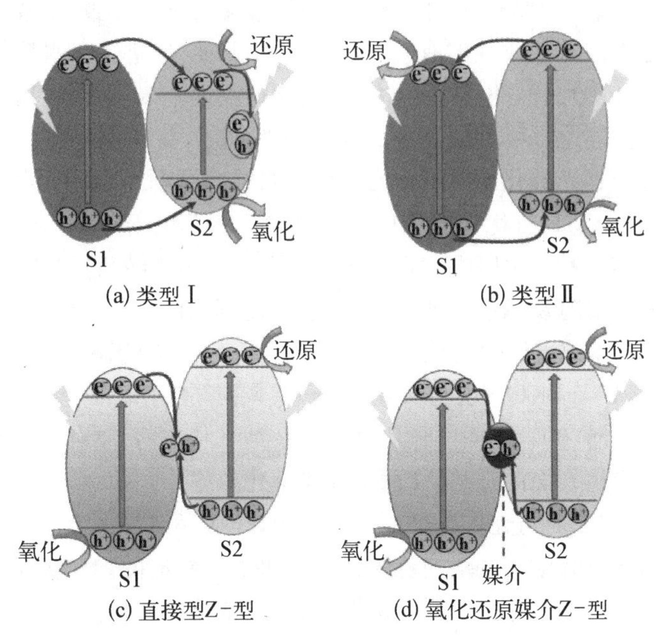

图 10-4　半导体异质结的类型

(4) 表面增敏

宽禁带半导体可通过化学吸附或物理吸附有机颜料使表面增敏，从而达到提高激发过程效率的目的。染料敏化是一种既简单又有效的方法。染料敏化的原理是将染料作为敏化剂吸附到 TiO_2 表面，染料吸收可见光后被激发，将电子注入到 TiO_2 的导带，TiO_2 的导带电子与 TiO_2 表面的吸附氧发生作用生成 $O_2^{-}\cdot$ 和 $\cdot OH$ 等活性物种，然后对有机污染物进行氧化降解。染料敏化光催化过程传统上是用于染料的自身降解，最常见的是光敏化降解罗丹明 B(RhB)的过程。但近来也有一些用于降解其他有机物的研究。敏化剂的选择极其重要，例如，联吡啶钌化合物作为敏化剂，可用于 TiO_2 可见光降解其他有机物，但其本身也在降解过程中迅速消耗掉。非过渡金属酞菁（如铝酞菁）在水溶液中、可见光照射下，能通过与氧分子之间的能量转移生成单线态氧而氧化降解有机物，但其光稳定性有待提高。用无取代的铜酞菁对 TiO_2 进行改性，有一定的可见光光催化活性，由于酞菁环络合了过渡金属铜离子，光稳定性得到极大提高。但是，铜酞菁在常见溶剂中的溶解性能都很差，另外，铜酞菁很容易在 TiO_2 表面生成多聚体乃至分子聚集体纳米晶，严重阻碍了催化剂可见光光催化活性的进一步提高。张金龙等在酞菁环上引入四个羧基，得到了四羧基铜酞菁(CuPcTc)，通过在水溶液中的化学吸附对 TiO_2 进行表面改性，制备成 $CuPcTc_2$ - TiO_2 光催化剂，能提高对荧光素的可见光光催化降解活性。

(5) 晶面工程

由于光催化过程在表面上进行，属于多相催化，因此，催化剂的表面性质对光催化性能的影响很大。晶体存在各向异性，因此，除了以上所述的从组成上改进光催化性能外，光催化剂自身的微观结构如尺寸、形貌、暴露不同晶面及晶面暴露比例、表面氧空位等是重要的影响因素，通过改变这些因素来调变光催化性能也是重要的手段。其中，制备高活性晶面，成为近几年的研究热点。不同的晶面，由于所带电荷、原子间距及原子的排列方式不同，即能带结构及原子结构不同，导致不同的催化活性。因此，制备高比例暴露活性晶面的光催化剂是光催化剂改性的有效方法。例如，Hen 等通过在水热体系中加入 HF，制备了高比例暴露(010)晶面的 TiO_2 立方块，由于该晶面上未配位的 Ti^{3+} 数量较多，光催化活性明显提高。大连化学物理研究所的申文杰等报道，高比例暴露(001)晶面的 Co 金属纳米晶能大大改善其光催化 CO 氧化的活性。张礼知课题组发现，高比例暴露(001)及(010)晶面的 BiOCl 分别具有优异的可见光催化 RhB 及 MO 降解的活性，因为，不同晶面分别高比例暴露阴离子 O 与阳离子 Bi，从而对阴阳离子染料的吸附能力不同，导致光催化活性不同。大量的报道及我们的研究也发现，高比例暴露(001)晶面的 BiOCl 及 $Bi_2O_2CO_3$ 纳米片比块状晶体的光催化活性高。这是因为 BiOCl 及 $Bi_2O_2CO_3$ 都具有 Sellen 型层状结构(见图 10 - 5)，[Bi_2O_2]层与[Cl_2]或[CO_3]层形成内部静电场，(001)晶面垂直于静电场方向，因此，暴露(001)晶面的比例越高以及纳米片越薄，越利于光生电子与空穴的分离及载流子向纳米片表面的迁移，从而提高光催化效率。

最后，在研究不同晶面对光催化性能的影响时，还应考虑晶面上原子排列方式及原子间距与活性物种的键长等结构的对应性关系。如果能将经典的催化多位理论引用至纳米材料的光催化技术中，将能更完善地解释纳米材料光催化的构效关系，而目前有关该方面的报道还很少。

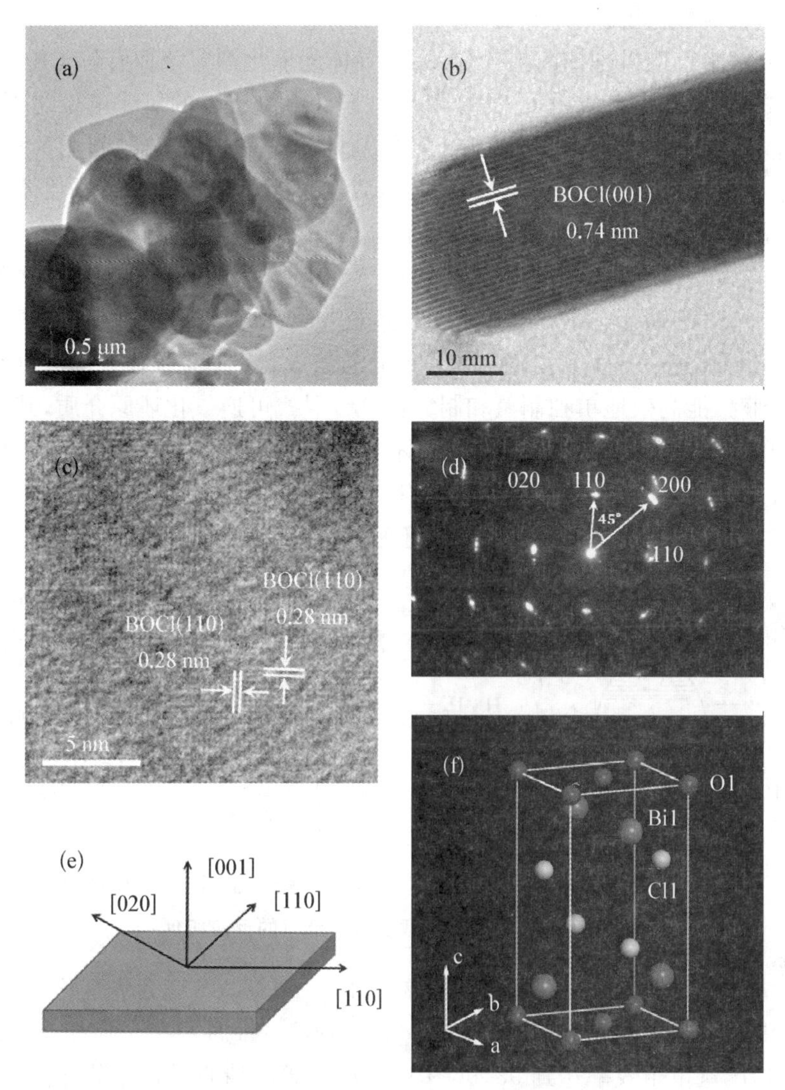

图 10-5　高比例暴露(001)晶面的 BiOCl

二、光催化水分解制氢

光催化剂除了可能应用于治理环境污染外，还可能用于解决能源危机。能源问题是人类 21 世纪面临的最大挑战，开发清洁、可持续、可再生的能源能同时解决环境及能源问题。氢在很多应用中被认为是未来的清洁能源载体，如环保车辆、家庭取暖和发电厂。光催化水分解制氢是实现氢经济效应最有前景的方式。自从 Fujishima 和 Honda 发现光照 N 型半导体 TiO_2电极可导致水分解从而制氢以来，经典的光催化剂 TiO_2，由于其耐腐蚀性、无毒性及价格低廉，已经成为最具吸引力的光催化剂。通过贵金属负载、离子掺杂以及复合半导体等技术对二氧化钛进行改性，可扩大对可见光的响应范围和提高光催化效率。另外，一些新型光催化剂，包括层状金属复合氧化物（如 $K_4Nb_6O_{17}$）、金属硫化物（如 CdS）、氮氧化物及氧硫化物（如 TaON 和 $Sm_2Ti_2S_2O_5$）、$InMO_4$型化合物及分子筛等在该领域也显示了突破性进展。

传统的光解水反应机理如图 10-6(a)，半导体光催化剂应该拥有位于由 H^+ 生成 H_2 的还原电位之上(也就是电位更负)的导带和由 H_2O 生成 O_2 的氧化电位之下(也就是电位更正)的价带，这种约束严重限制了光催化剂的选择和可见光的利用。Sayama 等于 1997 年报道了以 WO_3、Fe^{3+}/Fe^{2+} 组成的两步激发光催化分解水制氢悬浮体系的研究成果。在该反应体系中，Fe^{2+} 吸收紫外光，产生的 $Fe^{2+}*$ 与 H^+ 作用产生氢气，生成的 Fe^{3+} 则被 WO_3 因光激发产生的导带电子还原为 Fe^{2+}，而光激发产生的价带空穴则把水氧化成氧气，如图 10-6(b)所示，即 Z 型系统。该系统包含两步光激发过程，由制氢光催化剂(PS1)、制氧光催化剂(PS2) 和可逆氧化还原介质组成。Z 型系统设计的关键在于：首先，寻找光催化剂对，能高效地单独制氢和制氧；其次，寻找可逆氧化还原介质，其氧化还原电位在各自的单元反应中能满足作为电子供体和受体的要求。研究表明，$SrTiO_3$、TaON、$CaTaO_2N$和 $BaTaO_2N$ 可作为制氢的光催化剂，而 WO_3、$BiVO_4$ 和 Bi_2MoO_6 可作为制氧的光催化剂，IO^{3-}/I^- 和 Fe^{3+}/Fe^{2+} 的氧化还原对通常形成可逆电介质。

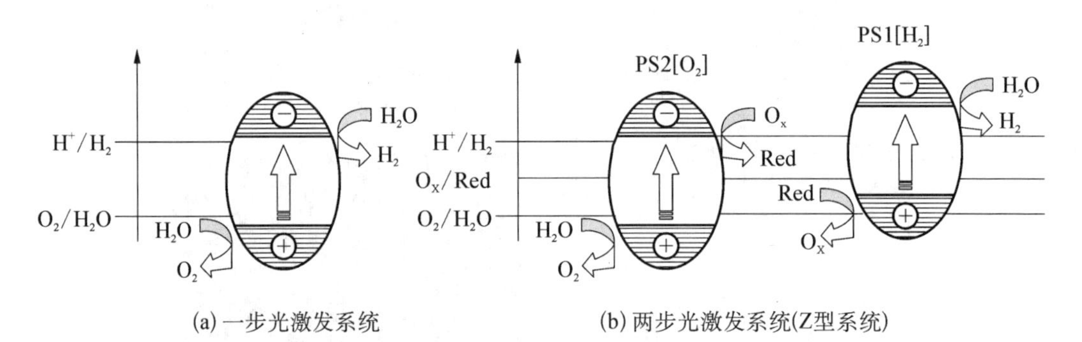

图 10-6 光解水制取氢气和氧气的反应机理

中科院大连化物所李灿院士研究组发展了 Pt-PdS/CdS 三元光催化剂，在可见光照射下，利用 Na_2S 作为牺牲试剂(以 200 mL 0.5 mol/L Na_2S—0.5 mol/L Na_2SO_3 的水溶液作为水源)，产氢量子效率达到 93%(图 10-7)。通过精心设计组装光催化剂，在光催化剂(CdS)表面共担载还原(Pt)和氧化(PdS) 双组分共催化剂，有效地解决了电子和空穴的分离和传输问题。由于氧化共催化剂的担载，有效地避免了光催化剂的光腐蚀现象，使该三元催化剂表现出很高的稳定性。该工作提出了一种人工模拟光合作用设计高效光催化剂的思路，即通过分别组装合适的氧化和还原双共催化剂，在空间上避免光生电荷复合，可以极大地提高光生电荷的分离和传输效率，从而大幅提高量子效率。这对发展太阳能高效光催化剂及光催化

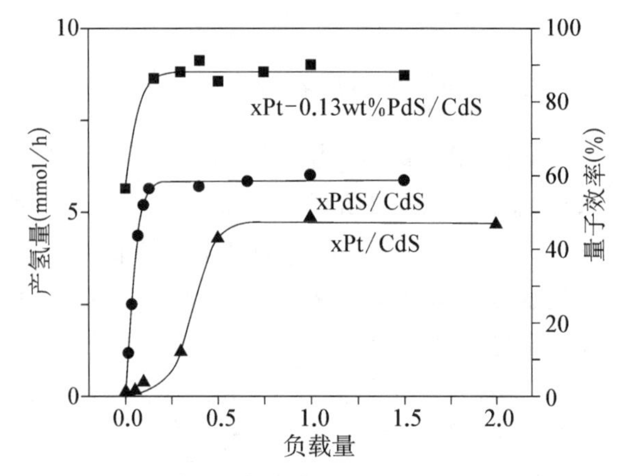

图 10-7 Pt-0.13wt%PdS/CdS 催化剂上 H_2 形成速率及量子效率与 Pt 含量的关系

制氢和还原CO_2过程具有重要指导意义。

张礼知课题组在 Nature 上发表了单层$Bi_{12}O_{17}Cl_2$与MoS_2结合而成的异质结，由于$Bi_{12}O_{17}Cl_2$的内建电场及单层结构，使载流子定向迁移且不易在层间消耗掉，再加上$Bi_{12}O_{17}Cl_2$与MoS_2间发生相互作用，形成 Bi—S 键，光生电子通过 Bi—S 键迁移至MoS_2上而空穴移至 Cl 端，从而导致高效的光生载流子的分离效率，光催化水分解的产氢效率大大提高。

三、光催化CO_2还原

光催化还原CO_2是利用太阳能作为能源，在相对温和的条件下将CO_2还原的过程。光催化还原CO_2的基本原理是半导体催化剂吸收光能后产生的光生电子-空穴对，诱导二氧化碳和水发生氧化还原反应，生成碳氢化合物，将光能转化为化学能的过程，类似于植物叶片中的叶绿素所进行的光合作用。反应机理见图 10-8，包括：① 半导体催化剂吸收一定能量的光子后，被激发的电子从价带(VB)跃迁至导带(CB)，产生电子-空穴对；② 光生电子-空穴对的分离及迁移至半导体表面；③ 光生空穴与H_2O发生氧化反应，释放H^+，同时，光生电子与所生成的H^+及吸附于催化剂表面活性位点的CO_2分子发生还原反应，生成碳氢化合物。与光解水等大多数光催化反应一样，光催化还原二氧化碳的催化效率主要决定于光催化剂对光的吸收能力，光生电子-空穴的分离速率以及表面催化还原反应动力学常数等因素。由于电子-空穴的复合速率比反应速率更快，如何阻止载流子的复合对提高光催化还原二氧化碳的效率极其重要。另外，水分解析氢反应的还原电位低于二氧化碳的还原电位(见式(9-1)～式(9-9))，因此，在光催化还原二氧化碳体系中，析氢反应与二氧化碳还原反应为竞争反应。由于水的活性高于二氧化碳，而且析氢反应只涉及两电子转移，相比于二氧化碳还原的多电子转移反应，析氢反应更容易发生。如何抑制析氢反应的发生也是光催化还原二氧化碳面临的难题。

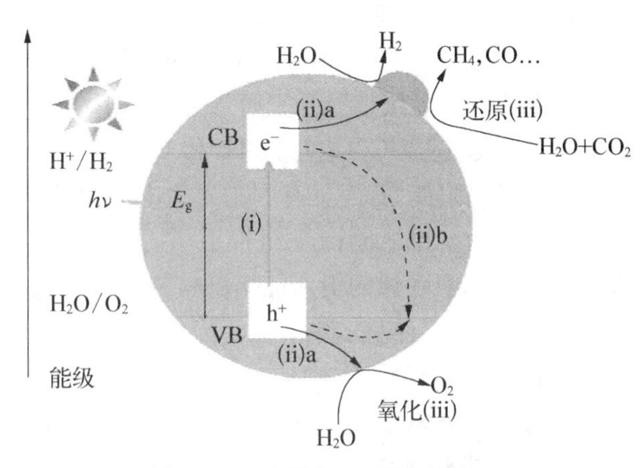

图 10-8 光催化CO_2还原的原理

在能被光激发的半导体存在时，不同电位(*vs.* SHE)下可能发生的反应如下：

光激发过程：$\text{catalyst} + h\nu \longrightarrow e^- + h^+$

氧化反应：$2H_2O + 2h^+ \longrightarrow 1/2O_2 + 2H^+ \quad (E_0 = 0.82\ V)$ (10-1)

还原反应：

$$CO_2 + e^- \longrightarrow CO_2^- \quad (E_0 = -1.90\ V) \tag{10-2}$$

$$CO_2 + 2e^- + 2H^+ \longrightarrow CO + H_2O \quad (E_0 = -0.53\ V) \tag{10-3}$$

$$CO_2 + 2e^- + 2H^+ \longrightarrow HCOOH \quad (E_0 = -0.61\ V) \tag{10-4}$$

$$CO_2 + 4e^- + 4H^+ \longrightarrow HCHO + H_2O \quad (E_0 = -0.48\ V) \tag{10-5}$$

$$CO_2 + 6e^- + 6H^+ \longrightarrow CH_3OH + H_2O \quad (E_0 = -0.38\ V) \tag{10-6}$$

$$CO_2 + 8e^- + 8H^+ \longrightarrow CH_4 + 2H_2O \quad (E_0 = -0.24\ V) \tag{10-7}$$

$$2CO_2 + 12e^- + 9H^+ \longrightarrow CH_3CH_2OH + 3H_2O \quad (E_0 = -0.33\ V) \tag{10-8}$$

$$2H^+ + 2e^- \longrightarrow H_2 \quad (E_0 = -0.41\ V) \tag{10-9}$$

1978 年，Halmann 首次报道了利用 P 型半导体 GaP 作为催化剂，在光照条件下，将二氧化碳水溶液成功还原为甲醇(CH_3OH)。1979 年，日本东京大学 Inone 等利用 WO_3、TiO_2、CdS、GaP、SiC 等半导体材料在光照下将二氧化碳和水蒸气还原为 CO、CH_4、CH_3OH、HCOOH 等多种碳氢燃料。近几年，有关光催化 CO_2还原的研究报道很多。例如，叶金花课题组报道了利用 Au-Cu 合金修饰的 $SrTiO_3/TiO_2$纳米管阵列光催化还原 CO_2生成甲烷及低级烷烃。王野课题组采用金属 Pt 和聚苯胺(PANI)共同修饰的 TiO_2催化剂光催化还原 CO_2生成 CH_4和 CO，其中，PANI 的引入不仅提高了催化剂表面对 CO_2的化学吸附能力，而且有利于光生电子-空穴的有效分离，使 Pt-TiO_2的催化活性得到了明显提升。邹志刚课题组报道了石墨烯-TiO_2复合纳米材料的光电性能及催化性能，结果发现，石墨烯的引入能拓展材料的吸收光谱范围，增强对太阳光的利用率，而且由于石墨烯优良的导电性，更有利于光生电子-空穴的分离和迁移，不仅提高了催化活性，还改变了产物的选择性。

光催化技术除了在降解水中染料等有机污染物、水分解制氢及 CO_2还原制备碳氢化合物等方面的大量研究报道外，在有机合成方面的应用也取得较大进展，上海工业大学近期在 Science 上发表了甲烷等低分子烃类化合物光催化 C—H 键氨基化的反应。重庆工商学院的董藩教授开展了大量铋基光催化剂光催化 NO_x 氧化除去气相污染物方面的研究。另外，g-C_3N_4等光催化固氮也引起研究者的关注。遗憾的是，由于仍存在光催化效率低、粉末状催化剂会导致水体的二次污染等，光催化剂在工业上的实际应用还存在很大差距，需要广大科技工作者更加艰苦卓绝的努力。

第二节　电催化剂

一、电化学概论

1663 年，德国物理学家 Otto von Guericke 创造了第一台发电机，通过在机器中的摩擦而产生静电。在 17 世纪中叶，法国化学家 Charles François de Cisternay du Fay 发现了两种不同的静电，即同种电荷相互排斥而不同种电荷相互吸引。1791 年伽伐尼发表了金属能使蛙腿肌肉抽缩的“动物电”现象，一般认为这是电化学的起源。1799 年伏打在伽伐尼工作的基础上发明了用不同的金属片夹湿纸组成的“电堆”，即所谓“伏打堆”，这是化学电源的雏形。在直流电机发明以前，各种化学电源是唯一能提供恒稳电流的电源。1834年法拉第电解定律的发现为电化学奠定了定量基础。19世纪下半叶，赫尔姆霍兹和吉布斯的工作，赋予电池的“起电力”（今称“电动势”）以明确的热力学含义。1889年能斯特用热力学导出了参与电极反应的物质浓度与电极电势的关系，即著名的能斯特公式。1923年德拜和休克尔提出了人们普遍接受的强电解质稀溶液静电理论，大大促进了电化学在理论探讨和实验方法方面的发展。20世纪40年代以后，电化学方法与光学和表面技术的联用，使人们可以研究快速和复杂的电极反应，可提供电极界面上分子的信息。电化学一直是物理化学中比较活跃的分支学科，它的发展与固体物理、催化、生命科学等学科的发展相互促进、相互渗透。

在物理化学的众多分支中，电化学是唯一以大工业为基础的学科。它的应用主要有：① 电解工业，其中氯碱工业是仅次于合成氨和硫酸的无机物基础工业。铝、钠等轻金属的冶炼，铜、锌等的精炼也都用的是电解法。② 机械工业使用电镀、电抛光、电泳涂漆等来完成部件的表面精整。③ 环境保护可用电渗析的方法除去氰离子、铬离子等污染物。④ 化学电源，金属的防腐蚀问题，大部分金属腐蚀是电化学腐蚀问题。⑤ 许多生命现象如肌肉运动、神经的信息传递都涉及到电化学机理。应用电化学原理发展起来的各种电化学分析法已成为实验室和工业监控的不可缺少的手段。

电化学是研究两类导体形成的带电界面现象及其中所发生的变化的科学。电和化学反应相互作用可通过电池来完成，也可利用高压静电放电来实现（如氧通过无声放电管转变为臭氧），两者统称为电化学，后者为电化学的一个分支，称放电化学。由于放电化学有了专门的名称，因而，电化学往往专门指“电池的科学”。

电化学如今已形成了合成电化学、量子电化学、半导体电化学、有机导体电化学、光谱电化学、生物电化学等多个分支。电化学在化工、冶金、机械、电子、航空、航天、轻工、仪表、医学、材料、能源、金属腐蚀与防护、环境科学等科技领域获得了广泛的应用。当前世界上十分关注的研究课题，如能源、材料、环境保护、生命科学等都与电化学以各种各样的方式关联在一起。

1. 原电池

电池由两个电极和电极之间的电解质构成，因而电化学的研究内容应包括两个方面：一是电解质的研究，即电解质学，其中包括电解质的导电性质、离子的传输性质、参与反应离子的平衡性质等，电解质溶液的物理化学研究常称作电解质溶液理论；另一方面是电极的研究，即电极学，其中包括电极的平衡性质和通电后的极化性质，也就是电极和电解质界面上的电化学行为。电解质学和电极学的研究都会涉及化学热力学、化学动力学和物质结构等物理化学领域。

原电池是利用两个电极之间金属性的不同，产生电势差，从而使电子流动产生电流，又称为非蓄电池，是电化学电池的一种。其电化学反应不能逆转，即只能将化学能转换为电能，不能重新储存电力，普通的干电池、燃料电池都可以称为原电池。与原电池不同，蓄电池是二次电池，放电时把化学能转化为电能，充电时，发生电解反应，把电能转化为化学能。

组成原电池的基本条件:① 两种活泼性不同的金属(即一种是活泼金属另一种是不活泼金属),或者一种金属或石墨等惰性电极(Pt 或石墨为惰性电极,即本身不会得失电子);② 用导线连接两种金属并插入电解质溶液中,形成闭合回路;③ 要发生自发的氧化还原反应。原电池的工作原理是将一个能自发进行的氧化还原反应的氧化反应和还原反应分别在原电池的负极和正极上发生,从而在外电路中产生电流。原电池的电极中,负极为电子流出的一极,即发生氧化反应的一极或活泼性较强金属的一极;正极为电子流入的一极,即发生还原反应的一极或相对不活泼的金属或其他导体的一极。在原电池中,外电路为电子导电,电解质溶液中为离子导电。

2. 电解池

电解池是将电能转化为化学能的装置。电解是使电流通过电解质溶液(或熔融的电解质)而在阴、阳两极引起氧化还原反应的过程。发生电解反应的条件:① 连接直流电源;② 阴阳电极,其中与电源负极相连的为阴极,与电源正极相连的为阳极;③ 两极处于电解质溶液或熔融电解质中;④ 两电极形成闭合回路。电解过程中,阴极一定不参与反应,不一定是惰性电极;阳极不一定参与反应,也不一定是惰性电极;电解的结果,在两极上有新物质生成。阳极如果是活泼金属,电极将失去电子,如果是惰性电极(如 Au、Pt、Ir),溶液中的阴离子将失去电子。失电子能力大小顺序为:活泼金属(除 Pt、Au 外)$>S^{2-}>I^->Br^->Cl^->OH^-$>含氧酸根($NO_3^->SO_4^{2-}$)$>F^-$,阳极连接电源的正极。阴极反应为溶液中阳离子得到电子,得电子能力大小顺序为:$Ag^+>Hg^{2+}>Fe^{3+}>Cu^{2+}>H^+$(酸)$>Pb^{2+}>Sn^{2+}>Fe^{2+}>Zn^{2+}>H_2O$(水)$>Al^{3+}>Mg^{2+}>Na^+>Ca^{2+}>K^+$(即活泼型金属顺序表的逆向),阴极连接电源的负极。

3. 原电池与电解池的区分

原电池与电解池的结构示意图如图 10-9。原电池与电解池的区别为:① 先分析有无外接电源,有外接电源的为电解池,无外接电源的可能为原电池;② 依据原电池的形成条件分析判断,如,原电池的两极为导体且存在活泼性差异(燃料电池的电极一般为惰性电极),两极插入溶液中,形成闭合回路,有氧化还原反应。

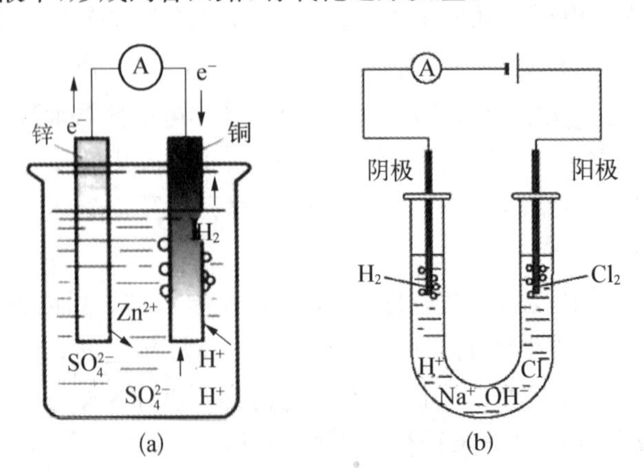

图 10-9　原电池(a)与电解池(b)的构造示意图

二、电催化

如今，生活的各个方面都比以往更加依赖能源，全球对能源的需求在迅速增加。预计到2035年，一次能源的需求将是2018年的1.5倍。然而，到目前为止，相当一部分能源供应来源于非持续且储量有限的化石燃料，如煤、石油和天然气等（据统计2018年超过80%）。因此，能源的供需问题成为社会面临的最大挑战之一。化学作为理解世界的基础科学，将在应对能源需求挑战方面发挥重要的作用。其中，电化学是研究电能的存储与化学键中的能量的转换的学科，它能以多种方式为能源挑战提供解决方案。第一，电化学能量转换是基于界面的化学反应，在能量转换中具有较高的热力学效率，尤其在低温或室温条件下，电化学燃料电池系统的理论效率远高于受卡诺循环限制的传统热机效率（如图10-10）。第二，与受时间限制、分布不均匀的可再生能源收集系统如太阳能、潮汐能和风能相比，电化学系统可以作为高效稳定的能量转换和储存平台。第三，电化学过程中的能量转换是直接的过程，对环境的影响很小，避免了由于化石燃料燃烧引起的污染和气候变化问题。

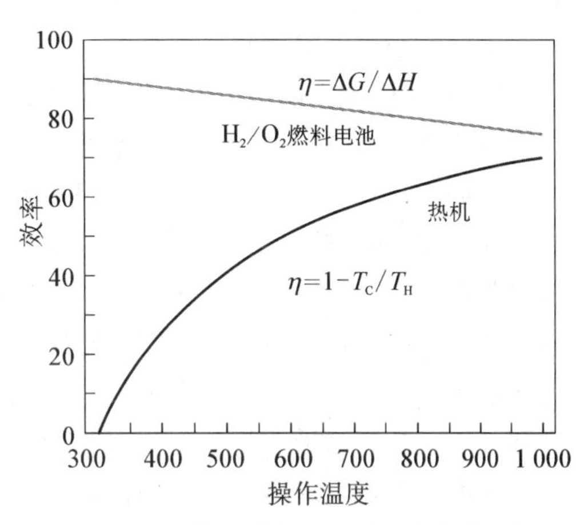

图10-10　热机效率和H_2/O_2电化学燃料电池的能量转换效率比较

然而，在实际应用过程中，电化学反应的能量转换受到了反应活化能垒的限制，需要额外的能量补偿以克服此能垒。势垒的高度一般由电化学反应的过电位或法拉第效率决定，而较高的过电位或低的法拉第效率都将导致能源的损失。为了降低活化能并提高转化率，需要采用电催化剂对电极进行修饰，电催化剂的使用影响电化学系统的性质，如能量转换效率、额定容量、工作时间和成本等，电催化剂已成为有效电化学转化的关键组成部分。

所谓电催化，是使电极、电解质界面上的电荷转移反应加速的一种催化作用。也就是说，通过选用合适的电极材料，使其在通电过程中具有催化剂的作用，从而改变电极反应的速率或反应方向，加速电极反应，而其本身并不发生质的变化。除了催化剂外，电极上施加的过电位也能影响反应速率，因此衡量电催化作用的大小，必须用平衡电位E_e时的电极反应速率，或交换电流密度i^0。当电极反应处于平衡时，电极反应的两个方向进行的速度相等，此时的反应速度叫做交换反应速度，此时阴极反应和阳极反应的电流密度相等，对应的电流密度是该电极的交换电流密度，换句话说，交换电流密度就是当电极反应处于平衡态时，按两个反应方向进行的阳极反应和阴极反应的电流密度的绝对值。交换电流密度是电极反应自身的性质，是一个热力学的概念，与外界条件无关。交换电流密度可以用来描述一个电极反应得失电子的能力，也可以反映一个电极反应进行的难易程度。

电解池和原电池的电位分别为E_1和E_2，则

$$E_1 = E_e + IR' - \eta_a + |\eta_c| + \eta_o \quad (10-10)$$

$$E_2 = E_e - IR' - \eta_a - |\eta_c| + \eta_o \quad (10-11)$$

$$|\eta| = [RT/(\alpha nF)]\ln(i/i^0) \quad (10-12)$$

式中：η_a和 η_c分别为阳极和阴极的电活化过电位；I 为电流；R'为电阻；n 为电极反应的电子转移数；R 为气体常数；T 为热力学温度；F 为法拉第常数；α 为阴极反应的传递系数；η_o为其他过电位。显然，交换电流密度愈大，则电活化过电位愈小，有利于反应的进行。不同的金属电极对释氢反应的过电位存在非常明显的差异。例如，在 1 mol/L 硫酸介质中，交换电流密度从钯（$i^0=10\ A/m^2$）到汞（$i^0=10^{-8}\ A/m^2$）这么大数量级的变动，就足以反映出电极材料对反应速率的影响。

电催化作用包括电极反应和催化作用两个方面，因此电催化剂必须同时具有两种功能，即能导电和比较自由地传递电子，以及能对底物进行有效的催化活化作用。能导电的材料并不都具有对底物的活化作用，反之亦然。设计电催化剂的可行办法是修饰电极，即将活性组分以某种共价键或化学吸附的形式结合在能导电的基底电极上，从而达到既能传递电子，又能活化底物的双重目的。当然，除了考虑电极的宏观传质因素外，还要考虑修饰分子与基底电极的相互作用问题。

评价电催化剂的催化效果的指标一般有过电位、法拉第效率、催化剂转换率等。

过电位（Overpotential）＝一定电流下所提供的电位－反应热力学电位　　(10－13)

$$\text{法拉第效率}(FE) = \frac{\text{生成产物物质的量}\times\text{反应电子数}\times F}{\text{电流}\times\text{时间}} \quad (10-14)$$

式中：F 为法拉第常数，即每 1 mol 电子所带的电荷，单位 C/mol，是阿伏伽德罗数 $N_A=6.02\times10^{23}\ mol^{-1}$与元电荷 $e=1.60\times10^{-19}$ C 的积。

催化剂转换数（TON）＝产物物质的量/催化剂物质的量　　(10－15)

催化剂转换率（TOF）＝单位时间内催化剂转换数　　(10－16)

对于能量转换和储存过程的大规模应用，电催化剂应该是高效、耐用、低成本和可持续的。然而，大多数现有的电催化剂都不能满足其中一个或多个要求。例如，贵金属材料是一类重要的催化剂，它们具有高性能和稳定性的特点，可以催化一些与能源相关的电化学反应，包括析氧反应（Oxygen Evolution Reaction，OER）、氧还原反应（Oxygen Reduction Reaction，ORR）和析氢反应（Hydrogen Evolution Reaction，HER）等。然而，这些贵金属的稀缺及其高成本，使它们难以大规模应用。虽然正在探索其他低成本材料的替代方案，但目前开发的大多数非贵金属和非金属催化剂的性能仍然不能与贵金属催化剂媲美。下面介绍几类近几十年报道的与能量转化相关的电催化反应。

1. 氧析出反应（OER）

(1) OER 反应原理

将可再生能源（太阳能、风能和地热能）转化为化学燃料（H_2及碳氢化合物如甲醇、甲烷和甲酸等），为大规模储能提供了一条潜在的途径。而与之相关的一些基本化学反应，例如水分解制氢、二氧化碳还原生成烃类化合物、氮气还原合成氨等，它们的阳极反应都是氧析出反应(OER)，即从电极上发生氧化反应产生氧气。同时，OER 也是许多其他能源技术中的重要反应，如可逆燃料电池、金属空气电池和太阳能电池等。所以，OER 是一个非常重要的电化学反应过程。然而，在实际过程中，OER 过程非常缓慢，涉及多个质子-电子的转移步骤，所以需要使用电催化剂来提高其反应速率。电催化剂的性能主要是通过活性、稳定性和法拉第效率来评估。这里，法拉第效率可直接通过测量实际产生的 O_2 量除以电解过程中理论产 O_2 量来计算。

一般说来，OER 可在碱性、酸性或中性溶液条件下进行，反应过程如下：

$$4OH^- \longrightarrow 2H_2O + O_2 + 4e^- \quad \text{(碱性溶液)} \tag{10-17}$$

$$2H_2O \longrightarrow 4H^+ + O_2 + 4e^- \quad \text{(酸性或中性溶液)} \tag{10-18}$$

研究表明，OER 电催化剂的效率在很大程度上取决于反应中间体(如 HO^-、HOO^- 等)与电极表面的结合强度。

(2) OER 电催化剂

① 贵金属催化剂

理论和实验研究均表明贵金属对电催化 OER 具有非常高的本征活性。其中，RuO_2 是最活跃的 OER 电催化剂，但其在高阳极电位(>1.4 V)下易生成可溶的四氧化钌(RuO_4)，所以稳定性较差。作为 Ru 的替代品，氧化铱(IrO_2)在高达 2.0 V 的阳极电位下稳定性良好，活性略低于 RuO_2。最近，发展了 Ru 和 Ir 的合金及氧化物，例如 Ru-Ir 烧绿石、$IrNiO_x$ 核/壳结构等，能同时提高催化剂的活性与稳定性。

② 非贵金属催化剂

由于贵金属的稀缺性和高成本，目前很多研究致力于开发非贵金属 OER 催化剂，例如 Ni、Co 和 Mn 基氧化物。Nakamura 等将聚烯丙胺盐与 MnO_2 混合，显著提高了中性条件下 OER 性能，其中 N-Mn 配位键的形成能有效稳定 Mn^{3+}。除了结晶型金属氧化物之外，Dau 和 Berlinguette 课题组制备了无定形金属氧化物(Mn 氧化物及 $Fe_{100-y-z}Co_yNi_zO_x$)，其活性甚至可以与商用电解用贵金属催化剂媲美。此外，还可通过形成钙钛矿型复合金属氧化物及尖晶石型复合金属氧化物，以增强催化活性。

除了氧化物外，过渡金属的氢氧化物、磷酸盐、硼化物、硝酸盐等也具有 OER 活性。例如，Müller 课题组采用脉冲激光烧蚀法制备了 NiFe 氢氧化物纳米片，由于低维材料的比表面积大、边缘活性位点的数量多，使得这些纳米片的 OER 活性显著增加。Nocera 等在磷酸盐溶液中电沉积钴盐制备了磷酸钴，在温和条件下(pH=7，一个大气压和室温)，该催化剂在 1 mA/cm^2 的电流密度下 OER 过电位仅为 0.28 V。

随着石墨烯的开发及应用，Qiao 课题组报道了一系列三维(3D)石墨烯骨架(如石墨烯纸和水凝胶)负载的过渡金属纳米粒子 OER 催化剂。例如，镍纳米颗粒通过异相反应在石墨烯薄膜内形成了层层分离的 3D 复合物结构(如图 10-11)，有利于提高 OER 催化反应的活性。这是因为：首先，Ni 可以充当间隔物抑制石墨烯片的团聚，产生介孔及大孔，从而促进电解质在石墨烯薄膜多孔网络内的扩散。其次，石墨烯薄膜中发达的孔隙率、相对有序的通道和 3D 导电网络能显著改善对 Ni 活性物质的利用。最后，3D 结构电极能提高稳定性，因为 Ni 纳米颗粒完全镶嵌在石墨烯片层之间，在催化过程中 Ni 的体积变化可以被相邻的石墨烯片有效地缓冲。这种复合电极的 OER 催化活性，接近贵金属电催化剂(IrO_2)。

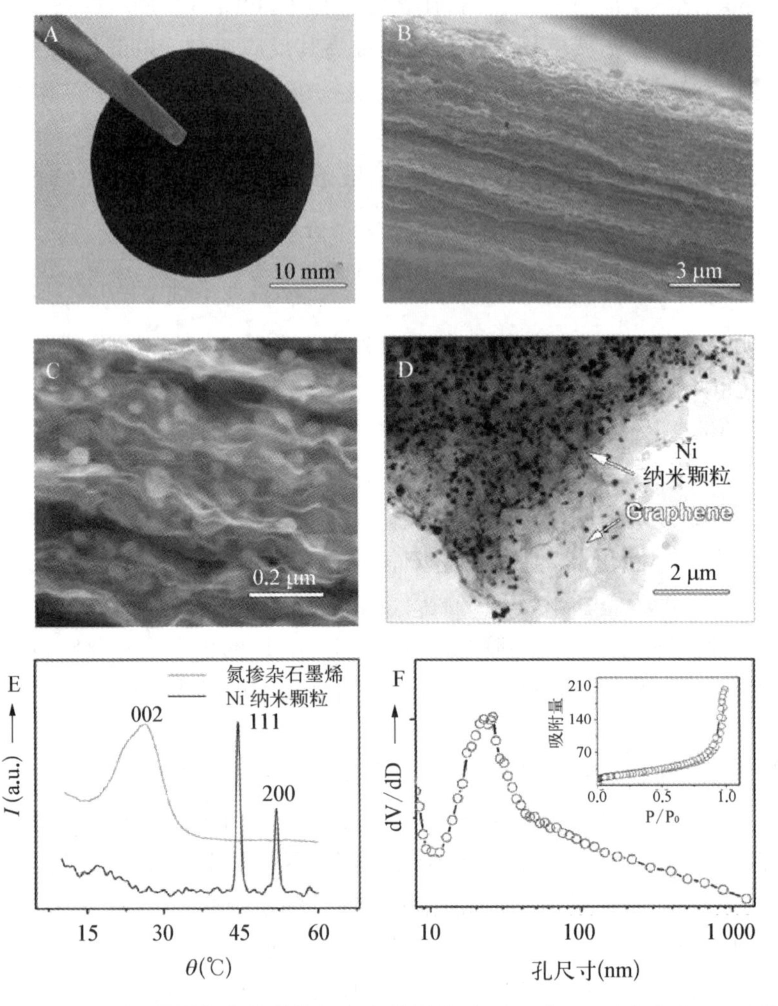

图 10-11 Ni/石墨烯复合薄膜的(A) 光学图像;(B 和 C) SEM 图;(D) TEM 图;(E) XRD 图;(F) 孔径分布图(插图为相应的氮吸附-脱吸等温线图)

③ 非金属催化剂

基于碳和有机骨架的非金属电催化剂由于其成本低、稳定性高及环境友好而受到极大关注。由于这类电催化剂一般在高电位(>1.8 V)下易被腐蚀，所以催化反应通常在中等过电位(<500 mV)下进行。首次报道的 OER 非金属电催化剂是一种有机化合物，N(5)-乙基吡啶离子(一种稠环杂环化合物，共有 5 个 N 原子)，它可以通过四电子转移反应调节氧的析出。然而，与过渡金属基催化剂(0.3～0.5 V *vs.* RHE，注：RHE 为可逆氢电极电位，是指在 0.1 mol/L KOH 溶液(pH=14)中的电位；标准氢电极电位，即 SHE，指铂电极在氢离子活度为 1 mol/L 的理想溶液中所构成的电极(当前零电位的标准)，根据 $E=E_{标}-0.059\ 1\text{pH}$，可逆氢电极相对于标准氢电极的电位为-0.828 V)相比，这个非金属电催化剂由于其低的导

电性阻碍了催化过程中电荷的转移，因而需要的过电位较高(0.73 V *vs*. RHE)。

Hashimoto 等制备了氮掺杂石墨电催化剂(图 10－12)，在 10 mA/cm^{2}电流密度时的过电位为 0.38 V。最近几年，一些课题组报道了一系列基于纳米碳的非金属 OER 电催化剂，如 $g-C_3N_4$、杂原子掺杂石墨烯、3D N/P 掺杂多孔碳等，这些纳米材料具有高的表面积和发达的孔隙率，利于传输反应物和产物以及暴露活性中心，从而提高反应活性，在电流密度为 10 mA/cm^{2}时的过电位为 0.3 V 左右。

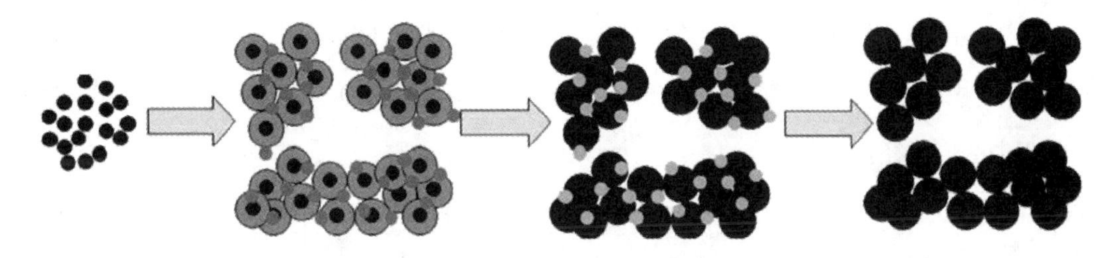

(a) 制备过程示意图

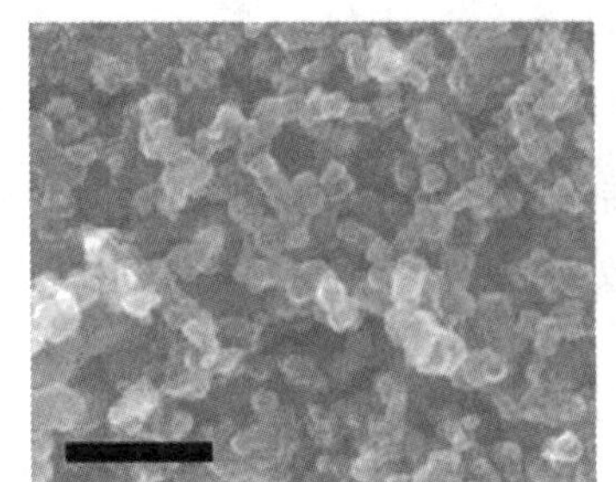
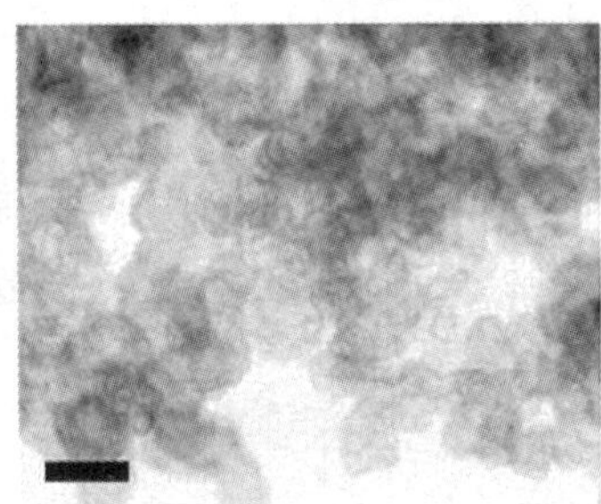
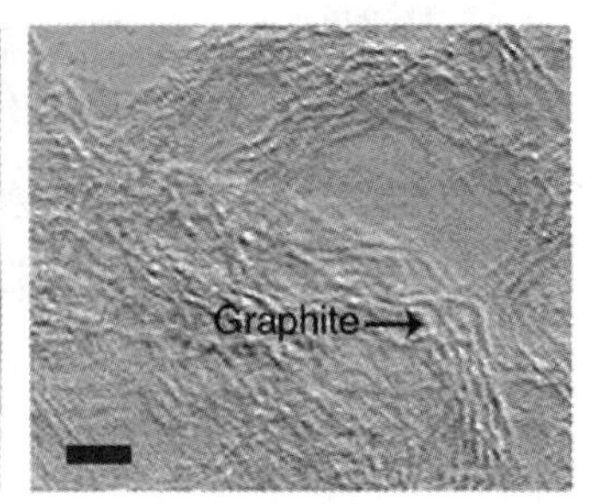

(b) 形貌

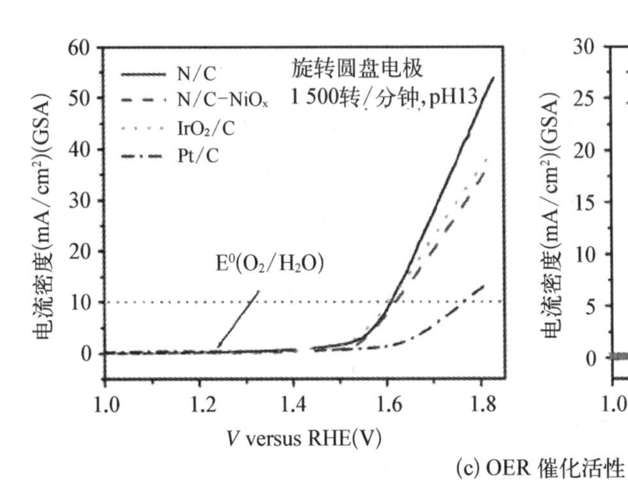

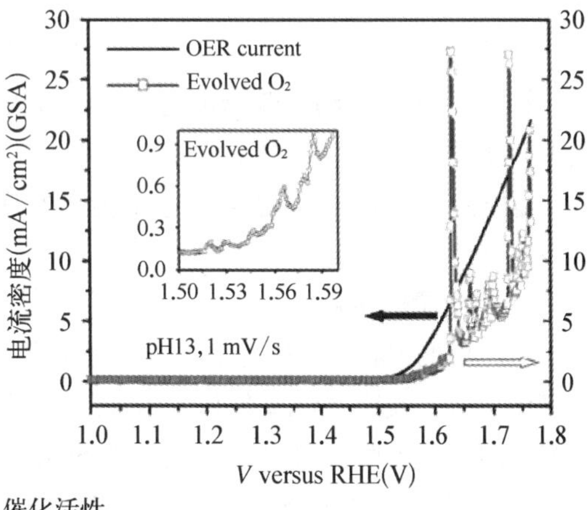

(c) OER 催化活性

图 10－12　氮掺杂石墨电催化剂

2. 氧还原反应(ORR)

(1) ORR 反应原理

燃料电池(Fuel Cells，FCs)是将化学能直接且高效转化为电能的装置，其原理是通过

阳极上的 H_2 发生氧化反应(HOR)产生电子和质子，阴极上的 O_2 发生还原反应(ORR)，与电子和质子反应生成水，形成闭合回路。研究表明，在燃料电池反应中超过一半的成本用于 ORR 催化剂，因为阴极 ORR 的动力学缓慢，极大地阻碍了燃料电池的商业开发。

理论上讲，ORR 可以在酸性和碱性条件下通过直接四电子($4e^-$)途径或两步双电子($2e^-$)途径进行。

直接 $4e^-$ 途径：

$$O_2 + 2H_2O + 4e^- \longrightarrow 4OH^- \quad (碱) \tag{10-17}$$

$$O_2 + 4H^+ + 4e^- \longrightarrow 2H_2O \quad (酸) \tag{10-18}$$

两步 $2e^-$ 途径：

$$O_2 + H_2O + 2e^- \longrightarrow HO_2^- + OH^- \qquad HO_2^- + H_2O + 2e^- \longrightarrow 3OH^- \quad (碱) \tag{10-19}$$

$$O_2 + 2H^+ + 2e^- \longrightarrow H_2O_2 \qquad H_2O_2 + 2H^+ + 2e^- \longrightarrow H_2O \quad (酸) \tag{10-20}$$

ORR 性能可以通过起始电位、电子转移数(n)、动力学限制电流密度(J_K)、Tafel 斜率等来评估。ORR 过程中涉及的每个 O_2 分子的电子转移数(n)值可以使用下列三式从 Koutecky-Levich(K－L)图的斜率计算得到：

$$\frac{1}{J}=\frac{1}{J_L}+\frac{1}{J_K}=\frac{1}{B\omega^{0.5}}+\frac{1}{J_K} \tag{10-21}$$

$$B=0.62nFc_o(D_0)^{2/3}\nu^{-1/6} \tag{10-22}$$

$$J_K=nFkc_o \tag{10-23}$$

式中：J 是测得的电流密度；J_L 是扩散极限电流密度；ω 是电极转速，单位为 rpm；B 是斜率的倒数；F 是法拉第常数($F=96\ 485$ C/mol)；c_o 是 O_2 的浓度；D_0 是 O_2 的扩散系数；ν 是电解质的运动粘度；k 是电子传递速率常数。

(2) ORR 电催化剂

① 贵金属催化剂

贵金属是研究得最多的 ORR 催化剂，例如，Au、Ag、Pt、Pd、Ir 和 Ru 等都具有 ORR 活性，其中 Pt 最活跃。然而，在 Pt 催化剂上会发生一些副反应，例如，一些 O_2^{2-} 可与质子反应生成氧化物，从而降低 Pt 的催化能力。Stamenkovic 课题组通过开发高比例暴露(111)晶面的 Pt_3Ni 合金解决了这个问题，Pt_3Ni(111)合金活性是单晶 Pt 的 10 倍，比标准 Pt/C 的活性高 90 倍。主要是因为其独特的电子结构及近表面 Pt 和 Ni 发生耦合，从而降低了副反应。此外，研究表明，Au 团簇也可防止 Pt 原子溶解到电解质中，改善 PtAu 合金中 Pt 电位的稳定性，提高电极稳定性。但是，Pt 催化剂对 CO 和甲醇分子非常敏感，容易中毒而失活。

② 非贵金属电催化剂

为了降低成本及提高对 CO/甲醇的耐受性，发展了非贵金属，如金属氧化物、硫化物、碳化物等 ORR 催化剂。例如，Hu 等合成了在酸性和碱性介质中都具有优异 ORR 活性和稳定性的 Fe_3C/C 空心球，其外部石墨 C 层在测试条件下能稳定 Fe_3C 纳米颗粒，而内部 Fe_3C 纳米颗粒可提高 ORR 活性。Qiao 课题组报道了具有优异 ORR 活性和稳定性的介孔 Mn_3O_4/NG(N-掺杂石墨烯)混合物，认为 ORR 活性与材料的形貌及暴露的晶面有关，与立方体形和球形样品相比，椭球形复合物具有最高的 ORR 活性。

③ 非金属 ORR 电催化剂

非贵金属催化剂价格低廉，活性高，但其在测试环境下会随着反应的进行逐渐失活。因此，研究者开始关注非金属材料，如杂原子掺杂的碳材料等。Dai 课题组报道了具有垂直阵列的氮掺杂碳纳米管，具有优异的 ORR 活性、稳定性以及在碱性溶液中的抗毒性。另外，石墨化氮化碳 $g-C_3N_4$ 也具有 ORR 电催化活性。若将介孔碳与 $g-C_3N_4$ 复合，不但具有优异的 ORR 活性，而且在甲醇溶液中连续工作 45 h 稳定性良好。

最近，理论和实验都证明石墨烯中掺杂 N、B、S 和 P 杂原子后，能改善 ORR 催化活性，这可能是由于其自旋和电荷密度的极化分布改变了石墨烯的电子结构。Dai 课题组报道，氮掺杂石墨烯(NG)作为 ORR 催化剂时，碱性条件下，较大的电位范围内，NG 电极上的稳态催化电流比 Pt/C 高约 3 倍，此外，对甲醇、CO 抗中毒效应和长程稳定性均优于 Pt/C，其中形成的吡啶氮和吡咯氮对氧化还原过程都具有重要作用。

3. 氢析出反应(HER)

(1) HER 反应原理

氢气是有望取代化石燃料成为未来能源的重要组成，可解决当前能源系统存在的可持续性、环境排放和安全等问题。1874 年，Jules Verne 首次提出氢经济的概念，此后氢气作为新一代的运输燃料和储能媒介开始流行起来。传统技术中，氢气可通过水煤气反应制备，但该过程大量排放温室气体，是一种不可持续的途径。另外，生物合成法也是清洁和可持续的制氢途径之一，但不能提供足够的氢气。水由于在地球上几乎取之不尽，是未来生产氢气的唯一可持续和清洁的资源。通过设计合适的电催化剂，常温下可在阴极反应生成氢气(HER)。

HER 的总反应方程式如下：

① 酸性介质：

$$H^+ + e^- \longrightarrow H^* \text{ (Volmer)} \tag{10-24}$$

$b=2.3RT/\alpha F\approx 120$ mV/dec。

$$H^+ + e^- + H^* \longrightarrow H_2 \text{ (Heyrovsky)} \tag{10-25}$$

$b=2.3RT/((1+\alpha)F)\approx 40$ mV/dec。

或者

$$2H^* \longrightarrow H_2 \text{ (Tafel)} \tag{10-26}$$

$b=2.3RT/2F\approx 30$ mV/dec。

② 碱性介质

$$H_2O + e^- \longrightarrow H^* + OH^- \text{ (Volmer)} \tag{10-27}$$

$$H_2O + e^- + H^* \longrightarrow H_2 + OH^-(\text{Heyrovsky}) \tag{10-28}$$

或者

$$2H^* \longrightarrow H_2(\text{Tafel}) \tag{10-29}$$

式中：R 为理想气体常数；T 为绝对温度；$\alpha \approx 0.5$ 为对称系数；F 为法拉第常数；b 为 Tafel 斜率。

在酸性介质中的反应如式(10-24)～式(10-26)，第一步是质子在电解质和电极表面转移，从而使氢原子吸附在电极的表面(Volmer 步骤)。第二步有两种可能性：一种是 Heyrovsky 反应，即吸附的氢原子与一个电子和一个质子结合反应生成 H_2分子；另一种是 Tafel 反应，即相邻的两个 H＊结合形成一个 H_2分子。在碱性介质中如式(10-27)～式(10-29)，HER 反应需要一个附加的水解离步骤，这一步骤会引入一个附加的能量势垒而影响整个反应的反应速率。

在实验测试时，通过 Tafel 方程($\eta = b\log j + a$，其中 j 是电流密度，b 是 tafel 斜率)，从 LSV 图(即线性扫描电位图)的 Tafel 斜率中可以简单地确定反应的决速步骤(RDS)，这是催化剂的一个固有性质。将低的过电位部分(半反应的热力学确定的还原电位与实验观察到的氧化还原反应电位之间的电位差称为过电位)的 Tafel 图外推到 j 轴，可以得到交换电流密度。例如，当 Pt 的氢覆盖率接近 100%时，低过电位下的 Tafel 斜率通常为 30 mV/dec，由此可以确定此时为 Volmer-Tafel 原理，并且 Tafel 结合为反应的决速步骤。

(2) HER 电催化剂

① 贵金属催化剂

贵金属及其合金作为传统的 HER 催化剂得到了广泛的研究。Nørskov 课题组报道了贵金属及 700 多种合金的 HER 活性，并绘制了火山型图(图 10-13)。基于 Bregel-Engel 理论，合金的电子构型可以决定其 HER 活性，当火山图的左半过渡金属与右半过渡金属合金化时，其电催化性能就会增强。

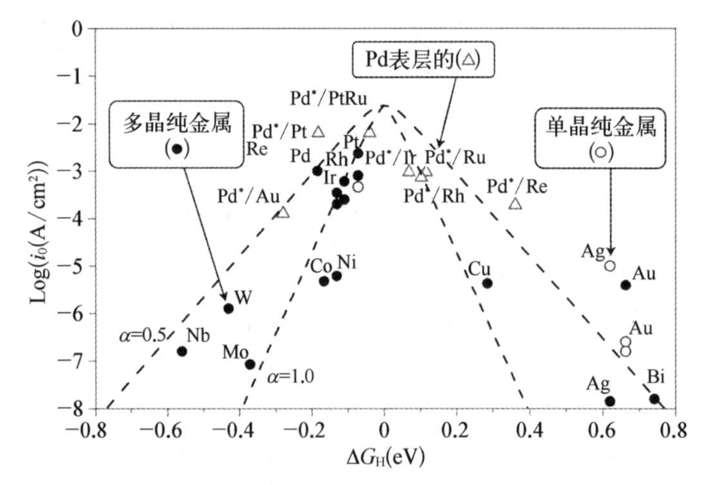

图 10-13 各种金属和金属覆盖层(用 Pd＊/基底表示)的 HER 火山图

② 非贵金属催化剂

非贵金属催化剂，主要是过渡金属化合物，已被广泛应用于 HER 反应中。Gong 等在碳纳米管上沉积纳米氧化镍/镍异质结，由于金属离子与碳纳米管间相互作用避免了镍的完全还原及 Ostwald 熟化，从而形成较高活性的氧化镍/镍催化剂，HER 活性与贵金属 Pt 类似。

理论上，金属碳化物与 Pt 族元素的 HER 性能相近，且资源丰富，价格更便宜，其中 WC(碳化钨)与 $Mo_xW_{1-x}C$ 纳米颗粒具有较高的 HER 催化活性和稳定性。如将 WC 制备成粒径为 1～4 nm 的纳米粒子，其活性可提高至商用 WC 的 100 倍，与 Pt 基催化剂相当。此外，金属磷化物作为 HER 反应催化剂也得到广泛研究，如 MoP。Jaramilo 等在酸性介质中制得了一种具有极好 HER 催化活性和稳定性的磷硫化钼(MoPS)，由于 S 和 P 之间的协同作用，比单一硫化物或磷化物具有更高的活性。

另外，研究发现层状过渡金属硫族化合物(TMDC)如 MoS_2 在 HER 电催化中具有很高的活性。相比于块体状或体相 MoS_2，纳米颗粒 MoS_2 由于具有丰富的活性边缘而具有广阔的 HER 应用前景。如果加入其他过渡金属如 Co、Ni 等，可进一步提高 TMDC 的 HER 活性。例如，Chorkendorff 课题组将 Co 引入到 MoS_2 和 WS_2 中以提高其 HER 的活性，其中，Co－MoS_2 比 Co－WS_2 的活性更好，因为 Co－MoS_2 的活性位点更多。另一个提高活性的方法是形成二维纳米片材料，因为二维 TMDC 纳米层除了具有不同的能带结构和末端原子外，还具有明显增加的边缘活性位点，从而显著提高 HER 活性。例如，Dai 课题组开发了 MoS_2/rGO 杂化材料，该材料在导电石墨烯上堆放着具有丰富边缘活性位点的多层 MoS_2，从而具有较高的 HER 性能。Cui 课题组制备了生长在碳纤维纸载体上的 $CoSe_2$ 纳米颗粒，其在酸性溶液中表现了优异的催化活性和稳定性。Qiao 课题组将分子团簇(MoS_x)与三维氮掺杂石墨烯水凝胶膜复合，制备了具有优异活性的 HER 催化剂，研究发现，氮掺杂石墨烯中的吡啶/吡咯结构与 MoS_x 中的边缘和缺陷提供了双活性位点。Hou 等制备了由石墨烯/Co 嵌入多孔碳多面体的杂化材料，这种材料在酸性介质中表现出优异的 HER 性能，起始过电位约为 58 mV，229 mV 处的稳定电流密度为 10 mA/cm^2，由于具有明显的多孔碳结构、N/Co 共掺杂效应，以及组分间良好的接触，使所制备的材料具有双活性位点机制。

③ 非金属电催化剂

虽然金属催化剂具有较好的 HER 活性，但金属中心在测试条件下易被腐蚀或被氧化。因此，目前有很多研究集中于非金属 HER 催化剂。由于碳纳米管具有良好的导电性，有人利用碳纳米管来提高 HER 性能，其具有缺陷的顶部为电极活性中心。也有将一维 g－C_3N_4 纳米线组装成三维网络用于 HER 电催化，由于具有比表面积大、多电子运输通道及扩散路径短的特点，利于 HER 反应中电荷的扩散和转移。最近，Zheng 等将 g－C_3N_4 与石墨烯片进行层层复合制备电极材料，这种材料在电流密度达到 10 mA/cm^2 时具有约为 240 mV 的过电位。研究发现，g－C_3N_4 和石墨烯片层界面之间的共价键提供了稳固的分子网络，确保材料在酸性和碱性溶液中具有很强的稳定性。更详细的研究发现，H＊在 g－C_3N_4 表面的化学吸附能力非常强，而在石墨烯表面的吸附很弱，因此，纯的 g－C_3N_4 和石墨烯都对 HER 不利。但是，C_3N_4@石墨烯杂化材料是一种合适的吸附解析材料，其中，g－C_3N_4 提供氢吸附位点，石墨烯则在质子还原的过程中提供电子的转移载体。他们还进一步对电极结构进行了设计，将二维 g－C_3N_4 和 N－掺杂的石墨烯片构筑成三维自支撑膜结构，构建了一种不需要基底的电极，可以直接用于 HER 催化。无基底的电极具有较好的柔性、活性位点高度暴露等特点。g-C_3N_4和N-掺杂的石墨烯片间具有很好的协同效应，过电位较小，Tafel斜率为49.1 mV/dec(注：dec是decade(十进位)的缩写，极化曲线的横坐标是以10为底的对数坐标，物理意义是：电流密度每增加或减小10倍，电位改变多少mV)，电流密度为0.43 mA/cm^2，同时具有较好的稳定性，性能优于许多金属催化剂。

4. 其他电化学反应及电催化剂

(1) 二氧化碳还原反应(Carbon Dioxide Reduction Reaction，CRR)

化石燃料是全球的主要能源，但是，化石燃料在可持续性、长期供应、费用、生产和使用等方面存在很多问题。其中一个令人关切的问题，是利用化石燃料获取能源的过程中会产生二氧化碳和其他各种温室气体，从而导致全球变暖。为了应对这些挑战，急需开发新的可持续发展的能源。理想情况下，这些新能源最好能消耗二氧化碳，实现二氧化碳负排放。如能将二氧化碳转换成石油化工原料，将能有效减少大气中排放的二氧化碳，恢复自然界的碳循环。

目前报道的二氧化碳转化方法主要有：化学方法、光化学方法、生物化学方法、电化学方法等。其中，电化学转化二氧化碳，可在环境友好的条件下进行，同时具有高度可控的反应步骤和高的转换效率。尤其是当所使用的电源来自太阳能或风能等可再生的能源时，整个过程将不含温室气体排放。

图10-14(a)是典型的二氧化碳转换电解池示意图。它由一个二氧化碳还原的阴极、一个氧气析出的阳极、一个涂在电极表面的催化剂以及在电极之间传递离子的电解质组成。因为二氧化碳中的碳原子具有最高的氧化态，并且二氧化碳分子在热力学上很稳定，所以在CRR反应中最大的挑战是CO_2分子得电子还原形成反应的中间体$CO_2^{\cdot -}$的过程，需要很大的负电位(>−1.90 V vs. RHE)来克服反应的能垒。另外，二氧化碳催化转换的主要产物是各种C_1化合物，如图10-14(b)所示，由于这些产物的还原势相似，产物选择性也是关注的焦点。

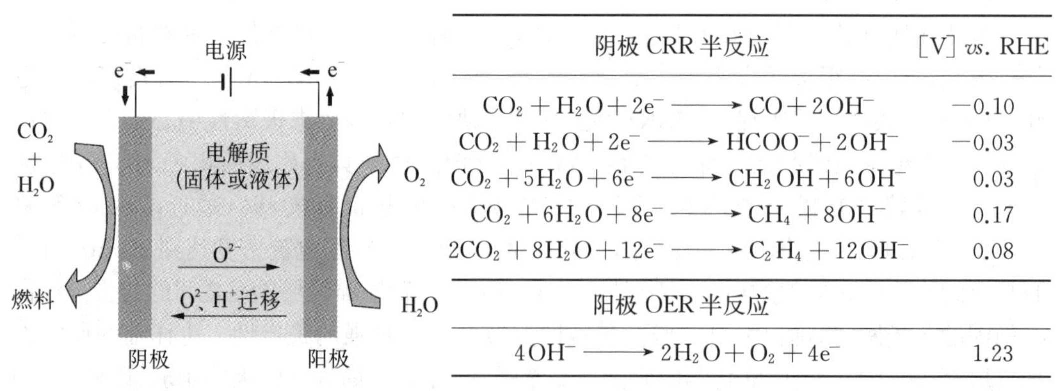

阴极CRR半反应	[V] *vs*. RHE
$CO_2 + H_2O + 2e^- \longrightarrow CO + 2OH^-$	−0.10
$CO_2 + H_2O + 2e^- \longrightarrow HCOO^- + 2OH^-$	−0.03
$CO_2 + 5H_2O + 6e^- \longrightarrow CH_2OH + 6OH^-$	0.03
$CO_2 + 6H_2O + 8e^- \longrightarrow CH_4 + 8OH^-$	0.17
$2CO_2 + 8H_2O + 12e^- \longrightarrow C_2H_4 + 12OH^-$	0.08
阳极OER半反应	
$4OH^- \longrightarrow 2H_2O + O_2 + 4e^-$	1.23

(a) CO_2还原的电解池示意图　　(b) 阴极CRR反应和阳极OER反应的标准电极电位

图10-14　CO_2电解反应原理

在CRR反应中，电催化剂在降低能量消耗，提高产物的选择性方面扮演着重要的角色。金属材料(Ag、Au、Cu、Pt等)是CRR的电催化过程的主要催化剂，因为其有利于

CO_2的吸收和产物的分离。尤其在近几年，很多研究集中于纳米结构的金属材料，能提供更多的反应活性位点且能进行微观结构调节，以提高其催化性能。但是，金属材料的一些问题，如随之上升的价格、贵金属的稀有、重金属的环境毒性等，都限制了其大规模工业应用。最近，一些研究报道了将可再生的非金属材料（包括聚苯胺、吡啶衍生物、芳香自由基、碳纤维）作为 CRR 催化剂。例如，有报道聚苯胺(PAN)为基体的杂原子掺杂碳纳米纤维催化 CRR 反应生成一氧化碳，但是，CO_2- CO 转化的过电位依然远高于理论值，同时，非贵金属电催化剂的选择性也不高。另有报道多吡咯电极催化 CRR 反应，得到蚁酸、甲醛、醋酸三种产物，然而，非金属催化剂的催化性能还是差强人意。目前，制约电化学还原 CO_2技术发展的主要因素是缺少活性高、选择性好、成本低、稳定性好的电催化剂。

(2) 氮还原反应(Nitrogen reduction reaction，NRR)

氨(NH_3)是生产化肥的关键原料，主要通过 Haber-Bosch 法来生产。目前氨的合成需要建立大型的、集中的基础设施/设备及消耗大量的能源。如果可以在温和条件下生产氨，就有可能以分散的方式、高效地生产。电化学方法对设备要求相对简单，且可进行任何程度的缩放，可能是实现此目的技术之一。最近研究表明，水和氮气可以作为电解合成氨的原料 ($N_2 + 3H_2O \longrightarrow 2NH_3 + 3/2O_2$)。如果电能是来源于可再生能源(例如太阳能)，那么这一合成氨过程的投入将只是水、空气、阳光。但是，这种合成氨技术依然在萌芽期，其工业化过程需要解决一系列关键问题。首先，由于 N_2是一个热力学上非常稳定的分子(键能：225 kcal/mol)，将 N_2通过一个电子还原反应形成中间物种 $N_2^{\cdot -}$，需要较高的负电位(>−3.37 V *vs*. RHE)来克服反应能垒。另一方面，原则上 N_2还可以转化为除氨以外的其他化合物，如肼 ($N_2 + 4H^+ + 4e \longrightarrow N_2H_4 + O_2$，$E_0 = -3.2$ V *vs*. RHE)，也会发生析氢反应 ($2H^+ + 2e \longrightarrow H_2$，$E_0 = 0$ V *vs*. RHE)，因此，产物的选择性也是一个关键问题。

电化学 NRR 合成氨，需要开发高效、高选择性、稳定性的催化剂。目前为止，只有少数几种电催化剂可以在相应的条件下催化还原 N_2。这些电催化剂由贵金属(Pt、Ru 和 Au)组成。例如，有报道采用钌/碳杂化催化剂，然而，其 N_2- NH_3转变的过电位依然远远高于理论值(−1.98 V *vs*.−0.148 V)。还有课题组在 0.1 mol/L KOH(pH=13)电解质体系中研究了四面体 Au 纳米棒在−0.2 V(*vs*. RHE)条件下对 NRR 的催化性能，但产物的选择性较差，同时生成了三种产物(氨、肼、氢气)。因此，设计高活性、高选择性的电催化剂以促进 NRR 的发展仍然面临巨大的挑战。

尽管近年来电催化领域的研究发展迅速，但同时也面临着一些严峻的技术问题。首先，电催化剂的大规模、可控化生产仍然是一个亟待解决的问题。很多纳米电催化剂需要在高温、高压、表面活性剂或烦琐的过程下才能够合成，在实验室中的制备过程难以扩展到工业化量级。因此，开发温和、操作简单、可重复合成的电催化剂合成技术是电化学研究的前提和基础。其次，虽然目前报道了很多非贵金属和非金属催化剂，例如过渡金属化合物和掺杂的碳基材料(介孔碳、石墨烯等)，然而，这些材料在催化活性、稳定性等方面仍然低于传统的商业化贵金属催化剂(铂)，所以需要通过调控其微结构和电子结构以进一步增强催化性能。最后，这些材料在电化学界面上的反应机理仍然不清楚，包括对反应原料的吸附、界面的传质和电子转移以及产物的扩散等，所以需要结合先进的原子级表征技术以及理论计算进行深入研究。当然，新的挑战也预示了新的机遇，随着科学的研究，这些问题将被逐步解决，从而突破新能源技术发展和广泛应用的瓶颈，推动人类社会不断向前进步。

第三节　光电催化剂

光电催化指的是通过选择半导体光电极（或粉末）材料和（或）改变电极的表面状态（表面处理或表面修饰催化剂）来加速光电化学反应的过程。光电催化也可以看作是电化学辅助的光催化技术，通过施加外部偏压减少光生电子与空穴的复合，来提高光量子效率。光电催化是一种特殊的多相催化。最有意义的光电催化是将太阳能转换为化学能的贮能反应，如铂/钛酸锶或铂/钽酸钾在太阳光激发下催化水分解，产生氢气与氧气，而氢气是清洁能源。

在将光能转换为化学能的光电化学电池中，用半导体材料作光电极，起光吸收和光催化作用。其中，N 型半导体构成光阳极，催化氧化反应；P 型半导体构成光阴极，催化还原反应。但半导体表面一般不具有良好的反应活性，电极反应往往需要较高的过电位。故尝试通过各种方法来改善半导体的催化活性，如采用适当的表面处理（如热处理、化学刻蚀和机械研磨等）来改变电极的表面状态（如价态分布、晶格缺陷、晶粒粒度、比表面和表面态分布等）；采用表面修饰方法（如沉积法、强吸附法、共价法和聚合成膜法等）将具有某些功能的物质（金属、半导体、化学基团和聚合物）附着于半导体电极表面。例如，当具有催化活性的物质以高分散的岛状分布修饰在半导体电极表面并形成透光的肖特基接触时，就可能改变反应势垒，提高反应速率。例如，在半导体二氧化钛光阳极表面修饰上铂或钯，可大大提高乙醇水溶液光电催化氧化同时放氢的速率。

一、光电催化污染物降解

将生长在导电的 Ti 基地上的 TiO_2 纳米管阵列作为电极，可应用于光电催化污染物降解、水分解制氢等领域。与 TiO_2 纳米颗粒相比，TiO_2 纳米管的比表面积更大，对污染物的吸附能力强，高度有序的一维管状结构提供了快速的电荷传输通道，能减少光生电子-空穴的复合，提高光催化效率。

以 TiO_2 纳米管催化剂为例，光电催化污染物降解的机理为，在外电场作用下，受光激发产生的光生电子从纳米管向 Ti 基底迁移，然后经过外电路到达对电极，该电子在对电极上与 O_2 或其他电子受体发生还原反应，而留在半导体电极上的空穴在半导体表面累积，与水分子发生氧化反应，生成活性氧化物种从而降解污染物，或直接氧化污染物。与光催化降解污染物相比，外加电压不仅可以加快电子在纳米管上的迁移速率，还可以降低电荷在界面的转移电阻，在光电共同作用下，TiO_2 纳米管的界面电荷转移电阻值很小，从而可以有效降低光生电子-空穴复合的几率，提高光量子效率。

影响 TiO_2 纳米管光电催化活性的因素主要有：

(1) 半导体材料本身的光吸收效率、产生光电子的能力及与 Ti 基底的附着力。半导体材料对光的吸收及散射越强，产生的载流子数量越多；与基底的附着力差，电子传输需要的时间越长，传输速率降低，就增加了电子-空穴复合的几率。

(2) 光强与外电压。光强增加，被激发或再激发的电子增多；外加电压能使光生电子-空穴复合的几率降到最低。由于纳米管的厚度有限，空间电荷层的厚度最大不能超过纳米管的厚度。当光强固定时，受激产生的光生电子数量一定，故外加电压达到一定值时，形成饱和的光电流，因此，继续增加电压不会使催化效率提高。

(3) 溶液 pH。溶液 pH 影响 TiO_2 表面的电荷种类，当 pH 高于 TiO_2 的等电点(pH_{pzc})时，溶液中的 OH^- 与 TiO_2 表面作用，生成 TiO^-，此时电极表面带负电；反之，形成带正电的 $TiOH_2^+$，使电极表面带正电。此外，溶液的 pH 可以改变有机物的离子化程度，大部分有机污染物在强碱性溶液中去质子化，带负电。而当 TiO_2 表面所带的电荷种类与有机物的电荷种类相同时，会降低污染物在电极表面的吸附量，不利于降解。另外，由于一部分 ^-OH 自由基是由 OH^- 与光生空穴(h^+)反应得到，故碱性条件利于形成更多的 ^-OH 参与污染物的降解。

(4) 溶液导电率。溶液导电率对降解率的影响主要取决于阴离子的种类及浓度。一方面，溶液中电解质浓度增加会增加导电率，有利于载流子的迁移，提高降解率；另一方面，一些阴离子(如 Cl^-)会与电极表面的空穴(h^+)反应，生成没有氧化降解活性的 Cl^- 等，影响降解率。此外，阴离子还可能与污染物竞争吸附在电极表面，影响降解效果。

二、光电催化水分解

TiO_2 纳米管阵列光电催化水分解示意图如图 10－15。设置三个电极，包括参比电极(一般为 Ag/AgCl 或 Hg/HgO)，工作电极及对电极(一般是 Pt 电极)。由于水的电阻很高，在光电分解水的过程中常加入电解质构成电解液(一般为盐酸、氢氧化钠及磷酸缓冲液)。由于选取的参比电极及电解质不同，为了比较，需要制定统一的电压标准，也就是可逆氢电极电势(Reversible Hydrogen Electrode, RHE)。不同 pH 下，参比电极电势与可逆氢电极电势的大小可以相互转换，以 Ag/AgCl 为例，转换公式如下：

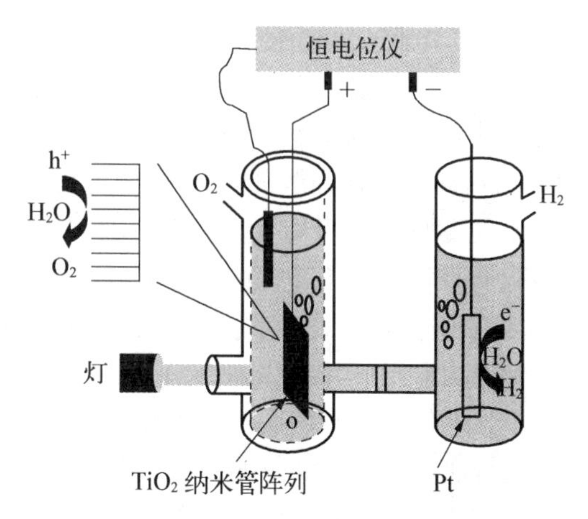

图 10－15　TiO_2 纳米管阵列光电催化水分解的装置图

$$E_{RHE}=E_{Ag/AgCl}+0.059pH+E^0_{Ag/AgCl} \quad (10-30)$$

式中：E_{RHE} 为可逆电极电势；$E_{Ag/AgCl}$ 为 Ag/AgCl 的电极电势；$E^0_{Ag/AgCl}$ 为 Ag/AgCl 的标准电极电势。

TiO_2 纳米管阵列光电催化水分解的原理为：当波长 $\leqslant$ 388 nm 的光照射到 TiO_2 纳米管阵列表面时，价带上的电子被激发，跃迁到导带，同时价带上产生相应的空穴(h^+)，产生的电子-空穴对在内部电场作用下分离，并迁移到 TiO_2 纳米管阵列的表面，光生电子在外加电压的作用下，通过导线流向金属（如Pt）对电极，还原水分子生成H_2，而光生空穴在TiO_2纳米管阵列表面氧化水产生氧气。

理论上，在水溶液电解池中，将水分子电解为氢和氧只需要1.23 eV的电压，因此，半导体的禁带宽度只要大于1.23 eV就能光催化水分解。实际上，由于存在过电位，最适合光解水的半导体的禁带宽度应在2.0 eV左右，且半导体价带位置应比O_2/H_2O的电位更正，而导带位置应比H^+/H_2的电位更负。图10－16为几种常见半导体的能带结构，从图中可以看出，Fe_2O_3与WO_3只能用于制氧，而其他半导体既能制氢又能制氧。锐钛矿型TiO_2的禁带宽度为3.2 eV，且导带电位比氢的还原电位更负，而价带电位比氧的氧化电位更正，能光催化水分解。

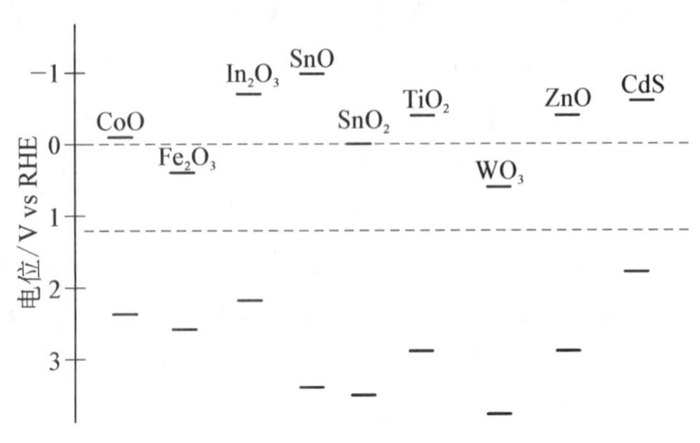

图10－16　几种常见半导体的能带位置

三、光电催化CO_2还原

光电催化CO_2还原，就是在太阳光与外加电场两者协同作用下催化CO_2发生还原反应。由于电催化与光催化存在各自的优缺点，将两者有效结合，能取长补短，实现在低能耗的条件下高效催化还原CO_2，制备碳氢燃料。光电催化CO_2还原的优点有：① 与单一的电催化相比，半导体光敏材料催化剂可利用太阳光激发所产生的光生电子催化还原CO_2，从而减少外部能量的输入，降低能耗，减少对环境的污染。② 与单一的光催化相比，外加电压的输入（不一定由外加偏压提供，也可以通过P－N结自身提供）能够引起半导体能带的弯曲，同时也能为光生电子的定向移动提供导向作用，有效提高电子的迁移速率，抑制光生电子-空穴的复合几率，进而提高催化效率及对还原产物的选择性。③ 在适当的外加电压下，因能带结构不匹配而不适用于光催化还原CO_2的半导体催化剂，却可应用于光电催化还原体系。④ 可利用电化学分析方法（如线性扫描法、循环伏安法和电化学阻抗法等），从微观角度评价光电催化剂的催化活性及电子传输性能，也可以从微观角度更加深入地探索和研究CO_2催化还原反应的机理。鉴于此，光电催化还原CO_2被认为是未来将CO_2转化为碳氢燃料，同时将太阳能转化为化学能，维系全球碳循环平衡系统最具潜力和前途的技术。

从热力学的角度来说，能够光催化还原二氧化碳和水的半导体材料必须拥有比二氧化碳还原电位更负的导带电位，同时拥有比水的氧化电位更正的价带电位，才能保证光催化氧化还原反应的顺利进行。在能被光激发的半导体存在时，不同电位（*vs.* SHE）下还原CO_2可能发生的反应前面已经介绍（见式（10－1）～（10－9））。如同光催化还原二氧化碳的体系，析氢反应与二氧化碳还原反应常常为竞争反应。由于水的活性高于二氧化碳，而且析氢反应只涉及两电子转移，相比于二氧化碳还原的多电子转移反应，析氢反应更容易发生。如何抑制析氢反应的发生是光电催化还原CO_2面临的难题。通常，为了得到目标产物，不同于阴极光解水制氢的反应，光电催化还原 CO_2 需要较高的外加电压以活化 CO_2。

对于大多数半导体而言，仅仅通过单一的半导体光电催化 CO_2 是远远不够的，需要辅助催化剂的作用。添加辅助催化剂后，一方面可以降低 CO_2 转化所需的过电压，使之在较低电位下越过能垒；另一方面，选择不同的催化剂会对生成的产物种类产生直接的影响。与电催化还原 CO_2 的体系类似，CO_2 光电催化还原体系也包含两个电极，即阳极（氧化电极）和阴极（还原电极）。但光电催化系统中至少有一个电极为光敏半导体电极。依据 CO_2 光电催化还原系统中光敏电极的使用情况，可把 CO_2 光电催化还原体系分为三类（如图 10－17）：① 阴极为 P 型半导体光敏电极，阳极为惰性电极（Pt、C 等）；② 阴极为用于 CO_2 还原的催化剂，阳极为 N 型半导体光敏电极；③ 阴极为 P 型半导体光敏电极，阳极为 N 型半导体光敏电极。水氧化反应都在阳极表面发生，而 CO_2 还原反应都在阴极表面发生。

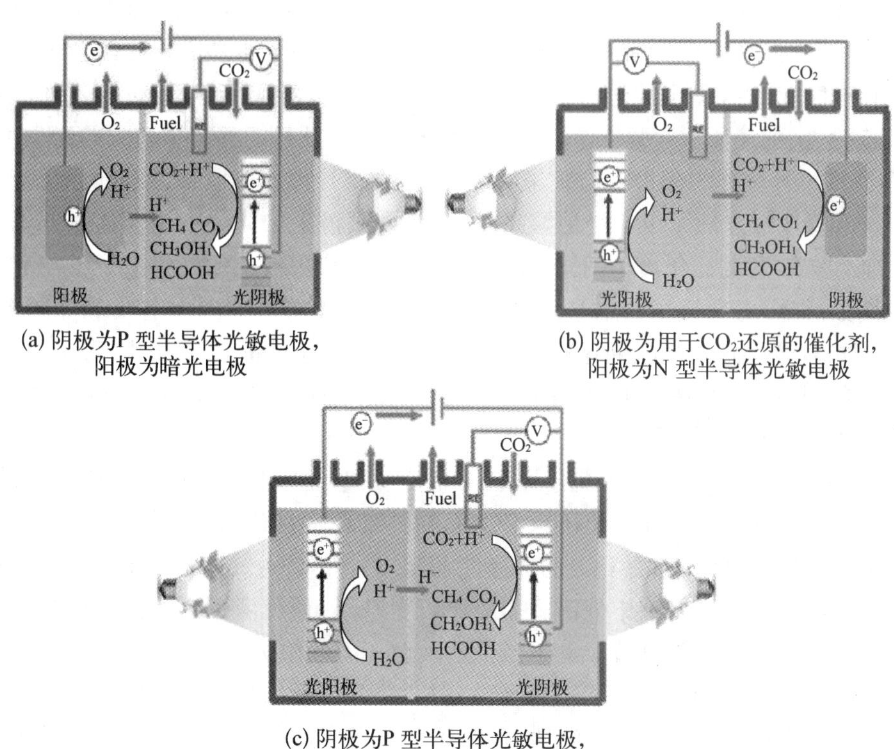

(a) 阴极为P 型半导体光敏电极，阳极为暗光电极

(b) 阴极为用于 CO_2 还原的催化剂，阳极为N 型半导体光敏电极

(c) 阴极为P 型半导体光敏电极，阳极为N 型半导体光敏电极

图 10－17　不同类型的 CO_2 光电催化还原体系

(1) 第一类体系，因为 P 型半导体的导带位置一般比 N 型半导体的导带位置更负，更有利于 CO_2 还原，因此，以 P 型半导体光敏电极作为光阴极的 CO_2 光电催化还原体系早期得到了较为广泛的研究和应用。此类研究主要集中在 P－GaP、P－GaAs、P－InP、P－Si、N－掺杂的 Ta_2O_5（N－Ta_2O_5）、P－Cu_2O、P－NiO、P－Co_3O_4 以及 ZnTe 等光阴极，而 Pt 常常被用作阳极。但是在这类体系存在很多问题和不足，例如，由于在 P 型半导体光阴极表面，水还原析氢反应比 CO_2 还原反应更容易发生，导致 CO_2 还原效率和选择性

较低;大多数P型半导体的价带电位并不比 H_2O/O_2 的氧化电位正,通常需要更大的外加电压。因此,单一材料作为催化剂的活性很低,需对催化剂进行改性。例如,通过在P型半导体光阴极表面负载能够活化和吸收 CO_2 分子的催化剂(如Ru的配合物)来提高催化活性。

(2) 第二类体系,鉴于大多数P型半导体或价格昂贵,或毒性较高,或在水溶液中极不稳定。与之相反,大多数N型半导体,如 TiO_2、WO_3、ZnO、Fe_2O_3、$BiVO_4$ 等,却储量丰富,价格便宜,无毒无害,而且稳定性也极高。同时,当此类半导体材料用作光阳极时,具有独特的光催化水氧化的活性。这类体系最大的优点在于:发生在光阳极的水氧化半反应不仅为光阴极提供光生电子,同时也提供了活性质子,更有利于 CO_2 还原反应的进行。例如,Lee等利用对可见光相应的 WO_3 作为光阳极,Cu或 Sn/SnO_x 作为光阴极,在可见光照射下,能够在较低的外加电压下催化还原 CO_2。当将Cu作为光阴极,外加电压从+0.55 V上升至+0.75 V(*vs*.RHE)时,主要产物为 CH_4,法拉第效率为42.3%。

(3) 第三类体系,该体系是以N型半导体光阳极和P型半导体光阴极共同构建的 CO_2 光电催化还原体系。可能在外部电能零投入的条件下(如果适当选择禁带宽度和能带位置相互匹配的N型半导体和P型半导体形成P-N异质结构,即可取代外部电能的投入)实现 CO_2 的还原。P型半导体有着较小的禁带宽度且能够产生较大的光生电流,所以常把N型半导体作为阳极参与氧化反应,将P型半导体作为阴极参与还原反应。由于在光阳极和光阴极之间可以产生足够高的光电压,阳极上的光生电子会通过外电路与阴极上的光生空穴发生复合,只留下阳极上的光生空穴和阴极上的光生电子参与氧化还原反应。例如,Sato等研究了利用Ru基联吡啶络合物修饰的P型半导体InP光阴极和 Pt/TiO_2 光阳极耦合构建的光电催化还原系统对 CO_2 的还原性能,主要产物为HCOOH,同时有CO和 H_2 的产生,法拉第效率高达70%。不过,当利用未经修饰的InP做光阴极时,几乎对 CO_2 没有还原活性。

从以上分析可知,由于光催化还原 H_2O 的还原电位远低于光催化还原 CO_2 的电位,故抑制析氢反应的发生是光催化还原 CO_2 面临的难题。在含水溶液体系中,水分子更易吸附在催化剂表面,使光还原 CO_2 的选择性降低。另外,CO_2 气体在水中的溶解度低且生成的液相产物很难从水溶液中分离。为克服以上缺点,研究者通常在溶液中加入碱性介质来提高 CO_2 在水中的溶解度。此方法虽然缓解了 CO_2 在水中溶解度的问题,但加入的碱性介质有助于溶液中产生更加不容易被还原的 CO_3^{2-} 和 HCO_3^-。另外,部分研究者将水溶液替换为有机溶剂或是离子液体,在保证 CO_2 高溶解度的同时,降低了催化剂表面水分子的吸附量,提高了光催化还原 CO_2 的选择性和催化能力。还有研究采用固-气反应体系,该体系是将催化剂均匀分散在基底上,并将基底置于 CO_2 和水蒸气的氛围中,使还原反应在固-气界面处发生。与固-液反应体系相比,由于该体系中催化剂直接置于 CO_2 气氛中,极大程度地减少催化剂与水分子的接触,能提高光催化还原 CO_2 的选择性。另外,由于该体系中水的含量远低于固-液反应体系,提供的质子源有限,因此生成的产物多为气体,如CO、CH_4 等。例如,Xu课题组在 TiO_2 纳米纤维上沉积 $Ni(OH)_2$ 纳米片制备了 $TiO_2/Ni(OH)_2$ 复合物,并将其作为催化剂置于含有 $NaHCO_3$ 的真空密闭体系中,随后向该体系注射定量的 H_2SO_4,通过两者的反应产生一个大气压 CO_2 和 H_2O 的混合气体,最后，在此体系下进行光照，能产生较多的CO和CH_4气体，同时伴有少量的甲醇与乙醇。

除了光电催化污染物分解、光电催化水分解以制取氢燃料及光电催化还原二氧化碳生成有机物外，光电催化固氮生成氨气，光电催化有机合成以及利用光电催化变废为利、保护环境等，都具有理论和实践意义。目前普遍存在的问题是：光能转换效率低，大多在1%～3%甚至更小；催化剂活性不够高；催化剂选择性不够好，大多是系列产物分布；催化剂寿命不够长，连续使用期仅数月或数年。

第四节　催化剂纳米化及其应用

一、催化剂颗粒纳米化的意义

催化作为关键的核心技术，长期以来在国民经济的诸多方面，如石油炼制、合成化肥、合成纤维和汽车尾气处理等方面发挥了巨大的作用。自20世纪以来，与能源、环境、农业和人类健康密切相关的化学工业正在经历着一场重大的革新，作为主导和关键技术的催化科学，也面临着一场重大的科学和技术的变革。催化过程的核心和关键是对化学反应进行选择和调控，催化科学和技术发展的中心目标是实现温和条件下的高转化效率和接近100%的选择性。从本质上来讲，催化作用通过反应物分子与催化剂表面相互作用形成活性中间体，从而调变反应过程的活化能。催化剂表面的原子结构和电子特性将对催化过程有着重要的调制作用。长期以来，人们通常采用改变催化剂活性中心的化学组分，如增加组分或添加剂，或通过选择载体来调节催化活性组分与载体的相互作用（SMIS效应）等，以及改变催化剂表面结构（缺陷等）实现对催化剂特性的调变和控制。近年来，纳米层次上对材料特性的研究结果显示，当材料维度的降低和尺度减小到纳米级时，将导致一些新奇的物理化学特性的出现，与催化直接相关的现象包括表面效应和量子尺寸效应。一方面，当粒子尺寸降低时，其表面原子数占所有原子数的比例增加，由于表面原子配位不饱和，导致在催化剂表面产生更多的活性中心、表面结构缺陷位等，从而表现出明显的表面效应；另一方面，当粒子尺寸减小到纳米级时，其费米能级附近的电子（主要为价电子）能级将发生离散现象，表现出独特的量子尺寸效应。随着纳米技术的发展和对纳米体系理论认识的不断深入，人们发现，在不添加其他组分和不改变表面结构的条件下，通过改变体系的尺度也能有效地调控体系的价电子分布和能量，调控催化剂与反应分子间的电子传递，从而调变体系的催化反应性能。

大连化物所的包信和院士课题组以纳米体系的量子调控为理论基础，围绕纳米限域效应对催化体系价电子特性的调制作用，系统研究了体系尺寸变化所导致的催化特性调控。探讨了金属纳米粒子（零维）、金属和氧化物填充的复合纳米碳管（一维）和表面纳米薄膜（二维）的结构及电子特性对表面吸附与催化反应的影响，对金属纳米粒子的“量子尺寸效应”、表面纳米薄膜的“量子阱态”、界面的“限域效应”和复合纳米碳管的“协同束缚效应”等对催化剂性能的影响进行了讨论。结果发现，在CO的选择氧化反应（PROX）、合成气制液体燃料（F-T过程）、合成气直接制备低碳烯烃和低碳醇等催化过程中，金属与金属氧化物催化剂显示了明显的纳米效应。

纳米粒子又称超细粒子、超微粒子、量子点或团簇等，一般是指 1～100 nm 之间的粒子，是介于原子簇和宏观物体颗粒之间过渡区域的粒子，因此也叫做介观粒子。纳米粒子具有各类结构缺陷，如孪晶界、层错、位错等，甚至存在亚稳相。而当粒子尺寸小到几个纳米时，会以非晶态存在。另外，纳米粒子具有壳层结构，其表面层粒子的数量占很大比例。这种庞大的比表面，键态的严重失配，表面台阶和颗粒粗糙度增加，使得在表面上出现了非化学平衡和非整数配位的化合价以及大量的活性中心，因此，纳米材料在催化反应中具有突出的效用。

纳米粒子的催化性能除了与上述因素有关外，还与形貌及晶面取向有关。如中科院大连化学物理研究所申文杰研究员团队与中国科学院金属所刘志权研究员、日本首都大学春田正毅教授合作，利用形貌控制概念使得制备的 Co_3O_4 纳米棒表面暴露 41%的活性(110)晶面。这种晶面含有较多的 CO 氧化的活性位，即使在－77 ℃仍然可以使 CO 的转化率达 100%，反应速率是通常氧化钴纳米粒子的 10 倍。这类纳米棒材料在接近汽车发动机冷启动的条件(大量水汽和二氧化碳存在，150～400 ℃)下仍然具有优异的 CO 氧化性能和结构稳定性。这一结果首次从分子层次上证明了纳米催化材料的形貌效应。这种通过形貌控制制备优先暴露活性晶面的理论也适用于其他金属氧化物体系，对纳米催化的基础研究和开发新一代高活性的氧化物催化剂具有重要的借鉴价值。其实在更早时期，Spencer 等就报道，当物质的量之比 H_2∶N_2＝3∶1，总压力为 20 atm 时，在 Fe(110)、Fe(111)、Fe(100)三种不同的晶面上，合成氨的反应速率比为 25∶418∶1。D. W. Goodman 等人的实验表明，烷烃在 Ni(100)晶面上氢解活性远大于(111)晶面，证实了结构适应与敏感这一基本概念的正确性。这些研究成果对制备具有晶面择优取向生长的纳米晶指明了道路。如今，将纳米材料的制备技术与经典的催化理论相结合，将为开发高活性催化剂提供可能。

二、纳米催化剂的制备

晶体的各向异性是导致其取向生长的本质原因。晶体有不同的晶面，而各向异性的晶体在一定的环境下各个晶面的生长速率不同，不同的生长速率或不同晶面晶粒的堆积速率将导致不同微观形貌晶体的形成。只有为晶体提供一个合适的生长环境，才能使得晶体的取向生长成为可能。晶体的生长环境可以通过一些外部因素的改变进行调节，如反应温度、反应物浓度、溶剂、pH 及稳定剂(或表面活性剂)的加入等。以下介绍几种制备纳米催化剂的常用方法。

1. 溶胶-凝胶法

溶胶-凝胶法是指金属有机或无机化合物经过溶胶-凝胶化和热处理形成氧化物或其他固体化合物的方法。其过程是：用液体化学试剂(或粉状试剂溶于溶剂中)或溶胶为原料，而不是传统的粉状物为反应物，在液体中混合均匀并进行反应，生成稳定无沉淀的溶胶体系，放置一定时间形成凝胶，经脱水处理得产品。该方法的优点是：① 产品的均匀度高，尤其多组分产品，均匀度可达分子或原子水平；② 金属组分高度分散于载体，使催化剂具有高活性和抗结碳能力;③ 能够较容易地控制材料的组成。该法存在的问题是:原料成本高。在制备各种单组元或复合物时原料的选择十分重要。例如,从正硅酸乙酯、异丙醇铝水解制备硅铝催化剂时的一个重要问题是,如何调整不同类型的盐水解速率差异大的问题。

2. 沉淀法

沉淀法是在液相中将化学成分不同的物质混合,再加入沉淀剂使溶液中的金属离子生成沉淀,对沉淀物进行过滤、洗涤、干燥或煅烧制得所需产品。沉淀法包括直接沉淀法、共沉淀法、均匀沉淀法、配位沉淀法等,其共同特点是操作简单、方便。该部分内容已在引言中详细介绍。

3. 浸渍法

将载体置于含活性组分的溶液中浸泡,达到平衡后将剩余液体除去,再经干燥,煅烧,活化等步骤得到所需产品。刘渝等将自制的纳米级 $\gamma-Al_2O_3$ 先后浸渍于 H_2PtCl_6 和 $Ce(NO_3)_3$ 溶液中,待浸渍达平衡后取出,经高温煅烧后得到负载型 $Pt-\gamma-Al_2O_3-CeO_2$ 催化剂。

4. 微乳液法

微乳液通常是由表面活性剂、助表面活性剂(通常为醇类)、油类(通常为碳氢化合物)组成的透明的、各向同性的热力学稳定体系。微乳液可分为正相(水包油型 O/W)、反相(油包水型 W/O)和双连续结构体系(图 10-18)。

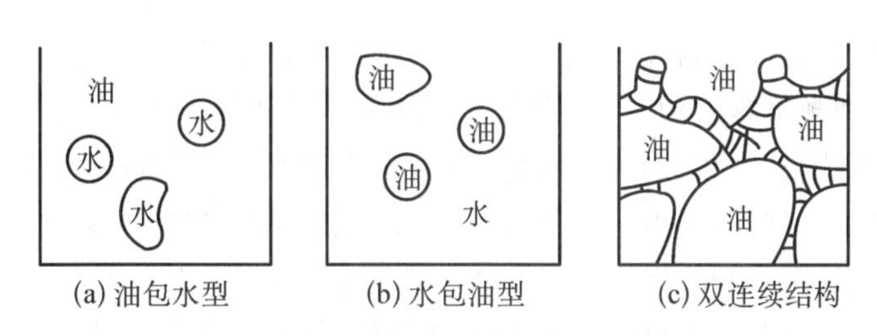

图 10-18 三种微乳液体系的示意图

油包水型也称作反相微乳液,它的微小“水池”被表面活性剂和助表面活性剂所组成的单分子层的界面所包围,其大小可控制在几至几十纳米之间。微小“水池”尺寸小且彼此分离,因而构不成水相,通常称之为“准相”。这种特殊的微环境,可以作为化学反应进行的场所,化学反应在水核内进行,反应产物在水核中成核、生长。因而又称之为“微反应器”。它拥有很大的界面,已被证明是多种化学反应理想的介质。微乳液液滴还可以是分散在水中的油溶胀粒子,即水包油型。当微乳体系内水和油的用量相当(30%~70%)时,水相和油相均为连续相,两者无规则连接,称为双连续结构微乳液。

5. 离子交换法

对沸石、SiO_2 等载体表面进行处理,使 H^+、Na^+ 等活性较强的阳离子附着在载体表面上,然后将此载体放入含 $Pt(NH_3)_5Cl_2^+$ 等贵金属阳离子基团的溶液中,通过置换反应使贵金属离子占据活性阳离子原来的位置,在载体表面形成贵金属纳米微粒。

6. 水解法

在高温下将金属盐溶液水解，生成水合氧化物或氢氧化物沉淀，再将沉淀产物加热分解得到纳米颗粒。该方法可分为无机水解法、金属醇盐水解法和喷雾水解法等。水解法具有制备工艺简单、化学组成可精确控制、粉体性能重复性好、收率高等优点，缺点是成本较高。

7. 等离子体法

应用等离子体活化手段不仅可以活化化学性质不活泼的分子，还可以解决热力学上受限反应的问题。利用冷等离子体特有的热力学非平衡特性，可使催化剂制备和活化过程低温化、高效化。将使用等离子体方法制得的纳米颗粒，如 Cu、Cr、Mn、Fe、Ni 等，按一定比例与载体混合，在机械力作用下可形成均匀、牢固的负载型纳米金属催化剂。

8. 惰性气体蒸发法

惰性气体蒸发法是在低压的惰性气体中，加热金属使其蒸发后形成纳米微粒。纳米微粒的粒径分布受真空室内惰性气体的种类、气体分压及蒸发速度等的影响，通过改变这些因素，可以控制微粒的粒径大小及其分布。

9. 水(溶剂)热法

水热法是在高温、高压下，在水或蒸汽等流体中进行有关化学反应的总称。由于水热法直接生成所需要的产物，如氧化物、硫化物等，避免了沉淀法需要煅烧转化成氧化物这一可能形成硬团聚的步骤。所以合成的氧化物粉体具有分散性好、大小可控、团聚少、晶粒结晶良好、晶面暴露完整等特点。

非水溶剂热法，是在高温、高压下的有机溶剂或蒸汽等流体中，进行有关化学反应的方法。其基本原理与水热法相同，区别在于所用的溶剂不同。非水溶剂热法中以有机溶剂(如甲酸、乙醇、苯、乙二胺、四氯化碳等)代替水作溶媒，采用类似水热合成的原理制备纳米金属氧(或硫)化物等，是水热法的又一重大改进。非水溶剂在反应过程中，既是传递压力的介质，又起到矿化剂的作用。以非水溶剂代替水，不仅大大扩大了水热技术的应用范围，而且由于非水溶剂处于近临界状态下，能够实现通常条件下无法实现的反应，并能生成具有介稳态结构的材料。选择适当的溶剂和反应条件，能有效地控制纳米粒子的形貌与尺寸。

10. 液-液界面合成法

将两种互不相溶的液体混合后会发生分层现象，在层间会形成界面，界面厚度通常只有几个纳米，化学反应发生在界面上，界面层的纳米级区域为纳米材料的合成和组装提供了理想的场所。

三、纳米催化剂的应用

多相催化反应都在表面上进行，因而催化剂表面积的改变将明显影响其催化活性。纳米粒子的表面原子一维缺少相邻的原子，有许多悬空键，具有不饱和性质，易与其他原子结合而稳定下来。当粒子直径逐渐接近原子直径时，表面原子占总原子的百分数急剧增加，表面效应作用就显得异常明显，故具有很大的化学活性，纳米粒子表面积、表面能及表面结合能都迅速增大。例如，用银微粒催化氧化 C_2H_4，当粒径小于 2 nm 时，产物为 CO_2 和 H_2O；大于 20 nm 时，产物主要是 C_2H_4O。又如，用硅胶作载体，纳米镍催化剂对丙醛的氧化反应表明，镍粒径到达 5 nm 以下时，反应选择性发生急剧变化，醛的分解反应得到有效控制，生成乙醇的转化率明显增大。

催化剂颗粒粒径的改变也影响其吸附性能。例如，催化剂粒径越小，对氧的吸附能力越强。几乎所有的纳米微粒在有氧气存在的条件下都发生氧化现象，即便是热力学上氧化不利的贵金属，经特殊处理也能氧化。因此，纳米催化剂的催化活性显著高于传统催化剂，被国内外称作第四代催化剂。

1. 在加氢还原反应中的应用

Bennett 将纳米钯(5 nm)负载于 TiO_2 上，在常温、常压下催化 1－己烯加氢反应，生成己烷，己烷选择性为 100%。在相同反应时间及反应条件下，常用的钯催化剂只能得到 29.7%的己烷、21.6%的己烯异构体和 48.7%的 1－己烯。又如，在甲醛的氢化反应中，以氧化钛、氧化硅、氧化镍作为载体负载纳米镍、铷后，反应速率大大提高，如果载体氧化硅等粒径达到纳米级，其选择性可提高 5 倍。

2. 在氧化反应中的应用

以往在有机氧化反应中所采用的氧化剂大多有一定毒性，因此多年来研究者一直在寻求高性能、低成本、低(无)毒、可回收的催化剂。Wu 等的研究结果表明，对于乙烷催化氧化脱氢反应，纳米 NiO 催化剂较之常规 NiO 可以在较低的反应温度下具有更好的催化作用。

不过，纳米级金属催化剂的催化作用是一个极其复杂的过程。在纳米催化剂中讨论较多的就是所谓的尺寸效应。普遍的解释是，尺寸越小，比表面越大，催化活性越强。最近的一些工作讨论了纳米级金属催化剂在其他方面的重要特性，如颗粒尺寸的起伏和稳定性、催化剂的结构和作用机理等。催化剂颗粒尺寸的起伏和稳定性也属于纳米尺度效应，它们是由于颗粒维度的降低而导致的。Johanek 等的研究表明，催化剂颗粒尺寸的起伏能够显著影响其宏观催化行为。他们分析了在 Pd 纳米颗粒催化剂表面上 CO 氧化性能，发现，催化剂颗粒起伏诱导效应对催化活性的影响比颗粒尺寸本身的影响更大。Chen 等研究了生长在氧化钛表面上的 Au 催化剂结构，即有序的 Au 单原子层和 Au 双原子层对 CO 氧化过程的影响。他们发现 Au 双原子层比单原子层的催化活性更为显著，催化反应速率增加超过一个数量级。

3. 纳米催化剂在化学电源中的应用

纳米催化剂在化学电源中的应用研究主要集中在把纳米轻烧结体(低温下烧结)作为电池电极。采用纳米轻烧结体作为化学电池、燃料电池和光化学电池的电极，可以增加反应表面积，提高电池效率，减轻重量，有利于电池的小型化。如镍和银的轻烧结体作为化学电池等的电极已经得到了应用，纳米镍粉、银粉、TiO_2 纳米微粒的烧结体作为光化学电池的电极也得到开发。Prabhurum 等制备了以碳为基底的纳米 Pt 催化剂，用作燃料电池的催化剂，效果比较理想。

4. 纳米材料在环境保护方面的应用

CO_x 和 NO 是汽车尾气排放物中的主要污染成分。Sarkar 等运用模拟实验证实，在有氧条件下，Pd－Rh 纳米粒子在 CO 氧化中表现出很高的活性，而在无氧状态下，Pt－Rh NCs(nanocrystals，纳米晶)活性更高。对于 NO 还原反应，无论氧气存在与否，Pt－Rh 纳米粒子都表现出较高的催化活性。此外，Khoudiakov 等的研究结果表明，沉积在过渡金属氧化物 Fe_2O_3上的纳米 Au 颗粒对于室温下 CO 的氧化也具有很高的催化活性。

5. 在火炸药领域的应用

由于纳米催化剂的高效催化能力，使其成为了许多领域研究的热点，在火炸药领域纳米催化剂的应用研究也成为一个重要的方向。

燃烧催化剂是指能改变火炸药特别是固体推进剂的燃烧化学反应速率的少量添加物。其主要作用是：改变推进剂在低压燃烧时的化学反应速度；降低推进剂的燃速受温度、压力影响的敏感度；改善推进剂的点火性能；提高推进剂的燃烧稳定性；调节推进剂的燃速，实现发动机设计的不同推力方案。

常用的燃烧催化剂有下述几种类型：

(1) 无机金属氧化物，如：PbO、CuO、MgO、Fe_2O_3、Fe_3O_4、TiO_2、Co_2O_3、$PbCO_3$、亚铬酸铜等。

(2) 有机金属化合物，如水杨酸铅、苯二甲酸铅、乙二酸铜等。

(3) 二茂铁及其衍生物，如正丁基二茂铁、叔丁基二茂铁、高沸点的二茂铁衍生物卡托辛等。

1996 年，美国 MACHI 公司 Kosowski B M 介绍了该公司生产的一种纳米级超细 Fe_2O_3，与使用效果较好的商业氧化铁 BASFL2817 比较，如用量均为 1%，可使丁羟复合推进剂的燃速提高 25%，压强指数从 0.50 降到 0.46。图 10－19 和表 10－1 分别列出了几种催化效果较好的纳米复合氧化物对 AP(高氯酸铵)的催化作用。结果表明，纳米复合氧化物对 AP 的热分解均有较强的催化作用。从 DTA 曲线上可以看出，在 $LaCoO_3$的作用下，AP 的低温和高温分解峰已经逐渐合并为一个大的放热峰，$LaCoO_3$可使 AP 的高温分解温度降低 108 ℃，分解放热量由 590 J/g 增至 1 450 J/g。

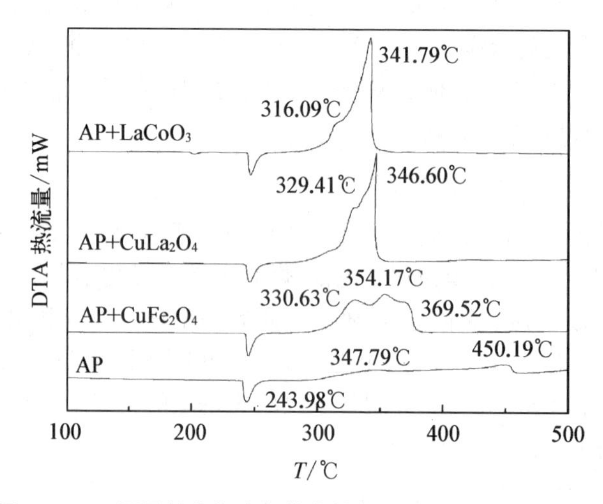

图 10－19 不同纳米复合氧化物催化 AP 热分解的 DTA 曲线

表 10-1　不同纳米复合氧化物催化 AP 的热分解数据

Samples	Δt_l(℃)	Δt_h(℃)	ΔH(J·g^{-1})
AP	—	—	590
AP+$CuFe_2O_4$	−17.2	−80.7	1 250
AP+$CuLa_2O_4$	−18.4	−103.6	1 250
AP+$LaCoO_3$	−31.7	−108.4	1 390

6. 在合成高氮含能材料方面的应用

在高氮含能材料的制备过程中，C—N 键的构建或断裂是合成高氮杂环的关键点。催化剂的参与不仅可以促进反应的进行，还可显著提高反应的选择性。例如，南京理工大学陆明教授等报道了首个全氮芳香唑环五唑负离子（N_5^-）的合成，采用甘氨酸亚铁（$Fe(Gly)_2$）为催化剂，间氯过氧苯甲酸（m-CPBA）为氧化剂，与底物 3,5-二甲基-4-羟基苯基五唑作用，选择性断裂芳基五氮唑分子中的 C—N 键(1)，进而利用氢键或配位作用与多种金属、非金属离子组装，制备出了一系列离子型五唑含能化合物。

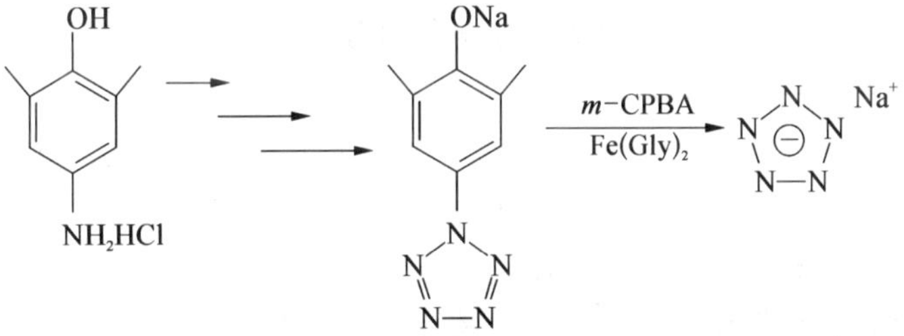

OH
NH₂HCl
ONa
m-CPBA
Fe(Gly)₂
Na⁺

在催化过程中 $Fe(Gly)_2$中的 Fe^{2+}得到一个活性的配位氧，配位氧来自于 m-CPBA，生成中间体 4。m-CPBA 参与反应后失去一个氧原子，生成 m-CBA。之后中间体 4 中的活性氧进攻芳基五唑 C—N 键中带部分正电荷的碳原子，与碳正原子及其旁边的碳原子形成一个三元环，使得芳基五唑中的 C—N 键键能减弱，更加容易断裂，得到过渡态 5。

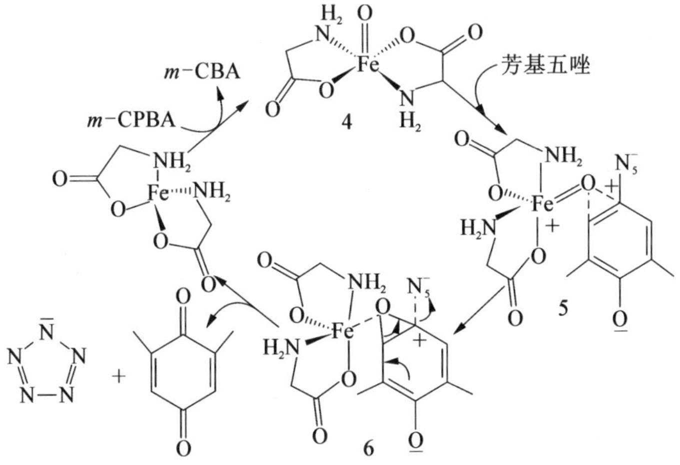

m-CBA
m-CPBA
芳基五唑
4
5
6

图 10-20　全氮芳香唑环五唑负离子的合成机理

之后 C—N 键断裂，N_5^- 离去，芳基五唑以 2,6-二甲基对苯醌的形式出现。而中间体 4 会失去配位氧，重新变成 $Fe(Gly)_2$，循环参与反应。

四、目前纳米技术在实际应用中面临的问题

用纳米粒子作催化剂目前的研究还处于实验室阶段，离实际应用还有较大距离，还须解决许多问题。

(1) 如何提高反应速率和催化效率，优化反应途径等方面的研究，是未来催化科学的研究重点。

(2) 纳米粒子催化剂的稳定性问题，特别是在工业生产上要求催化剂能重复使用，因此催化剂的稳定性尤为重要。纳米金属粒子催化剂目前还不能满足这方面的要求。如何避免纳米金属粒子在反应过程中由于温度的升高而发生颗粒长大等问题，有待进一步深入研究。

(3) 由于纳米粒子粒径小，还存在催化剂的装填、回收困难、通气阻力大等问题。

思考题

1. 分别写出光催化降解污染物及水分解的机理。
2. 影响光催化活性的因素有哪些？
3. 单一 TiO_2 用作光催化剂有哪些不足？如何对其改性以提高其光催化性能？
4. 阻碍光催化剂实际应用的因素有哪些？
5. 工业催化剂纳米化后有何优缺点？
6. 氧化铋的晶型有几种？它们各自的特点是什么？
7. 写出 ORR、OER、HER 的电极反应方程式。
8. 阐述贵金属 Pt 作为电催化剂的特点。
9. 阐述光催化、电催化及光电催化的原理。

参考文献

[1] 吴越主编. 催化化学. 科学出版社,1995.
[2] 李玉敏编著. 工业催化原理. 天津大学出版社,1992.
[3] 王桂茹编著. 催化剂与催化作用. 第三版. 大连理工大学出版社,2007.
[4] 韩维屏主编. 催化化学导论. 科学出版社,2004.
[5] 孙桂大,闫富山主编. 石油化工催化作用导论. 中国石化出版社,2000.
[6] 黄仲涛编著. 工业催化. 第二版. 化学工业出版社,2006.
[7] 李荣生,甄开吉,王国甲编著. 催化作用基础. 科学出版社,1990.
[8] 梁娟,王善鋆编著. 催化剂新材料. 化学工业出版社,1990.
[9] 黄开辉,万惠霖编著. 催化原理. 科学出版社,1983.
[10] 田部浩三编著. 关禄彬,王公慰,张盈珍等译. 新固体酸和碱及其催化作用. 化学工业出版社,1992.
[11] 赵璧英,康志军,李超等. $MoO_3/\gamma-Al_2O_3$和MoO_3/SiO_2体系的表面酸性研究. 催化学报,1985,3:23-28.
[12] 殷杰. 原位NMR技术研究丙烯聚合N催化剂制备时邻苯二甲酸酐的溶解过程. 石油化工,2016,46(1):124-129.
[13] Peng L, Huo H, Liu Y, et al. ^{17}O Magic Angle Spinning NMR Studies of Brønsted Acid Sites in Zeolites HY and HZSM-5, *J Am ChemSoc*, 2007,129(2):335-346.
[14] 刘勇,张维萍,谢素娟等. 用固体核磁共振研究HZSM-35分子筛的酸性. 催化学报,2009,30(02):45-49.
[15] 张立伟,王军华,吴佩等. 甲醇及合成气制二甲醚中不同粒径的HY分子筛及复合Cu-Mn-Zn/HY催化剂. 催化学报,2010(5).
[16] Zhao D, Huo Q, Feng J, et al. Nonionic Triblock and Star Diblock Copolymer and Oligomeric Surfactant Syntheses of Highly Ordered, Hydrothermally Stable, Mesoporous Silica Structures, *J Am ChemSoc*, 1998, 120: 6024-6036.
[17] Jun S, Joo S H, Ryoo R, et al. Synthesis of New, Nanoporous Carbon with Hexagonally Ordered Mesostructure, *J Am ChemSoc*, 2000, 122: 10712-10713.
[18] 王利军,赵海涛,郝志显等. 晶化温度对SAPO-34结构稳定性的影响. 化学学报,2008,66(11):1317-1321.
[19] 李激扬,于吉红,徐如人. 微孔化合物生成中的结构导向与模板作用. 无机化学学报,2004,20(1):1-16.
[20] Cundy C S, Cox P A. The Hydrothermal Synthesis of Zeolites: History and Development from the Earliest Days to the Present Time, *Chem Rev*, 2003, 103(3): 663-701.
[21] 薛念华,郭学锋,丁维平等. 烯烃裂解中分子筛催化剂的稳定性研究进展. 催化学报,2008,29(9):866-872.
[22] Corma A, Grande M S, Gonzalez-Alfaro V, et al. Cracking Activity and Hydrothermal Stability of MCM-41 and Its Comparison with Amorphous Silica-Alumina and a USY Zeolite. *J Catal*, 1996, 159: 375-382.
[23] 徐如人,庞文琴,屠昆岗等著. 沸石分子筛的结构与合成. 吉林大学出版社,1987.
[24] Robin C, Ronin K H. Evidence for slow tumbling of sodium ions from the ^{23}Na n.m.r. spectrum of

hydrated NaY zeolite. *Zeolites*, 1991, 11: 265 - 271.

[25] Briggs D.编著,桂林林,黄惠忠,郭国霖译. X射线与紫外光电子能谱. 北京大学出版社,1984.

[26] 吴越,叶兴凯,杨向光等. 杂多酸的固载化——关于制备负载型酸催化剂的一般原理. 分子催化,1996,10(4):299 - 319.

[27] Zhao R, Sudsakorn K, Goodwin J G Jr, et al. Attrition resistance of spray-dried iron F - T catalysts: Effect of activation conditions. *Catal Today*, 2002, 71: 319 - 326.

[28] 孙予罕,陈建刚,王俊刚等. 费托合成钴基催化剂的研究进展. 催化学报,2010,31(8):919 - 927.

[29] Khodakov A Y, Chu W, Fongarland P. Advances in the Development of Novel Cobalt Fischer-Tropsch Catalysts for Synthesis of Long-Chain Hydrocarbons and Clean Fuels. *Chem Rev*, 2007, 107: 1692 - 1735.

[30] Remans T J, Jenzer G, Hoek A. In: Ertl G, Schüth F, Weitkamp J eds. *Handbook of Heterogeneous Catalysis*, 2008,8: 2994 - 2999.

[31] Wang Y, Noguchi M, Takahashi Y, et al. Synthesis of SBA - 15 with different pore sizes and the utilization as supports of high loading of cobalt catalysts. *Catal Today*, 2001, 68: 3 - 9.

[32] 石利红,李德宝,侯博等. 有机改性二氧化硅及其负载钴催化剂的费托合成反应性能. 催化学报,2007,28(11):999 - 1002.

[33] He J J, Yoneyama Y, Xu B L, et al. Designing a Capsule Catalyst and Its Application for Direct Synthesis of Middle Isoparaffins. *Langmuir*, 2005, 21: 1699 - 1705.

[34] Hideki K, Akihiko K. Photocatalytic water splitting into H_2 and O_2 over various tantalatephotocatalysts. *Catal Today*, 2003, 78: 561 - 572.

[35] Yoon T P, Jacobsen E N. Privileged Chiral Catalysts. *Science*, 2003, 299 (5613): 1691 - 1693.

[36] Beller M, Kumar K. Transition metals for organic synthesis: building blocks and fine chemicals. *Transition Metals for Organic Synthesis*, 2004,1:29 - 55.

[37] Rajanbabu T V, Casalnuovo A L. ChemInform Abstract: Hydrocyanation of Carbon-Carbon Double Bonds. *Comprehensive Asymmetric Catalysis*, 1999,1:367 - 378.

[38] Landis C R, Nelson R C, Jin W C. et al.Synthesis, characterization, and transition-metal complexes of 3,4-diazaphospholanes. *Organometallics*,2006, 25 (6): 1377 - 1391.

[39] Breit B, Zahn S K. Domino hydroformylation/knoevenagel/hydrogenation reactions. *Angew Chem Inter Ed*,.2001, 40(10): 1910 - 1913.

[40] 樊保敏,谢建华,周章涛,等. 手性螺环单磷配体在不对称氢甲酰化反应中的应用. 高等学校化学学报,2006,27(10):1894 - 1896.

[41] 王玲,高保娇,王世伟. 季鳞盐型三相相转移催化剂的制备及其化学结构与相转移催化活性的关系. 催化学报,2010,31(1):112 - 119.

[42] Schlittler R R, Seo J W, Gimzewski J K. et al. Single crystals of single-walled carbon nanotubes formed by self-assembly. *Science*, 2001, 292: 1136 - 1145.

[43] 李军,高爽,奚祖威. 反应控制相转移催化研究的进展. 催化学报,2010,31(8):895 - 911.

[44] Fujishima A, Honda K. Electrochemical photolysis of water at a semiconductor electrode. *Nature*, 1972,238:37 - 38.

[45] Bessekhouad Y, Robert D, Weber J V. Photocatalytic activity of Cu_2O/TiO_2, Bi_2O_3/TiO_2 and $ZnMn_2O_4/TiO_2$ heterojunctions. *Catal Today*, 2005, 101: 315 - 321.

[46] Dong F, Li Q Y, Sun Y J, et al. Noble metal-like behavior of plasmonic Bi particles as a cocatalyst deposited on $(BiO)_2CO_3$ microspheres for efficient visible light photocatalysis. *ACS Catal*, 2014, 4: 4341 - 4350.

[47] 闫世成,罗文俊,李朝升等. 新型光催化材料探索和研究进展,中国材料进展. 2010,29(1):1 - 10.

[48] Fu J W, Xu Q L, Low J X, et al. Ultrathin 2D/2D $WO_3/g\text{-}C_3N_4$ step-scheme H_2-production

photocatalyst. *ApplCatal B Environ*, 2019, 243: 556 - 565.

[49] 李晓佩,陈锋,张金龙. 酞菁改性的介孔 TiO_2 的制备及其可见光光催化活性. 催化学报,2007,28(3):229 - 233.

[50] Hu A, Guo J J, Pan H, et al. Selective functionalization of methane, ethane, and higher alkanes by cerium photocatalysis. *Science*, 2018, 361: 668 - 672.

[51] Indra A, Menezes P W, Zaharieva I, et al. Chem inform abstract: active mixed-valentMnO_x water oxidation catalysts through partial oxidation (corrosion) of nanostructured MnO particles. *AngewChemInt Ed*, 2013, 52: 13206 - 13210.

[52] Smith R D, Prevot M S, Fagan R D, et al. Photochemical route for accessing amorphous metal oxide materials for water oxidation catalysis. *Science*, 2013, 340: 60 - 63.

[53] Hunter B M, Blakemore J D, Deimund M, et al. Highly active mixed-metal nanosheet water oxidation catalysts made by pulsed-laser ablation in liquids. *J Am ChemSoc*, 2014, 136: 13118 - 13121.

[54] Kanan M W, Nocera D G, In situ formation of an oxygen-evolving catalyst in neutral water containing phosphate and Co^{2+}. *Science*, 2008, 321(5892): 1072 - 1075.

[55] Chen S, Qiao S Z, Hierarchically porous nitrogen-doped graphene - $NiCO_2O_4$ hybrid paper as an advanced electrocatalytic water-splitting material. *ACS Nano*, 2013, 7: 10190 - 10196.

[56] Mirzakulova E, Khatmullin R, Walpita J, et al. Electrode-assisted catalytic water oxidation by a flavin derivative. *Nat Chem*, 2012, 4: 794 - 801.

[57] Qu L, Liu Y, Baek J B, et al. Nitrogen-doped graphene as efficient metal-free electrocatalyst for oxygen reduction in fuel cells. *ACS Nano*, 2010, 4: 1321 - 1326.

[58] Greeley J, Jaramillo T F, Bonde J, et al. Computational high-throughput screening of electrocatalytic materials for hydrogen evolution. *Nat Mater*, 2006, 5: 909 - 913.

[59] Kibsgaard J, Jaramillo T F, Molybdenum Phosphosulfide: An Active, Acid-Stable, Earth-Abundant Catalyst for the Hydrogen Evolution Reaction. *AngewChemInt Ed*, 2014, 53: 14433 - 14437.

[60] Chen S, Duan J, Tang Y, et al. Molybdenum sulfide clusters-nitrogen-doped graphene hybrid hydrogel film as an efficient three-dimensional hydrogen evolution electrocatalyst. *Nano Energy*, 2015, 11: 11 - 18.

[61] Zheng Y, Jiao Y, Zhu Y, et al. Hydrogen evolution by a metal-free electrocatalyst. *Nat Commun*, 2014, 5: 3783 - 3786.

[62] Wang S, Chen P, Yun J H, et al. An Electrochemically-Treated $BiVO_4$ Photoanode for Efficient Photoelectrochemical Water Splitting. *AngewChemInt Ed*, 2017, 129(29): 8620 - 8624.

[63] 郭万东.固体推进剂超级燃速催化剂.飞航导弹,1996,6:231 - 236.

[64] Xu Y G, Wang Q, Shen C, et al. A series of energetic metal pentazolate hydrates. *Nature*, 2017, 549: 78 - 81.

[65] Magesh G, Kim E S, Kang H J, et al. A versatile photoanode-driven photoelectrochemical system for conversion of CO_2 to fuels with high faradaic efficiencies at low bias potentials. *J Mater Chem A*, 2014, 2(7): 2044 - 2049.

[66] Sato S, Arai T, Morikawa T, et al. Selective CO_2 Conversion to Formate Conjugated with H_2O Oxidation Utilizing Semiconductor/Complex Hybrid Photocatalysts. *J Am ChemSoc*, 2011, 133(39): 15240 - 15243.